普通高等教育机械类系列教材

高等机械工程学

许崇海　主　编

肖光春　杜　劲　副主编

电子工业出版社
Publishing House of Electronics Industry
北京·BEIJING

内 容 简 介

本书面向新工科建设需要，阐述高等机械工程理论知识体系，以达到提高我国机械创新设计能力和科学研究能力的目的。本书包括高等工程力学、现代设计技术、先进制造技术、自动化技术及智能制造技术等各个方面的内容，基本能够反映近年来国内外机械工程学的发展状况。本书内容侧重前沿性，内容新颖性和难度较传统机械工程学有大幅的提升，是《机械工程学》的延伸和拓展。本书在知识体系完整的前提下，更注重介绍相关技术及知识的工程应用，撰写语言简练，概念清晰，界定科学，可为读者从事科学研究提供支持。

本书可作为普通高等教育机械工程学科高年级本科生和研究生的教材，还可供科研工作人员参考阅读。

图书在版编目（CIP）数据

高等机械工程学 / 许崇海主编. —北京：电子工业出版社，2022.3
ISBN 978-7-121-43170-8

Ⅰ. ①高… Ⅱ. ①许… Ⅲ. ①机械工程学－高等学校－教材 Ⅳ. ①TH

中国版本图书馆 CIP 数据核字（2022）第 047149 号

责任编辑：杜　军　　特约编辑：田学清
印　　刷：涿州市般润文化传播有限公司
装　　订：涿州市般润文化传播有限公司
出版发行：电子工业出版社
　　　　　北京市海淀区万寿路 173 信箱　　邮编：100036
开　　本：787×1 092　1/16　印张：19.5　字数：558 千字
版　　次：2022 年 3 月第 1 版
印　　次：2023 年 3 月第 2 次印刷
定　　价：59.00 元

凡所购买电子工业出版社图书有缺损问题，请向购买书店调换。若书店售缺，请与本社发行部联系，联系及邮购电话：（010）88254888，88258888。

质量投诉请发邮件至 zlts@phei.com.cn，盗版侵权举报请发邮件至 dbqq@phei.com.cn。

本书咨询联系方式：dujun@phei.com.cn。

本书编纂委员会

主　　编：许崇海

副 主 编：肖光春　杜　劲

编　　者（**按姓氏笔画排序**）：

王　力　王　飞　王　丽　王宝林　刘　娜　吕月霞　孙玉晶

衣明东　许树辉　乔晋崴　刘鹏博　杨　志　张　明　苏国胜

张荣敏　张培荣　杨静芳　周婷婷　高立营　魏高峰

前　言

　　为适应制造强国对制造业高端人才的培养要求，支撑新旧动能转换重大工程对人才的需求，使人才能够更深入地掌握先进制造技术与智能制造、机械自动化、机械制造工艺及理论、机械工程力学、现代机械设计等理论知识和系统的专业知识，本书依据教育部、人力资源和社会保障部、工业和信息化部联合印发的《制造业人才发展规划指南》，面向新工科建设需要，以科研创新能力培养为主线，与学科发展前沿相结合，阐述高等机械工程理论知识体系，实现课程结构融合、知识融合、能力融合。本书可作为普通高等教育机械工程学科高年级本科生和研究生的教材，还可供科研工作人员参考阅读。

　　本书具有如下特色：①内容全面、新颖，包括高等工程力学、现代设计技术、先进制造技术、自动化技术及智能制造技术等各个方面的内容，基本能够反映近年来国内外机械工程学的发展；②作为机械工程专业，尤其是机械工程学科的专门指导教材，《高等机械工程学》是《机械工程学》的延伸和拓展，紧跟学科发展前沿，侧重内容的前沿性，内容新颖性和难度较传统《机械工程学》有大幅的提升；③注重工程应用，力求在知识体系完整的前提下，介绍相关技术及知识的工程应用；④撰写语言简练，概念清晰，界定科学，可为读者从事科学研究提供支持。

　　本书由齐鲁工业大学许崇海教授任主编，全书共 6 章。其中，第 1 章由魏高峰编写，第 2 章由吕月霞和张明编写，第 3 章由王飞编写，第 4 章由苏国胜和孙玉晶编写，第 5 章由刘娜和刘鹏博编写，第 6 章由乔晋崴编写。

　　由于高等机械工程学所涉及的内容广泛、学科跨度大，加之编者的水平和视野有限，因此本书难免存在不足、疏漏之处，在此恳请读者提出宝贵意见。

目　录

第 1 章　机械工程力学

1.1　分析力学理论

理论力学中所讲的刚体静力学又称为几何静力学。一般情况下，在用几何静力学知识求解刚体系统的平衡问题时，对每个刚体需列 6 个平衡方程，方程中的未知力包括主动力和约束力，若有 n 个刚体，则共需列 $6n$ 个平衡方程，刚体越多，所需列的平衡方程越多。另外，一些平衡问题只需求主动力之间的关系，方程中出现的约束力在求解过程中要消去等，这一切显然是十分烦琐的。

下面我们来介绍一种能有效解决上述问题的分析方法，即分析静力学方法。分析静力学以虚位移原理为基础，应用任意非自由质点系平衡的必要和充分条件列平衡方程。也就是说，对于任一刚体系统，可以建立与系统的自由度数相等的平衡方程。如果系统的刚体数多，而自由度数少，则相对而言，平衡方程数大大减少。再者，应用分析静力学方法可直接建立主动力之间的关系，避免了未知约束力的出现，使得非自由质点系平衡问题的求解变得简单。

利用虚位移原理可以推导出非自由质点系的动力学普遍方程，为求解复杂系统的动力学方程提供了另一种普遍的方法，即分析力学方法。

1.1.1　约束及约束方程

在几何静力学中，我们将限制某物体产生位移的周围物体称为该物体的约束。下面从运动学的角度来看约束的作用，一个非自由质点系的位置或速度受到某些条件的限制，这些限制条件称为该质点系的约束。例如，圆球被限制在水平面上做纯滚动，这时约束表现为限制圆球中心到水平面的距离保持不变，圆球与水平面接触点的速度在每瞬时都为零。又如，冰刀的运动方向只能沿冰刀的纵向。一般情况下，约束对质点系运动的限制可以通过质点系各质点的坐标或速度的数学方程来表达，这种表达式称为约束方程。

如图 1-1 所示，小球被限制在半径为 l 的圆周上运动，小球的位置由直角坐标(x, y)表示，则小球的约束方程为

$$x^2 + y^2 = l^2$$

或

$$x^2 + y^2 - l^2 = 0 \tag{1-1}$$

图 1-2 所示为曲柄连杆机构（一），曲柄销被限制在以 O 为中心、r 为半径的圆周上运动；滑块被限制在沿 x 轴的水平直槽中运动；A、B 两点间的距离等于 l，此机构的约束方程可表示为

$$\begin{cases} x_A^2 + y_A^2 = r^2 \\ (x_B - x_A)^2 + (y_B - y_A)^2 = l^2 \\ y_B = 0 \end{cases} \tag{1-2}$$

式中，x_A、x_B 和 y_A、y_B 分别为 A、B 两点的坐标。

设质点系各质点对某参考系的位移和速度分别用 $r_1, r_2, \cdots, r_n$ 和 $\dot{r}_1, \dot{r}_2, \cdots, \dot{r}_n$ 来表示，则约束方程的一般形式为

$$f_j(r_1, r_2, \cdots, r_n; \dot{r}_1, \dot{r}_2, \cdots, \dot{r}_n; t) = 0, \quad j = 1, 2, \cdots, s$$

式中，n 为质点系的质点数；s 为约束方程数。上式可简化为

$$f_j(r_i; \dot{r}_i; t) = 0, \quad i = 1, 2, \cdots, n$$

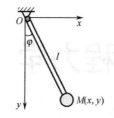
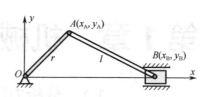

图 1-1　小球平面运动　　　　图 1-2　曲柄连杆机构（一）

当用直角坐标时，可写为

$$f_j(x_i, y_i, z_i; \dot{x}_i, \dot{y}_i, \dot{z}_i; t) = 0, \quad i = 1, 2, \cdots, n$$

按约束对质点系运动限制的不同情况，可将约束分类如下。

1）完整约束和非完整约束

如果约束方程中不包含坐标对时间的导数，或者说约束只限制质点系各质点的位置，而不限制其速度，则称这种约束为完整约束或几何约束。其约束方程的一般形式为

$$f_j(x_1, y_1, z_1, \cdots, x_n, y_n, z_n; t) = 0, \quad j = 1, 2, \cdots, s \quad\quad (1\text{-}3)$$

式（1-1）和式（1-2）表示的均为完整约束。

如果约束方程中包含坐标对时间的导数，或者说约束不仅限制质点系各质点的位置，还限制其速度，则称这种约束为非完整约束或运动约束。其约束方程的一般形式为

$$f_j(x_1, y_1, z_1, \cdots, x_n, y_n, z_n; \dot{x}_1, \dot{y}_1, \dot{z}_1, \cdots, \dot{x}_n, \dot{y}_n, \dot{z}_n; t) = 0 \quad\quad (1\text{-}4)$$

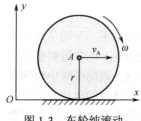

图 1-3　车轮纯滚动

这种约束是用微分方程形式表示的，一般来说是不可积分的。但也有例外的情况，如图 1-3 所示，半径为 r 的车轮沿直线轨道做纯滚动，车轮轮心 A 至轨道的距离始终保持不变，所以其完整约束方程为

$$y_A = r$$

车轮与轨道接触点的速度在每瞬时都为零，车轮受非完整约束，其约束方程为

$$v_A - r\omega = 0$$

或

$$\dot{x}_A - r\dot{\varphi} = 0$$

若将上式积分，则可得

$$x_A - r\varphi = C$$

由此可见，可积分的非完整约束方程通过积分可以转化为完整约束方程。可积分的非完整约束与完整约束实质上是等价的。

非完整约束中最简单的是线性非完整约束，它的约束方程中只包含速度的线性项。线性非完整约束方程的一般形式为

$$\sum_{i=1}^{n} (A_i \dot{x}_i + B_i \dot{y}_i + C_i \dot{z}_i) + D = 0$$

式中，A_i、B_i、C_i 和 D 都是坐标 x_i、y_i、z_i 及时间 t 的函数。

2）双面约束和单面约束

如果约束在两个方向都起限制运动的作用，则称这种约束为双面约束。如图 1-1 所示，小球用长为 l 的刚性杆铰接在支座上，小球只能在半径为 l 的圆周上运动，其约束方程为

$$x^2 + y^2 = l^2$$

如果约束只在一个方向起作用，而在另一个方向能松弛或消失，则称这种约束为单面约束。

如图 1-4 所示，将图 1-1 中的刚性杆换成柔索，则小球不仅可以在半径为 l 的圆周上运动，还可以在圆内运动，其约束方程为

$$x^2 + y^2 \leqslant l^2$$

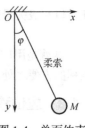

图 1-4　单面约束

　　3）定常约束和不定常约束

　　如果约束方程中不含时间 t，则称这种约束为定常约束或稳定约束。其约束方程的一般形式为

$$f_j(x_1, y_1, z_1, \cdots, x_n, y_n, z_n; \dot{x}_1, \dot{y}_1, \dot{z}_1, \cdots, \dot{x}_n, \dot{y}_n, \dot{z}_n) = 0$$

　　如果约束方程中显含时间 t，则称这种约束为不定常约束或不稳定约束。其约束方程的一般形式为式（1-3）和式（1-4）。

　　在图 1-1 中，若小球被限制在可伸长或收缩的弹性杆上运动，杆的长度为时间 t 的函数，$l = l_0 \pm vt$，则约束方程为

$$x^2 + y^2 = (l_0 \pm vt)^2$$

这种约束是不定常约束。

　　以下我们主要讨论完整、双面和定常约束的情况。其约束方程的一般形式为

$$f_j(x_1, y_1, z_1, \cdots, x_n, y_n, z_n) = 0 \tag{1-5}$$

　　前面所举的式（1-1）和式（1-2）都属于这类约束方程。

1.1.2　自由度和广义坐标

　　设质点系由 n 个质点组成，在直角坐标系中需要用 $3n$ 个坐标来确定质点系的位置。若是自由质点系，我们就说它有 $3n$ 个自由度。若质点系受到 s 个完整约束，其约束方程为式（1-3）和式（1-5），则 $3n$ 个坐标须满足 s 个约束方程，每个约束方程制约方程中的任意一个坐标，因此只有 $3n-s$ 个坐标是独立的，其余的 s 个坐标均可写成这些独立坐标的给定函数。由此可见，要确定质点系的位置不需要 $3n$ 个坐标，只需要确定任意 $N=3n-s$ 个独立坐标即可。确定具有完整约束的质点系位置的独立参数个数称为质点系的自由度数。

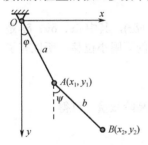

图 1-5　两小球组成的双摆

　　如图 1-5 所示，两根刚性杆连接两个小球组成双摆，确定两个小球位置的直角坐标分别为 (x_1, y_1) 和 (x_2, y_2)，它们必须满足下面两个约束方程：

$$\begin{cases} x_1^2 + y_1^2 = a^2 \\ (x_2 - x_1)^2 + (y_2 - y_1)^2 = b^2 \end{cases}$$

　　由此可见，有两个独立坐标，即质点系有两个自由度。

　　确定一个质点系位置的独立参数一般不是唯一的，如上述双摆，可以选 x_1、y_1 和 x_2、y_2 中的任意两个参数作为独立参数，也可以选取角 φ 和 ψ 作为独立参数。我们把这些能完全确定质点系位置的独立参数称为质点系的广义坐标。显然，质点系的广义坐标数等于确定质点系位置的独立参数数。在完整约束的情况下，质点系的广义坐标数等于自由度数。

　　如果以 $q_1, q_2, \cdots, q_N$ 表示一个非自由质点系的广义坐标，则各质点的直角坐标都可以写成这些广义坐标的函数。对于完整、双面和定常约束，可以写成如下的函数形式：

$$\begin{cases} x_i = x_i(q_1, q_2, \cdots, q_N) \\ y_i = y_i(q_1, q_2, \cdots, q_N) \\ z_i = z_i(q_1, q_2, \cdots, q_N) \end{cases} \tag{1-6}$$

还可以写成矢量形式：

$$r_i = r_i(q_1, q_2, \cdots, q_N) \tag{1-7}$$

这就是用广义坐标表示的各质点位置的一般形式，这种方程中隐含约束条件，这是采用广义坐标的方便之处。

1.1.3　虚位移

讨论了约束的运动学性质后，在此基础上分析约束对质点和质点系位移的限制，从而引出虚位移的概念。

1. 非自由质点的虚位移

设一个质点 M 的运动受到固定曲面 $f(x, y, z)=0$ 的双面约束，如图 1-6 所示。在某瞬时 t，质点的位置为 $r = r(t)$，在满足约束的条件下，经过无限小的时间 dt 后，质点有无限小的位移 dr，这是质点实际发生的位移，称为实位移。

某瞬时，在不破坏约束，即在约束所允许的条件下，质点假想的任意无限小的位移称为质点在该瞬时所在位置的虚位移，或称为可能位移。它不需要经历任何时间。

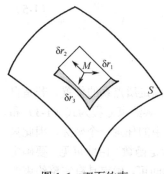

图 1-6　双面约束

虚位移通常用 δr 表示，其中 δ 为变分符号，以与实位移 dr 区别。虚位移可以是线位移，如 δr、δx、δs；也可以是角位移，如 $\delta \varphi$。矢量变分 δr 的方向如图 1-6 中箭头所示，在算式中则取其大小；代数量变分 δx、δs、$\delta \varphi$ 的正向与原代数量一致。在定常约束的情况下，求变分的运算方法与求微分一样，只需将微分符号 d 改为变分符号 δ 即可。

虚位移和实位移是两个不同的概念，虚位移是约束允许的假想位移，不限于一个确定的方向，与时间无关；实位移是在 dt 时间内确实发生的位移。在定常约束的情况下，实位移就是所有可能的虚位移中的一种。

下面我们来分析虚位移是如何反映约束的几何性质的。

设图 1-6 中质点 M 有虚位移 δr，其坐标由 (x, y, z) 变为 $(x+\delta x, y+\delta y, z+\delta z)$，其中 δx、δy、δz 是 δr 在直角坐标轴上的投影，称为坐标的变分。由于虚位移是约束所允许的无限小位移，所以有了虚位移后，质点的坐标仍应满足约束方程，即有

$$f(x+\delta x, y+\delta y, z+\delta z) = 0$$

将上式按泰勒级数展开，因虚位移是无限小量，故舍去高于一阶的高阶微量，可得

$$f(x+\delta x, y+\delta y, z+\delta z)$$
$$= f(x, y, z) + \frac{\partial f}{\partial x}\delta x + \frac{\partial f}{\partial y}\delta y + \frac{\partial f}{\partial z}\delta z = 0$$

由 $f(x, y, z) = 0$，可得

$$\frac{\partial f}{\partial x}\delta x + \frac{\partial f}{\partial y}\delta y + \frac{\partial f}{\partial z}\delta z = 0 \tag{1-8}$$

用 $\boldsymbol{n}$ 表示曲面 $f(x, y, z) = 0$ 在 (x, y, z) 点处的单位法向矢量，因为 $\boldsymbol{n}$ 的方向余弦与对应的 $\dfrac{\partial f}{\partial x}$、$\dfrac{\partial f}{\partial y}$、$\dfrac{\partial f}{\partial z}$ 成正比，所以 $\boldsymbol{n}$ 可以写为

$$\boldsymbol{n} = C\left(\frac{\partial f}{\partial x}\boldsymbol{i} + \frac{\partial f}{\partial y}\boldsymbol{j} + \frac{\partial f}{\partial z}\boldsymbol{k}\right)$$

式中，C 为比例常数。又因为虚位移 δr 的解析表达式为

$$\delta r = \delta x \boldsymbol{i} + \delta y \boldsymbol{j} + \delta z \boldsymbol{k}$$

所以由式（1-8）可得

$$\boldsymbol{n} \cdot \delta r = C\left(\frac{\partial f}{\partial x}\delta x + \frac{\partial f}{\partial y}\delta y + \frac{\partial f}{\partial z}\delta z\right) = 0 \tag{1-9}$$

式（1-9）的几何意义：非自由质点 M 的虚位移 δr 垂直于曲面上该点处的法线，也就是说，虚位移 δr 必在通过该点的曲面的切平面上。在此切平面上自 M 点做出的任意无限小位移都是质点在此瞬时的虚位移。由此例可看出，在定常约束的情况下，质点的实位移确实包含在虚位移中，因此虚位移有时也称为可能位移。

对于不定常约束，得出的结论不是这样的。如图 1-7 所示，单摆的摆长随时间按函数 $l(t)$ 变化，在某瞬时质点 M 的实位移为 $\mathrm{d}r$，而虚位移不需要经历任何时间，在给定的某瞬时可视约束是固定不动的，这时约束所允许的任何无限小位移都是虚位移。假设图 1-7 中瞬时摆长 $l(t)$ 不变，质点只能沿以 O 点为圆心的圆弧运动，质点沿圆弧切线的任一指向的无限小位移 δr 皆为虚位移。显而易见，对于不定常约束，实位移并不包含在虚位移中，不能把虚位移理解为可能发生的位移，这就是我们常采用虚位移而不用可能位移这一名称的原因。

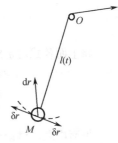

图 1-7 变摆长单摆

2. 非自由质点系的虚位移

质点系各质点之间，质点系与外部之间都由约束联系着。所谓非自由质点系的虚位移，是指在不破坏约束的情况下，质点系中各质点所具有的、几何相容的、任意的一组虚位移。为了不破坏约束条件，质点系各质点的虚位移之间必须满足一定的关系。

下面介绍分析质点系虚位移的两种方法。

1）几何法

前面说过，实位移是所有可能的虚位移中的一种，对非自由质点系来说，实位移就是虚位移中的一组，所以我们可以用求实位移的方法来求各质点虚位移之间的关系。由运动学知识可知，质点的实位移与其速度成正比，即 $\mathrm{d}r = v\mathrm{d}t$，因此可用求质点间速度关系的方法来求各质点实位移之间的关系，如可用速度合成法、速度瞬心法、速度投影法等。总之，只要将有关速度替换成虚位移即可得出虚位移之间的关系。

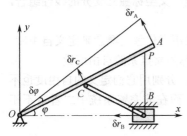

图 1-8 曲柄连杆机构（二）

以如图 1-8 所示的曲柄连杆机构（二）为例，求点 A、B 和点 C 的虚位移之间的关系。该瞬时 $\angle AOB = \varphi$，$OC = BC = a$，$OA = l$。

$$\frac{v_C}{v_A} = \frac{a}{l}$$

将速度 v_C 和 v_A 分别换成虚位移 δr_C 和 δr_A，可得

$$\frac{\delta r_C}{\delta r_A} = \frac{a}{l}$$

因为杆 BC 做平面运动，根据速度瞬心法，其速度瞬心为点 D，所以有

$$\frac{v_C}{v_B} = \frac{DC}{DB} = \frac{a}{2a \cdot \sin\varphi} = \frac{1}{2\sin\varphi}$$

于是得

$$\frac{\delta r_C}{\delta r_B} = \frac{1}{2\sin\varphi}$$

同理可求点 C、A 和点 B 的虚位移之间的关系。

图 1-8 所示的机构是一个单自由度系统，它只有一个广义坐标。若取角 φ 为广义坐标，给杆 OA 一个虚位移 $\delta\varphi$，则由图 1-8 可见，点 C、A、B 的虚位移可写为

$$\delta r_C = a\delta\varphi, \quad \delta r_A = l\delta\varphi, \quad \delta r_B = 2a\sin\varphi\cdot\delta\varphi$$

2）解析法

将点 C、A、B 的坐标表示为广义坐标 φ 的函数，即

$$x_C = a\cos\varphi, \quad y_C = a\sin\varphi$$
$$x_A = l\cos\varphi, \quad y_A = l\sin\varphi$$
$$x_B = 2a\cos\varphi, \quad y_B = 0$$

将上面各式对 φ 求变分，可得

$$\delta x_C = -a\sin\varphi\cdot\delta\varphi, \quad \delta y_C = a\cos\varphi\cdot\delta\varphi$$
$$\delta x_A = -l\sin\varphi\cdot\delta\varphi, \quad \delta y_A = l\cos\varphi\cdot\delta\varphi$$
$$\delta x_B = -2a\sin\varphi\cdot\delta\varphi, \quad \delta y_B = 0$$

推而广之，讨论一般情况，设由 n 个质点组成的质点系受 s 个约束，有 $N = 3n - s$ 个自由度。令 N 个广义坐标为 $q_1, q_2, \cdots, q_N$。根据式（1-6），将各质点的直角坐标表示为广义坐标的函数，质点系的任意虚位移均可用广义坐标的 N 个独立变分 $\delta q_1, \delta q_2, \cdots, \delta q_N$ 来表示，即

$$\begin{cases}\delta x_i = \dfrac{\partial x_i}{\partial q_1}\delta q_1 + \dfrac{\partial x_i}{\partial q_2}\delta q_2 + \cdots + \dfrac{\partial x_i}{\partial q_N}\delta q_N = \sum_{k=1}^{N}\dfrac{\partial x_i}{\partial q_k}\delta q_k \\[2mm] \delta y_i = \dfrac{\partial y_i}{\partial q_1}\delta q_1 + \dfrac{\partial y_i}{\partial q_2}\delta q_2 + \cdots + \dfrac{\partial y_i}{\partial q_N}\delta q_N = \sum_{k=1}^{N}\dfrac{\partial y_i}{\partial q_k}\delta q_k, \quad i=1,2,\cdots,n \\[2mm] \delta z_i = \dfrac{\partial z_i}{\partial q_1}\delta q_1 + \dfrac{\partial z_i}{\partial q_2}\delta q_2 + \cdots + \dfrac{\partial z_i}{\partial q_N}\delta q_N = \sum_{k=1}^{N}\dfrac{\partial z_i}{\partial q_k}\delta q_k\end{cases} \quad (1\text{-}10)$$

其矢量形式为

$$\delta \boldsymbol{r}_i = \frac{\partial \boldsymbol{r}_i}{\partial q_1}\delta q_1 + \frac{\partial \boldsymbol{r}_i}{\partial q_2}\delta q_2 + \cdots + \frac{\partial \boldsymbol{r}_i}{\partial q_N}\delta q_N = \sum_{k=1}^{N}\frac{\partial \boldsymbol{r}_i}{\partial q_k}\delta q_k, \quad i=1,2,\cdots,n \quad (1\text{-}11)$$

式（1-10）和式（1-11）表明，质点系中任一质点的虚位移是广义坐标独立变分的线性组合，δq_k 称为广义虚位移。

通过本节的学习，我们对一般情况（包括非完整系统），可以用虚位移的概念来定义自由度：质点系中质点坐标的独立变分个数，或者说独立的虚位移个数，称为质点系的自由度数。

注意：独立坐标和坐标的独立变分是两个不同的概念，因此，分别用它们定义的自由度也不同。对于完整系统，独立坐标数与坐标的独立变分数是相等的，而在非完整系统中二者是不相等的。

1.1.4 虚位移原理概述

1. 虚功

质点或质点系所受的力在虚位移上所做的功称为虚功。力在虚位移上所做的虚功与力在实位移上所做的元功的计算方法是一样的。虚功表示为

$$\delta W = \boldsymbol{F}\cdot\delta\boldsymbol{r}$$

虚位移是假想的，虚功自然也是假想的。

前面研究了约束的运动学性质，下面我们通过约束力在虚位移上所做的虚功来表示约束的运动学性质。

2．理想约束

在很多情况下，约束力与约束所允许的虚位移相互垂直，约束力所做的虚功等于零，一些系统内部相互作用的约束力所做的虚功之和也等于零，这些约束统称为理想约束，其表达式为

$$\sum \boldsymbol{F}_{N_i} \cdot \delta \boldsymbol{r}_i = 0 \tag{1-12}$$

例如，光滑固定面、光滑铰链、刚性铰链杆、不可伸长的绳索及纯滚动等的理想约束是对约束力在实位移上不做功或做功之和等于零而言的，这些理想约束的约束力在虚位移上同样不做功或所做虚功之和等于零。

理想约束是抽象模型，它表示了许多实际约束的动力学性质。

3．虚位移原理

在应用几何静力学平衡条件求解系统的平衡问题时，需要对每个或几个或全部构件写出平衡方程，这样不仅方程数目多，而且方程中包括诸多约束力。如何直接从整个系统出发来建立平衡时主动力之间的关系或直接求出主动力呢？需要依据虚位移原理解决这个问题。

我们已阐明了约束的运动学和动力学性质，阐明了虚位移的概念和分析方法，下面分析虚位移原理。

对于具有理想约束的质点系，在给定位置平衡的充分和必要条件是主动力系在质点系的任意虚位移上所做的虚功之和等于零。虚位移原理又称为虚功原理，其矢量表达式为

$$\sum \delta W = \sum_{i=1}^{n} \boldsymbol{F}_i \cdot \delta \boldsymbol{r}_i = 0 \tag{1-13}$$

式中，$\boldsymbol{F}_i$ 表示作用在第 i 个质点上的主动力；$\delta \boldsymbol{r}_i$ 表示力 $\boldsymbol{F}_i$ 作用点的虚位移。其解析表达式为

$$\sum \delta W = \sum (X_i \delta x_i + Y_i \delta y_i + Z_i \delta z_i) = 0 \tag{1-14}$$

式中，X_i、Y_i 和 Z_i 表示力 $\boldsymbol{F}_i$ 在直角坐标轴上的投影；δx_i、δy_i 和 δz_i 表示虚位移 $\delta \boldsymbol{r}_i$ 在直角坐标轴上的投影。

式（1-13）和式（1-14）称为虚功方程，又称为静力学普遍方程。

下面来证明虚位移原理。

（1）必要性：若质点系处于平衡状态，则式（1-13）必定成立。

质点系处于平衡状态，其任一质点当然也是处于平衡状态的，故作用在该质点上的主动力 $\boldsymbol{F}_i$ 和约束力 $\boldsymbol{F}_{N_i}$ 的合力必等于零，即

$$\boldsymbol{F}_i + \boldsymbol{F}_{N_i} = 0$$

若给该质点任一虚位移，则有

$$(\boldsymbol{F}_i + \boldsymbol{F}_{N_i}) \cdot \delta \boldsymbol{r}_i = 0$$

对 i 求和，有

$$\sum (\boldsymbol{F}_i + \boldsymbol{F}_{N_i}) \cdot \delta \boldsymbol{r}_i = \sum \boldsymbol{F}_i \cdot \delta \boldsymbol{r}_i + \sum \boldsymbol{F}_{N_i} \cdot \delta \boldsymbol{r}_i = 0$$

因为虚位移原理的前提是质点系受理想约束，所以由式（1-12）知上式中的 $\sum \boldsymbol{F}_{N_i} \cdot \delta \boldsymbol{r}_i = 0$，故得

$$\sum \boldsymbol{F}_i \cdot \delta \boldsymbol{r}_i = 0$$

即式（1-13）成立。

（2）充分性：若式（1-13）成立，则质点系必处于平衡状态，即不能由静止状态进入运动状态。

用反证法证明。若式（1-13）成立，而质点系不平衡，则质点系中某些质点是由静止状态进

入运动状态的。取其中的一个质点来分析，因为其不平衡，所以作用于该质点的主动力 $\boldsymbol{F}_i$ 和约束力 $\boldsymbol{F}_{N_i}$ 的合力不等于零，即

$$\boldsymbol{F}_i + \boldsymbol{F}_{N_i} \neq 0$$

质点在合力的作用下就产生一个实位移 $\mathrm{d}\boldsymbol{r}_i$，方向与合力方向相同。由于我们研究的质点系受定常约束，实位移是虚位移中的一个，因此 $\mathrm{d}\boldsymbol{r}_i$ 可用 $\delta\boldsymbol{r}_i$ 来替代，于是有

$$(\boldsymbol{F}_i + \boldsymbol{F}_{N_i}) \cdot \mathrm{d}\boldsymbol{r}_i = (\boldsymbol{F}_i + \boldsymbol{F}_{N_i}) \cdot \delta\boldsymbol{r}_i > 0$$

质点系中使质点运动的作用力的虚功均为正功，而使质点保持静止状态的作用力的虚功均为零，因此全部虚功相加仍为不等式，即

$$\sum (\boldsymbol{F}_i + \boldsymbol{F}_{N_i}) \cdot \delta\boldsymbol{r}_i > 0$$

由于系统受理想约束，$\sum \boldsymbol{F}_{N_i} \cdot \delta\boldsymbol{r}_i = 0$，故得

$$\sum \boldsymbol{F}_i \cdot \delta\boldsymbol{r}_i > 0$$

显然，此结论与式（1-13）相矛盾。这就证明了虚位移原理的充分性。

应该指出，虚位移原理是在系统受理想约束的情况下得出的。当需要考虑摩擦时，只要把摩擦力视为主动力，该原理仍然适用。同样，欲求约束力，可将约束力作为主动力运用虚位移原理。

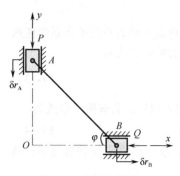

图 1-9　椭圆规机构

例 1.1.1　如图 1-9 所示，椭圆规机构中的连杆 AB 长 l，连杆质量和滑道摩擦不计，铰链为光滑的，求在图示位置平衡时，主动力 P 和 Q 之间的关系。

解：研究整个机构，系统的所有约束都是完整、定常、理想的。下面分别使用几何法和解析法来分析。

1）几何法

使点 A 发生虚位移 δr_A，点 B 发生虚位移 δr_B，则由虚位移原理可得虚功方程为

$$P \cdot \delta r_A - Q \cdot \delta r_B = 0$$

因为有

$$\delta r_A \cdot \sin\varphi = \delta r_B \cdot \cos\varphi$$

即

$$\delta r_B = \delta r_A \cdot \tan\varphi$$

所以有

$$(P - Q\tan\varphi)\delta r_A = 0$$

由 δr_A 的任意性可得

$$P = Q\tan\varphi$$

2）解析法

由于系统为单自由度系统，因此可取 φ 为广义坐标，所以有

$$x_B = l\cos\varphi, \quad y_A = l\sin\varphi$$

$$\delta x_B = -l\sin\varphi\delta\varphi, \quad \delta y_A = l\cos\varphi\delta\varphi$$

由虚位移原理可得

$$-P \cdot \delta y_A - Q \cdot \delta x_B = 0$$

所以有

$$(-P \cdot \cos\varphi + Q \cdot \sin\varphi)l\delta\varphi = 0$$

由 $\delta\varphi$ 的任意性可得

$$P = Q \cdot \tan\varphi$$

例 1.1.2 如图 1-10 所示，半径为 R 的滚子放在粗糙水平面上，连杆 AB 的两端分别与轮缘上的 A 点和滑块 B 铰接。现在滚子上施加矩为 M 的力偶，在滑块上施加力 F，使系统于图示位置处平衡。设力 F 已知，忽略滚动摩阻和各构件质量，不计滑块和各铰链处的摩擦，试求力偶矩 M 及滚子与地面间的摩擦力 F_s。

解： 因为 M、F 做功，所以由虚功原理可得

$$M \frac{\delta s_A}{\sqrt{2}R} - F\delta s_B = 0$$

将 δs_A 和 δs_B 向 AB 方向投影，有

$$\delta s_A = \delta s_B \cos 45°$$

所以有

$$M \frac{\sqrt{2}}{2} \delta s_B / (\sqrt{2}R) - F\delta s_B = 0$$

由 δs_B 的任意性可得

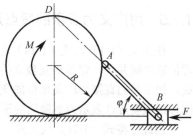

图 1-10 滚子连杆机构

$$M = 2RF$$

又因为 $\sum F_x = 0$，所以有 $F_s = F$。

例 1.1.3 如图 1-11 所示，挖土机挖掘机构支臂 DEF 不动，A、B、D、E、F 为铰链，液压油缸 AD 伸缩时可通过连杆 AB 使挖斗 BFC 绕 F 转动，$EA = FB = a$。当 $\theta_1 = \theta_2 = 30°$ 时，$AE \perp DF$，此时油缸推力为 F。不计构件质量，求此时挖斗可以克服的最大阻力矩 M。

解： 由虚功原理可得

$$F\cos\theta_1 \cdot \delta r_A - M\delta\varphi = 0$$

式中，$\delta\varphi = \dfrac{\delta r_B}{a}$。

将 A、B 两点的虚位移向 AB 方向投影，有

$$\delta r_A \cos\theta_2 = \delta r_B \sin\theta_2 \Rightarrow \delta r_A = \delta r_B \tan\theta_2$$

所以，代入虚功原理可得

$$F\cos\theta_1 \cdot \tan\theta_2 \cdot \delta r_B - M \cdot \frac{\delta r_B}{a} = 0$$

由 $\theta_1 = \theta_2 = 30°$ 可得

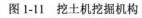

图 1-11 挖土机挖掘机构

$$M = Fa\sin\theta_2, \quad M = \frac{1}{2}Fa$$

例 1.1.4 如图 1-12 所示，曲柄式压缩机的销钉 B 上作用了水平力 F，此力位于平面 ABC 内。作用线平分 $\angle ABC$。设 $AB = BC$，$\angle ABC = 2\theta$，各处摩擦及杆质量不计，求对物体的压缩力。

解： 令 B 点有虚位移 $\delta r_B \perp AB$，C 点有铅直向上的虚位移 δr_C。将 δr_B 及 δr_C 向 BC 方向投影，有

$$\delta r_C \cos(90° - \theta) = \delta r_B \cos(2\theta - 90°)$$

即

$$\frac{\delta r_B}{\delta r_C} = \frac{1}{2\cos\theta}$$

由虚位移原理可得

$$F\delta r_B \sin\theta - F_N \delta r_C = 0$$

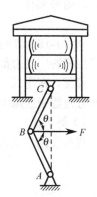

图 1-12 曲柄式压缩机

$$\frac{\delta r_{\mathrm{B}}}{\delta r_{\mathrm{C}}} = \frac{F_{\mathrm{N}}}{F\sin\theta}$$

最后可得

$$F_{\mathrm{N}} = \frac{F}{2}\tan\theta$$

1.1.5　用广义力表示的质点系平衡条件

在由式（1-13）、式（1-14）表达的虚位移原理中，是以质点坐标的变分表示虚位移的，这些虚位移之间并不一定是相互独立的，所以在解题时还要建立它们之间的关系，这样才能将问题解决。如果我们直接用广义坐标的变分来表示虚位移，那么这些广义虚位移是相互独立的，这时虚位移原理就可以表示为更简明的形式。

为此，将式（1-11）代入式（1-13），主动力所做虚功之和可表示为

$$\sum\delta W = \sum_{i=1}^{n}\boldsymbol{F}_i\cdot\delta\boldsymbol{r}_i = \sum_{i=1}^{n}\boldsymbol{F}_i\cdot\left(\sum_{k=1}^{N}\frac{\partial\boldsymbol{r}_i}{\partial q_k}\delta q_k\right)$$

变换求和顺序，得

$$\sum\delta W = \sum_{k=1}^{N}\left(\sum_{i=1}^{n}\boldsymbol{F}_i\cdot\frac{\partial\boldsymbol{r}_i}{\partial q_k}\right)\delta q_k$$

令

$$Q_k = \sum_{i=1}^{n}\boldsymbol{F}_i\cdot\frac{\partial\boldsymbol{r}_i}{\partial q_k} \tag{1-15}$$

则上式可写为

$$\sum\delta W = \sum_{k=1}^{N}Q_k\cdot\delta q_k \tag{1-16}$$

考虑到功是力与位移的乘积，我们称 Q_k 为对应于广义坐标 q_k 的广义力。当 q_k 是线位移时，Q_k 的量纲是力的量纲；当 q_k 是角位移时，Q_k 的量纲是力矩的量纲。广义力随所选的广义坐标的不同而表示不同的物理量。

根据式（1-13）表示的平衡方程，可知式（1-16）等于零，即

$$\sum\delta W = \sum_{k=1}^{N}Q_k\cdot\delta q_k = 0 \tag{1-17}$$

对于受完整约束的质点系，广义虚位移之间是相互独立的，因而是任意的，所以若式（1-17）成立，则必须有

$$Q_1 = Q_2 = \cdots = Q_N = 0 \tag{1-18}$$

式（1-18）表明，具有理想约束的质点系，在给定位置平衡的必要和充分条件是对应于每个广义坐标的广义力都等于零。这是一组 N 个独立的平衡方程。

显然，在用式（1-18）求解质点系的平衡问题时，质点系受的约束越多，广义坐标数就越少，平衡方程数相应越少，求解越方便。关键在于如何表达其广义力，通常有两种方法。

1）解析法

直接使用广义力的定义式，即式（1-15），或用其解析表达式，即

$$Q_k = \sum_{i=1}^{n}\left(X_i\frac{\partial x_i}{\partial q_k} + Y_i\frac{\partial y_i}{\partial q_k} + Z_i\frac{\partial z_i}{\partial q_k}\right) \tag{1-19}$$

也就是将主动力系各力 F_i 的作用点的坐标 x_i、y_i、z_i 写成广义坐标 $q_k(k=1,2,\cdots,N)$ 的函数，对 q_k

求偏导数后代入式（1-19），即求得广义力 Q_k。这种方法即解析法。

2）几何法

可单一求某个广义力，如求 Q_1，给质点系一组特殊的虚位移，其中只令广义坐标中的 q_1 变更，而保持其余 $(N-1)$ 个广义坐标不变，即令 $\delta q_1 \neq 0$，而 $\delta q_2 = \delta q_3 = \cdots = \delta q_N = 0$，这样就可求出所有主动力对应于广义虚位移 q_1 所做的虚功之和，以 $\sum \delta W'$ 表示，由式（1-16）得

$$\sum \delta W' = Q_1 \cdot \delta q_1$$

由此可得

$$Q_1 = \frac{\sum \delta W'}{\delta q_1}$$

用同样的方法可求出 $Q_2, Q_3, \cdots, Q_N$，归纳起来，得

$$Q_k = \frac{\sum \delta W'}{\delta q_k} \tag{1-20}$$

这种方法即几何法。

例 1.1.5　如图 1-13 所示，杆 OA 和 AB 以铰链相连，O 端悬挂于圆柱铰链上，$OA=a$，$AB=b$，杆质量和铰链的摩擦都忽略不计。在点 A 和 B 处分别作用向下的铅垂力 F_A 和 F_B，又在点 B 处作用一水平力 F。试求平衡时 φ_1、φ_2 与 F_A、F_B、F 之间的关系。

解：杆 OA 和 AB 的位置可由点 A 和 B 的坐标 (x_A, y_A) 和 (x_B, y_B) 完全确定，由于杆 OA 和 AB 的长度一定，可列出两个约束方程，即

$$x_A^2 + y_A^2 = a^2, \quad (x_B - x_A)^2 + (y_B - y_A)^2 = b^2$$

因此，系统有两个自由度。现选择 φ_1 和 φ_2 为系统的两个广义坐标，计算其对应的广义力 Q_1 和 Q_2。

1）用解析法求解

$$\begin{cases} Q_1 = F_A \dfrac{\partial y_A}{\partial \varphi_1} + F_B \dfrac{\partial y_B}{\partial \varphi_1} + F \dfrac{\partial x_B}{\partial \varphi_1} \\ Q_2 = F_A \dfrac{\partial y_A}{\partial \varphi_2} + F_B \dfrac{\partial y_B}{\partial \varphi_2} + F \dfrac{\partial x_B}{\partial \varphi_2} \end{cases} \tag{a}$$

由于

$$y_A = a\cos\varphi_1, \quad y_B = a\cos\varphi_1 + b\cos\varphi_2, \quad x_B = a\sin\varphi_1 + b\sin\varphi_2 \tag{b}$$

故有

$$\frac{\partial y_A}{\partial \varphi_1} = -a\sin\varphi_1, \quad \frac{\partial y_B}{\partial \varphi_1} = -a\sin\varphi_1, \quad \frac{\partial x_B}{\partial \varphi_1} = a\cos\varphi_1$$

$$\frac{\partial y_A}{\partial \varphi_2} = 0, \quad \frac{\partial y_B}{\partial \varphi_2} = -b\sin\varphi_2, \quad \frac{\partial x_B}{\partial \varphi_2} = b\cos\varphi_2$$

将其代入式（a），当系统平衡时应有

$$\begin{cases} Q_1 = -(F_A + F_B)a\sin\varphi_1 + Fa\cos\varphi_1 = 0 \\ Q_2 = -F_B b\sin\varphi_2 + Fb\cos\varphi_2 = 0 \end{cases} \tag{c}$$

解得

$$\tan\varphi_1 = \frac{F}{F_A + F_B}, \quad \tan\varphi_2 = \frac{F}{F_B}$$

2）用几何法求解

保持 φ_2 不变，当只有 $\delta\varphi_1$ 时，如图 1-13（b）所示，由式（b）的变分可得一组虚位移，即

$$\delta y_A = \delta y_B = -a\sin\varphi_1 \cdot \delta\varphi_1, \quad \delta x_B = a\cos\varphi_1 \cdot \delta\varphi_1 \qquad \text{(d)}$$

则对应于 φ_1 的广义力为

$$Q_1 = \frac{\sum \delta W_1}{\delta\varphi_1} = \frac{F_A \delta y_A + F_B \delta y_B + F\delta x_B}{\delta\varphi_1}$$

将式（d）代入上式，得

$$Q_1 = -(F_A + F_B)a\sin\varphi_1 + Fa\cos\varphi_1$$

保持 φ_1 不变，当只有 $\delta\varphi_2$ 时，如图 1-13（c）所示，由式（b）的变分可得另一组虚位移，即

$$\delta y_A = 0, \quad \delta y_B = -b\sin\varphi_2 \cdot \delta\varphi_2, \quad \delta x_B = b\cos\varphi_2 \cdot \delta\varphi_2$$

则对应于 φ_2 的广义力为

$$Q_2 = \frac{\sum \delta W_2}{\delta\varphi_2} = \frac{F_A \delta y_A + F_B \delta y_B + F\delta x_B}{\delta\varphi_2}$$

$$= -F_B b\sin\varphi_2 + Fb\cos\varphi_2$$

用两种方法求解所得的广义力相同。在用几何法给出虚位移时，也可直接由几何关系计算。例如，保持 φ_2 不变，当只有 $\delta\varphi_1$ 时，杆 AB 平移，A、B 两点的虚位移相等，点 A 的虚位移大小为 $a\delta\varphi_1$，方向与杆 OA 垂直，如图 1-13（b）所示。沿 x 轴和 y 轴的投影分别为

$$\delta x_A = \delta x_B = -a\delta\varphi_1\cos\varphi_1, \quad \delta y_A = \delta y_B = -a\delta\varphi_1\sin\varphi_1$$

又如，保持 φ_1 不变，当只有 $\delta\varphi_2$ 时，点 A 不动，杆 AB 绕点 A 转动 $\delta\varphi_2$，点 B 的虚位移大小为 $b\delta\varphi_2$，方向与杆 AB 垂直，如图 1-13（c）所示。沿 x 轴和 y 轴的投影分别为

$$\delta x_B = b\delta\varphi_2\cos\varphi_2, \quad \delta y_B = -b\delta\varphi_2\sin\varphi_2$$

计算结果与变分计算结果相同。

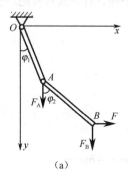 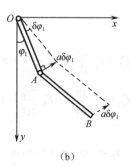 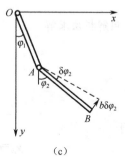

（a）　　　　　　　　　　（b）　　　　　　　　　　（c）

图 1-13　双连杆机构

1.1.6　动力学普遍方程

利用虚位移原理可推导出动力学普遍方程，该方程中不出现约束力，提供了具有任意自由度系统的全部运动方程。动力学普遍方程是分析动力学的基础。

设质点系由 n 个质点组成，其中第 i 个质点的质量为 m_i，其上作用的主动力的合力为 F_i，约束力的合力为 F_{Ni}，假想的惯性力 $F_{gi} = -m_i a_i$，则由达朗贝尔原理知，F_i、F_{Ni} 和 F_{gi} 组成一个平衡力系，即

$$F_i + F_{Ni} + F_{gi} = 0$$

给质点系一个虚位移，其中第 i 个质点的虚位移为 δr_i，应用虚位移原理，有

$$(F_i + F_{Ni} + F_{gi}) \cdot \delta r_i = 0$$

对上式取和，得

$$\sum (F_i + F_{Ni} + F_{gi}) \cdot \delta r_i = 0$$

在理想约束的情况下，有

$$\sum \boldsymbol{F}_{Ni} \cdot \delta \boldsymbol{r}_i = 0$$

于是得

$$\sum (\boldsymbol{F}_i + \boldsymbol{F}_{gi}) \cdot \delta \boldsymbol{r}_i = 0 \qquad (1\text{-}21)$$

或

$$\sum (\boldsymbol{F}_i - m_i \boldsymbol{a}_i) \cdot \delta \boldsymbol{r}_i = 0 \qquad (1\text{-}22)$$

其解析表达式为

$$\sum [(X_i - m_i \ddot{x}_i) \cdot \delta x_i + (Y_i - m_i \ddot{y}_i) \cdot \delta y_i + (Z_i - m_i \ddot{z}_i) \cdot \delta z_i] = 0 \qquad (1\text{-}23)$$

式（1-21）、式（1-22）、式（1-23）统称为动力学普遍方程。动力学普遍方程表明，在理想约束情况下，任一瞬时，作用于质点系的主动力和惯性力在质点系的任意虚位移上所做的虚功之和等于零。

运用动力学普遍方程可以求解质点系的动力学问题，特别是非自由质点系的动力学问题。下面举例说明。

例 1.1.6 在如图 1-14 所示的滑轮系统中，动滑轮上悬挂着质量为 m_1 的重物，绳子绕过定滑轮后悬挂着质量为 m_2 的重物。设滑轮和绳子的质量及轮轴摩擦都忽略不计，求质量为 m_2 的重物的加速度。

解：取整个滑轮系统为研究对象，系统具有理想约束。系统所受的主动力为 $m_1 g$ 和 $m_2 g$，惯性力为

$$F_{I1} = -m_1 a_1, \quad F_{I2} = -m_2 a_2$$

给系统以虚位移 δs_1 和 δs_2，由动力学普遍方程得

$$(m_2 g - m_2 a_2)\delta s_2 - (m_1 g + m_1 a_1)\delta s_1 = 0$$

这是一个单自由度系统，所以 δs_1 和 δs_2 中只有一个是独立的。由定滑轮和动滑轮的传动关系，有

$$\delta s_1 = \frac{\delta s_2}{2}, \quad a_1 = \frac{a_2}{2}$$

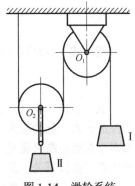

图 1-14 滑轮系统

将上式代入前一个式子，有

$$(m_2 g - m_2 a_2)\delta s_2 - \left(m_1 g + m_1 \frac{a_2}{2}\right)\frac{\delta s_2}{2} = 0$$

消去 δs_2，得

$$a_2 = \frac{4m_2 - 2m_1}{4m_2 + m_1} g$$

由以上例题可见，用动力学普遍方程求解问题的关键是先将约束方程代入虚功方程，再利用独立虚位移的任意性求解。

1.2 机械振动及控制

机械振动是日常生活和工程中普遍存在的现象，如钟摆的摆动、汽车的颠簸、混凝土振动捣实、地震等，其特点是物体围绕其平衡位置做往复运动。掌握机械振动的基本规律，可以更好地利用有益的振动并减小振动的危害。

机械系统的振动往往是非常复杂的，应先根据具体情况及要求将机械系统简化为单自由度系统、多自由度系统及连续体等物理模型，再运用力学原理及数学工具进行分析。本节只研究单自由度和多自由度系统的振动。单自由度系统的振动反映了振动的一些最基本的规律；两自由度系

统的一些特点可推广到多自由度系统中。

1.2.1　单自由度系统的自由振动

1. 自由振动微分方程

许多振动系统可以简化为由一个质量块和一个弹簧构成的弹簧-质量块系统，而且往往是在重力影响下沿铅垂方向振动的，具有一个自由度，可简化为如图 1-15 所示的模型。为分析其运动规律，先列出其运动微分方程。

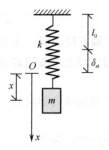

图 1-15　单自由度振动系统

设弹簧原长为 l_0，刚度系数为 k。在重力 mg 的作用下弹簧的变形量为 δ_{st}，这种变形称为静变形，这一位置称为平衡位置。平衡时重力和弹性力大小相等，即 $mg = k\delta_{st}$，由此有

$$\delta_{st} = mg/k \tag{1-24}$$

为研究方便，取质量块的平衡位置点 O 为坐标原点，取 x 轴的正向为竖直向下，则当质量块在任意位置 x 处时，弹簧力 F 在 x 轴上的投影为

$$F_x = -k\delta = -k(\delta_{st} + x)$$

其运动微分方程为

$$m\frac{d^2x}{dt^2} = mg - k(\delta_{st} + x)$$

考虑式（1-24），则上式变为

$$m\frac{d^2x}{dt^2} = -kx \tag{1-25}$$

式（1-25）表明，质量块偏离平衡位置于坐标 x 处，将受到与偏离距离成正比而与偏离方向相反的合力，此力称为恢复力。只在恢复力作用下维持的振动称为无阻尼自由振动。上例中的重力对于振动系统来说是一般常力的特例，常力加在振动系统上只改变其平衡位置，只要将坐标原点取在平衡位置处，就可得到如式（1-25）所示的运动微分方程。

将式（1-25）等号两端同除以质量 m，并设

$$\omega_0^2 = k/m \tag{1-26}$$

移项后可得

$$\frac{d^2x}{dt^2} + \omega_0^2 x = 0 \tag{1-27}$$

式（1-27）为无阻尼自由振动微分方程的标准形式，它是一个二阶齐次线性微分方程，其解具有如下形式：

$$x = e^{rt}$$

式中，r 为待定系数。将上式代入式（1-27）后，消去公因子 e^{rt}，得到本征方程，即

$$r^2 + \omega_0^2 = 0$$

本征方程的两个根为

$$r_1 = +i\omega_0, \quad r_2 = -i\omega_0$$

式中，$i = \sqrt{-1}$；r_1 和 r_2 是两个共轭虚根。式（1-27）的解为

$$x = C_1 \cos\omega_0 t + C_2 \sin\omega_0 t \tag{1-28}$$

式中，C_1 和 C_2 是积分常数，由运动的起始条件确定。令

$$A = \sqrt{C_1^2 + C_2^2}, \quad \tan\theta = \frac{C_1}{C_2}$$

则式（1-28）可改写为

$$x = A\sin(\omega_0 t + \theta) \tag{1-29}$$

式（1-29）表示无阻尼自由振动是简谐振动。

2．无阻尼自由振动的特点

1）固有频率

无阻尼自由振动是简谐振动，是一种周期振动。所谓周期振动，是指对任何瞬时 t，其运动规律 $x(t)$ 总可以写为

$$x(t) = x(t+T)$$

式中，T 为常数，称为周期，单位为 s。这种振动经过时间 T 后又重复原来的运动。

由式（1-29）知，角度周期为 2π，则有

$$[\omega_0(t+T)+\theta]-(\omega_0 t+\theta)=2\pi$$

由此可得，自由振动的周期为

$$T = 2\pi/\omega_0 \tag{1-30}$$

由式（1-30）可得

$$\omega_0 = 2\pi\frac{1}{T}=2\pi f \tag{1-31}$$

式中，$f=\frac{1}{T}$ 称为振动的频率，表示每秒的振动次数，其单位为 1/s 或 Hz（赫兹）；ω_0 表示 2π s 内的振动次数，其单位为 rad/s（弧度/秒）。由式（1-26）可得

$$\omega_0 = \sqrt{\frac{k}{m}} \tag{1-32}$$

式（1-32）表明，ω_0 只与表征振动系统本身特性的质量 m 和刚度系数 k 有关，而与运动的初始条件无关，这是振动系统固有的特性，所以称 ω_0 为固有角（圆）频率（一般也称为固有频率）。固有频率是振动理论的重要概念，它反映了振动系统的动力学特性，计算振动系统的固有频率是研究振动系统问题的重要课题之一。

将式（1-24）代入式（1-32），得

$$\omega_0 = \sqrt{\frac{g}{\delta_{st}}} \tag{1-33}$$

式（1-33）表明，对上述振动系统，只要知道重力作用下的静变形量，就可以求得振动系统的固有频率。例如，我们可以根据车厢下面弹簧的压缩量来估计车厢上下振动的频率。显然，满载时车厢的弹簧静变形量比空载时大，故满载时车厢的振动频率比空载时低。

2）振幅与初相角

在简谐振动表达式，即式（1-29）中，A 表示相对于中心点 O 的最大位移，称为振幅；$(\omega_0 t+\theta)$ 称为相位（或相位角），相位决定了质点在某瞬时 t 的位置，它具有角度的量纲；θ 称为初相角，它决定了质点运动的起始位置。

自由振动的振幅 A 和初相角 θ 是两个待定系数，它们由运动的初始条件确定。设在 $t=0$ 时，物块的坐标 $x=x_0$，速度 $v=v_0$。为求 A 和 θ，将式（1-29）等号两端对时间 t 求一阶导数，得出物块的速度为

$$v = \frac{dx}{dt} = A\omega_0 \cos(\omega_0 t + \theta) \tag{1-34}$$

然后将初始条件代入式（1-29）和式（1-34），得

$$x_0 = A\sin\theta, \quad v_0 = A\omega_0 \cos\theta$$

由上述两式可得，振幅 A 和初相角 θ 的表达式为

$$A=\sqrt{x_0^2+\frac{v_0^2}{\omega_0^2}}, \quad \tan\theta=\frac{\omega_0 x_0}{v_0} \tag{1-35}$$

由式（1-35）可以看出，自由振动的振幅和初相角都与初始条件有关。

3. 弹簧并联与串联

图 1-16 表示由两个刚度系数分别为 k_1、k_2 的弹簧构成的并联、串联系统。图 1-16（a）所示为弹簧并联系统，图 1-16（b）所示为弹簧串联系统。下面分别研究这两个系统的固有频率和等效弹簧刚度系数。

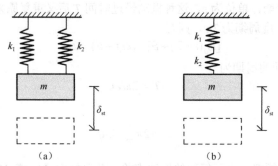

图 1-16　弹簧并联、串联系统

1）弹簧并联

设物块在重力 mg 作用下平移，其静变形量为 δ_{st}，两个弹簧分别受力 F_1 和 F_2，如图 1-16（a）所示，因为弹簧变形量相同，所以有

$$F_1=k_1\delta_{st}, \quad F_2=k_2\delta_{st}$$

在平衡时有

$$mg = F_1+F_2=(k_1 + k_2)\delta_{st}$$

令

$$k_{eq}=k_1 + k_2 \tag{1-36}$$

称 k_{eq} 为等效弹簧刚度系数，则有

$$mg = k_{eq}\delta_{st}$$

或

$$\delta_{st} = mg/k_{eq}$$

因此，上述弹簧并联系统的固有频率为

$$\omega_0=\sqrt{\frac{k_{eq}}{m}}=\sqrt{\frac{k_1+k_2}{m}}$$

此系统相当于有一个等效弹簧，当两个弹簧并联时，其等效弹簧刚度系数等于两个弹簧刚度系数的和。这一结论也可推广到多个弹簧并联的情况中。

2）弹簧串联

如图 1-16（b）所示，两个弹簧串联，每个弹簧受的力都等于物块的重力 mg，因此两个弹簧的静伸长量分别为

$$\delta_{st1} = mg/k_1, \quad \delta_{st2} = mg/k_2$$

两个弹簧总的静伸长量为

$$\delta_{st} = \delta_{st1} + \delta_{st2} = mg\left(\frac{1}{k_1} + \frac{1}{k_2}\right)$$

设弹簧串联系统的等效弹簧刚度系数为 k_{eq}，则有

$$\delta_{st} = mg/k_{eq}$$

比较上面两式得

$$\frac{1}{k_{eq}} = \frac{1}{k_1} + \frac{1}{k_2} \tag{1-37a}$$

或

$$k_{eq} = \frac{k_1 k_2}{k_1 + k_2} \tag{1-37b}$$

上述弹簧串联系统的固有频率为

$$\omega_0 = \sqrt{\frac{k_{eq}}{m}} = \sqrt{\frac{k_1 k_2}{m(k_1 + k_2)}}$$

由此可见，当两个弹簧串联时，其等效弹簧刚度系数的倒数等于两个弹簧刚度系数倒数的和。这一结论也可以推广到多个弹簧串联的情况中。

4. 其他类型的单自由度振动系统

除弹簧与质量块组成的振动系统以外，工程中还有很多振动系统，如扭转系统、多体系统等，这些系统在形式上虽然不同，但它们的运动微分方程却具有相同的形式。

图 1-17 所示为扭转系统，其中圆盘对于中心轴的转动惯量为 J_O，刚性固定在扭杆的一端。扭杆另一端固定，圆盘相对于固定端的扭转角用 φ 表示，扭杆的扭转刚度系数为 k_t，它表示使圆盘产生单位扭转角所需的力矩。根据刚体转动微分方程可建立圆盘转动的运动微分方程，即

$$J_O \frac{d^2 \varphi}{dt^2} = -k_t \varphi$$

令 $\omega_0^2 = \dfrac{k_t}{J_O}$，则上式可变为

$$\frac{d^2 \varphi}{dt^2} + \omega_0^2 \varphi = 0$$

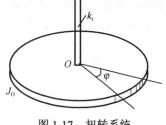

图 1-17 扭转系统

此式与式（1-27）相同。

例 1.2.1 质量 $m=0.5\text{kg}$ 的物块，沿光滑斜面无初速度滑下，如图 1-18 所示。当物块下落高度 $h=0.1\text{m}$ 时撞到无质量的弹簧上并与弹簧不再分离。弹簧的刚度系数 $k=0.8\text{kN/m}$，倾角 $\beta=30°$，求此系统的固有频率和振幅，并给出物块的运动方程。

解： 物块于弹簧的自然位置 A 处碰到弹簧，当物块平衡时，由于斜面的影响，弹簧应有变形量

$$\delta_0 = \frac{mg\sin\beta}{k} \tag{a}$$

以物块平衡位置点 O 为原点，取 x 轴如图 1-18 所示。物块在任意位置 x 处受重力 mg、斜面约束力 F_N 和弹簧力 F 作用，物块沿 x 轴的运动微分方程为

$$m\frac{d^2 x}{dt^2} = mg\sin\beta - k(\delta_0 + x) \tag{b}$$

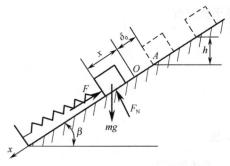

图 1-18 沿斜面的弹簧-质量块系统

将式（a）代入式（b），得

$$m\frac{\mathrm{d}^2x}{\mathrm{d}t^2}=-kx$$

上式与式（1-25）完全相同，表明斜面倾角 β 与物块运动微分方程无关。由式（1-29）得，此系统的通解为

$$x=A\sin(\omega_0 t+\theta)$$

由式（1-26）得，固有频率为

$$\omega_0=\sqrt{\frac{k}{m}}=\sqrt{\frac{0.8\mathrm{N/m}\times1000}{0.5\mathrm{kg}}}=40\mathrm{rad/s}$$

由此可见，固有频率与斜面倾角 β 无关。

当物块碰到弹簧时，取时间 $t=0$ 作为振动的起点，此时物块的坐标，即初始位置为

$$x_0=-\delta_0=-\frac{0.5\mathrm{kg}\times9.8\mathrm{m/s}^2\times\sin30^\circ}{0.8\mathrm{N/m}\times1000}\approx-3.06\times10^{-3}\mathrm{m}$$

当物块碰到弹簧时，初始速度为

$$v_0=\sqrt{2gh}=\sqrt{2\times9.8\mathrm{m/s}^2\times0.1\mathrm{m}}=1.4\mathrm{m/s}$$

将上式代入式（1-35），可得振幅和初相角为

$$A=\sqrt{x_0^2+\frac{v_0^2}{\omega_0^2}}\approx35.1\mathrm{mm},\quad\theta=\arctan\frac{\omega_0 x_0}{v_0}\approx-0.087\mathrm{rad}$$

此物块的运动方程为

$$x=35.1\sin(40t-0.087)$$

例 1.2.2　图 1-19 所示为弹簧-质量块系统（一）。设轮子无侧向摆动，且轮子与绳子之间无滑动，不计绳子和弹簧的质量，轮子是均质的，半径为 R，质量为 M，重物质量为 m，试列出系统微幅振动微分方程，并求出其固有频率。

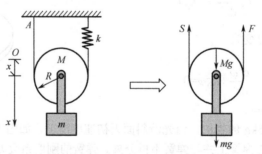

图 1-19　弹簧-质量块系统（一）

解： 以 x 为广义坐标（静平衡位置为坐标原点），当静平衡时有

$$(M+m)gR=k\delta_{\mathrm{st}}\cdot2R$$

由上式可得，静伸长量为

$$\delta_{\mathrm{st}}=\frac{M+m}{2k}g$$

在任意位置 x 时，弹簧拉力为

$$F=k(\delta_{\mathrm{st}}+2x)=\frac{M+m}{2}g+2kx$$

下面应用动量矩定理求系统振动微分方程，系统对 A 点的动量矩为

$$L_{\mathrm{A}} = m\dot{x}R + M\dot{x}R + \frac{1}{2}MR^2\frac{\dot{x}}{R} = \left(\frac{3}{2}M + m\right)R\dot{x}$$

外力对 A 点的合力矩为

$$m_{\mathrm{A}}(F) = (M + m)gR - F \cdot 2R = -4kxR$$

由动量矩定理 $\dfrac{\mathrm{d}L_{\mathrm{A}}}{\mathrm{d}t} = \sum m_{\mathrm{A}}(F)$，得

$$\left(\frac{3}{2}M + m\right)R\ddot{x} = -4kxR$$

故系统微幅振动微分方程为

$$\left(\frac{3}{2}M + m\right)\ddot{x} + 4kx = 0$$

系统的固有频率为

$$\omega_0 = \sqrt{\frac{8k}{3M + 2m}}$$

1.2.2　计算固有频率的能量法

在分析一个系统的振动问题时，确定其固有频率是很重要的。按前述理论可以通过系统的振动微分方程来计算系统的固有频率。下面介绍另外一种计算固有频率的方法——能量法。能量法从机械能守恒定律出发，对于计算较复杂系统的固有频率往往更方便。

对如图 1-15 所示的无阻尼振动系统，当系统做自由振动时，物块的运动为简谐振动，它的运动规律可以写为

$$x = A\sin(\omega_0 t + \theta)$$

运动速度为

$$v = \frac{\mathrm{d}x}{\mathrm{d}t} = \omega_0 A\cos(\omega_0 t + \theta)$$

在瞬时 t 物块的动能为

$$T = \frac{1}{2}mv^2 = \frac{1}{2}m\omega_0^2 A^2\cos^2(\omega_0 t + \theta)$$

系统的势能 V 为弹簧势能与重力势能的和，若选平衡位置为零势能点，则有

$$V = \frac{1}{2}k[(x + \delta_{\mathrm{st}})^2 - \delta_{\mathrm{st}}^2] - mgx$$

因为 $k\delta_{\mathrm{st}} = mg$，所以有

$$V = \frac{1}{2}kx^2 = \frac{1}{2}kA^2\sin^2(\omega_0 t + \theta)$$

由此可见，对于有重力影响的弹性系统，如果以平衡位置为零势能点，则重力势能与弹性力势能的和相当于由平衡位置（不由自然位置）处计算变形的单独弹性力的势能。

当物块处于平衡位置（振动中心）时，其速度达到最大值，物块具有最大动能，即

$$T_{\max} = \frac{1}{2}m\omega_0^2 A^2 \tag{1-38}$$

当物块处于偏离振动中心的极端位置时，其位移最大，物块具有最大势能，即

$$V_{\max} = \frac{1}{2}kA^2 \tag{1-39}$$

无阻尼自由振动系统是保守系统，系统的机械能守恒。因为在平衡位置时，系统的势能为零，

其动能 T_{max} 就是全部机械能。在振动的极端位置时，系统的动能为零，其势能 V_{max} 就是全部机械能。由机械能守恒定律，有

$$T_{max} = V_{max} \qquad (1\text{-}40)$$

对于弹簧-质量块系统，将式（1-38）和式（1-39）代入式（1-40），即可得到系统的固有频率，即

$$\omega_0 = \sqrt{k/m}$$

根据上述道理，我们还可以求出其他类型机械振动系统的固有频率，下面举例说明。

例 1.2.3 在如图 1-20 所示的系统中，摆杆 OA 对铰接点 O 的转动惯量为 J，在杆的点 A 和 B 处各安装一个刚度系数分别为 k_1 和 k_2 的弹簧，系统在水平位置时处于平衡状态，求系统做微振动时的固有频率。

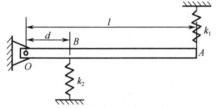

解： 设摆杆 OA 在做自由振动时，其摆角 φ 的变化规律为

$$\varphi = \Phi \sin(\omega_0 t + \theta)$$

则在系统振动时摆杆的最大角速度 $\dot{\varphi} = \omega_0 \Phi$，因此系统的最大动能为

$$T_{max} = \frac{1}{2} J \omega_0^2 \Phi^2$$

图 1-20　弹簧-质量块系统（二）

摆杆的最大角位移为 Φ，若选择平衡位置为零势能点，在计算系统势能时可以不计重力，而由平衡位置计算弹簧变形量，则此时最大势能等于两个弹簧最大势能的和，有

$$V_{max} = \frac{1}{2} k_1 (l\Phi)^2 + \frac{1}{2} k_2 (d\Phi)^2 = \frac{1}{2}(k_1 l^2 + k_2 d^2)\Phi^2$$

由机械能守恒定律，有

$$T_{max} = V_{max}$$

即

$$\frac{1}{2} J \omega_0^2 \Phi^2 = \frac{1}{2}(k_1 l^2 + k_2 d^2)\Phi^2$$

解得，固有频率为

$$\omega_0 = \sqrt{\frac{k_1 l^2 + k_2 d^2}{J}}$$

例 1.2.4 如图 1-21 所示，鼓轮的质量为 M，对轮心的回转半径为 ρ，在水平面上只滚不滑，大轮半径为 R，小轮半径为 r，弹簧的刚度系数分别为 k_1 和 k_2，重物质量为 m，不计鼓轮和弹簧质量，且绳索不可伸长。求系统的固有频率。

解： 取静平衡位置 O 点为坐标原点，取 C 偏离平衡位置的距离 x 为广义坐标。系统随坐标 x 的变化规律为

$$x = A\sin(\omega_0 t + \theta)$$

系统的最大角速度为 $\dot{x} = \omega_0 A$，因此系统的最大动能为

$$T_{max} = \frac{1}{2} M (\omega_0 A)^2 + \frac{1}{2} M \rho^2 \left(\frac{\omega_0 A}{R}\right)^2 + m \left(\frac{R+r}{R}\omega_0 A\right)^2$$

$$= \frac{M(\rho^2 + R^2) + m(R+r)^2}{2R^2} \omega_0^2 A^2$$

系统的最大势能等于两个弹簧最大势能的和，即

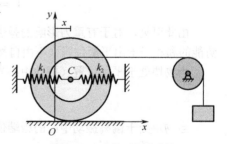

图 1-21　弹簧-鼓轮系统

$$V_{\max} = \frac{1}{2}(k_1 + k_2)A^2$$

由机械能守恒定律，有

$$T_{\max} = V_{\max}$$

即

$$\frac{M(\rho^2 + R^2) + m(R+r)^2}{2R^2}\omega_0^2 A^2 = \frac{1}{2}(k_1 + k_2)A^2$$

解得，固有频率为

$$\omega_0 = \sqrt{\frac{(k_1 + k_2)R^2}{M(\rho^2 + R^2) + m(R+r)^2}}$$

1.2.3　单自由度系统的有阻尼自由振动

1．阻尼

1.2.2 节所研究的振动是不受阻力作用的，振动的振幅是不随时间改变的，振动过程将无限地进行下去。但实际中的自由振动多是随时间不断减小的，直到最后振动停止。理论与实际的不一致说明，在振动过程中，系统除受恢复力的作用以外，还受某种影响振动的阻力，这种阻力不断消耗着振动的能量，使振幅不断地减小。

人们习惯将振动过程中的阻力称为阻尼。产生阻尼的原因很多，如在介质中振动的介质阻尼、由结构材料变形产生的内阻尼和由接触面的摩擦产生的干摩擦阻尼等。当振动速度不大时，由介质黏性产生的阻力近似地与速度的一次方成正比，这样的阻尼称为黏性阻尼。设振动质点的运动速度为 v，则黏性阻尼 R 可以表示为

$$R = -cv \tag{1-41}$$

式中，比例常数 c 称为黏性阻尼系数（简称阻尼系数）；负号表示阻力与速度的方向相反。

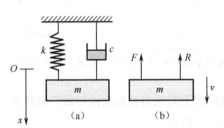

图 1-22　有阻尼振动系统

当振动系统中存在黏性阻尼时，经常用图 1-22 中的阻尼元件（阻尼系数为 c）表示。一般的机械振动系统都可以简化为由惯性元件（质量为 m）、弹性元件（刚度系数为 k）和阻尼元件（阻尼系数为 c）组成的系统。

2．振动微分方程

现建立如图 1-22 所示的有阻尼振动系统的自由振动微分方程。前述理论已经表明，若以平衡位置为坐标原点，则在建立此系统的振动微分方程时可以不再计入重力的作用。这样，在振动过程中作用在物块上的力有以下几种。

（1）恢复力 F，方向指向平衡位置 O，大小与偏离平衡位置的距离成正比，即

$$F = -kx$$

（2）黏性阻 R，方向与速度方向相反，大小与速度成正比，即

$$R = -cv_x = -c\frac{\mathrm{d}x}{\mathrm{d}t}$$

物块的运动微分方程为

$$m\frac{\mathrm{d}^2 x}{\mathrm{d}t^2} = -kx - c\frac{\mathrm{d}x}{\mathrm{d}t}$$

将上式等号两端同除以 m，并令

$$\omega_0^2 = \frac{k}{m}, \quad n = \frac{c}{2m} \tag{1-42}$$

式中，ω_0 为固有角（圆）频率；n 为阻尼系数。前式可整理为

$$\frac{d^2x}{dt^2} + 2n\frac{dx}{dt} + \omega_0^2 x = 0 \tag{1-43}$$

式（1-43）是有阻尼自由振动微分方程的标准形式，它仍是一个二阶齐次常系数线性微分方程，其解可设为

$$x = e^{rt}$$

将上式代入式（1-43），并消去公因子 e^{rt}，可得本征方程为

$$r^2 + 2nr + \omega_0^2 = 0$$

该方程的两个根为

$$r_1 = -n + \sqrt{n^2 - \omega_0^2}, \quad r_2 = -n - \sqrt{n^2 - \omega_0^2}$$

因此，式（1-43）的通解为

$$x = C_1 e^{r_1 t} + C_2 e^{r_2 t} \tag{1-44}$$

在上述解中，当本征根为实数或复数时，运动规律有很大的不同，因此下面按 $n < \omega_0$、$n > \omega_0$ 和 $n = \omega_0$ 三种不同状态分别进行讨论。

3. 欠阻尼状态

当 $n < \omega_0$ 时，阻尼系数 $c < 2\sqrt{mk}$，这时阻尼较小，为欠阻尼状态。这时本征方程的两个根为共轭复数，即

$$r_1 = -n + i\sqrt{\omega_0^2 - n^2}, \quad r_2 = -n - i\sqrt{\omega_0^2 - n^2}$$

式中，$i = \sqrt{-1}$。这时微分方程的解，即式（1-44）可以根据欧拉公式写为

$$x = A e^{-nt} \sin(\sqrt{\omega_0^2 - n^2}\, t + \theta) \tag{1-45a}$$

或

$$x = A e^{-nt} \sin(\omega_d t + \theta) \tag{1-45b}$$

式中，A 和 θ 为两个积分常数，由运动的初始条件确定；$\omega_d = \sqrt{\omega_0^2 - n^2}$，表示有阻尼自由振动的固有角（圆）频率。

设在初瞬时（$t = 0$），质点的坐标 $x = x_0$，速度 $v = v_0$，仿照求无阻尼自由振动的初始振幅和初相角的方法，可求得有阻尼自由振动中的初始振幅和初相角，分别为

$$A = \sqrt{x_0^2 + \frac{(v_0 + nx_0)^2}{\omega_0^2 - n_2}} \tag{1-46}$$

$$\tan\theta = \frac{x_0\sqrt{\omega_0^2 - n^2}}{v_0 + nx_0} \tag{1-47}$$

式（1-45）是欠阻尼状态下的自由振动表达式，这种振动的振幅是随时间不断衰减的，所以又称为衰减振动。衰减振动的运动图如图 1-23 所示。

由衰减振动的表达式，即式（1-45）知，这种振动不符合周期振动的定义，所以不是周期振动。但这种振动仍然是围绕平衡位置的往复运动，仍具有振动的特点。我们将质点从一个最远偏离位置到下一个最远偏离位置所需的时间称为衰减振动的周

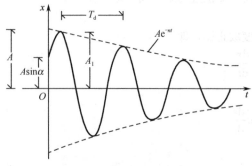

图 1-23　衰减振动的运动图

期，记为 T_d，如图 1-23 所示。由式（1-45）得

$$T_d = \frac{2\pi}{\omega_d} = \frac{2\pi}{\sqrt{\omega_0^2 - n^2}} \tag{1-48a}$$

或

$$T_d = \frac{2\pi}{\omega_0\sqrt{1 - \left(\dfrac{n}{\omega_0}\right)^2}} = \frac{2\pi}{\omega_0\sqrt{1 - \zeta^2}} \tag{1-48b}$$

式中，

$$\zeta = \frac{n}{\omega_0} = \frac{c}{2\sqrt{mk}} \tag{1-49}$$

ζ 称为阻尼比。阻尼比是振动系统中反映阻尼特性的重要参数，在欠阻尼状态下，$\zeta < 1$。由式（1-48b）可以得到有阻尼自由振动的周期 T_d、频率 f_d 和角频率 ω_d 与相应的无阻尼自由振动的 T、频率 f 和 ω_0 的关系，即

$$T_d = \frac{T}{\sqrt{1 - \zeta^2}}, \quad f_d = f\sqrt{1 - \zeta^2}, \quad \omega_d = \omega_0\sqrt{1 - \zeta^2}$$

由上述三式可以看出，阻尼的存在使系统自由振动的周期增大、频率减小。在空气中的振动系统阻尼比都比较小，对振动的频率影响不大，一般可以认为 $T_d = T$，$\omega_d = \omega_0$。

由衰减振动的运动规律，即式（1-45）可见，Ae^{-nt} 相当于振幅。设在某瞬时 t_i，振动达到的最大偏离值为 A_i，则有

$$A_i = Ae^{-nt_i}$$

经过一个周期 T_d 后，系统到达另一个比前者略小的最大偏离值 A_{i+1}（见图 1-23），有

$$A_{i+1} = Ae^{-n(t_i + T_d)}$$

这两个相邻振幅之比为

$$\frac{A_i}{A_{i+1}} = \frac{Ae^{-nt_i}}{Ae^{-n(t_i + T_d)}} = e^{nT_d} \tag{1-50}$$

这个比值称为减缩因数。由式（1-50）可以看出，任意两个相邻振幅之比为一个常数，所以衰减振动的振幅呈几何级数减小。

上述分析表明，在欠阻尼状态下，阻尼对自由振动的频率影响较小，但阻尼对自由振动的振幅影响较大，使振幅呈几何级数减小。例如，当阻尼比 $\zeta = 0.05$ 时，可以计算出其振动频率只比无阻尼自由振动时下降 0.125%，而减缩因数为 0.7301。经过 10 个周期后，振幅只有原振幅的 3.3%。

对式（1-50）等号两端取自然对数得

$$\Lambda = \ln\frac{A_i}{A_{i+1}} = nT_d \tag{1-51}$$

式中，Λ 称为对数减缩。

将式（1-48b）和式（1-49）代入式（1-51），可以得出对数减缩与阻尼比的关系为

$$\Lambda = \ln\frac{2\pi\zeta}{\sqrt{1 - \zeta^2}} \approx 2\pi\zeta \tag{1-52}$$

式（1-52）表明，对数减缩 Λ 是阻尼比 ζ 的 2π 倍，因此 Λ 也是反映阻尼特性的一个参数。

4. 临界阻尼状态和过阻尼状态

当 $n = \omega_0(\zeta = 1)$ 时，为临界阻尼状态。这时系统的阻尼系数用 c_{cr} 表示，c_{cr} 称为临界阻尼系数。

由式（1-49）得

$$c_{cr} = 2\sqrt{mk} \tag{1-53}$$

在临界阻尼状态下，本征方程的根为两个相等的实根，即

$$r_1 = r_2 = -n$$

因此，式（1-43）的解为

$$x = e^{-nt}(C_1 + C_2 t) \tag{1-54}$$

式中，C_1 和 C_2 为两个积分常数，由运动的起始条件决定。

式（1-54）表明，这时物体的运动随时间的增长而无限地趋于平衡位置，因此运动已不具备振动的特点。

当 $n > \omega_0 (\zeta > 1)$ 时，为过阻尼状态。这时阻尼系数 $c > c_{cr}$。在这种状态下，本征方程的根为两个不等的实根，即

$$r_1 = -n + \sqrt{n^2 - \omega_0^2}, \quad r_2 = -n - \sqrt{n^2 - \omega_0^2}$$

因此，式（1-43）的解为

$$x = -e^{-nt}(C_1 e^{\sqrt{n^2 - \omega_0^2}\, t} + C_2 e^{-\sqrt{n^2 - \omega_0^2}\, t}) \tag{1-55}$$

式中，C_1 和 C_2 为两个积分常数，由运动的起始条件决定。这时运动也不再具备振动的特点。

例 1.2.5　图 1-24 所示为弹性杆支持的圆盘，弹性杆扭转刚度系数为 k_t，圆盘对杆轴的转动惯量为 J。圆盘外缘受到与转动速度成正比的切向阻力，阻力偶系数为 μ，圆盘衰减扭振的周期为 T_d。求圆盘所受阻力偶矩与转动角速度的关系。

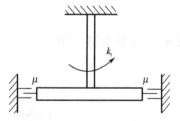

图 1-24　弹性杆支持的圆盘

解：圆盘外缘切向阻力与转动速度成正比，故此阻力偶矩 M 与转动角速度 ω 成正比，且方向相反。设 $M = \mu\omega$，圆盘绕杆轴转动的微分方程为

$$J\ddot{\varphi} = -k_t \varphi - \mu\dot{\varphi}$$

或

$$\ddot{\varphi} + \frac{\mu}{J}\dot{\varphi} + \frac{k_t}{J}\varphi = 0$$

由式（1-48a）可得，衰减振动周期为

$$T_d = \frac{2\pi}{\sqrt{\dfrac{k_t}{J} - \left(\dfrac{\mu}{2J}\right)^2}}$$

由上式可解出阻力偶系数为

$$\mu = \frac{2}{T_d}\sqrt{T_d^2 k_t J - 4\pi^2 J^2}$$

例 1.2.6　在如图 1-22 所示的有阻尼阻尼系统中，物块质量 $m = 0.05\text{kg}$，弹簧的刚度系数 $k = 2000\text{N/m}$，使系统发生自由振动，测得其相邻两个振幅之比 $\dfrac{A_i}{A_{i+1}} = \dfrac{100}{98}$。求系统的临界阻尼系数和阻尼系数。

解：由式（1-51）首先求出对数减缩，即

$$\Lambda = \ln\frac{A_i}{A_{i+1}} = \ln\frac{100}{98} \approx 0.0202$$

阻尼比为

$$\zeta = \frac{\Lambda}{2\pi} \approx 0.003\,215$$

系统的临界阻尼系数为

$$c_{cr}=2\sqrt{mk} = 2\times\sqrt{0.05\text{kg}\times2000\text{N/m}} = 20\text{N}\cdot\text{s/m}$$

阻尼系数为

$$c = \zeta c_{cr}=2\zeta\sqrt{mk} = 0.0643\text{N}\cdot\text{s/m}$$

1.2.4　单自由度系统的无阻尼受迫振动

　　工程中的自由振动都会由于阻尼的存在而逐渐衰减，最后完全停止。但是实际上又存在大量的持续振动，这是由于外界有能量输入可以补充阻尼的消耗，这种振动一般都承受外加的激振力。在外加激振力作用下的振动称为受迫振动。例如，交流电通过电磁铁产生的交变电磁力引起的系统的振动，弹性梁上的电机由于转子偏心在转动时引起的振动等。

　　工程中常见的激振力多是周期变化的，一般回转机械、往复式机械、交流电磁铁等多会引起周期激振力。简谐激振力是一种典型的周期变化的激振力，简谐激振力 S 随时间变化的关系可以写为

$$S = H\sin(\omega t + \varphi) \tag{1-56}$$

式中，H 为激振力的力幅，即激振力的最大值；ω 为激振力的角频率；φ 为激振力的初相角。它们都是定值。

1. 振动微分方程

　　在如图 1-25 所示的振动系统中，物块的质量为 m，物块所受的力有恢复力 F 和激振力 S。取物块的平衡位置为坐标原点，坐标轴铅直向下，则恢复力 F 在坐标轴上的投影为

$$F = -kx$$

式中，k 为弹簧的刚度系数。

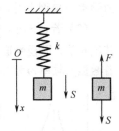

图 1-25　振动系统

　　设 S 为简谐激振力，S 在坐标轴上的投影可以写成式（1-56）的形式。质点的运动微分方程为

$$m\frac{\mathrm{d}^2x}{\mathrm{d}t^2} = -kx + H\sin(\omega t + \varphi)$$

将上式等号两端同除以 m，并设

$$\omega_0^2 = \frac{k}{m}, \quad h = \frac{H}{m} \tag{1-57}$$

可得

$$\frac{\mathrm{d}^2x}{\mathrm{d}t^2} + \omega_0^2 x = h\sin(\omega t + \varphi) \tag{1-58}$$

　　式（1-58）为无阻尼受迫振动微分方程的标准形式，是二阶常系数非齐次线性微分方程。它的解由两部分组成，即

$$x = x_1 + x_2$$

式中，x_1 为式（1-58）的齐次通解；x_2 为式（1-58）的特解。在 1.2.1 节得出，齐次方程的通解为

$$x_1 = A\sin(\omega_0 t + \theta)$$

　　设式（1-58）的特解形式为

$$x_2 = b\sin(\omega t + \varphi) \tag{1-59}$$

式中，b 为待定常数。将 x_2 代入式（1-58），得

$$-b\omega^2\sin(\omega t + \varphi) + b\omega_0^2\sin(\omega t + \varphi) = h\sin(\omega t + \varphi)$$

解得

$$b=\frac{h}{\omega_0^2-\omega^2} \tag{1-60}$$

于是可得式（1-58）的全解为

$$x=A\sin(\omega_0t+\theta)+\frac{h}{\omega_0^2-\omega^2}\sin(\omega t+\varphi) \tag{1-61}$$

式（1-61）表明，无阻尼受迫振动是由两部分简谐振动合成的。第一部分是频率为固有频率的自由振动；第二部分是频率为激振力频率的振动，称为受迫振动。由于实际的振动系统中总存在阻尼，自由振动部分总会逐渐衰减下去，因此我们着重研究受迫振动，它是一种稳态的振动。

2. 受迫振动的振幅

由式（1-59）和式（1-60）知，在简谐振动的条件下，系统的受迫振动为简谐振动，其振动频率等于激振力频率，振幅的大小与运动起始条件无关，而与振动系统的固有频率、激振力频率、激振力力幅有关。下面讨论受迫振动的振幅与激振力频率之间的关系。

（1）若 $\omega\rightarrow0$，则此种激振力的周期趋于无穷大，即激振力为一恒力，此时并不振动，所谓的振幅 b_0 实为静力 H 作用下的静变形量。由式（1-60）得

$$b_0=\frac{h}{\omega_0^2}=\frac{H}{k} \tag{1-62}$$

（2）若 $0<\omega<\omega_0$，则由式（1-60）知，激振力频率 ω 越大，振幅 b 越大，即振幅 b 随着激振力频率 ω 单调上升，当 ω 接近 ω_0 时，振幅 b 将趋于无穷大。

（3）若 $\omega>\omega_0$，则由式（1-60）知，b 为负值。但习惯上把振幅都取为正值，因而此时 b 取其绝对值，而视受迫振动 x_2 与激振力反向，即式（1-59）的相位角应加（或减）180°。这时，随着激振力频率 ω 增加，振幅 b 减小。当 ω 趋于 ∞ 时，振幅 b 趋于零。

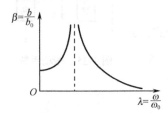

图 1-26　共振曲线

上述振幅 b 与激振力频率 ω 之间的关系可用图 1-26 中的曲线表示。该曲线称为振幅频率曲线，又称共振曲线。纵轴取 $\beta=\dfrac{b}{b_0}$，横轴取 $\lambda=\dfrac{\omega}{\omega_0}$，$\beta$ 和 λ 都是量纲为 1 的量。

3. 共振现象

在上述分析中，当 $\omega=\omega_0$，即激振力频率等于系统的固有频率时，振幅 b 在理论上应趋于无穷大，这种现象称为共振。

事实上，当 $\omega=\omega_0$ 时，式（1-60）没有意义，式（1-58）的特解应具有如下形式：

$$x_2=Bt\cos(\omega_0t+\varphi) \tag{1-63}$$

将式（1-63）代入式（1-58），得

$$B=-h/2\omega_0$$

所以共振时受迫振动的运动规律为

$$x_2=\frac{h}{2\omega_0}t\cos(\omega_0t+\varphi) \tag{1-64}$$

它的幅值为

$$b=\frac{h}{2\omega_0}t$$

由此可见，当 $\omega=\omega_0$ 时，系统共振，受迫振动的振幅随时间无限增大，共振时的振幅曲线如

图 1-27 所示。

实际上，由于系统中存在阻尼，共振时振幅不可能达到无穷大。但一般来说，共振时的振幅都是相当大的，往往会使机器产生过大的变形，甚至造成机器损坏。因此，如何避免发生共振是工程中一个非常重要的课题。

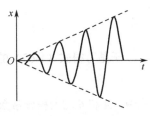

图 1-27　共振时的振幅曲线

1.2.5　单自由度系统的有阻尼受迫振动

图 1-28 所示为有阻尼振动系统，设物块的质量为 m，作用在物块上的力有线性恢复力 F_e、黏性阻尼力 F_d 和简谐激振力 F。若选平衡位置 O 点为坐标原点，坐标轴竖直向下，则各力在坐标轴上的投影为

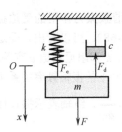

图 1-28　有阻尼振动系统

$$F_e = -kx, \quad F_d = -cv = -c\frac{\mathrm{d}x}{\mathrm{d}t}, \quad F = H\sin\omega t$$

可建立质点运动微分方程，即

$$m\frac{\mathrm{d}^2x}{\mathrm{d}t^2} = -kx - c\frac{\mathrm{d}x}{\mathrm{d}t} + H\sin\omega t$$

将上式等号两端同除以 m，并令

$$\omega_0^2 = \frac{k}{m}, \quad 2\delta = \frac{c}{m}, \quad h = \frac{H}{m}$$

整理得

$$\frac{\mathrm{d}^2x}{\mathrm{d}t^2} + 2\delta\frac{\mathrm{d}x}{\mathrm{d}t} + \omega_0^2 x = h\sin\omega t \tag{1-65}$$

式（1-65）是有阻尼受迫振动微分方程的标准形式，它是二阶线性常系数非齐次微分方程，其解由两部分组成，即

$$x = x_1 + x_2$$

式中，x_1 为式（1-65）的齐次通解，在欠阻尼（$\delta < \omega_0$）的状态下，有

$$x_1 = Ae^{-\delta t}\sin(\sqrt{\omega_0^2 - \delta^2}\,t + \theta) \tag{1-66}$$

x_2 为式（1-65）的特解，设它有如下形式：

$$x_2 = b\sin(\omega t - \varepsilon) \tag{1-67}$$

式中，ε 表示受迫振动的相位角落后于激振力的相位角。将式（1-67）代入式（1-65），可得

$$-b\omega^2\sin(\omega t - \varepsilon) + 2\delta b\omega\cos(\omega t - \varepsilon) + \omega_0^2 b\sin(\omega t - \varepsilon) = h\sin\omega t$$

将上式等号右端改写为如下形式：

$$h\sin\omega t = h\sin[(\omega t - \varepsilon) + \varepsilon]$$
$$= h\cos\varepsilon\sin(\omega t - \varepsilon) + h\sin\varepsilon\cos(\omega t - \varepsilon)$$

这样前式可整理为

$$[b(\omega_0^2 - \omega^2) - h\cos\varepsilon]\sin(\omega t - \varepsilon) + [2\delta b\omega - h\sin\varepsilon]\cos(\omega t - \varepsilon) = 0$$

对任意瞬时 t，上式都必须是恒等式，则有

$$b(\omega_0^2 - \omega^2) - h\cos\varepsilon = 0$$
$$2\delta b\omega - h\sin\varepsilon = 0$$

将上述两个方程联立，解得

$$b = \frac{h}{\sqrt{(\omega_0^2 - \omega^2)^2 + 4\delta^2\omega^2}} \tag{1-68}$$

$$\tan \varepsilon = \frac{2\delta\omega}{\omega_0^2 - \omega^2} \tag{1-69}$$

于是可得式（1-65）的通解为

$$x = A\mathrm{e}^{-\delta t} \sin(\sqrt{\omega_0^2 - \delta^2}\, t + \theta) + b\sin(\omega t - \varepsilon) \tag{1-70}$$

式中，A 和 θ 均为积分常数，由运动的初始条件确定。

由式（1-70）知，有阻尼受迫振动由两部分振动合成：第一部分是衰减振动；第二部分是受迫振动。

由于阻尼的存在，第一部分振动随时间很快地衰减，衰减振动有显著影响的这段过程称为过渡过程（瞬态过程）。一般来说，过渡过程是很短暂的，以后系统基本上按受迫振动的规律振动，过渡过程以后的这段过程称为稳态过程。下面着重研究稳态过程的振动。

由受迫振动的运动方程，即式（1-67）知，虽然阻尼存在，但是受简谐激振力作用的受迫振动仍然是简谐振动，其振动频率 ω 等于激振力频率，其振幅表达式见式（1-68）。可以看出，受迫振动的振幅不仅与激振力的力幅有关，还与激振力频率及振动系统的参数 m、k 和阻尼系数 c 有关。

为了清楚地表达受迫振动的振幅与其他因素的关系，我们将不同阻尼条件下的振幅频率关系用曲线表示出来，如图 1-29 所示。采用量纲为 1 的形式，横轴表示频率比 $\lambda = \dfrac{\omega}{\omega_0}$，纵轴表示振幅比 $\beta = \dfrac{b}{b_0}$。阻尼的改变用阻尼比 $\zeta = \dfrac{c}{c_{\mathrm{cr}}} = \dfrac{\delta}{\omega_0}$ 的改变来表示。这样，式（1-68）和式（1-69）可写为

$$\beta = \frac{b}{b_0} = \frac{1}{\sqrt{(1-\lambda^2)^2 + 4\zeta^2\lambda^2}} \tag{1-71}$$

$$\tan \varepsilon = \frac{2\zeta\lambda}{1-\lambda^2} \tag{1-72}$$

由式（1-68）和图 1-29 可以看出，阻尼对振幅的影响程度与频率有关。

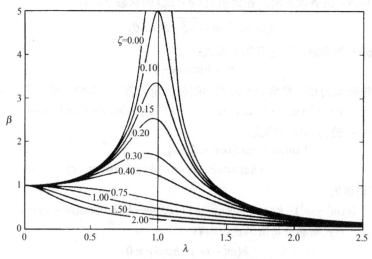

图 1-29　不同阻尼条件下的振幅频率关系

（1）当 $\omega \ll \omega_0$ 时，阻尼对振幅的影响甚微，这时可忽略系统的阻尼，将振动当作无阻尼受迫振动处理。

（2）当 $\omega \to \omega_0$（$\lambda \to 1$）时，振幅显著增大，这时阻尼对振幅有明显的影响，即阻尼增大，振幅显著下降。

当 $\omega=\sqrt{\omega_0^2-2\delta^2}=\omega_0\sqrt{1-2\zeta^2}$ 时，振幅 b 具有最大值 $b_{\max}$，这时的频率 ω 称为共振频率。在共振频率下，振幅为

$$b_{\max}=\frac{h}{2\delta\sqrt{\omega_0^2-\delta^2}}$$

或

$$b_{\max}=\frac{b_0}{2\zeta\sqrt{1-\zeta^2}}$$

在一般情况下，阻尼比 $\zeta\ll1$，这时可以认为共振频率 $\omega=\omega_0$，即当激振力频率等于固有频率时，系统发生共振。共振的振幅为

$$b_{\max}\approx\frac{b_0}{2\zeta}$$

（3）当 $\omega\gg\omega_0$ 时，阻尼对振幅的影响也较小，这时也可以忽略系统的阻尼，将振动当作无阻尼受迫振动处理。

由式（1-67）知，有阻尼受迫振动的相位角总比激振力落后一个相位角 ε，ε 称为相位差。式（1-69）表达了相位差 ε 随谐振力频率变化的关系。根据式（1-72）可以画出相位差 ε 随激振力频率变化的曲线（相频曲线），如图 1-30 所示。由图 1-30 中的曲线可以看出，相位差总是在 0°至 180°区间变化，是单调上升的曲线。在共振时，$\frac{\omega}{\omega_0}=1$，$\varepsilon=90°$，阻尼值不同的曲线都交于这一点。当越过共振区之后，随着频率 ω 的增加，相位差趋于 180°，这时激振力与位移反相位。

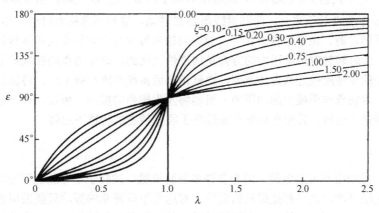

图 1-30　相位差随激振力频率变化的曲线

1.2.6　转子的临界转速

工程中的回转机械，如涡轮机、电机等，在运转时经常由于转轴的弹性和转子偏心而发生振动，当转速增至某个特定值时，振幅会突然加大，振动异常激烈，当转速超过这个特定值时，振幅又会很快减小。使转子发生激烈振动的特定转速称为临界转速。下面以单圆盘转子为例，说明这种现象。

如图 1-31 所示，单圆盘转子垂直地安装在无质量的弹性转轴上。设圆盘的质量为 m，质心为 C 点，点 A 为圆盘与转轴的交点，偏心距 $e=AC$。当圆盘与转轴一起以匀角速度 ω 转动时，由于惯性力的影响，转轴将发生弯曲而偏离原固定的几何轴线 z。设点 O 为 z 轴与圆盘的交点，$r_A=OA$ 为转轴上点 A 的挠度（变形量）。

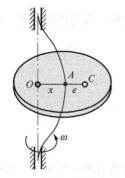

图 1-31　单圆盘转子的振动

设转轴安装于圆盘的中点处，当转轴弯曲时，圆盘仍在自身平面内绕点 O 匀速转动。圆盘惯性力的合力 $\boldsymbol{F}_{\mathrm{I}}$ 通过质心，背离轴心点 O，大小为 $F_{\mathrm{I}} = m\omega^2 \cdot OC$。作用在圆盘上的弹性恢复力 $\boldsymbol{F}$ 指向轴心点 O，大小为 $F = kr_{\mathrm{A}}$，k 为轴的刚度系数。由达朗贝尔原理知，惯性力 $\boldsymbol{F}_{\mathrm{I}}$ 与恢复力 $\boldsymbol{F}$ 相互平衡，因而点 O、A、C 应在同一直线上，且有

$$kr_{\mathrm{A}} = m\omega^2 \cdot OC = m\omega^2(r_{\mathrm{A}} + e) \tag{1-73}$$

由此解出 A 点挠度为

$$r_{\mathrm{A}} = \frac{m\omega^2 e}{k - m\omega^2} \tag{1-74}$$

令式（1-74）中的分子与分母同除以 m，并且 $\sqrt{\dfrac{k}{m}} = \omega_0$ 为此系统的固有频率，则式（1-74）可整理为

$$r_{\mathrm{A}} = \frac{\omega^2 e}{\omega_0^2 - \omega^2} \tag{1-75}$$

式中，ω_0、e 为定值。当转动角速度 ω 从 0 逐渐增大时，挠度 r_{A} 也逐渐增大，当 $\omega = \omega_0$ 时，r_{A} 趋于无穷大。实际上由于阻尼和非线性刚度的影响，r_{A} 为一个很大的有限值。使转轴挠度异常增大的角速度称为临界角速度，记为 ω_{cr}，它等于系统的固有频率 ω_0，此时的转速称为临界转速，记为 n_{cr}。

当 $\omega > \omega_0$ 时，式（1-75）为负值，习惯上挠度取正值，故 r_{A} 取绝对值。当 ω 再增大时，挠度值 r_{A} 迅速减小而趋于定值 e（偏心距），此时质心位于点 A 与点 O 之间。当 $\omega \gg \omega_{\mathrm{cr}}$ 时，$r_{\mathrm{A}} \approx e$，此时质心 C 与轴心点 O 趋于重合，即圆盘绕质心 C 转动，这种现象称为自动定心。

当偏心转子转动时，由于惯性力作用，弹性转轴将发生弯曲而绕原几何轴线转动，这种现象称为弓状回转。此时转轴对轴承压力的方向是周期性变化的，这个力作用在机器上，将使机器发生振动。当转子的角速度接近临界角速度，也就是接近系统的固有频率时，转轴的变形量和惯性力都急剧增大，对轴承作用很大的动压力，机器将发生剧烈的振动。所以，在一般情况下，转子不允许在临界转速下运转，只能在远低于或远高于临界转速的转速下运转。

1.2.7　隔振

在工程中，振动是不可避免的，因为有许多回转机械中的转子不可能达到绝对平衡，往复机械的惯性力更无法平衡，这些都是振动的来源。对这些不可避免的振动只能采用各种方法进行隔振或减振。将振源与需要防振的物体之间用弹性元件和阻尼元件进行隔离，这种措施称为隔振。使振动物体的振动减弱的措施称为减振。

隔振分为主动隔振和被动隔振两类。

1. 主动隔振

主动隔振是指将振源与支持振源的基础隔开，以减弱通过基础传到周围物体的振动。

图 1-32 所示为主动隔振的简化模型。由振源产生的激振力 $F(t) = H\sin\omega t$ 作用在质量为 m 的物块上，物块与基础之间用刚度系数为 k 的弹簧和阻尼系数为 c 的阻尼元件进行隔离。

根据有阻尼受迫振动的理论，物块的振幅为

$$b = \frac{h}{\sqrt{(\omega_0^2 - \omega^2)^2 + 4\delta^2\omega^2}} = \frac{b_0}{\sqrt{(1 - \lambda^2)^2 + 4\zeta^2\lambda^2}}$$

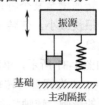

图 1-32　主动隔振的简化模型

当物块振动时，传递到基础上的力由两部分合成：一部分是由于弹簧变形而作用在基础上的力，大小为

$$F_e = kx = kb\sin(\omega t - \varepsilon)$$

另一部分是通过阻尼元件作用在基础上的力，大小为

$$F_d = c\dot{x} = cb\omega\cos(\omega t - \varepsilon)$$

这两部分力的相位差为 90°，而频率相同，由物理中振动合成的知识可知，它们可以合成一个同频率的合力，合力的最大值为

$$F_{Nmax} = \sqrt{F_{emax}^2 + F_{dmax}^2} = \sqrt{(kb)^2 + (cb\omega)^2}$$

或改写为

$$F_{Nmax} = kb\sqrt{1 + 4\zeta^2\lambda^2}$$

F_{Nmax} 是振动时传递给基础的力的最大值，它与激振力的力幅 H 之比为

$$\eta = \frac{F_{Nmax}}{H} = \sqrt{\frac{1 + 4\zeta^2\lambda^2}{(1 - \lambda^2)^2 + 4\zeta^2\lambda^2}} \tag{1-76}$$

式中，η 为力的传递率。式（1-76）表明，力的传递率与阻尼和激振力频率有关。

由力的传递率 η 的定义可知，只有当 $\eta < 1$ 时，隔振才有意义。只有当频率比 $\lambda > \sqrt{2}$，即 $\omega > \sqrt{2}\omega_0$ 时，有 $\eta < 1$，才能达到隔振的目的。为了达到较好的隔振效果，要求系统的固有频率 ω_0 越小越好，为此必须选用刚度系数小的弹簧作为隔振弹簧。当 $\lambda > \sqrt{2}$ 时，加大阻尼反而使振幅增大，降低隔振效果。但是阻尼太小，机器在越过共振区时会产生很大的振动，因此在采取隔振措施时，要选择大小合适的阻尼。

2. 被动隔振

将需要防振的物体与振源隔开称为被动隔振。例如，在精密仪器的底下垫上橡皮或泡沫塑料，将放置在汽车上的测量仪器用橡皮绳吊起来等。

图 1-33 所示为被动隔振的简化模型。物块表示被隔振的物体，其质量为 m；弹簧和阻尼器表示隔振元件，弹簧的刚度系数为 k，阻尼器的阻尼系数为 c。设地基振动为简谐振动，即

$$x_1 > d\sin\omega t$$

地基振动将引起搁置在其上的物体振动，这种激振称为位移激振。设物块的振动位移为 $-k(x - x_1)$，阻尼力为 $-c(\dot{x} - \dot{x}_1)$，质点运动微分方程为

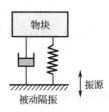

图 1-33　被动隔振的简化模型

$$m\ddot{x} = -k(x - x_1) - c(\dot{x} - \dot{x}_1)$$

整理得

$$m\ddot{x} + c\dot{x} + kx = kx_1 + c\dot{x}_1$$

将 x_1 的表达式代入上式，得

$$m\ddot{x} + c\dot{x} + kx = kd\sin\omega t + c\omega d\cos\omega t$$

将上式中等号右端的两个同频率的简谐振动合成一项，得

$$m\ddot{x} + c\dot{x} + kx = H\sin(\omega t + \theta) \tag{1-77}$$

式中，

$$H = d\sqrt{k^2 + c^2\omega^2}, \quad \theta = \arctan\frac{c\omega}{k}$$

设式（1-77）的特解（稳态振动）为

$$x = b\sin(\omega t - \varepsilon)$$

将上式代入式（1-77），得

$$b = d\sqrt{\frac{k^2 + c^2\omega^2}{(k - m\omega^2)^2 + c^2\omega^2}} \tag{1-78}$$

将其写成量纲为 1 的形式，为

$$\eta' = \frac{b}{d} = \sqrt{\frac{1 + 4\zeta^2\lambda^2}{(1 - \lambda^2)^2 + 4\zeta^2\lambda^2}} \tag{1-79}$$

式中，η' 为振动物体的位移与地基激振位移之比，称为位移的传递率。注意，式（1-79）与式（1-76）完全相同，所以位移的传递率与力的传递率相同。因此，在被动隔振问题中，对隔振元件的要求与主动隔振是一样的。

1.2.8　两自由度系统的自由振动

两自由度系统振动问题的分析步骤与单自由度系统振动问题的分析步骤基本相似，但是两自由度系统的振动需要由两个方程来描述，求出两个固有角频率（也称主频率）。若系统以其中一个固有角频率做简谐振动，则称这种振动为主振动。在主振动中，两个坐标之间存在一定的关系，表示做此主振动时系统的振型，这种振型称为系统的固有振型（也称主振型）。对应于两个主频率系统有两个主振型，当然也有两个主振动。系统的主振动只在特殊的初始条件下才能实现，而在一般初始条件下，系统的振动是这两个主振动的叠加。当受到周期性的激扰作用时，系统将以激扰频率 ω 做受迫振动，相应地有两个共振频率。

先讨论两自由度系统的无阻尼自由振动。图 1-34 所示为两自由度系统，两个物块的质量分别为 m_1 和 m_2，质量为 m_1 的物块与一端固定、刚度系数为 k_1 的弹簧连接，质量为 m_2 的物块用刚度系数为 k_2 的弹簧与质量为 m_1 的物块连接。物块可以在水平方向运动，摩擦等阻力忽略不计。

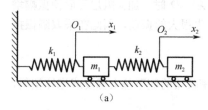

（a）

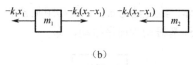

（b）

图 1-34　两自由度系统

现建立系统的振动微分方程。选取两个物块的平衡位置点 O_1、O_2 分别为两个物块的坐标原点，取两个物块距平衡位置的位移 x_1 和 x_2 为系统的坐标。在平衡位置处两个弹簧的弹性恢复力为零，当系统发生运动时，两个物块所受的弹簧力如图 1-34（b）所示。两个物块的运动微分方程为

$$m_1\ddot{x}_1 = -k_1x_1 + k_2(x_2 - x_1)$$
$$m_2\ddot{x}_2 = -k_2(x_2 - x_1)$$

移项后得

$$\begin{cases} m_1\ddot{x}_1 + (k_1 + k_2)x_1 - k_2x_2 = 0 \\ m_2\ddot{x}_2 - k_2x_1 + k_2x_2 = 0 \end{cases} \tag{1-80}$$

式（1-80）是一个二阶线性齐次微分方程组。为简化式（1-80），令

$$b = \frac{k_1 + k_2}{m_1}, \quad c = \frac{k_2}{m_1}, \quad d = \frac{k_2}{m_2}$$

于是式（1-80）可改写为

$$\begin{cases} \ddot{x}_1 + bx_1 - cx_2 = 0 \\ \ddot{x}_2 - dx_1 + dx_2 = 0 \end{cases} \tag{1-81}$$

根据微分方程理论，可设式（1-81）的解为

$$x_1 = A\sin(\omega t + \theta), \quad x_2 = B\sin(\omega t + \theta) \tag{1-82}$$

式中，A、B 为振幅；ω 为角频率；θ 为初相角。将式（1-82）代入式（1-81）得

$$\begin{cases} -A\omega^2\sin(\omega t+\theta)+bA\sin(\omega t+\theta)-cB\sin(\omega t+\theta)=0 \\ -B\omega^2\sin(\omega t+\theta)-dA\sin(\omega t+\theta)+dB\sin(\omega t+\theta)=0 \end{cases}$$

整理后得

$$\begin{cases} (b-\omega^2)A-cB=0 \\ -dA+(d-\omega^2)B=0 \end{cases} \tag{1-83}$$

式（1-83）是关于振幅 A、B 的二元一次齐次代数方程组，此方程组有零解 $A=B=0$，这相当于系统在平衡位置静止不动。当系统振动时，此方程组具有非零解，则方程组的系数行列式必须等于零，即

$$\begin{vmatrix} b-\omega^2 & -c \\ -d & d-\omega^2 \end{vmatrix}=0 \tag{1-84}$$

此行列式称为频率行列式，展开行列式后得到的代数方程为

$$\omega^4-(b+d)\omega^2+d(b-c)=0 \tag{1-85}$$

式（1-85）是系统的本征方程，也称为频率方程。频率方程是关于 ω^2 的一元二次代数方程，可解出它的两个根为

$$\omega_{1,2}^2=\frac{b+d}{2}\mp\sqrt{\left(\frac{b+d}{2}\right)^2-d(b-c)} \tag{1-86a}$$

整理得

$$\omega_{1,2}^2=\frac{b+d}{2}\mp\sqrt{\left(\frac{b-d}{2}\right)^2+cd} \tag{1-86b}$$

由式（1-86）可见，ω^2 的两个根都是实根，而且都是正数。其中，第一个根 ω_1 较小，称为第一固有频率；第二个根 ω_2 较大，称为第二固有频率。由此得出结论，两自由度系统具有两个固有频率，这两个固有频率只与系统的质量和刚度系数等参数有关，而与振动的初始条件无关。

下面研究两自由度系统自由振动的振幅的特点。将式（1-86b）中的两个频率 ω_1 和 ω_2 分别代入式（1-83），可解出对应频率 ω_1 的振幅为 A_1、B_1，对应频率 ω_2 的振幅为 A_2、B_2。由式（1-83）和式（1-84）可以证明振幅 A、B 具有两组确定的比值，即对应第一固有频率的

$$\frac{A_1}{B_1}=\frac{c}{b-\omega_1^2}=\frac{d-\omega_1^2}{d}=\frac{1}{\gamma_1} \tag{1-87}$$

和对应第二固有频率的

$$\frac{A_2}{B_2}=\frac{c}{b-\omega_2^2}=\frac{d-\omega_2^2}{d}=\frac{1}{\gamma_2} \tag{1-88}$$

式中，γ_1 和 γ_2 为比例常数。由式（1-87）和式（1-88）可以看出，这两个常数只与系统的质量、刚度系数等参数有关。由此可见，对一个确定的两自由度系统，两组振幅 A 与 B 的比值是两个定值。对应第一固有频率 ω_1 的振动称为第一主振动，它的运动规律为

$$x_1^{(1)}=A_1\sin(\omega_1 t+\theta_1),\quad x_2^{(1)}=\gamma_1 A_1\sin(\omega_1 t+\theta_1) \tag{1-89}$$

对应第二固有频率 ω_2 的振动称为第二主振动，它的运动规律为

$$x_1^{(2)}=A_2\sin(\omega_2 t+\theta_2),\quad x_2^{(2)}=\gamma_2 A_2\sin(\omega_2 t+\theta_2) \tag{1-90}$$

将式（1-86b）代入式（1-87）和式（1-88），可以得到两个主振动中两个物块的振幅比，即

$$\gamma_1=\frac{B_1}{A_1}=\frac{b-\omega_1^2}{c}=\frac{1}{c}\left[\frac{b-d}{2}+\sqrt{\left(\frac{b-d}{2}\right)^2+cd}\right]>0$$

$$\gamma_2 = \frac{B_2}{A_2} = \frac{b - \omega_2^2}{c} = \frac{1}{c}\left[\frac{b-d}{2} - \sqrt{\left(\frac{b-d}{2}\right)^2 + cd}\right] < 0$$

上两式说明，当系统做第一主振动时，振幅比 γ_1 为正值，表示 m_1 和 m_2 总是同相位，即做同方向的振动；当系统做第二主振动时，振幅比 γ_2 为负值，表示 m_1 和 m_2 总是反相位，即做反方向的振动。两自由度系统自由振动的振幅如图 1-35 所示。图 1-35（b）表示在第一主振动中振动的形状，称为第一主振型；图 1-35（c）表示在第二主振动中振动的形状，称为第二主振型。在第二主振动中，由于 m_1 和 m_2 始终做反方向的振动，其位移 $x_1^{(2)}$ 和 $x_2^{(2)}$ 的比值为确定的比值，因此在弹簧 k_2 上始终有一个点不振动，这个点称为节点。图 1-35（c）中的点 C 就是始终不振动的节点。

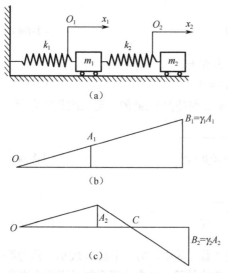

（a）

（b）

（c）

图 1-35　两自由度系统自由振动的振幅

对应确定的系统，振幅比 γ_1 和 γ_2 只与系统的参数有关，是确定的值，所以各阶主振型具有确定的形状，即主振型和固有频率一样都只与系统本身的参数有关，而与振动的初始条件无关，因此主振型也叫作固有振型。根据微分方程理论，自由振动微分方程，即式（1-80）的全解应为第一主振动式（1-89）与第二主振动式（1-90）的叠加，即

$$x_1 = A_1 \sin(\omega_1 t + \theta_1) + A_2 \sin(\omega_2 t + \theta_2)$$
$$x_2 = \gamma_1 A_1 \sin(\omega_1 t + \theta_1) + \gamma_2 A_2 \sin(\omega_2 t + \theta_2)$$

上两式中包含 4 个待定常数，它们应由运动的 4 个初始条件确定。由上两式所确定的振动是由两个不同频率的简谐振动合成的振动。在一般情况下，它不是简谐振动，也不一定是周期振动，只有当两个简谐振动频率 ω_1 和 ω_2 之比是有理数时才是周期振动。

1.2.9　两自由度系统的受迫振动

图 1-36 所示为动力减振器模型，在质量为 m_1 的主质量块上作用激振力 $H\sin\omega t$；质量为 m_2 的小质量块通过刚度系数为 k_2 的弹簧与主质量块相连，可用来减小主质量块的振动，称为动力减振器。

用 x_1 和 x_2 表示两个质量块相对于各自平衡位置的位移，可建立两个质量块的运动微分方程，即

$$\begin{cases} m_1 \ddot{x}_1 = -k_1 x_1 + k_2(x_2 - x_1) + H\sin\omega t \\ m_2 \ddot{x}_2 = -k_2(x_2 - x_1) \end{cases}$$

令

$$b = \frac{k_1 + k_2}{m_1}, \quad c = \frac{k_2}{m_1}, \quad d = \frac{k_2}{m_2}, \quad h = \frac{H}{m_1} \qquad (1\text{-}91)$$

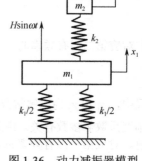

图 1-36　动力减振器模型

则上式可简化为

$$\begin{cases} \ddot{x}_1 + b x_1 - c x_2 = h\sin\omega t \\ \ddot{x}_2 - d x_1 + d x_2 = 0 \end{cases} \qquad (1\text{-}92)$$

与单自由度系统的受迫振动相似，上述方程的全解应由其齐次通解及其特解组成。其齐次通解就是 1.2.8 节中的自由振动部分，在阻尼作用下将很快衰减掉，因而下面着重分析其特解，即受迫振动部分。设上述方程的一组特解为

$$x_1 = A \sin \omega t, \quad x_2 = B \sin \omega t \tag{1-93}$$

式中，A 和 B 分别为 m_1 和 m_2 的振幅，是待定常数。将式（1-93）代入式（1-92）得

$$\begin{cases} (b - \omega^2)A - cB = h \\ -dA + (d - \omega^2)B = 0 \end{cases}$$

解上述方程组得

$$\begin{cases} A = \dfrac{h(d - \omega^2)}{(b - \omega^2)(d - \omega^2) - cd} \\[3mm] B = \dfrac{hd}{(b - \omega^2)(d - \omega^2) - cd} \end{cases} \tag{1-94}$$

由式（1-94）和式（1-93）可见，此振动系统中两个质量块的受迫振动都是简谐振动，其频率都等于激振力频率 ω。受迫振动的两个振幅由式（1-94）确定，它们都与激振力大小、激振力频率和系统的参数有关。

下面分析受迫振动的振幅与激振力频率之间的关系。

（1）当激振力频率 $\omega \to 0$ 时，周期 $T \to \infty$，表示激振力的变化极其缓慢，实际上相当于静力作用。可由式（1-94）解得

$$A = B = \frac{h}{b - c} = \frac{H}{k_1} = b_0 \tag{1-95}$$

式中，b_0 相当于在力的大小等于力幅 H 的作用下主质量块的静位移，这时两个质量块有相同的位移。

（2）系统的频率方程为

$$\begin{vmatrix} b - \omega_0^2 & -c \\ -d & d - \omega_0^2 \end{vmatrix} = (b - \omega_0^2)(d - \omega_0^2) - cd = 0 \tag{1-96}$$

由此可解得系统的固有频率 ω_1 和 ω_2。式（1-94）的分母部分正和式（1-96）相同，所以当激振力频率 $\omega = \omega_1$ 或 $\omega = \omega_2$ 时，振幅 A 和 B 都为无穷大，即系统发生共振。由此可见，两自由度系统有两个共振频率。

（3）由式（1-94）得 $\dfrac{A}{B} = \dfrac{d - \omega^2}{d}$，即两个质量块的振幅之比与干扰力频率有关，受迫振动的振型不再是自由振动的主振型。但是，当 $\omega = \omega_1$ 或 $\omega = \omega_2$ 时，$\dfrac{A}{B} = \dfrac{d - \omega_1^2}{d}$ 或 $\dfrac{A}{B} = \dfrac{d - \omega_2^2}{d}$，与式（1-87）或式（1-88）相同。这表明，当系统发生各阶共振时，受迫振动的振型就是各阶主振型。应用这个特点，可以通过实验逐渐改变激振力频率。当发生共振时，激振力频率就等于固有频率，此时的振型就是固有振型。严格来讲，由于实际系统中都有阻尼，因此不可能实现无阻尼的共振，而且当 $\omega = \omega_1$ 或 $\omega = \omega_2$ 时，式（1-94）的分母为零，没有意义，受迫振动的特解不再是式（1-93）的形式，因而上述实验测定的固有频率和振型也只是近似的。

（4）当 ω 比 ω_1 略大时，振幅 A 和 B 仍很大，但均为负值，即振动位移与激振力反相位。再继续增大 ω 值，振幅 A 和 B 均减小，一直到 $\omega = \sqrt{d} = \sqrt{\dfrac{k_2}{m_2}}$，即激振力频率等于动力减振器（质量为 m_2）本身的固有频率时，振幅 $A = 0$，$B = b_0$，但与激振力反相位。此时动力减振器振动而主质量块（质量为 m_1）不振动，故称为动力减振。

上述动力减振器是无阻尼动力减振器，由于这种减振器的固有频率 $\sqrt{k_2 / m_2}$ 是固定的，它只能减小接近这个频率的受迫振动，因此只对激振力频率基本不变的激振力是有效的，当激振力频率变动范围较宽时，常使用有阻尼动力减振器。这种减振器设置在主质量块与动力减振器之间，除

装了弹性元件之外，还装了阻尼元件，它主要靠阻尼元件在振动过程中吸收振动能量来达到减振的目的。

1.3　机械工程中的超静定结构

1.3.1　超静定结构

用静力学平衡方程无法确定全部约束力和内力的结构或结构体系统称为超静定结构或系统，也称为静不定结构或系统。超静定结构如图 1-37 所示。其中，如图 1-37（b）、（d）所示的结构为外力超静定结构，如图 1-37（a）、（c）所示的结构中虽然支座约束力可由静力平衡方程确定，但杆的内力却不能全部由平衡方程求出，所以也是超静定结构，称为内力超静定结构。此外，也有外力、内力均超静定的结构。与此相反，静定结构的支座约束力和内力由平衡方程并利用截面法便可全部确定。

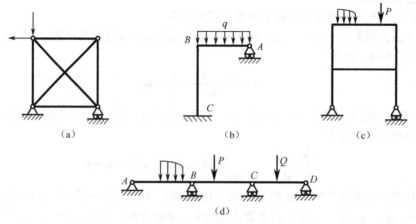

图 1-37　超静定结构

如图 1-38（a）、（b）所示的静定梁各有 3 个约束力，使梁只可能发生由变形引起的位移，在 xOy 平面内，任何刚体的位移或转动都是不可能的，这样的结构称为几何不动或运动学不变的结构。上述 3 个约束力所代表的约束，都是保持结构几何不变所必需的。例如，解除简支梁右端的铰支座约束，或解除悬臂梁固定端对转动的约束，使之变为铰支座，都将使梁变成如图 1-38（c）所示的结构，该结构可绕左端铰支座转动，是几何可变的。与静定结构不同，超静定结构的一些支座往往并不是保持结构几何不变所必需的。例如，解除如图 1-37（b）所示刚架的支座 A，刚架仍然是几何不变的结构。因此，把这类约束称为多余约束。与多余约束对应的约束力称为多余约束力。

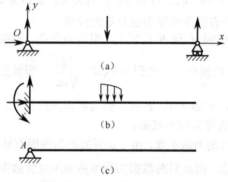

图 1-38　静定梁与外部约束

　　结构的支座或支座约束力是结构的外部约束。下面讨论内部约束。图 1-39（a）所示为一个静定刚架，切口两侧的 A、B 两截面可以有沿铅垂和水平方向的相对位移及相对转动。若用铰链将 A、B 两截面铰接，如图 1-39（b）所示，就限制了两截面沿铅垂和水平方向的相对位移，构成结构的内部约束，相当于增加了两对内部约束力，如图 1-39（c）所示。推广下去，若把该刚架上部原来断开的两根杆改成连为一体的一根杆，如图 1-39（d）所示，就约束了 A、B 两截面的相对转动和沿铅垂、水平方向的相对位移，相当于增加了三对内部约束力，如图 1-39（e）所示。

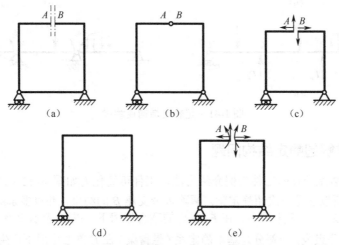

图 1-39　超静定结构与内部约束

　　解除超静定结构的某些约束后，可以把它变为静定结构。例如，解除如图 1-40（a）所示的超静定结构的支座 C 的约束，并将截面 D 切开，便形成如图 1-40（b）所示的静定结构。解除支座 C 的约束相当于解除 1 个外部约束，切开截面 D 相当于解除 3 个内部约束。总计相当于解除 4 个约束。或者说，与相应的静定结构相比，如图 1-40（a）所示的超静定结构多出 4 个约束，故称为四次超静定结构。又如，在图 1-37（a）中，把桁架的任一根杆切开，桁架就成为静定结构。桁架各杆只承受拉伸或压缩力，切开 1 根杆只相当于解除 1 个内部约束，所以该桁架为一次超静定结构。

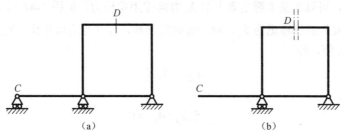

图 1-40　超静定结构与静定结构

　　解除超静定结构的某些约束后得到的静定结构称为原超静定结构的基本静定系。例如，如图 1-39（b）所示的静定结构就是如图 1-40（a）所示的超静定结构的基本静定系。基本静定系可以有不同的选择，不是唯一的。例如，如图 1-41（a）所示的连续梁有两个多余约束，是二次超静定梁。可以解除两个中间支座的约束得到如图 1-41（b）所示的基本静定系；也可以在中间支座处把梁切开，并代以铰链连接，得到如图 1-41（c）所示的基本静定系。在基本静定系中，除原有载荷以外，还应该用相应的多余约束力代替被解除的多余约束，这样就得到如图 1-41（d）或（e）所示的基本静定系。有时把载荷和多余约束力作用下的基本静定系称为相当系统。

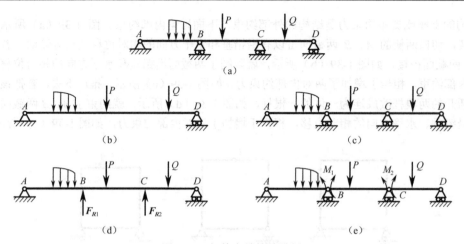

图 1-41　超静定结构连续梁

1.3.2　用力法求解超静定结构问题

本节以车床安装尾顶针的工件为例介绍力法，工件可简化为如图 1-42（a）所示的梁，因为多 1 个外部约束，所以它是一次超静定梁。解除多余支座 B 的约束，并以多余约束力 X_1 代替，如图 1-42（b）所示。X_1 是一个未知力，在 F 与 X_1 的联合作用下，以 Δ_1 表示 B 端沿 X_1 方向的位移。可以认为 Δ_1 由两部分组成：一部分是基本静定系（悬臂梁）在 F 单独作用下产生的 Δ_{1F}，如图 1-42（c）所示；另一部分是在 X_1 单独作用下产生的 Δ_{1X_1}，如图 1-42（d）所示。于是有

$$\Delta_1 = \Delta_{1F} + \Delta_{1X_1}$$

位移记号 Δ_{1F} 和 Δ_{1X_1} 的第一个下标 "1" 表示位移发生于 X_1 的作用点且沿 X_1 的方向；第二个下标 "F" 或 "X_1" 表示位移是由 F 或 X_1 引起的。因 B 端原来就有一个铰支座，它在 X_1 方向不应有任何位移，所以有

$$\Delta_1 = \Delta_{1F} + \Delta_{1X_1} = 0$$

这就是变形协调方程。

在计算 Δ_{1X_1} 时，可以在基本静定系上沿 X_1 方向作用单位力，如图 1-42（e）所示，B 点沿 X_1 方向因这个单位力发生的位移记为 δ_{11}。对于线弹性结构，位移与力成正比，X_1 是单位力的 X_1 倍，故 Δ_{1X_1} 也是 δ_{11} 的 X_1 倍，即

$$\Delta_{1X_1} = \delta_{11} X_1$$

由此可得

$$\delta_{11} X_1 + \Delta_{1F} = 0 \tag{1-97}$$

在求出系数 δ_{11} 和常量 Δ_{1F} 后，就可由式（1-97）解出 X_1。例如，可应用莫尔定理求出：

$$\delta_{11} = \frac{l^3}{3EI}, \quad \Delta_{1F} = -\frac{Fa^2}{6EI}(3l - a)$$

将上式代入式（1-97），便可求出：

$$X_1 = \frac{Fa^2}{2l^3}(3l - a)$$

上述求解超静定结构问题的方法以 "力" 为基本未知量，故称为力法。力法对求解高次超静定结构问题具有更高的优越性。

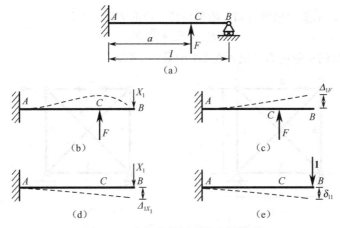

图 1-42　车床安装尾顶针分析模型

例 1.3.1　试计算如图 1-43（a）所示的桁架各杆的内力。设各杆的材料相同，横截面积相等。

解：此桁架的支座约束力是静定的，但因桁架内部有 1 个多余约束，所以各杆的内力是超静定的。对各杆进行编号，以杆 4 的约束为多余约束，假想把它切开，并用多余约束力 X_1 代替，得到如图 1-43（b）所示的相当系统。以 Δ_{1F} 表示杆 4 切口两侧截面因载荷 F 而产生的沿 X_1 方向的相对位移，δ_{11} 表示切口两侧截面因单位力而产生的沿 X_1 方向的相对位移。由于杆 4 实际上是连续的，故切口两侧截面的相对位移应等于零，于是有

$$\delta_{11}X_1+\Delta_{1F}=0 \tag{a}$$

由图 1-43（c）求出基本静定系在力 F 作用下各杆的内力 F_{Ni}，由图 1-43（d）求出在单位力作用下各杆的内力 $\bar{F}_{Ni}$，并将所得结果记入表 1-1。

表 1-1　各杆内力及所得结果

杆件编号	F_{Ni}	$\bar{F}_{Ni}$	l_i	$F_{Ni}\bar{F}_{Ni}l_i$	$\bar{F}_{Ni}\bar{F}_{Ni}l_i$	$F_{Ni}^F=F_{Ni}+\bar{F}_{Ni}X_1$
1	$-F$	1	a	$-Fa$	a	$-F/2$
2	$-F$	1	a	$-Fa$	a	$-F/2$
3	0	1	a	0	a	$F/2$
4	0	1	a	0	a	$F/2$
5	$\sqrt{2}F$	$-\sqrt{2}$	$\sqrt{2}a$	$-2\sqrt{2}Fa$	$2\sqrt{2}a$	$F/\sqrt{2}$
6	0	$-\sqrt{2}$	$\sqrt{2}a$	0	$2\sqrt{2}a$	$-F/\sqrt{2}$
—	—	—	—	$\sum F_{Ni}\bar{F}_{Ni}l_i$ $=-2(1+\sqrt{2})Fa$	$\sum \bar{F}_{Ni}\bar{F}_{Ni}l_i$ $=4(1+\sqrt{2})a$	

应用莫尔定理，可得

$$\Delta_{1F}=\sum\frac{F_{Ni}\bar{F}_{Ni}l_i}{EA_i}=-\frac{2(1+\sqrt{2})Fa}{EA}$$

$$\delta_{11}=\sum\frac{\bar{F}_{Ni}\bar{F}_{Ni}l_i}{EA_i}=\frac{4(1+\sqrt{2})a}{EA}$$

将 Δ_{1F} 和 δ_{11} 代入式（a），可得

$$X_1=-\frac{\Delta_{1F}}{\delta_{11}}=-\frac{2(1+\sqrt{2})Fa}{4(1+\sqrt{2})a}=\frac{F}{2}$$

在求出 X_1 以后，由叠加原理可知，桁架内任一杆的实际内力是

$$F_{Ni}^F = F_{Ni} + \bar{F}_{Ni} X_1$$

由此可算出各杆的实际内力，记入表 1-1 的最后一列。

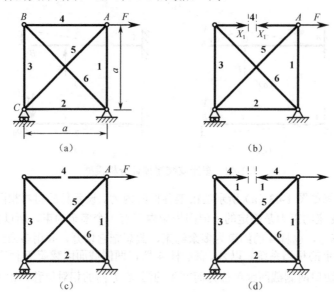

图 1-43　超静定桁架结构

上例是只有 1 个多余约束的情况。下面以两端固定的刚架为例说明当多余约束不止 1 个时力法的应用。如图 1-44（a）所示，因为刚架两端固定，所以共有 4 个未知约束力和 2 个未知约束力偶，该结构为三次超静定结构。解除固定端 C 的约束，得到基本静定系。在基本静定系中，除原载荷 P 以外，在 C 端还作用着水平力 X_1、铅锤力 X_2 和力偶 X_3，这些都是多余约束力，如图 1-44（b）所示。

以 Δ_{1P} 表示在载荷 P 作用下，C 点沿 X_1 方向的位移。以 δ_{11}、δ_{12} 和 δ_{13} 分别表示 X_1、X_2 和 X_3 分别为单位力且分别单独作用时，C 点沿 X_1 方向的位移。这些都已明确标示在图 1-44 中。这样，C 点沿 X_1 方向的总位移应为

$$\Delta_1 = \delta_{11} X_1 + \delta_{12} X_2 + \delta_{13} X_3 + \Delta_{1P}$$

由于刚架的 C 端是固定端，因此 C 点的水平位移（沿 X_1 方向的总位移）Δ_1 理应为零。这样，变形协调条件就可以写为

$$\Delta_1 = \delta_{11} X_1 + \delta_{12} X_2 + \delta_{13} X_3 + \Delta_{1P} = 0$$

按完全相同的方法，可以写出 C 端沿 X_2 方向的位移等于零和 C 端沿 X_3 方向的转角等于零的条件。最后得出一个线性方程组：

$$\begin{cases} \delta_{11} X_1 + \delta_{12} X_2 + \delta_{13} X_3 + \Delta_{1P} = 0 \\ \delta_{21} X_1 + \delta_{22} X_2 + \delta_{23} X_3 + \Delta_{2P} = 0 \\ \delta_{31} X_1 + \delta_{32} X_2 + \delta_{33} X_3 + \Delta_{3P} = 0 \end{cases} \qquad (1\text{-}98)$$

方程组中的 9 个系数 $\delta_{ij}(i=1,2,3,\ j=1,2,3)$ 和 3 个常数项 $\Delta_{iP}(i=1,2,3)$ 的含义都已标示在图 1-44 中。

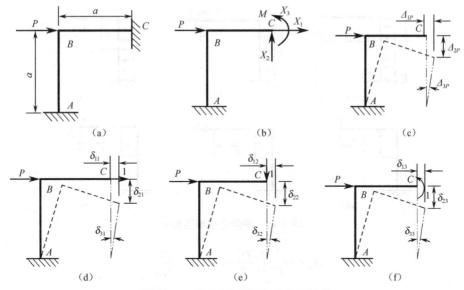

图 1-44　两端固定的刚架及分析模型

　　下面讨论方程组中系数 δ_{ij}（$i=1,2,3$，$j=1,2,3$）和常数项 Δ_{iP}（$i=1,2,3$）的计算方法。对于杆，所有计算变形的方法都可以用来确定这些系数和常数项。对于杆系统，一般用莫尔定理比较方便。下面以刚架为例来说明。在平面刚架的杆横截面上，一般有弯矩、剪力和轴力等内力，但剪力和轴力对位移的影响都远小于弯矩，故在计算上述系数和常数项时，可以只考虑弯矩的影响。例如：

$$\delta_{12}=\int_l \frac{\bar{M}_1 \bar{M}_2 \mathrm{d}x}{EI}$$

$$\Delta_{1P}=\int_l \frac{M \bar{M}_1 \mathrm{d}x}{EI}$$

式中，$\bar{M}_1$ 为 $X_1=1$ 单独作用于基本静定系时引起的弯矩；$\bar{M}_2$ 为 $X_2=1$ 单独作用于基本静定系时引起的弯矩；M 为只有载荷 P 时的弯矩。在 δ_{12} 的计算公式中，如果将 $\bar{M}_1$ 和 $\bar{M}_2$ 的次序互换，就是 δ_{21} 的计算公式。由此可见，δ_{12} 和 δ_{21} 是相等的。同理，$\delta_{13}=\delta_{31}$，$\delta_{23}=\delta_{32}$，即 $\delta_{ij}=\delta_{ji}$（$i,j=1,2,3$）。以上关系还可以由位移互等定理来证明。这样，式（1-98）中的 9 个系数中独立的只有 6 个。

　　显然，可以把力法推广到 n 次超静定结构中，这时线性方程组为

$$\begin{cases} \delta_{11}X_1+\delta_{12}X_2+\cdots+\delta_{1n}X_n+\Delta_{1P}=0 \\ \delta_{21}X_1+\delta_{22}X_2+\cdots+\delta_{2n}X_n+\Delta_{2P}=0 \\ \cdots\cdots\cdots\cdots \\ \delta_{n1}X_1+\delta_{n2}X_2+\cdots+\delta_{nn}X_n+\Delta_{nP}=0 \end{cases} \qquad (1\text{-}99)$$

　　根据以上讨论或位移互等定理可知，方程组中的系数存在以下关系：

$$\delta_{ij}=\delta_{ji} \qquad (1\text{-}100)$$

　　由力法得出的方程组都可按照一定规范写成标准形式，如式（1-98）和式（1-99），一般称其为力法的正则方程或典型方程。

　　例 1.3.2　试求解如图 1-45（a）所示的超静定刚架的支座约束力。设两杆的 EI 相等。

　　解：刚架是一个三次超静定结构，解除固定支座 C 的 3 个多余约束，并以 3 个多余约束力代替，得到如图 1-45（b）所示的相当系统，则正则方程就是式（1-98）。根据图 1-45（c）、（d）、（e）、（f），采用莫尔定理分别计算式（1-98）中的 3 个常数项和 9 个系数。

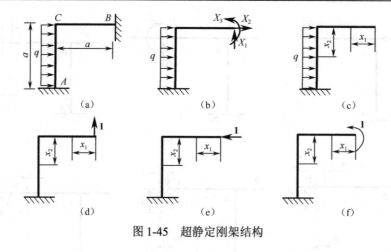

图 1-45　超静定刚架结构

$$\Delta_{1q} = -\frac{1}{EI}\int_0^a \frac{qx_2^2}{2} \cdot a \cdot \mathrm{d}x_2 = -\frac{qa^4}{6EI}$$

$$\Delta_{2q} = -\frac{1}{EI}\int_0^a \frac{qx_2^2}{2} \cdot x_2 \cdot \mathrm{d}x_2 = -\frac{qa^4}{8EI}$$

$$\Delta_{3q} = -\frac{1}{EI}\int_0^a \frac{qx_2^2}{2} \cdot 1 \cdot \mathrm{d}x_2 = -\frac{qa^3}{6EI}$$

$$\delta_{11} = \frac{1}{EI}\int_0^a x_1 \cdot x_1 \cdot \mathrm{d}x_1 + \frac{1}{EI}\int_0^a a \cdot a \cdot \mathrm{d}x_2 = \frac{4a^3}{3EI}$$

$$\delta_{22} = \frac{1}{EI}\int_0^a x_2 \cdot x_2 \cdot \mathrm{d}x_2 = \frac{a^3}{3EI}$$

$$\delta_{33} = \frac{1}{EI}\int_0^a 1 \cdot 1 \cdot \mathrm{d}x_1 + \frac{1}{EI}\int_0^a 1 \cdot 1 \cdot \mathrm{d}x_2 = \frac{2a}{EI}$$

$$\delta_{12} = \delta_{21} = \frac{1}{EI}\int_0^a x_2 \cdot a \cdot \mathrm{d}x_2 = \frac{a^3}{2EI}$$

$$\delta_{13} = \delta_{31} = \frac{1}{EI}\int_0^a x_1 \cdot 1 \cdot \mathrm{d}x_1 + \frac{1}{EI}\int_0^a a \cdot 1 \cdot \mathrm{d}x_2 = \frac{3a^2}{2EI}$$

$$\delta_{23} = \delta_{32} = \frac{1}{EI}\int_0^a x_2 \cdot 1 \cdot \mathrm{d}x_2 = \frac{a^2}{2EI}$$

把上面求出的常数项和系数代入式（1-98），经整理简化后为

$$\begin{cases} 8aX_1 + 3aX_2 + 9X_3 = qa^2 \\ 12aX_1 + 8aX_2 + 12X_3 = 3qa^2 \\ 9aX_1 + 3aX_2 + 12X_3 = qa^2 \end{cases}$$

解以上联立方程组，得

$$X_1 = -\frac{qa}{16}, \quad X_2 = \frac{7qa}{16}, \quad X_3 = -\frac{qa^2}{48}$$

式中，负号表示 X_1 与假设的方向相反，即应该为铅垂向下。求出了 3 个多余约束力，也就求出了支座 B 的约束力，进一步可画出刚架的弯矩图。

1.3.3　对称及反对称性质的利用

利用结构和载荷的对称及反对称性质，可使正则方程得到一些简化，如减少多余未知力的数目等。如图 1-46（a）所示，该结构的几何形状、支承条件和各杆的刚度都关于一个轴对称，可称其为对称结构。在这样的结构中，如果载荷的作用位置、大小和方向也都对称，如图 1-46（b）所示，则该载荷为对称载荷。如果载荷的作用位置和大小仍然是对称的，但方向或转向却是反对称的，如图 1-46（c）所示，则该载荷为反对称载荷。与此相似，杆的内力也可分成对称内力和反对称内力。例如，在平面结构的杆横截面上，一般有剪力、弯矩和轴力 3 个内力，如图 1-47 所示。对图 1-47 中所考察的截面来说，弯矩 M 和轴力 F_N 是对称的内力，剪力 F_S 则是反对称的内力。

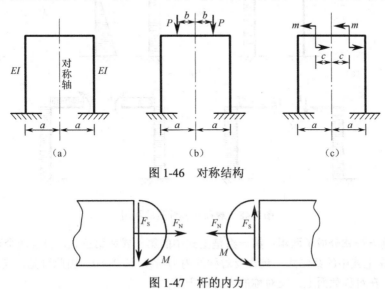

图 1-46　对称结构

图 1-47　杆的内力

　　下面以图 1-46（b）为例，介绍载荷对称性质的利用。该刚架有 3 个多余约束，如果沿对称轴将刚架切开，就可解除 3 个多余约束，得到基本静定系。3 个多余约束力是对称截面上的轴力 X_1、剪力 X_2 和弯矩 X_3，如图 1-48（a）所示。变形协调条件是，上述切开的截面两侧的水平相对位移、铅垂相对位移和相对转角都等于零。

　　这 3 个条件可写成正则方程，即

$$\begin{cases} \delta_{11}X_1 + \delta_{12}X_2 + \delta_{13}X_3 + \Delta_{1P} = 0 \\ \delta_{21}X_1 + \delta_{22}X_2 + \delta_{23}X_3 + \Delta_{2P} = 0 \\ \delta_{31}X_1 + \delta_{32}X_2 + \delta_{33}X_3 + \Delta_{3P} = 0 \end{cases}$$

　　基本静定系在外载荷单独作用下的弯矩 M_P 如图 1-48（b）所示，令 $X_1=1$、$X_2=1$ 和 $X_3=1$ 且各自单独作用时的弯矩 $\bar{M}_1$、$\bar{M}_2$ 和 $\bar{M}_3$ 分别如图 1-48（c）、（d）和（e）所示。注意弯矩应画在产生压应力的一侧。在这些弯矩中，$\bar{M}_2$ 是反对称的，其余的都是对称的。应用莫尔定理，可求出 Δ_{2P}，即

$$\Delta_{2P} = \int_l \frac{M_P \bar{M}_2 \mathrm{d}x}{EI}$$

式中，M_P 是对称的；$\bar{M}_2$ 是反对称的，积分的结果必然等于零，即

$$\Delta_{2P} = \int_l \frac{M_P \bar{M}_2 \mathrm{d}x}{EI} = 0$$

以上结果也可由图乘法来证明。同理可得

$$\delta_{12} = \delta_{21} = \delta_{23} = \delta_{32} = 0$$

于是正则方程可简化为

$$\begin{cases} \delta_{11}X_1 + \delta_{13}X_3 = -\Delta_{1P} \\ \delta_{22}X_2 = 0 \\ \delta_{31}X_1 + \delta_{33}X_3 = -\Delta_{3P} \end{cases}$$

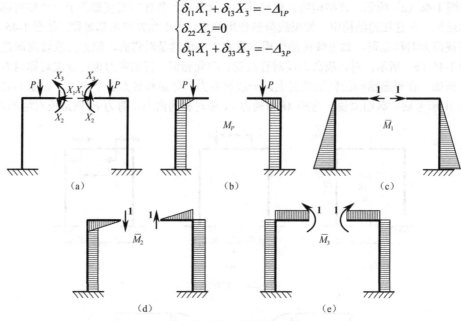

图 1-48　载荷对称性质的利用

　　这样，正则方程就分成了两组：第一组是上式中的第一式和第三式，包含两个对称的内力 X_1 和 X_3；第二组是上式中的第二式，包含反对称的内力 X_2，且 $X_2=0$。由此可见，当对称结构受对称载荷作用时，在对称截面上，反对称的内力等于零。

　　图 1-46（c）是对称结构受反对称载荷作用的情况。如果仍沿对称轴将刚架切开并以多余约束力代替，则可得相当系统，如图 1-49（a）所示。这时，外载荷单独作用下的 M_P 是反对称的，如图 1-49（b）所示，而 $\bar{M}_1$、$\bar{M}_2$ 和 $\bar{M}_3$ 仍然如图 1-48 所示。由于 M_P 是反对称的，而 $\bar{M}_1$ 和 $\bar{M}_3$ 是对称的，因此有

$$\Delta_{1P} = \int_l \frac{M_P \bar{M}_1 \mathrm{d}x}{EI} = 0, \quad \Delta_{3P} = \int_l \frac{M_P \bar{M}_3 \mathrm{d}x}{EI} = 0$$

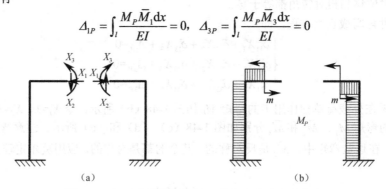

图 1-49　沿对称轴将刚架切开并以多余约束力代替

此外，和前面一样，有

$$\delta_{12} = \delta_{21} = \delta_{23} = \delta_{32} = 0$$

于是正则方程可简化为

$$\begin{cases} \delta_{11}X_1 + \delta_{13}X_3 = 0 \\ \delta_{22}X_2 = -\Delta_{2P} \\ \delta_{31}X_1 + \delta_{33}X_3 = 0 \end{cases}$$

式中，第一式和第三式是 X_1 和 X_3 的齐次方程，显然有 $X_1=X_3=0$ 的解。所以当在对称结构上作用反对称载荷时，在对称截面上，对称内力 X_1 和 X_3（轴力和剪力）都等于零。

有些载荷虽然不是对称或反对称的，如图 1-50（a）所示，但是可以转化为对称和反对称的两种载荷的叠加，如图 1-50（b）和（c）所示。分别求出对称和反对称两种情况下的解，叠加后即可得到原载荷作用下的解。

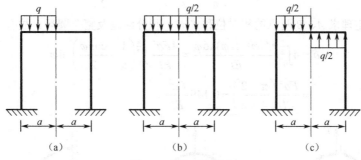

图 1-50　载荷的叠加

例 1.3.3　如图 1-51（a）所示，在等截面圆环铅垂直径 AB 的两端，沿直径作用方向相反的一对力 F，试求直径 AB 的长度变化。

解： 假想沿水平直径将圆环切开，如图 1-51（b）所示。由结构和载荷关于水平直径的对称性可知，截面 C 和 D 上的剪力等于零，只有轴力 F_N 和弯矩 M_0。利用平衡条件容易求出 $F_N=\dfrac{F}{2}$，故只有 M_0 为多余约束，把它记为 X_1。圆环关于铅垂直径 AB 和水平直径 CD 都是对称的，所以可以只研究圆环的四分之一，如图 1-51（c）所示。由于对称截面 A 和 D 的转角皆等于零，因此可把截面 A 作为固定端，而把截面 D 的转角为零作为变形协调条件，写为

$$\delta_{11}X_1+\Delta_{1F}=0 \qquad\qquad (a)$$

式中，Δ_{1F} 为在基本静定系上只作用 $F_N=\dfrac{F}{2}$ 时［见图 1-51（d）］截面 D 的转角；δ_{11} 为令 $X_1=1$ 且单独作用时［见图 1-51（e）］截面 D 的转角。

下面计算 Δ_{1F} 和 δ_{11}。由图 1-51（d）和图 1-51（e）可求出：

$$M=\frac{Fa}{2}(1-\cos\varphi),\quad \bar M=-1$$

所以有

$$\Delta_{1F}=\int_0^{\frac{\pi}{2}}\frac{M\bar M a\,\mathrm{d}\varphi}{EI}=\frac{Fa^2}{2EI}\int_0^{\frac{\pi}{2}}(1-\cos\varphi)(-1)\mathrm{d}\varphi=-\frac{Fa^2}{2EI}\left(\frac{\pi}{2}-1\right)$$

$$\delta_{11}=\int_0^{\frac{\pi}{2}}\frac{\bar M\bar M a\,\mathrm{d}\varphi}{EI}=\frac{a}{EI}\int_0^{\frac{\pi}{2}}(-1)^2\mathrm{d}\varphi=-\frac{\pi a}{2EI}$$

将 Δ_{1F} 和 δ_{11} 代入式（a），可求得

$$X_1=Fa\left(\frac{1}{2}-\frac{1}{\pi}\right)$$

求出 X_1 后，可算出在 $\dfrac{F}{2}$ 及 X_1 共同作用下［见图 1-51（c）］AD 段圆环 $\left(0\leqslant\varphi\leqslant\dfrac{\pi}{2}\right)$ 在任意面上的弯矩，即

$$M(\varphi)=\frac{Fa}{2}(1-\cos\varphi)-Fa\left(\frac{1}{2}-\frac{1}{\pi}\right)=Fa\left(\frac{1}{\pi}-\frac{\cos\varphi}{2}\right)$$

这就是 AD 段圆环内的实际弯矩。

在力 F 作用下，圆环铅垂直径 AB 的长度变化就是力 F 作用点 A 和 B 的相对位移 δ。为求出此位移，在 A、B 两点作用单位力，如图 1-51（f）所示。这时只要在上式中令 $F=1$，就可得到在单位力作用下 AD 段圆环内的弯矩为

$$\bar{M}(\varphi) = a\left(\frac{1}{\pi} - \frac{\cos\varphi}{2}\right)\left(0 \leqslant \varphi \leqslant \frac{\pi}{2}\right)$$

在应用莫尔定理求 A、B 两点的相对位移 δ 时，积分应遍及整个圆环。故有

$$\delta = 4\int_0^{\frac{\pi}{2}} \frac{M(\varphi)\bar{M}(\varphi)a\mathrm{d}\varphi}{EI} = \frac{4Fa^3}{EI}\int_0^{\frac{\pi}{2}}\left(\frac{1}{\pi} - \frac{\cos\varphi}{2}\right)^2 \mathrm{d}\varphi$$

$$= \frac{Fa^3}{EI}\left(\frac{\pi}{4} - \frac{2}{\pi}\right) = 0.149\frac{Fa^3}{EI}$$

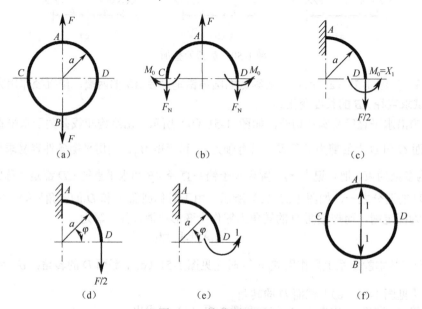

图 1-51　等截面圆环

参考文献

[1] 梅凤翔. 分析力学基础[M]. 北京：北京工业学院出版社，1983.

[2] 王振发. 分析力学[M]. 北京：科学出版社，2012.

[3] 哈尔滨工业大学理论力学教研室. 理论力学[M]. 北京：高等教育出版社，2005.

[4] 李友荣. 机械振动理论及应用[M]. 北京：机械工业出版社，2020.

[5] 胡茑庆，胡雷，程哲. 机械振动[M]. 北京：国防科技大学出版社，2017.

[6] 钱令希. 超静定结构学[M]. 上海：上海科学技术出版社，1958.

[7] 刘鸿文. 材料力学[M]. 北京：高等教育出版社，2011.

第2章 工程热力学

2.1 热力学基础

本节简要汇总了本科阶段已学过的热力学基础知识，通过复习与深化相关内容，为后面新内容的学习奠定基础。

2.1.1 基本概念

在建立热力学研究系统时，首先要对热现象和热力过程进行抽象，提出研究对象的时空域；其次要建立能描述研究对象的基本参数及相关概念；最后要约定可以反映事物本质特征的研究方法，继而可以利用现有的数学知识相对简明地导出基本参数间的相互关系。在研究过程中，产生了许多热力学基本概念与术语。

1. 热力系、边界、外界

1）热力系

在热力学中，把研究对象用某种边界包围起来，边界内的特定物质称为热力学系统，简称热力系或系统。热力系可以是定量的一种物质或几种物质的组合体，也可以是空间一定区域内的物质。取一定量物质集合体为研究对象的热力系称为封闭系或闭口系，取一定体积内物质集合体为研究对象的热力系称为开口系，与外界无任何热交换的热力系称为绝热系，与外界无任何交换的热力系称为孤立系。

2）边界

包围热力系的控制面称为边界。边界以方便研究的原则进行划定。闭口系边界不允许工质进出，而开口系边界允许工质进出；闭口系边界和开口系边界都允许系统与外界有热交换和功交换；绝热系边界只允许系统与外界有功交换；透热系边界只允许系统与外界有热交换。

3）外界

边界外的一切物质和空间称为外界。闭口系或开口系内的物质通常称为工质。研究热力系的物质状态变化及其与外界的热和功的作用，是热力学的研究任务。

2. 状态、状态参数

1）状态

热力系在某一瞬间的宏观物理状态称为系统的热力状态，简称状态。构成热力系的物质集合体一般以凝聚态的形式存在，可细分为气态、液态和固态，其中气态和液态统称为流体态。

2）状态参数

描述热力系的物理状态的量称为状态参数。根据状态参数的功能性质来区分，描述系统状态的物理量可分为强度量和尺度量（又称广延量）两类。与物质质量无关的物理量称为强度量，如压力 p、温度 T 和化学势 μ；与物质质量成比例的物理量称为广延量，如体积 V、热力学能 U、焓 H 和熵 S 等。单位质量的广延量也可以看作强度量，这类强度量在广延量前面冠以"比"或"比摩尔"，并用相应的小写字母表示，如比体积 v、比热力学能 u、比焓 h 和比熵 s 等。冠以"比"的参数相当于 1kg 相应量的参数，冠以"比摩尔"的参数相当于 1mol 相应量的参数。强度量又可称为势强度量或力强度量，如压力 p、温度 T 和化学势 μ，势强度量或力强度量都是相对量，都有参考基准，通常参考基准选在某热力平衡点处。除以质量后成为强度量的量可以称为比强度量或流强度量，该量是绝对量。比强度量都是物性量，但与势强度量有关。在系统处于平衡状态时，系统各部分的强度量是相等的。

状态参数是系统状态的单值函数或点函数，即状态参数的变化只取决于系统给定的起始和终了状态，而与系统变化所经历的一切中间过程无关。这一性质是判断某物理量是否为状态参数的依据。状态参数在无限接近的相邻状态之间的无限小变化在数学上可表示为一个全微分。它在两个给定状态之间的积分值与所经历的路径无关。

可用仪器直接测量的状态参数，如压力 p、温度 T 和比体积 v 等，称为基本状态参数；有一些状态参数，如热力学能 U、焓 H 和熵 S 等，则要利用可测参数计算得到，称为导出状态参数。

（1）压力。

单位面积边界上所受的热力系物质的垂直作用力称为压力，用符号 p 表示，单位为 Pa，$1Pa=1N/m^2$。压力是热力系的内部属性，是与功有关的势强度量状态参数。在热力系内，当物质的比体积为无穷大时，压力为零。从微观上来讲，压力与单位面积上的分子作用数目和分子作用强度成正比。

（2）比体积和密度。

单位质量的物质所占的体积称为比体积，用符号 v 表示，单位为 m^3/kg。比体积的倒数为密度，用符号 ρ 表示，单位为 kg/m^3。实际气体的比体积 v 或密度 ρ 与理想气体有差别，特别是在饱和态和临界点附近。研究实际气体工质的比体积 v 或密度 ρ 与压力 p、温度 T 的关系是一项重要且艰巨的任务。

（3）温度。

温度可理解为描述分子热运动激烈程度的量，用符号 T 表示，单位为 K。温度是确定一个系统与其他系统是否处于热平衡状态的特征参数，它对于处于热平衡状态的所有系统具有相同数值。温度是热力系的内部属性，是与热有关的势强度量。

3．热力学第零定律、温度测量与温度计、温标

1）热力学第零定律

取三个热力系 A、B、C，把 A 和 B 隔开，但它们同时与 C 热接触。一段时间后，C 与 A、C 与 B 都达到热平衡。此时，若 A 与 B 热接触，会发现它们也处于热平衡状态。由此可得出结论，如果两个热力系分别与第三个热力系达到热平衡，那么这两个热力系彼此也处于热平衡状态。这是热力学中的一个基本实验结果，称为热力学第零定律，简称第零定律。热力学第零定律是一条公理，它给出了比较温度的方法，是温度测量的理论基础。

2）温度测量与温度计

根据热力学第零定律，可以选某一热力系作为温度计使其与待测温度的热力系接触并达到热平衡，测出作为温度计的热力系中与温度相关的某物理量的变化，求出待测温度的热力系的温度。被选作温度计的热力系，其热容相对待测温度的热力系的热容要充分小。另外，要有与温度明显相关的可测物理量，最好是单值线性相关的物理量。通常，作为温度计的热力系中与温度相关的物理量变化，如体积膨胀、压力变化、电阻变化、热电势变化、辐射量变化和颜色变化等都可用于温度测量。这些在作为温度计的热力系中被选中用于测温的物理量叫作测温参数，如体积、压力、电阻、热电势、辐射量等。用相应原理研制出来的温度计有水银温度计、酒精温度计、气体温度计、铂电阻温度计、热敏电阻温度计、铜-康铜热电偶温度计、铂铑-铂热电偶温度计、双色辐射温度计等。

3）经验温标

表示温度数值的标准称为温标。选定温标的原则最早由牛顿提出，他考虑到温标应当具有可复制性，于是提出以一种（或两种）单纯物质的两个相变点之间的温差作为1。基于这种思想，以

1 个标准大气压下纯水的凝固点为 0℃，沸点为 100℃，建立了摄氏温标（Celsius Degree），用符号 t 表示，单位为℃。温度计系可选用水银（汞），利用其体积与温度呈线性关系的特性，可在两个固定点之间进行均匀分度，以确定 0℃到 100℃之间的其他温度，并推广到 0℃到 100℃以外的范围。在度量人们周围环境的温度时，欧美国家还习惯使用一种以氯化氨（NH_4Cl）和冰的混合物的温度为 0℉，以人体正常体温为 100℉的华氏温度，用符号 t_F 表示，单位为℉。两种温标℃与℉的换算关系为

$$t(℃) = \frac{5}{9}[t_F(℉) - 32] \tag{2-1a}$$

$$t_F(℉) = \frac{9}{5}[t(℃) + 32] \tag{2-1b}$$

应当指出，在假定了一种物质的某一性质与温度呈线性关系后，其他物质的这一性质或同一物质的其他性质不一定也与温度呈线性关系。例如，若我们规定水银的体积与温度呈线性关系（实际不是真正的线性关系），酒精的体积不一定与温度呈线性关系。如果仍利用线性关系来制作酒精温度计，那么在使用这两种温度计测量同一温度时，除固定点以外，在其他点将测得不同的温度。

更一般地说，可以任选一个单变量线性温度函数：

$$\theta(X) = \alpha X$$

式中，X 为测温参数；$\theta(X)$ 为单变量 X 的温度函数；α 为比例常数。标准系统某固定点 d 的温度为 $\theta(X_d) = \alpha X_d$，任意温度 $\theta(X)$ 与固定点 d 的温度 $\theta(X_d)$ 之比为

$$\frac{\theta(X)}{\theta(X_d)} = \frac{X}{X_d} \tag{2-2}$$

因此，只要定义一个标准系统固定点的温度，就可以根据式（2-2）进行温度标定。对标准系统，要求定义的固定点稳定并有良好的复现性。从 1954 年起，国际约定将水的三相点作为固定点，其温度规定为 273.16K。

由于标准系统和温度函数的选择具有随意性，因此在按照上述方法测温时，所测得的温度会随测温物质的不同而有所差异。这种依据式（2-2），选择某种物质为测温系，假定所选测温物理量的变化与温度呈线性关系所建立的温标称为经验温标。由经验温标测得的温度称为经验温度。

4）理想气体温标

在定容条件下，理想气体的温度与压力呈线性关系。因此，式（2-2）中 X 对应的压力为 p，温度函数改用 $T(p)$ 表示，$\theta(X_d) = 273.16K$，X_d 则对应于水的三相点的理想气体压力（用 p_{tp} 表示）。于是，理想气体温标的定义式为

$$T(p) = 273.16 \cdot \frac{p}{p_{tp}} \tag{2-3a}$$

理想气体温标不依赖于任何气体的性质。需要指出，实际气体只有在极为稀薄，即压力 $p \to 0$ 时，才算接近理想气体。当气体密度较大时，若使用不同气体温度计测量同一热力系中的同一温度，其测量值还是会有差别的。因此，将实际气体当作理想气体时的温标依然是经验温标，但可算作基本的经验温标。分别用以 He、H_2、N_2 作为测温物质的气体温度计在不同气体密度下测量标准大气压下水的凝结温度，测得的结果如图 2-1 所示。图 2-1 中的横坐标 p_{tp} 是不同气体密度的气体温度计在测量水的三相点时的实际压力值。任何气体温度计均不能在气体极稀薄而几乎没有压力的条件下测量压力，但可以逐渐减小气体温度计的气体密度，并得到同一温度下的不同测量值（测量值是压力），而后得出在同一温度下所获得的不同测量值随气体密度下降的关系，将实验点连线延长至密度无穷小，即 $p_{tp} = 0$ 点。根据式（2-3a），在具体进行实验测量时，每抽掉一些感温包内的气体后，气体温度计都要测一次基准点的平衡压力和一次待测温度的平衡压力，如水

三相点的压力 $p_{tp,i}$ 和待测水沸点的压力 p_i，其中 i 为测量点的序号，然后由式（2-3a）计算得到该次测得的水沸点的温度 T_i，并把测试结果 $p_{tp,i}$ 和 T_i 标示在 p_{tp}-T 图上，测试若干点后，在图 2-1 上把若干实验点 $(p_{tp,i}、T_i)$ 的连线延长至 $p_{tp,i}=0$ 点，即得到用理想气体温度计测得的结果。由不同气体温度计测得的实验点连线的斜率虽然不同，但是由图 2-1 可知，采用不同气体温度计在 $p_{tp,i}=0$ 时测得的标准大气压下水的沸点（凝结温度）都是 373.16K。于是可得理想气体温标的温度为

$$T = 273.16 \lim_{p_{tp} \to 0} \frac{p}{p_{tp}} \tag{2-3b}$$

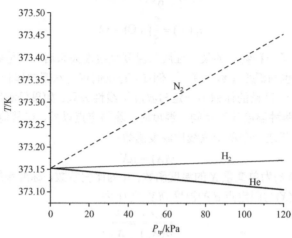

图 2-1 不同气体温度计测得的结果

用 He 作为测温物质所能测得的最低温度为 0.5K。所以，在理想气体温标中低于 0.5K 的温度还不能实际测定。

5）热力学温标

在对热力学第二定律有一定认识的基础上，1848 年开尔文（Kelvin）考察了在温度为 θ_H 的高温热源和温度为 θ_L 的低温热源间工作的卡诺热机 C，以及在两个热源间加入一个温度为 θ_m 的中温热源，并使卡诺热机 C_1 和 C_2 分别在 θ_H 与 θ_m 和 θ_m 与 θ_L 间工作的情况，如图 2-2 所示，导出了完全不依赖测温物质性质的热力学温标。

如图 2-2（a）所示的 1 级卡诺热机的效率为

$$\eta_c = \frac{W}{Q} = 1 - \frac{Q_L}{Q_H}$$

对于温度为 θ_H 和 θ_L 的两个热源间的卡诺热机 C，根据卡诺定理可得

$$\frac{Q_L}{Q_H} = F(\theta_H, \theta_L) \tag{2-4a}$$

式中，F 为未知函数，其形式与温标选取有关。同样，对于如图 2-2（b）所示的工作于 θ_H 与 θ_m 和 θ_m 与 θ_L 间的卡诺热机 C_1 和 C_2，当 C_1 传递给中温热源的热量 Q_m 正好等于 C_2 从中温热源吸收的热量时，有

$$\frac{Q_m}{Q_H} = F(\theta_H, \theta_m) \tag{2-4b}$$

$$\frac{Q_L}{Q_m} = F(\theta_m, \theta_L) \tag{2-4c}$$

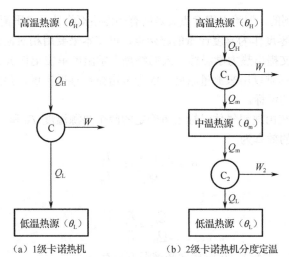

（a）1级卡诺热机　　　　（b）2级卡诺热机分度定温

图 2-2　热力学温标导出过程示意图

由式（2-4a）、式（2-4b）和式（2-4c）得

$$F(\theta_H, \theta_L) = \frac{Q_L}{Q_H} = \frac{Q_m}{Q_H}\frac{Q_L}{Q_m} = F(\theta_H, \theta_m)F(\theta_m, \theta_L) \tag{2-4d}$$

式（2-4d）最左边的项中不出现 θ_m，而 θ_m 是在 θ_H 和 θ_L 之间的任意温度，因此在式（2-4d）最右边的项中 θ_m 被消去后的普适函数 $F(\theta_H, \theta_L)$ 的可能形式是 $F(\theta_H, \theta_L)=f(\theta_H)/f(\theta_L)$。于是，式（2-4a）可改写为

$$\frac{Q_L}{Q_H} = \frac{f(\theta_L)}{f(\theta_H)} \tag{2-4e}$$

式中，f 为经验温度 θ 的任意函数。然而最简单且合适的选择是定义一个温度 τ 并令它与 $f(\theta)$ 成比例。于是，式（2-4e）可写为

$$\frac{Q_L}{Q_H} \equiv \frac{\tau_L}{\tau_H} \tag{2-4f}$$

取一个固定温度热源的温度为 τ_d，另一个热源的温度为任意值，并去掉下标，得到的热力学温标定义式为

$$\frac{Q}{Q_d} \equiv \frac{\tau}{\tau_d} \tag{2-4g}$$

式（2-4g）和式（2-2）的区别在于，式（2-4g）的温标的比例因子与测温物质无关，只与卡诺热机和两个热源交换的热量 Q 和 Q_d 的比值有关，所以这种温标称为热力学温标。显然，由于式（2-4g）中的 τ 为任意温度，因此由式（2-4g）定义热力学温标的方法是一种固定比例线性分度法，设比例值为 b，即 $b=\tau_d/Q_d$，则有

$$\tau = bQ$$

若选取固定的热量，并选取固定点温度 τ_d 为水的三相点温度 273.16K，记此点 Q_d 为 Q_{tp}，则有

$$\tau = 273.16 \cdot \frac{Q}{Q_{tp}} \tag{2-5}$$

式（2-4g）建立了绝对零度的概念。由式（2-5）可知，低温热源的温度越低，卡诺热机传递给低温热源的热量越少。当传递给低温热源的热量趋于零时，它的温度趋于一个极限值，此极限温度就是绝对零度。绝对零度点意味着所有热力系都处于热平衡状态，没有任何的热交换。显

然，绝对零度点是达不到的，但绝对零度点又是所有热力系都将处于热平衡状态的唯一极限点，将式（2-5）的温度取绝对零度作为温度计量的起始点，可使本来要用相对概念表示的温度可用绝对温度表示。为纪念开尔文提出热力学温标，人们将热力学温度单位记作 K。

实际上，热力学温标难以用来测量温度，因为卡诺循环难以实现，热量也很难测量，但是可以准确地测定理想气体的温标。

物理学中已证明，在由理想气体温标系所确定的两个热源温度 T_H 和 T_L 之间工作的、以理想气体为工质的卡诺循环的效率为

$$\eta_c = 1 - \frac{Q_L}{Q_H} = 1 - \frac{T_L}{T_H}$$

故有

$$\frac{Q_L}{Q_H} = \frac{T_L}{T_H} \tag{2-6}$$

比较式（2-6）与式（2-4g），在取相同基准温度后有

$$\tau = T$$

的关系成立。所以，式（2-6）为热力学温标的定义式。在实际测量中，是用理想气体的温标体现热力学温标的。

温标的制定和温度的测量极大地推动了热力学的发展。因为温度是描述热能的势强度量，是从与可逆卡诺定理对应的有一个固定温度热源和一个不固定温度热源的卡诺循环中推导出来的，所以它给热力状态研究带来了方便。但是，在用热力学温度关联物性时会遇到一些麻烦和困扰，如不能用它表示太阳能中光谱辐射能的势强度，因为它是描述热能的势强度量。

4．平衡状态、稳定动平衡状态、状态方程

1）平衡状态

平衡状态是热力系可进行描述的前提。在不受外界影响的条件下，系统宏观性质不随时间改变的状态称为平衡状态。这种平衡状态必须是系统内部各部分间的平衡和系统与外界的平衡，也称稳定平衡状态，其特征是系统的强度参数处处相等且可长时间保持稳定。热力学中所用的状态参数都是稳定平衡状态的参数。系统整体处于稳定平衡状态的条件是，系统内部各处、系统与外界之间都处于力平衡、热平衡和化学平衡状态。化学平衡包括同组分的浓度平衡和同组分各相的化学势相等，以及各组分化学系数与各组分化学势乘积之和为零。

稳定平衡定律表述为，一个约束系统，当只容许经历在外界不留下任何净影响的过程时，从一个给定的初始容许态能够达到唯一的一个稳定平衡状态。稳定平衡状态是一种宏观的平均态，也是统计热力学中的最可几状态。经典热力学中的各种唯象定律都是建立在对热力系稳定平衡状态描述的基础上的。因此，在应用这些定律及定理的时候，必须判断研究对象是否处于稳定平衡状态。

2）稳定动平衡状态

在生活中和热力学中都会遇到另外一类平衡状态，即在外界稳定影响的条件下，运动系统的宏观性质处于不随时间改变的状态，这种状态被称为稳定动平衡状态。它与稳定平衡状态的不同之处是，系统内各微元系统的强度参数可以不相等，且其平衡状态随外界影响而定，不是唯一的。稳定动平衡状态的特点是，只要外界的影响不改变，系统内部的各子系统总会找到一个合适的状态，并且长时间保持不变。尽管当系统处于稳定动平衡状态时各子系统的强度参数可能不相等，但是整个系统对外界表现的宏观性质并不随时间而改变。稳定动平衡状态与稳定平衡状态相比有更积极的意义，有动平衡热机才能做功。

稳定动平衡状态的实例有很多，如旋转杯子中的水面，稳态导热体内的温度分布，以及透平

膨胀机内气流通道上的气体压力和流速分布等。

　　动平衡状态实际上是非平衡状态中的定态。关于处于稳定动平衡状态时系统内各微元系统之间的状态参数关系，以及这种关系对系统与外界的功、热、质量交换的影响的研究，因侧重点或采用的方法不同，产生了三个分支：以流动状态为主要研究对象的分支，即流体力学；以传热为主要研究对象的分支，即传热学；以系统与外界的作用为主要研究对象的分支，即热力学。在热力学中，在处理稳定动平衡状态时，并不考察系统内各微元系统的状态，而把焦点聚集在边界上和过程的始终，进而定义系统未与外界作用（能量交换）的状态为初态，系统与外界作用结束的状态为终态，把初态和终态都按稳定平衡状态来处理。

　　3）状态方程

　　描述平衡状态热力系特性所用的状态参数多于由相律决定的独立变量数。例如，单种气体热力系状态参数有压力 p、温度 T、比体积 v 及比熵 s，这四个状态参数中比熵 s 不能通过直接测量得到，另外三个状态参数压力 p、温度 T 和比体积 v 是可以通过直接测量得到的，但彼此不独立而有一定的约束关系。这种将比独立变量数多一个的几个可测量的状态参数结合在一起的关系式称为状态方程。例如，单种气体热力系状态方程可以有如下几种形式：

$$F(p, v, T)=0, \quad p=p(v, T), \quad T=T(p, v), \quad v=v(p, T)$$

　　对于理想气体，其状态方程有比较简单的形式：

$$pv=R_{\mathrm{g}}T \tag{2-7}$$

　　实际气体的状态方程很复杂，寻求各种热力系工质的状态方程是相关学者长期且重要的工作。

2.1.2　热力学第一定律概述

　　在热力学中，在划定边界并提出系统和外界等概念后，就要集中力量研究系统与外界相互作用的问题，即系统与外界的能量交换关系。

1. 作用、功、热量、传质能、传递势

　　1）作用

　　热力学中所讨论的作用，是指发生在系统与外界之间，会造成系统状态变化的相互作用。这种相互作用的本质是能量交换。作用有两层含义：一是作用的结果导致系统内状态参数发生改变；二是作用发生在边界上，对作用的考察只能在边界上进行。作用发生的条件是，系统与外界的势强度参数不相等。可以发生能量交换的基本形式有三种：做功、传热和传质。运动是物质存在的形式，能量是对物质运动的度量，因此一切物质都有能量，物质运动必然伴随着能量的迁移。

　　2）功

　　功是系统与外界交换的一种有序能，在公式中用符号 W 表示，单位为 J。有序能，即有序运动的能量，如宏观物体（固体和流体）整体运动的动能，潜在宏观物体运动的位能，电子有序流动的电能及磁力能等。

　　功的概念最初来源于机械功，它等于力乘以力的方向上所发生的位移。后来，功的概念又扩大到其他形式。例如，系统在对抗外压而体积膨胀时，就做膨胀功，在简单压缩系统中通常讨论的就是膨胀功；系统在克服液体表面张力而使表面积发生改变时，就做表面功；当电池的电动势大于外加的对抗电压时，电池放电就做电功等。

　　一般情况下，各种形式的功通常都可以看作由两个量，即强度量和广延量组成的量。功带有方向性。功的方向由系统与外界的强度量之差来决定，当系统对外界的作用力大于外界的抵抗力时，系统克服外界力而对外界做功。在热力学中，人们把这种系统对外界做的功称为正功，取正号；反之，称为负功。功的大小由系统与外界两方中较小强度量的标值与广延量变化量的乘积决定，功的正号或负号随广延量变化量增大或减小而自然取定。

通常将系统抵抗外力所做的功表示为

$$\delta W = \sum X_i \mathrm{d}x_i , \quad i \geqslant 1$$

式中，δ 表示过程量的微小变化量，用以区别全微分符号 d；W 为功，单位为 J；X_i 为某种力（或势），统称广义力；x_i 为系统在 X_i 广义力作用下发生相应变化的某种热力学的广延量，统称广义位移量。表 2-1 所示为几种功的表达式。

表 2-1　几种功的表达式

功 的 种 类	强 度 量	广 延 量	功 的 表 达 式
机 械 功	F（力）	$\mathrm{d}l$（位移量）	$\delta W = F \mathrm{d}l$
电 功	E（外加电压差）	$\mathrm{d}Q$（电流量）	$\delta W = E \mathrm{d}Q$
反引力功	mg（地心引力）	$\mathrm{d}h$（高度改变量）	$\delta W = mg \mathrm{d}h$
体 积 功	p（外压力）	$\mathrm{d}V$（体积改变量）	$\delta W = p \mathrm{d}V$
表 面 功	σ（表面张力）	$\mathrm{d}A$（面积改变量）	$\delta W = \sigma \mathrm{d}A$

简单压缩系统抵抗外力所做的功主要是体积功，也称膨胀功（或压缩功）。微元体积功为

$$\delta W = p \mathrm{d}V \tag{2-8}$$

在应用式（2-8）时要注意，当系统压力与外界压力不相等时，式（2-8）中的 p 取其中的小值，如当系统压力 p_s 大于外界压力 p_e 时，取 $p = p_e$。此时系统体积增量 $\mathrm{d}V > 0$，微元膨胀功是正功。当 p_e 为零，即带压气体的系统在真空中自由膨胀时，系统对外界做功为零。实际上，外界的压力还有恒定压力和变压力等情况。若外界压力时时与系统压力十分接近，二者之间只有一个很小的差值，如活塞式内燃机的气体膨胀，曲轴连杆所带的负荷使活塞产生的抵抗力与气缸内气体压力只有很小的差值，假设这个很小的压力差值为 $\mathrm{d}p$，则式（2-8）可改写为

$$\delta W = p_e \mathrm{d}V = (p_s - \mathrm{d}p)\mathrm{d}V$$

若忽略高阶小量 $\mathrm{d}p\mathrm{d}V$，则式（2-8）中的压力可取系统的力强度量作为计算量。

当系统气体由 V_1 状态膨胀到 V_2 状态时，有如图 2-3 所示的几种典型过程。图 2-3（a）所示为一级外压平衡膨胀，维持外压恒等于 p_2；图 2-3（b）所示为二级外压平衡膨胀；图 2-3（c）所示为 n 级外压平衡膨胀，外压与内压始终只相差一个很小的量，其中虚曲线表示气体内压 p_i 变化线，而气体对外界做功的大小用阴影面积表示。图 2-3（d）、（e）和（f）所示为对应的压缩情况，其中阴影面积表示外力消耗的功。由图 2-3 可以看出，系统从 1 状态变化到 2 状态，采用不同的膨胀方式和压缩方式，外界得到的功和所付出的功是不同的。系统经历如图 2-3（c）所示的过程，外界得到的功最多；经历如图 2-3（f）所示的过程，外界付出的功最少。所以，系统与外界作用所交换的功不仅与系统初始状态的改变有关，还与过程有关。功不是状态函数，也不是系统的性质。

对于如图 2-3（c）和（f）所示的情况，$p_s = p_e$，系统的体积功可用积分方法由式（2-8）算出：

$$W = \int_{V_1}^{V_2} p \, \mathrm{d}V \tag{2-9}$$

式中，W 为简单压缩系统中最重要形式的功；$p\mathrm{d}V$ 为体积功；p 可用系统的压力代替，单位为 Pa，$1\mathrm{Pa} = 1\mathrm{N/m^2} = 1.0197 \times 10^{-5}\mathrm{kgf/cm^2} = 0.9869 \times 10^{-5}\mathrm{atm}$；$V$ 为系统气体的体积，单位为 m³。假如系统的工质为理想气体且温度恒定，则 $p = nRT/V$，式（2-9）可表示为

$$W = \int_{V_1}^{V_2} \frac{nRT}{V} \mathrm{d}V = nRT \ln \frac{V_2}{V_1} \tag{2-10}$$

对于如图 2-3（a）和（d）、（b）和（e）所示的情况，$p_s > p_e$，系统消耗的功大于外界得到的功，系统损失的功将变为热能或留于系统或传给外界物质。

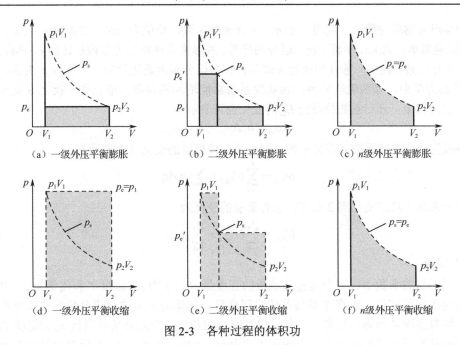

（a）一级外压平衡膨胀　　　　（b）二级外压平衡膨胀　　　　（c）n级外压平衡膨胀

（d）一级外压平衡收缩　　　　（e）二级外压平衡收缩　　　　（f）n级外压平衡收缩

图 2-3　各种过程的体积功

3）热量

热量是一种过程量，是系统以分子无规则运动的热力学能的形式与外界交换的能量，是一种无序热能，习惯用符号 Q 表示，单位为 J。因此，和功一样，热量也可以看作由两个量，即强度量和广延量组成的量。传递热量的强度量是温度，因为只有温差存在，热量传递才能进行。热量的大小也可由系统与外界两方中较小强度量的标值与广延量变化量的乘积决定。热量也带有方向性，热量的方向由系统与外界的温差决定，当外界的温度高于系统的温度时，外界对系统传热。在热力学中，人们习惯把这种外界对系统传递的热量，即系统吸收的外界热量取正值，反之取负值。在热力学中，与热量相关的广延量名为"熵"，用符号 S 表示。对于可逆过程，即外界的温度时时都与系统的温度相等的过程，系统与外界交换的微小热量可以表示为

$$\delta Q = T \, dS \tag{2-11}$$

式中，T 为系统的温度。比照式（2-8），S 与 V 一样，是系统的一个状态参数，单位为 J/K。系统的熵值 S 会在系统与外界的温差作用下发生改变，如同系统的体积 V 会在系统与外界的压差作用下发生改变一样。熵的意义将在热力学第二定律中进一步揭示。系统吸收外界热量，熵值会增大。当系统从 1 状态可逆变化到 2 状态时，系统与外界交换的热量为

$$Q = \int_1^2 \delta Q = \int_{S_1}^{S_2} T \, dS \tag{2-12}$$

在等温过程中，该热量为

$$Q = T\Delta S = T(S_2 - S_1) \tag{2-13}$$

4）传质能

传质能是系统与外界进行质量交换的过程中所伴随交换的能量。这种系统与外界的质量交换可以在单组分的开口系中遇到，如浓的溴化锂水溶液对外界水蒸气的吸附，硅胶和分子筛对水蒸气的吸附；也可以在组分发生变化的闭口系中遇到，如氢气与氧气反应生成水；还可以在同一组分而不同相的系统中遇到，如蒸发器中液体工质蒸发为气体。这些过程都伴随着能量的传递，这种因系统质量交换而传递的能量称为传质能，用符号 E_m 表示，单位为 J。

同功和热一样，传质能 E_m 也可以看作由两个量，即强度量和广延量组成的量。其广延量，

即系统中某组分物质的量，一般用 n_i 表示，n 代表摩尔数，单位为 mol；或者用 m_i 表示，m 代表单位质量，通常单位为 kg，下标 i 表示组分的序号。其强度量在单组分系内是比能 e，单位为 J/mol 或 J/kg，在开口系中比能一般使用比焓 h 表示；在多组分系内是化学势，用符号 μ_i 表示，单位为 J/mol。在热力学中，系统吸收外界的物质使系统总能增加的传质能取正值，反之取负值。

在可逆过程中，开口系的传质能 E_m 的变化也可表示为

$$\Delta E_m = h_{in}\Delta m_{in} - h_{out}\Delta m_{out} \tag{2-14}$$

若系统为含 k 种物质的多组分系统，则系统总传质能的变化可以表示为

$$\delta E_m = \sum_{i=1}^{k}\delta E_{m,i} = \sum_{i=1}^{k}\mu_i \, dn_i \tag{2-15}$$

多组分系从 1 状态变化到 2 状态，总传质能的变化为

$$\delta E_m = \sum_{i=1}^{k}\delta E_{m,i} = \sum_{i=1}^{k}\mu_i \, dn_i \tag{2-16}$$

5）传递势

热力系的状态参数中有三个是传递能量的强度量——压力 p、温度 T 和化学势 μ。其中，压力 p 是做功的势强度量；温度 T 是传热的势强度量；化学势 μ 是改变组分量的传质势强度量。之前已提到势强度量均为相对量，压力 p 和温度 T 的相对基准是环境的气压 p_0 和温度 T_0，化学势 μ 的相对基准视所讨论的热力系的平衡状态而定，一般可以取 p_0 和 T_0 所对应的热力系的化学势 μ_0。传递势的高低决定了热力系能量转换能力的强弱，也是热力系所拥有能量品位高低的标志参数。

2. 过程、准静态过程、可逆过程

1）过程

热力系的状态随时间发生变化的过程称为热力过程，简称过程。热力系的状态发生变化的原因有二：其一，当系统本身未达到平衡状态时，系统会发生由不平衡状态趋于平衡状态的状态变化；其二，当系统本身已处于平衡状态时，系统受到外界的影响与外界发生相互作用而逐渐趋于一个新的平衡状态，这时系统状态也要发生变化。总之，系统状态要发生变化，必须破坏其原有的平衡，只有这样才能达到另一个平衡状态。从一个平衡状态过渡到另一个平衡状态可以有许多过程，而每个过程中均存在一系列的非平衡状态。在经历不同过程时，系统与外界的功、热交换不相同。在热力学中，要研究热力系与外界的功、热交换，就必须研究过程，而经典热力学不能描写非平衡状态，因此只能定义一些理想的过程，如准静态过程和可逆过程，以便描述过程始末的系统状态。

2）准静态过程

由一系列连续的、无限接近平衡状态的状态所组成的过程称为准静态过程。由有限势差和有限平衡的状态组成的过程不是准静态过程。图 2-3（c）所示为气体膨胀的一种准静态过程。

准静态过程是理想过程。从时间上看，它从一个平衡状态变化到另一个平衡状态，要用无限长时间才能实现；从系统内部来看，因为每个变化用了无限长时间，所以系统内没有速度梯度和温度梯度，也就不引起能量的耗散；从外界来看，外界要有配合系统进行准静态变化的平衡条件。

3）可逆过程

在系统状态发生变化时，使系统和外界都能完全复原而不留下任何变化的过程称为可逆过程。

实际过程的不可逆因素主要有两方面：一方面是与系统状态有关的非平衡不可逆损失，如传热过程中存在的温差、膨胀过程中存在的压差、传质过程中存在的化学势差等；另一方面是与系统物性有关的耗散损失，如黏性、电阻、磁阻等会使相应的有序能耗散为无序的热能。

准静态过程可以认为没有非平衡不可逆损失，但可能有耗散损失，因此准静态过程不一定是可逆过程；可逆过程两类不可逆损失都没有，因此可逆过程必是准静态过程。

3．热力学第一定律

1）热力学第一定律的一般表述

热力学第一定律是能量守恒和转换定律在具有热现象的能量转换中的具体应用。热力学中的能量转换关系主要考察在与外界进行能量交换时系统总能量的变化情况，热力学第一定律就是描述这种转换的能量守恒关系的定律。热力学第一定律的表述是，系统与外界交换的能量，即功 W、热量 Q 和传质能变化量 ΔE_m 之和等于系统总能量的变化量，其表达式为

$$\Delta E = Q - W + \Delta E_m \tag{2-17a}$$

表述系统每单位质量的热力学第一定律用小写字母，即

$$\Delta e = q - w + \Delta e_m \tag{2-17b}$$

式中，W 和 w 分别为系统对外界做的功、比功，W 也称外部功（External Work）；Q 和 q 分别为系统与外界热源交换的热量、比热量；E 为系统总能，包括系统的热力学能 U、系统的宏观势能 E_p 和系统的宏观动能 E_k（动能是由系统宏观运动产生的，表示运动速度的标记在不同书中并不相同，有的书中记作 c，有的书中记作 w，这两个符号都与热力学中的重要参数比热和功的符号相同，为了区别，本书特将工质的流动速度标记用 ω 表示）；e 为比总能。系统总能和比总能为

$$E = U + E_\omega + E_z = m(u + e_\omega + e_z) = m\left(u + \frac{1}{2}\omega^2 + gz\right) \tag{2-18a}$$

$$e = u + e_\omega + e_z = u + \frac{1}{2}\omega^2 + gz \tag{2-18b}$$

式中，g 为重力加速度；z 为控制体积系统内工质重心相对于基准面的高度；ω 为控制体积系统内工质的平均速度；m 为控制体积系统内工质的质量。

$$\Delta E = E_2 - E_1 = \left(u + \frac{1}{2}\omega^2 + gz\right)_2 m_2 - \left(u + \frac{1}{2}\omega^2 + gz\right)_1 m_1 \tag{2-19a}$$

或

$$\Delta E = \Delta U + \Delta E_k + \Delta E_p \tag{2-19b}$$

式中，ΔU 为系统的热力学能的变化量；ΔE_k 为系统的宏观动能的变化量；ΔE_p 为系统的宏观势能的变化量。热力学第一定律中符号 Δ 表示系统在两种不同状态时的能量差值。功和热量都是过程量，一般不用加符号 Δ，只在讨论两种做功差值时才使用符号 Δ。式（2-18a）在控制体积系统内有质量变化时使用比较方便，式（2-19b）在讨论控制质量系统时使用比较方便。

ΔE_m 为外界与系统交换质量的传质能。传质能交换由两种原因引起，可用数学式表示为

$$\Delta E = \Delta E_{m,f} + \Delta E_{m,n}$$
$$= \Delta e_f m_f + \sum \mu_i du_i \tag{2-20}$$

式（2-20）中等号右边的两项是传质能交换的两个部分。$\Delta E_{m,f}$ 是由组分不变的进出边界的物质流所引起的，如开口系的物质流进出能差就属于这一种：

$$\Delta E_{m,f} = \Delta e_f m_f = (e_f m_f)_{出口} - (e_f m_f)_{进口}$$

式中，e_f 为流体所携带的比总能；m_f 为系统与外界交换的工质质量。$\Delta E_{m,n}$ 表示由系统的组分与外界的组分存在化学势差引起的当系统组分发生变化时所发生的系统能量的改变值。组成 $E_{m,n}$ 的强度量是该组分的化学势 μ_i，其广延量是改变的组分量 n_i。

热力学第一定律的微分表达式为

$$dE = \delta Q - \delta W + \delta E_m \tag{2-21a}$$

或

$$\delta Q = \mathrm{d}E + \delta W - \delta E_\mathrm{m} \tag{2-21b}$$

在热力学中，在表示微分量时，用 δ 表示过程量的微小增量，用 d 表示系统热力函数的微分量。

2）闭口系的热力学第一定律

在闭口系的单组分单相系或多组分均相系，如活塞式蒸汽机、内燃机、活塞压缩机等中，因没有物质交换，也没有宏观动能和宏观位能的变化，故其热力学第一定律为

$$\Delta U = Q - W_\mathrm{c} \tag{2-22a}$$

或

$$Q = \Delta U + W_\mathrm{c} \tag{2-22b}$$

式中，功符号 W 所加下标 c 表示与闭口系相关，它取自于英文单词 close 的第一个字母。W_c 和 w_c 分别表示闭口系对外界所做的功和比功，可与开口系功量有所区别。闭口系的热力学第一定律微分表达式为

$$\delta Q = \mathrm{d}U + \delta W_\mathrm{c} \tag{2-23}$$

由于热力系的总质量不变，所以对闭口系而言，对单位质量的系统进行讨论更加方便。闭口系单位质量的热力学第一定律表达式为

$$q = \Delta u + w_\mathrm{c} \tag{2-24}$$

闭口系单位质量的热力学第一定律微分表达式为

$$\delta q = \mathrm{d}u + \delta w_\mathrm{c} \tag{2-25}$$

闭口系对外界做功的典型例子是气体在气缸内膨胀推动活塞移动从而做功，就像气球膨胀一样对外界做功。因此，闭口系对外界做的是体积膨胀功，也称气体的绝对功（Absolute Work）。闭口系对外界做功的计算式为

$$\delta W_\mathrm{c} = p_\mathrm{e}\mathrm{d}V \tag{2-26a}$$

闭口系内单位质量的工质对外界做功的计算式为

$$\delta w_\mathrm{c} = p_\mathrm{e}\mathrm{d}v \tag{2-26b}$$

式中，p_e 为外界压力。闭口系从 1 状态可逆变化到 2 状态，对外界做的总功为

$$W_{\mathrm{c},12} = \int_1^2 p\,\mathrm{d}V \tag{2-27}$$

对于非可逆过程，有

$$W_{\mathrm{c},12} < \int_1^2 p\,\mathrm{d}V \tag{2-28}$$

应当注意的是，闭口系对外界做的总功 $W_{\mathrm{c},12}$ 不等于获得的净功 W_net，而是包括净功 W_net 和推移与膨胀气体等量的环境气体的挤压功 W_j 的，W_j 的计算式为

$$W_\mathrm{j} = p_0(V_2 - V_1) \tag{2-29}$$

在活塞式热力机的循环中，吸气和排气过程的正负挤压功 W_j 互相抵消。

3）开口系的热力学第一定律

常见的蒸汽涡轮机、燃气涡轮机、涡轮压缩机都属于开口系的热力设备。开口系与闭口系的热力学第一定律的主要区别是，开口系与外界交换的功不是简单的体积膨胀功。开口系有物质的进出，进出物质与外界有能量的交换，这种能量包括进出物质的热力学能、流动能、地球引力势能等。

（1）开口系的模型。一般开口系采用控制体积系统，在 δt 的微元时间内，有与控制体积系统内相同组分的物质流进（质量为 δm_in）和流出（质量为 δm_out）。如果控制体积系统内的组分不变，

那么式（2-20）中的 $\Delta E_{m,n}$ 项为零。但是当 $\delta m_{in} \neq \delta m_{out}$ 时，控制体积系统内的物质量就会发生改变，且进出物质各自携进和带出的能量也各不相同。在 δt 的微元时间内，开口系的控制体与外界交换的功为 ΔW_s；从外界进入系统的热量为 ΔQ；质量为 δm_{in} 的物质进入边界所包围的系统，进入的物质压力为 p_{in}，比体积为 v_{in}，比热力学能为 e_{in}。同时有质量为 δm_{out} 的物质流出边界所包围的系统，流出的物质压力为 p_{out}，比体积为 v_{out}，比热力学能为 e_{out}。控制体积系统初始状态为 1，质量为 m_{cv1}，比总能为 e_1；终了状态为 2，质量为 m_{cv2}，比总能为 e_2。

（2）质量方程。控制体积系统在 δt 内的质量变化为 δm，有

$$\delta m = m_{cv1} - m_{cv2} = \delta m_{in} - \delta m_{out} \tag{2-30}$$

（3）能量方程。控制体积系统能量方程的微分表达式为

$$dE_{cv} = \delta Q - \delta W_b + \delta E_m \tag{2-31}$$

式中，dE_{cv} 为控制体积系统内原有质量 m_{cv} 在状态 2 与状态 1 之间的总能差，即控制体积系统总能差，有

$$dE_{cv} = e_2 m_{cv2} - e_1 m_{cv1} \tag{2-32}$$

dE_{cv} 不仅与外界的作用有关，还与控制体积系统内物质是否发生化学反应有很大关系，如当燃烧发生时，控制体积系统总能差就很大；δE_m 为控制体积系统质量变动使控制体积系统总能变化的份额，有

$$\delta E_m = e_{in} \delta m_{in} - e_{out} \delta m_{out} \tag{2-33}$$

若把流进、流出和控制体积系统的三部分质量视作一个系统，则其总能变化为

$$\begin{aligned} dE &= dE_{cv} - \delta E_{in} \\ &= (e_2 m_{cv2} - e_1 m_{cv1}) - (e_{in} \delta m_1 - e_{out} \delta m_2) \\ &= (e_2 m_{cv2} + e_{out} \delta m_{out}) - (e_1 m_{cv1} + e_{in} \delta m_{in}) \\ &= E_2 - E_1 \end{aligned} \tag{2-34}$$

（4）功方程。控制体积系统与外界的交换功量 W 包括净功 W_{net} 和流动功 W_f 两部分，即

$$\begin{aligned} \delta w &= \delta w_{net} + \delta w_f \\ &= \delta W_{net} + P_{out} v_{out} \delta m_{out} - P_{in} v_{in} \delta m_{in} \end{aligned} \tag{2-35}$$

式中，流动功 W_f 为系统在出口将 δm_{out} 的物质推到外界做的功与系统在进口将 δm_{in} 的物质推入系统所获得的功的差值，有

$$\delta W_f = P_{out} v_{out} \delta m_{out} - P_{in} v_{in} \delta m_{in} \tag{2-36}$$

净功 W_{net} 为开口系对外界做的有用功，包括轴功及除在进、出口边界的流动功以外的在其他运动边界上做的功。净功是系统对外界做的实实在在的有用功。

将式（2-32）、式（2-33）和式（2-35）代入式（2-31），得到的在系统无组分变化时开口系的热力学第一定律表达式为

$$\begin{aligned} \delta Q &= dE_{cv} + \delta W_b - \delta E_m \\ &= (e_2 m_{cv2} + e_{out} \delta m_{out}) - (e_1 m_{cv1} + e_{in} \delta m_{in}) + \delta W_{net} + P_{out} v_{out} \delta m_{out} - P_{in} v_{in} \delta m_{in} \\ &= (e_2 m_{cv2} - e_1 m_{cv1}) + (e_{out} + P_{out} v_{out}) \delta m_{out} - (e_{in} + P_{in} v_{in}) \delta m_{in} + \delta W_{net} \end{aligned} \tag{2-37}$$

（5）焓 H。注意到式（2-37）中表示流动项的能流中有 $e+pv$ 项，比总能 e 中包含热力学能 u，u 是热力状态参数，而 pv 也是热力状态参数，为了方便，就把 u 和 pv 组合在一起使用，并用一个新的状态参数来表示。这个新的状态参数称为焓，记作 H；或称为比焓，记作 h。比焓和焓的定义式分别为

$$h \equiv u + pv \tag{2-38}$$

$$H \equiv U + PV \tag{2-39}$$

由式（2-18b）可知，比总能 $e=u+1/2\omega^2+gz$，结合比焓 h 的定义式，式（2-37）可改为用比焓表示的开口系的热力学第一定律表达式，即

$$\delta Q = \mathrm{d}E_{cv} + \left(h + \frac{\omega^2}{2} + gz\right)_{out}\delta m_{out} - \left(h + \frac{\omega^2}{2} + gz\right)_{in}\delta m_{in} + \delta W_{net}$$

$$= (e_2 m_{cv2} - e_1 m_{cv1}) + \left(h + \frac{\omega^2}{2} + gz\right)_{out}\delta m_{out} - \left(h + \frac{\omega^2}{2} + gz\right)_{in}\delta m_{in} + \delta W_{net} \tag{2-40}$$

4）稳定开口系的热力学第一定律

稳定开口系是最基本、最常见的开口系，稳定开口系因进、出口截面的参数不随时间变化，故与外界进行的热量、功和物质交换不随时间变化，且进、出口的质量流量相等，即 $\delta m_{in}=\delta m_{out}=\delta m$，$m_{cv1}=m_{cv2}$，于是式（2-40）可简化为

$$\delta Q = \left[(h_2 - h_1) + \frac{1}{2}(\omega_2^2 - \omega_1^2) + g(z_2 - z_1)\right]\delta m + \delta W_{net}$$

$$= \left(\Delta h + \frac{1}{2}\Delta\omega^2 + g\Delta z\right)\delta m + \delta W_{net} \tag{2-41}$$

对于单位质量的稳定开口系，热力学第一定律表达式为

$$q = \Delta h + \frac{1}{2}\Delta\omega^2 + g\Delta z + w_{net} \tag{2-42}$$

如果控制体积系统的进、出口截面选取得很近，使进、出口的状态只有微量的变化，那么式（2-42）中的 Δh 和 $\Delta\omega^2$ 中的 Δ 可改为微分符号 d，即

$$\delta q = \mathrm{d}h + \frac{1}{2}\mathrm{d}\omega^2 + g\mathrm{d}z + \delta w_{net} \tag{2-43}$$

另外，如果用工程上习惯使用的单位时间流体的质量 $\dot{m}$ 表示，那么稳定开口系的热力学第一定律又可表示为

$$\dot{m}\left(h_1 + \frac{\omega_1^2}{2} + gz_1\right) + \dot{Q} = \dot{m}\left(h_2 + \frac{\omega_2^2}{2} + gz_2\right) + \dot{W}_{net} \tag{2-44}$$

或

$$\dot{Q} = \dot{m}\left(\Delta h + \frac{1}{2}\Delta\omega^2 + g\Delta z\right) + \dot{W}_{net} \tag{2-45}$$

式中，$\dot{Q}$ 为除进、出口外单位时间内从外界进入的热量；$\dot{W}_{net}$ 为开口系在单位时间内对外界做的净功；下标"1""2"分别表示进、出口状态。

5）开口系的技术功 W_t

式（2-25）是闭口系单位质量的热力学第一定律微分表达式，即

$$\delta q = \mathrm{d}u + \delta w_c$$

当闭口系和开口系吸收的 δq 相同时，由式（2-25）和式（2-43）可得

$$\mathrm{d}u + \delta w_c = \mathrm{d}h + \frac{1}{2}\mathrm{d}\omega^2 + g\Delta z + \delta w_{net} \tag{2-46}$$

根据比焓的定义式，比焓的微分表达式为

$$\mathrm{d}h = \mathrm{d}u + p\mathrm{d}v + v\mathrm{d}p$$

又因为 $\delta w_c = p\mathrm{d}v$，将其代入式（2-46），可得

$$\frac{1}{2}\mathrm{d}\omega^2 + g\Delta z + \delta w_{net} = -v\mathrm{d}p \tag{2-47}$$

式（2-47）等号左边三项都是功，只是前两项还未变成轴功，但可用于喷射流做功。因此，

把式（2-47）等号左边三项的功合并在一起，称为技术功。技术功用符号 W_t 表示，比技术功用符号 w_t 表示。W_t 和 w_t 的定义式分别为

$$W_t \equiv \frac{1}{2}m\Delta\omega^2 + mg\Delta z + W_{net} \tag{2-48}$$

$$w_t \equiv \frac{1}{2}\Delta\omega^2 + g\Delta z + w_{net} \tag{2-49}$$

可以把技术功看作开口系可对外界做的功，或开口系所具有的有用功。由式（2-49）对 w_t 的微分关系式和式（2-47）可得

$$\delta w_t = -v\mathrm{d}p \tag{2-50}$$

在可逆条件下，技术功可由式（2-50）积分得到，即

$$w_{(t.12)} = \int_2^1 v\mathrm{d}p = 面积_{a12b}$$

而膨胀功为

$$w_{(c.12)} = \int_1^2 p\mathrm{d}v = 面积_{12dc}$$

所以，技术功 w_t 与膨胀功 w_c 有如图 2-4 所示的关系，即技术功等于膨胀功减去流动功。

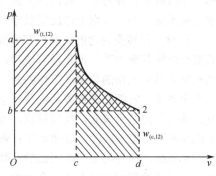

图 2-4　膨胀功 w_c 和技术功 w_t

6）开口系的能量方程

在可逆条件下，可把式（2-41）改写为

$$\delta q = \mathrm{d}h - v\mathrm{d}p = \mathrm{d}h + \delta w_t \tag{2-51}$$

由式（2-51），可导出：

$$q = \Delta h + w_t \tag{2-52}$$

$$\delta Q = \mathrm{d}H + \Delta W_t \tag{2-53}$$

$$Q = H + W_t \tag{2-54}$$

式（2-52）和式（2-54）为开口系的能量方程。

2.1.3　热力学第二定律概述

热力学第一定律阐明了能量转换的守恒关系，指出了不消耗能量而能不断输出功的第一类永动机是不可能制成的。人们在热功当量的实验和无数次实践中认识到机械能、电能等有序功能可全部转化为热能，但是也逐渐认识到无论怎么努力都不能把热能全部转化为机械能或电能。19 世纪初，蒸汽机的使用对工业界影响很大。人们总是希望制造出性能良好的热机，消耗最少的燃料得到最大的机械功。但当时人们不知道热效率的提高是否存在一个限度。人们还认识到自然界中的许多现象具有自发过程的方向性，逆自发过程的变化都要付出代价，也就是说实际上要用另外更强势的自发过程来弥补人们所需的某种逆自发过程。这些认识的升华促使卡诺定理和热力学第二定律诞生，并回答了热力学第一定律不能回答的问题。

1．热力学第二定律

1）热力学第二定律的两种表述

热力学第二定律是反映自发过程具有方向性与不可逆性规律的定律，其实质是指出了能量的品质属性。

热力学第二定律有多种表述方法，常见的有以下两种。

克劳修斯表述：不可能把热量从低温物体传到高温物体而不引起其他变化。

开尔文表述：不可能从单一热源吸取热量使之完全变为功而不引起其他变化。

克劳修斯表述和开尔文表述都指明某一过程是"不可能"的，即指明某种自发过程的逆过程是不能自动进行的。克劳修斯表述指明了热传导的不可逆性，其实质是说明能量传递的方向性，指出了热量传递的必要条件；开尔文表述指明了摩擦生热（功变热）过程的不可逆性，其实质是说明能量转换的方向性，指出了热能转换为机械能的必要条件，是能量守恒定律的补充。这两种表述对自发过程的认识实际上是等效的。这两种表述在说某个过程"不可能"时都有一个附加条件，即"不引起其他变化"，这一点要十分注意。

开尔文表述还可描述为第二类永动机是不可能制成的。所谓第二类永动机，是指一种能够从单一热源吸热，并将所吸收的热全部变为功而无其他影响的机器。它不违反能量守恒定律，但也永远制不成。为了区别于违反能量守恒定律的第一类永动机，将其称为第二类永动机。

热量如何转变为功的问题，在实际生活中有着十分重要的意义。人们曾设想从海水或大气中吸取热量将其变为功，但是没有成功，要想成功除非找到另外的低温热源。这些失败的第二类永动机有非循环工作的和循环工作的两类。非循环工作的第二类永动机设想一个起始处于稳定状态的约束系统，它能够仅依靠其内部状态的变化而对外界做功，除此之外对外界再无别的影响。用反证法（假定结果成立，反向推理，证明初始条件是否矛盾）可证明假想的非循环工作的第二类永动机是不可能制成的。证明如下：假定非循环工作的第二类永动机可能制成，那么可设想有一个约束系统，在经历了一个假想的非循环过程而从一个初始稳定状态 S_1 变到某个容许状态 S_2 后，对外界最终的影响是提升了一个重物，即输出正净功。然后，在让重物下落到原来高度的同时，将释放出来的功作用于系统的局部，如搅拌器。这样就会瞬时地导致系统处于非平衡状态。结果，就全过程来说，系统由初始稳定状态达到了某个容许状态 S_3，而外界却没有留下净的影响。这是稳定状态的定义所排斥的。所以，前面关于可能制成非循环工作的第二类永动机的设想是不成立的。

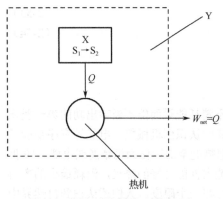

图 2-5 循环工作的第二类永动机

对于循环工作的第二类永动机，假想有热机循环工作，它从单一热源的约束系统 X 中吸收热量 Q，向外界输出净功 W_{net}，而系统 X 将由初始稳定状态 S_1 变到某个容许状态 S_2，如图 2-5 所示。这种永动机也是不可能制成的。可用反证法证明：如果上述假想成立，则可将系统 X 与第二类永动机组成一个新系统 Y，并将第二类永动机做的净功 W_{net} 用来提升重物。这样，对第二类永动机的一个完整循环来说，其状态没有净的变化，而系统 Y 经历了一个非循环过程，它的状态变化就等于系统 X 的变化，对外界最终的影响是提升了重物。这种情况与热力学第二定律关于非循环过程的说法相矛盾，从而证明了循环工作的第二类永动机是不可能制成的。

2）热力学第二定律推论

（1）热力学第二定律推论 I。只和单一热源交换热量的热力系，在其确定的初始与最终平衡状态之间进行的一切可逆过程的输出总功相同；若为不可逆过程，则输出的总功总是小于可逆过程输出的总功。

热力学第二定律推论 I 指出了一个非常重要的事实：在热源条件相同的两个平衡状态之间进行的过程中，不可逆性总是会导致输出功的减少，对耗功装置来说，则会导致耗功的增加。因此可以说，不可逆性是能量转换过程中功损失的根源。

（2）热力学第二定律推论 II。只和单一热源交换热量的热力系，在完成一个可逆循环后，所输出的总功及和热源交换的热量均为零。

　　在热力学中，通常把给热机提供热量的系统叫作热源。热力学中不特别说明的热源是这样假设的：热源是我们所研究的热力系界外的一个约束系统，它与热力系等其他系统之间只有热的作用，在供热期间本身的温度恒定，而且内部只经历稳定平衡状态，所以其中发生的所有过程都是可逆的。

　　热力学第二定律是建立在无数事实基础上的，是人类经验的总结，不能由其他更普遍的定律推导出来。整个热力学的发展过程也令人信服地表明，热力学第二定律推论都符合客观实际。由此也可证明，热力学第二定律真实地反映了客观规律。

2．卡诺定理

　　热力学第二定律否定了第二类永动机的存在，效率为 1 的热机是不可能制成的，那么热机的效率最高可以达到多少呢？卡诺定理从理论上回答了这个问题。1824 年，法国工程师卡诺提出了卡诺定理：在相同的高温热源和相同的低温热源间工作的可逆热机的热效率恒高于不可逆热机的热效率。

　　卡诺定理推论：在相同的高温热源和相同的低温热源间工作的可逆热机有相同的热效率，而与工质无关。

　　卡诺定理先于热力学第二定律被提出，受当时科学发展的限制，卡诺应用了错误的"热质说"来证明卡诺定理。卡诺定理的正确证明要应用到热力学第二定律。

　　卡诺定理证明：设在两个温度分别为 T_1 和 T_2 的热源之间，有可逆热机（卡诺热机）R 和任意的热机 I 在工作，如图 2-6 所示。最简单的卡诺循环通常是指由两个等温吸/放热过程和两个绝热压缩/膨胀过程组成的可逆循环。调节两个热机使它们所做的功相等。卡诺热机 R 从高温热源吸热 Q_1，做功 W，放热 Q_1-W 到低温热源（图 2-6 中虚线箭头方向），其效率为 η_R；热机 I 从高温热源吸热 Q_1'，做功 W，放热 $Q_1'-W$ 到低温热源，其效率为 η_I，则有

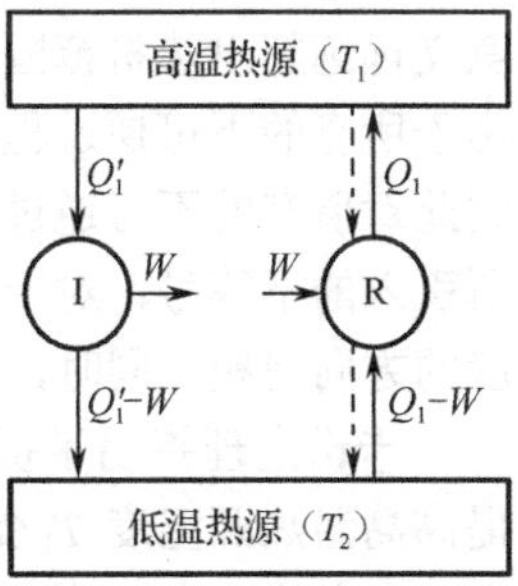

图 2-6　卡诺定理证明

$$\eta_R = \frac{W}{Q_1}, \quad \eta_I = \frac{W}{Q_1'}$$

　　先假设热机 I 的效率大于卡诺热机 R 的效率（这个假设是否合理，要根据从这个假定所得的结论是否合理来检验），即

$$\eta_I > \eta_R \ \text{或} \ \frac{W}{Q_1'} > \frac{W}{Q_1}$$

因此得

$$Q_1 > Q_1'$$

　　若以热机 I 带动卡诺热机 R，使 R 逆向转动，如图 2-6 中实线箭头方向所示。逆向循环的卡诺热机成为制冷机，所需的功 W 由热机 I 供给，R 从低温热源吸热 Q_1-W，并放热 Q_1 到高温热源，整个复合机循环一周后，在两个热机中工作的物质均恢复原态，最后除热源有热量交换以外，无其他变化。

　　从低温热源吸热：

$$(Q_1-W)-(Q_1'-W) = Q_1-Q_1' > 0$$

　　对高温热源放热：

$$Q_1-Q_1'$$

　　净的结果是热量从低温热源传到高温热源而没有发生其他变化。这违反了热力学第二定律中的克劳修斯表述，所以最初的假设 $\eta_I > \eta_R$ 不成立。因此有

$$\eta_I \leqslant \eta_R \tag{2-55}$$

　　这样就证明了卡诺定理。

　　卡诺定理推论证明：假设两个可逆热机 R_1 和 R_2 在温度相同的高温热源和温度相同的低温热源之间工作。若以 R_1 带动 R_2，使其逆转，则由式（2-55）得

$$\eta_{R1} \leqslant \eta_{R2}$$

　　若以 R_2 带动 R_1，使其逆转，则有

$$\eta_{R2} \leqslant \eta_{R1}$$

　　因此，若要同时满足上面两式，则应为

$$\eta_{R1} = \eta_{R2}$$

　　由此可知，无论参与卡诺循环的工作物质是什么，只要是可逆热机，在温度相同的低温热源和温度相同的高温热源之间工作，效率都是相等的。在明确了 η_R 与工作物质的本性无关后，我们就可以引用理想气体卡诺循环的结果。理想气体卡诺循环的热效率为

$$\eta_c = 1 - \frac{T_2}{T_1} \tag{2-56}$$

　　卡诺定理说明两个热源间一切可逆循环的热效率都相等。故式（2-56）也是两个热源间一切可逆循环的热效率表达式，它与工质、热机形式及循环组成无关。

　　卡诺定理经无数实践证明是正确的，它虽然是为回答热机的极限效率问题而提出来的，但其意义远远超出热机范围，具有更深刻且广泛的理论和实践意义。它在公式中引入了一个不等号。由于所有的不可逆过程是相互关联的，由一个过程的不可逆性可以推断另一个过程的不可逆性，因此对所有的不可逆过程都可以找到一个共同的判别准则。由于功、热交换的不可逆而在公式中所引入的不等号，对于其他过程（包括化学过程）同样可以使用。就是这个不等号解决了化学反应的方向问题。同时，卡诺定理在原则上也回答了热效率的极限值问题。

　　卡诺定理指明了提高热效率的方向：第一，提高高温热源温度 T_1，降低低温热源温度 T_2。提高高温热源温度 T_1 受制于材料的耐高温性，降低低温热源温度 T_2 受制于环境的温度 T_0（或河水、海水的温度）。第二，降低卡诺热机各个过程的不可逆性，如减小传热温差、减少流动的摩擦损失等。

　　根据卡诺定理，实际热机在温度为 T 的热源吸收热量 Q，所做的有用功 W_u 或微量有限功 δW_u 为

$$W_u \leqslant Q\left(1 - \frac{T_0}{T}\right) \quad \text{或} \quad \delta W_u \leqslant \delta Q\left(1 - \frac{T_0}{T}\right) \tag{2-57}$$

　　不能转为功而排入大气中的废热量 Q_0 或微量有限热量 δQ_0 为

$$Q_0 \geqslant \frac{T_0}{T}Q \quad \text{或} \quad \delta Q_0 \geqslant \frac{T_0}{T}\delta Q \tag{2-58}$$

　　当实际热机是卡诺热机，能够进行可逆循环时，式（2-57）和式（2-58）取等号。

3. 熵

　　在式（2-9）中，根据可逆过程将系统所做的功 W 用与体积功相关的强度参数压力 p 和广延参数体积 V 的乘积变化量表示。类推得到可逆过程热量 Q 也可以用系统的热量与相关的势强度参数 T 和某种广延参数的乘积变化量表示，这种与热量 Q 有关的广延参数被称为熵，用符号 S 表示。既然体积 V 是状态参数，根据对比关系，S 也一定是状态参数。另外，根据卡诺定理，由式（2-58）可导出如下关系：

$$\left(\frac{\delta Q}{T}\right)_R = \left(\frac{\delta Q_0}{T_0}\right)_R \tag{2-59}$$

　　式（2-59）中分子与分母的量纲不一致。有一个带量纲的比例因子被消去了，令其为 $\mathrm{d}S$，则有

$$dS = \left(\frac{\delta Q}{T}\right)_{R} = \frac{dE_{n}}{T_{0}} \tag{2-60}$$

式（2-60）给出了状态参数熵 S、温度 T 与可逆过程系统热交换量的关系，也是熵的定义式。它表明，当系统与温度为 T 的热源接触时，热源传给系统的热量 δQ 与系统的热力学温度 T 之比等于系统在接收热量前后的熵差 dS，也等于系统的非做功能的变化量 dE_{n} 与环境的热力学温度 T_{0} 之比。式（2-60）不仅给出了系统在温度为 T 的情况下由热源可逆地得到热量时熵的变化，而且可确定系统所获得热量 δQ 中有多少非做功能。由式（2-60）可得

$$dE_{n} = T_{0}dS \tag{2-61}$$

式（2-61）在热力学中有重要意义，熵的特殊性由此显现，它能表示系统中非做功能的变化占有量。

熵是状态参数，已由与体积 V 的对比关系和式（2-60）所确认，克劳修斯在提出熵这个参数时也证明了熵是热力学状态参数。因此，熵具有只与系统的初始状态和最终状态有关，而与过程无关的一切状态参数共有的性质。

在热力学中，熵具有极其重要的地位和作用，它不仅与其他状态参数一样可以作为计算系统与外界功、热交换的参数，还可以作为过程不可逆性的判据。熵的双重作用使其学习和应用难度增加，但只要牢牢把握住熵是与热能有关的广延性状态参数的特点，把可逆过程的熵变和不可逆过程的熵变区分来计算，就不会因为概念的混淆而伤脑筋了。

4．熵变、熵方程

$$TdS = dU + pdV \tag{2-62}$$

式（2-62）适用于可逆过程和不可逆过程，因此需要对过程中引起熵变的原因进行分析和计算。

1）熵变

系统中熵的变化简称熵变。熵是一个状态参数，系统中熵的变化来自两个方面：熵流和熵产。

（1）熵流。在系统与外界的热量和质量的交换过程中，纯粹由非做功能的迁移引起的系统熵的变化叫作熵流，记作 dS_{f}。由热交换引起的熵流叫作热熵流，记作 $dS_{f,Q}$；由物质迁移引起的熵流叫作质熵流，记作 $dS_{f,m}$。熵流的计算公式为

$$dS_{f} = dS_{f,Q} + dS_{f,m} \tag{2-63}$$

（2）熵产。由不可逆过程引起的熵变叫作熵产，它是由不可逆过程消耗的功量产生的，在孤立系中熵产即熵增，记作 dS_{g}。

2）熵方程

系统的熵变计算公式为

$$dS = dS_{g} + dS_{f} = dS_{g} + dS_{f,Q} + dS_{f,m} \tag{2-64}$$

式（2-64）称为熵方程。

对闭口系而言，只存在热熵流和熵产，故闭口系的熵方程为

$$dS = dS_{g} + dS_{f,Q} \tag{2-65a}$$

即

$$dS = dS_{g} + \frac{\delta Q}{T} \tag{2-65b}$$

式（2-65b）表明，闭口系的熵的变化量等于由热量迁移引起的熵流 $\delta Q/T$ 与系统本身的熵产 dS_{g} 之和，且熵产恒为正值。

对流动系而言，系统可能与多个不同的热源交换热量，有多股工质流，因而在某个微小时间

间隔 $\delta\tau$ 内，其熵方程为

$$dS_{CV} = \sum\int\frac{\delta Q}{T_{\tau,i}} + \sum_{in}\int s_{in,j}\delta m_{in,j} - \sum_{out}\int s_{out,k}\delta m_{out,k} + dS_g \qquad (2\text{-}66a)$$

式中，$\dfrac{\delta Q}{T_{\tau,i}}$ 为开口系与第 i 个热源传热引起的熵流，吸热为正值，放热为负值；δm_{in} 和 δm_{out} 分别表示进、出系统的质量；s_{in} 和 s_{out} 分别表示进、出系统的比熵；下标 j 和 k 分别表示进、出的分系。

稳定流动系统的熵方程为

$$0 = \frac{\delta Q}{T_{\tau,i}} + \delta m(s_{in} - S_{out}) + dS_g \qquad (2\text{-}66b)$$

当系统进行不可逆过程时，$dS_g > 0$，故有

$$dS - \frac{\delta Q}{T} > 0$$

即

$$dS > \frac{\delta Q}{T} \qquad (2\text{-}67)$$

式（2-67）即著名的克劳修斯不等式。式（2-67）表明，系统在进行不可逆过程时熵的变化量大于外界输入的熵流。在可逆过程中，若 $dS_g = 0$，则有

$$dS = \frac{\delta Q}{T} \qquad (2\text{-}68)$$

合并式（2-67）和式（2-68）可得，微元过程的克劳修斯不等式为

$$dS \geqslant \frac{\delta Q}{T} \qquad (2\text{-}69)$$

一定要记住，式（2-69）中的 δQ 是可逆过程中交换的热量，有时加下标 R 表示。
已知

$$\eta_I = \frac{Q_1 + Q_2}{Q_1} = 1 + \frac{Q_2}{Q_1}, \quad \eta_R = \eta_c = 1 - \frac{T_2}{T_1}$$

因为 $\eta_I < \eta_R$，所以有

$$1 + \frac{Q_2}{Q_1} < 1 - \frac{T_2}{T_1}$$

移项后得

$$\frac{Q_1}{T_1} + \frac{Q_2}{T_2} < 0 \qquad (2\text{-}70a)$$

对于任意的不可逆循环，假设系统在循环过程中依次与热源 $1,2,\cdots,n$ 接触，吸取的热量分别为 $Q_1, Q_2, \cdots, Q_n$，式（2-70a）可推广为

$$\left(\sum_{i=1}^{n}\frac{\delta Q_i}{T_i}\right)_I < 0 \qquad (2\text{-}70b)$$

式中，下标 I 代表不可逆。

设有下列循环，如图 2-7 所示，系统经过不可逆过程 A→B，然后经过可逆过程 B→A。因为前一个过程是不可逆的，所以就整个循环来说仍是一个不可逆循环，故根据式（2-70b）有

$$\left(\sum_i\frac{\delta Q}{T}\right)_{I,A\to B} + \left(\sum_i\frac{\delta Q}{T}\right)_{R,B\to A} < 0$$

因为

$$\left(\sum_i \frac{\delta Q}{T}\right)_{R,B \to A} = S_A - S_B$$

所以有

$$S_B - S_A > \left(\sum_i \frac{\delta Q}{T}\right)_{I,A \to B} \tag{2-71}$$

或

$$\Delta S - \left(\sum_A^B \frac{\delta Q}{T}\right)_I > 0 \tag{2-72}$$

如果过程 A→B 也是可逆的，则式（2-72）中为等号。合并可逆循环与不可逆循环，并去掉下标，则有

$$\Delta S_{A \to B} - \sum_A^B \frac{\delta Q}{T} > 0 \tag{2-73}$$

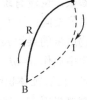

图 2-7　不可逆循环

式中，δQ 为实际过程中的热效应；T 为环境温度。式（2-73）即所要证明的克劳修斯不等式积分（或总和）表达式。在可逆过程中用等号，此时的环境温度等于系统的温度，δQ 为可逆过程中的热效应。式（2-73）可用来判别过程的可逆性，也可作为热力学第二定律的一种数学表达式。

5．熵增原理

对于绝热系中所发生的变化，$\delta Q=0$，所以有

$$dS \geqslant 0 \text{ 或} \Delta S \geqslant 0 \tag{2-74}$$

式中，不等号表示不可逆；等号表示可逆。也就是说，在绝热系中，只可能发生$\Delta S \geqslant 0$ 的变化。此结论对孤立系也适用。在不可逆绝热过程中，系统的熵增加，不可能发生$\Delta S < 0$的变化，即一个闭口系从一个平衡状态开始，经过绝热过程达到另一个平衡状态，它的熵绝不会减少。这个结论是热力学第二定律的一个重要结果。在绝热条件下，可以明确地用系统熵的增加和不变来判断不可逆过程和可逆过程。换句话说，在绝热条件下，趋于平衡的自发过程会使系统的熵增加，这就是熵增原理。

2.1.4　有效能和有用功

工程热力学的研究内容是能量的相互转换，主要研究如何将热能通过热力系尽可能多地转换为机械能或电能。其中，热力系通过物质分子运动的激烈程度变化，与外界进行功、热交换。热力系的可交换能量为热力学能，包括分子热运动的热能、分子间作用力产生的体积能及分子组分变化的化学能，还包括热力系的物质分子宏观流动的动能和重力能等。热力系与外界的能量交换伴随着热力系的状态变化，因此研究一个热力系拥有的热力学能包含多少功能，以及在外界环境的条件下转换成有用功的极限能力等问题至关重要。为此，提出了热力学能的势能、有效能、有用功、最大比有用功、功函数、能量品位等概念，从不同角度定量描述热力系的做功能力和能量品质。有效能等概念是有效能分析法（㶲分析法）、热工过程及装置热力完善程度分析、计算的依据和理论基础。

1．热力学势能和能势

1）热力学势能

由相互作用的物体之间的相对位置或物体内部各部分之间的相对位置所确定的能叫作势能（Potential Energy），亦称位能。热力学势能是所论系所处的状态相对于某个稳定平衡状态所具有

的相对能量，该能量能够在向稳定平衡状态变化的过程中得到释放，并对外界做功或转化为其他形式的能量。

势能是标量，势能函数通常采用势强度参数和广延参数的乘积来表示。一般来说，势能函数包含三个要素：所论系的物质量，如质量 m；所论系具有的使系统向稳定平衡状态变化的驱动势，也称为势强度参数（力强度参数）X；所论系的势强度参数所能影响的比物理量，也称为与势强度参数对应的比强度参数 j。广延参数为物质量与比强度参数的乘积，如 mj。因此，势能的表征也必然包含这三个要素。在热力系中，质量 m 是能量的载体，单位为 kg。势强度参数 X 表征潜在的驱使物质运动的作用力大小。因为对物质不同粒子的作用力有不同形式，所以要使用不同形式的势强度参数，在具体使用时 X 的符号和单位也就不相同。例如，物质分子热运动的势强度参数用热力学温度 T 表示，单位为 K；物质分子体积力的势强度参数用压力 p 表示，单位为 Pa，1Pa=1N/m²=1kg/(m·s²)。因此，势强度参数 X 没有统一的单位；与势强度参数对应的比强度参数为物性参数，也没有统一的单位。例如，温度 T 对应的比强度参数为比熵 s，单位为 kJ/(kg·K)，与 c_p 的单位相同；压力 p 对应的比强度参数为比体积 v，即密度 ρ 的倒数，单位为 m³/kg。比强度参数与物质量的乘积 mj 称为广延参数或尺度参数，不同形式的广延参数没有统一的单位，在不可逆热力学中记作 $J=mj$，称为流函数。在不同形式的能量中，J 有不同的具体形式，如在表征热能时为熵 S，在表征体积能时为体积 V。

势强度参数、比强度参数和物质量三者的乘积 Xjm 及乘积 XJ、me_p 有相同的能量单位 kJ，它们都可以表示势能 E_p。

势强度参数与其所对应的比强度参数的乘积 Xj 有相同的单位 kJ/kg，可以表示比势能 e_p。

在具体表征势能 E_p 和比势能 e_p 时，首先需要选定势能的参考基准。

2）基准状态

势能对应的基准状态必定是一种稳定平衡状态。之前讨论了在一般系统达到稳定平衡状态时，热平衡稳定条件和力平衡稳定条件都应得到满足，即系统内部各参数的关系为 $-\dfrac{T}{C_V}\left(\dfrac{\partial p}{\partial V}\right)_\tau>0$。此处需要补充说明的是，当系统处于平衡状态时，系统内部力与外界作用力必定是平衡的。因此，外界的条件影响着系统的平衡状态，即有关的能量转换过程通常是在周围自然环境中进行的。系统状态与周围自然环境状态之间的不平衡促使系统状态发生变化，自发变化到与环境相平衡的稳定状态。当系统状态与环境相平衡时，系统贮存的能量完全丧失转换为有用功的能力。于是，人们常把处于周围自然环境状态的系统状态作为计算有用功的基准状态，实际的自然环境是经常变化的，但为了有一个共同的比较标准，人们往往理想化地将周围自然环境看作具有不变压力、不变温度、不变化学组分并处于平衡状态的庞大物系，环境以外的任何影响都不会改变它的势强度参数。大气、海水、地表面是常见的周围自然环境，在计算有用功时，它们都被视为处于基准状态，具有一定的势强度参数值。我们把系统与环境达到热力平衡的状态称为系统的环境状态。统一用下标"0"表示其状态参数，如环境压力 p_0、环境温度 T_0、环境比体积 v_0、环境比熵 s_0 等。

系统与环境达到热力平衡，可以指包括热平衡、力平衡、化学平衡等在内的完全热力平衡，也可以指仅包括部分项目的不完全热力平衡。在进行能量的可用性分析时，究竟是采用完全热力平衡的环境状态还是采用不完全热力平衡的环境状态，要根据所分析问题的性质而定。一般情况下，如果能量转换过程中不涉及几种物质的混合、分离和化学反应，则只需考虑系统与环境达到热平衡和力平衡。在本节分析中，没有特别指明的系统平衡状态只需考虑系统与环境达到热平衡和力平衡。所谓力平衡，是指压力平衡，不考虑地球引力、磁场力和电场力的作用。当系统做宏观运动时，参照的环境状态是相对静止的。由于不考虑引力势能，故认为系统与环境处在同一水平高度上。

物理学和热力学中经常选取势强度参数 $X=0$ 的点为基准，如热力学温度 $T=0\mathrm{K}$，绝对真空压力 $p=0\mathrm{Pa}$，电场中离电场发生源无穷远处电势 $U=0\mathrm{V}$，海平面的高度 $h=0\mathrm{m}$ 等。$X=0$ 的点称为绝对基准。尽管绝对基准的平衡状态是无法实现的，它仅是理想极限平衡状态，但是绝对基准能使能量计算表征严格且简便，因此仍然被广泛采用。

3）绝对势能

将取 $X=0$ 的点为基准的热力学能量定义为热力学能的绝对势能，其表达式为

$$E_\mathrm{p} = Xjm = XJ = me_\mathrm{p} \tag{2-75}$$

式中，e_p 为绝对比势能，有

$$e_\mathrm{p} = \frac{E_\mathrm{p}}{m} = Xj \tag{2-76}$$

为节省篇幅，以下一般只表征单位质量系统的比能量状态及其交换。

温度为 T 的热源，其热能的绝对比势能记为 $e_\mathrm{p,T}$，有

$$e_\mathrm{p,T} = Ts \tag{2-77}$$

压力为 p 的压缩气源，其绝对体积比势能记为 $e_\mathrm{p,p}$，有

$$e_\mathrm{p,p} = pv \tag{2-78}$$

如果热力系中含有多种形式的能量，则可以按照平衡状态热力学的能量关系式表示系统的总比势能。

无组分变化的闭口系在热平衡和力平衡状态下的比势能记为 $e_\mathrm{p,U}$，即比热力学能 u，有

$$e_\mathrm{p,U} = u = Ts - pv \tag{2-79}$$

稳定流开口系的比势能记为 $e_\mathrm{p,H}$，即比焓 h，有

$$e_\mathrm{p,H} = h = Ts + pv \tag{2-80}$$

4）环境基准比势能

以环境平衡状态为计量基准的比势能称为环境基准比势能，用符号 $e_\mathrm{p(0)}$ 表示，有

$$e_\mathrm{p(0)} = e_\mathrm{p} - e_\mathrm{p,0} = Xj - X_0 j_0 \tag{2-81}$$

式中，$e_\mathrm{p(0)}$ 为系统任意平衡状态与环境平衡状态的绝对比势能差值；$e_\mathrm{p,0}$ 为系统在环境平衡状态下的绝对比势能。

系统在 1 和 2 两个平衡状态之间的比势能差值用 $e_\mathrm{p(1-2)}$ 表示，有

$$e_\mathrm{p(1-2)} = e_\mathrm{p,1} - e_\mathrm{p,2} = e_\mathrm{p(0),1} - e_\mathrm{p(0),2} = X_1 j_1 - X_2 j_2 \tag{2-82}$$

如果系统中含有多种形式的能量，则应当按照热力学的能函数给出所论系的比势能表达式。

闭口系比势能用比热力学能 $u_{(0)}$ 表示，在不考虑系统组分的化学势作用时，有

$$u_{(0)} = u - u_0 = (Ts - pv) - (T_0 s_0 - p_0 v_0) \tag{2-83}$$

0 开口系比势能用比焓 $h_{(0)}$ 表示，在不考虑系统组分的化学势作用时，有

$$h_{(0)} = h - h_0 = (u + pv) - (u_0 + p_0 v_0) \tag{2-84}$$

2. 有效能和无效能

热力学中有效能的定义：在周围自然环境条件下，存储在系统中能够最大限度地转变为有用功的那部分能量称为该能量的有用做功能，通常简称有效能（Available Energy），用符号 E_u 表示，单位为 J。南斯拉夫学者朗特许将与有效能定义相同的能量称为"exergy"，1957 年民主德国专家诺·艾勒斯纳来华讲学时首次介绍了"exergy"的概念，当时南京工学院动力工程系的老师将其翻译为"㶲"，该翻译得到了广泛使用。本书中采用有效能这个术语，因为它含义明确，而且可避免计算机打印"㶲"字出错。有效能还有另一种表述。系统通过任意过程达到与大气热力学性质平衡的最终态时所能得到的最大有用功，称为所论系的有效能。单位质量的有效能称为比有效能，

用符号 e_u 表示，单位为 J/kg。将系统中不能转换为有用功的那部分能量称为"燚"（Unavailable Energy）。

有效能为环境基准势能中的一部分，环境基准比势能中包含比有效能 e_u 和不能做功的比无效能 e_n。因此，根据环境基准比势能定义式可导出比有效能和比无效能的表达式，即

$$e_{p(0)} = e_p - e_{p,0} = Xj - X_0 j_0 = (X - X_0)j + X_0(j - j_0) = e_u + e_n \tag{2-85}$$

式中，单一形式的比有效能 e_u 的一般表达式为基准势强度差值 $X - X_0$ 与所论状态的比强度参数 j 的乘积，即

$$e_u = (X - X_0)j \tag{2-86}$$

单一形式的比无效能 e_n 的一般表达式为环境基准平衡状态的势强度参数 X_0 与所论状态相对于基准状态的比强度差值 $j - j_0$ 的乘积，即

$$e_u = X_0(j - j_0) \tag{2-87}$$

1）温度为 T 的热源热能的比有效能 $e_{u,T}$ 和比无效能 $e_{n,T}$

温度为 T 的热源热能的比有效能记为 $e_{u,T}$，有

$$e_{u,T} = (T - T_0)s \tag{2-88}$$

$$e_{u,T} = \left(1 - \frac{T_0}{T}\right)Ts = \eta_c q \tag{2-89}$$

式中，η_c 为卡诺热机效率；q 为系统吸收的热量。式（2-89）证明了式（2-88）所表征的比有效能是正确的。

温度为 T 的热源热能的比无效能记为 $e_{n,T}$，有

$$e_{n,T} = T_0(s - s_0) \tag{2-90}$$

无效能的物理实质是，在环境温度为 T_0 时系统与环境交换的净热量，这些热量都是无用的非功能。

2）压力为 p 的压缩气源体积能的比有效能 $e_{u,p}$ 和比无效能 $e_{n,p}$

压力为 p 的压缩气源体积能的比有效能记为 $e_{u,p}$，有

$$e_{u,p} = (p - p_0)v \tag{2-91}$$

压力为 p 的压缩气源体积能的比无效能记为 $e_{n,p}$，有

$$e_{n,p} = (v - v_0)p_0 = -p_0(v_0 - v) = -W_j \tag{2-92}$$

式中，$e_{n,p}$ 为消耗的挤压功量。

如果系统中含有多种形式的能量，则可以按照热力学的能函数，由所论能函数的环境基准比势能表达式求出其比有效能和比无效能。下面推导无组分变化的系统的比有效能和比无效能。

3）闭口系的比有效能 $e_{u,U}$ 和比无效能 $e_{n,U}$

由闭口系的环境基准比势能 $u_{(0)}$ 可求出 $e_{u,U}$ 和 $e_{n,U}$。$u_{(0)}$ 为

$$\begin{aligned} u_{(0)} &= u - u_0 \\ &= [(T - T_0)s - (p - p_0)v] + [T_0(s - s_0) - p_0(v - v_0)] \\ &= e_{u,U} + e_{n,U} \end{aligned} \tag{2-93}$$

闭口系的比有效能 $e_{u,U}$ 的数学表达式为

$$e_{u,U} = (T - T_0)s - (p - p_0)v = e_{u,T} - e_{u,p} \tag{2-94a}$$

$$\begin{aligned} e_{u,U} &= u - u_0 - T_0(s - s_0) + (p - p_0)v \\ &= (u - T_0 s + p_0 v) - (u_0 - T s_0 + p v_0) \tag{2-94b} \\ &= \varphi_{u,U} - \varphi_{u,U,0} \end{aligned}$$

式中，$\varphi_{u,U}$ 为闭口系的绝对比有效能函数，其数学表达式为

$$\varphi_{u,U} = u - T_0 s + p_0 v \qquad (2\text{-}95)$$

在用 $\varphi_{u,U}$ 表示闭口系的状态点 i 的绝对比有效能时，只需在符号 $\varphi_{u,U}$ 的下标中添加序号 i 即可。例如，状态点序号为 1，则 $\varphi_{u,U,1} = u_1 - T_0 s_1 + p_0 v_1$。$\varphi_{u,U,0}$ 为环境状态点的有效能函数，$\varphi_{u,U,0} = u_0 - T_0 s_0 + p_0 v_0$，$\varphi_{u,U,0}$ 只有相对于绝对 0K 时才有量值，相对于环境为 0。因此，函数 $\varphi_{u,U}$ 是闭口系的绝对比有效能函数，而函数 $e_{u,U}$ 为闭口系的相对比有效能函数，二者在计算中的效果相同。由于热力学中的状态参数 T、p、s、v 都取绝对零为基准，所以在热力性能分析中使用绝对比有效能函数更方便。但是应当记住，有效能是与环境有关的准状态参数。另外，如果分析的热力系的工质量不是单位质量，有关比有效能的函数就自动转换为有效能的函数，并自动使用大写字母表示，以下不再另外说明，同时只推导单位质量物系的相关公式。

闭口系的比无效能 $e_{n,U}$ 的数学表达式为

$$e_{n,U} = T_0(s - s_0) - p_0(v - v_0) = e_{n,T} - e_{n,p} \qquad (2\text{-}96a)$$

$$e_{n,U} = (T_0 s - p_0 v) - (T_0 s_0 - p_0 v_0) = \varphi_{n,U} - \varphi_{n,U,0} \qquad (2\text{-}96b)$$

参照式（2-95），可将

$$\varphi_{n,U} = T_0 s - p_0 v \qquad (2\text{-}97)$$

定义为闭口系的绝对比无效能函数。将式（2-97）代入式（2-95），得

$$\varphi_{u,U} = u - \varphi_{n,U} \qquad (2\text{-}98a)$$

或

$$u = \varphi_{u,U} + \varphi_{n,U} \qquad (2\text{-}98b)$$

式（2-98b）说明，闭口系的比热力学能 u 是闭口系的绝对比有效能函数和比无效能函数之和。

4）开口系的比有效能 $e_{u,H}$ 和比无效能 $e_{n,H}$

由开口系的环境基准比焓 $h_{(0)}$ 和 $u = Ts - pv$ 的关系可求出 $e_{u,H}$ 和 $e_{n,H}$，其中：

$$h_{(0)} = h - h_0 = (u + pv) - (u_0 + p_0 v_0)$$

$$(T - T_0)s + T_0(s - s_0) = e_{u,H} + e_{n,H} \qquad (2\text{-}99)$$

根据式（2-99）可得，开口系的比有效能 $e_{u,H}$ 为

$$e_{u,H} = (T - T_0)s \qquad (2\text{-}100a)$$

$e_{u,H}$ 又称为开口系的比有效能函数，$e_{u,H}$ 与热能的比有效能相等，即 $e_{u,H} = e_{u,T}$，通过式（2-99）的变换可得到 $e_{u,H}$ 的另一种数学表达式，即

$$e_{u,H} = h - h_0 - T_0(s - s_0)$$

$$= (h - T_0 s) - (h_0 - T_0 s_0) = \varphi_u - \varphi_{u,0} \qquad (2\text{-}100b)$$

仿照式（2-95），定义 φ_u 为开口系的绝对比有效能函数，有

$$\varphi_u \equiv h - T_0 s \qquad (2\text{-}101)$$

由于开口系为工程主流热力系，为书写简便，由式（2-101）定义的开口系的绝对比有效能函数中不添加下标 "H"，φ_u 的使用和约定参照闭口系 $\varphi_{u,U}$。

开口系的比无效能 $e_{n,H}$ 为

$$e_{n,H} = T_0(s - s_0) \qquad (2\text{-}102)$$

$e_{n,H}$ 与热能的比无效能相等，即 $e_{n,H} = e_{n,T}$。开口系的绝对比无效能函数 φ_n 定义为

$$\varphi_n = T_0 s \qquad (2\text{-}103)$$

将式（2-103）代入式（2-101），得

$$\varphi_u = h - \varphi_n \qquad (2\text{-}104a)$$

或

$$h = \varphi_u + \varphi_n \qquad (2\text{-}104b)$$

5）温度为 T_c 的冷源热能的比有效能

由于温度低于环境温度的冷源热能的环境基准比势能为负值，而有用功是指所论冷源与环境热源组成的热力系能够做的功，其做功量是正值，有效能函数用于表达所论系的能量做最大有用功的能力。所以冷源热能的比有效能 $e_{u,Tc}$ 与热源热能的比有效能 $e_{u,T}$ 的表达式有正、负号的差别：

$$e_{u,Tc} = -(T_c - T_0)s = (T_0 - T_c)s \qquad (2\text{-}105\text{a})$$

$$e_{u,T} = \left(\frac{T_0}{T_c} - 1\right)T_c s = \left(\frac{T_0}{T_c} - 1\right)q_c = \varepsilon_c q_c \qquad (2\text{-}105\text{b})$$

6）变温热源热能的比有效能

变温热源热能的有效能为有限热容热源从温度 T_1 变化到 T_2 的热能，其每提供少量热能后温度就下降一点，如储热水箱中的水温会随输出热能不断降低，此后输出热能的有效能含量不断降低，其比有效能的微分表达式为

$$de_{u,T} = d[(T - T_0)s] = d(Ts) - T_0 ds = dq - T_0 ds \qquad (2\text{-}106)$$

通过积分求出从平衡状态 1 到平衡状态 2 之间的总体平均比有效能 $\tilde{e}_{u,T}$，即

$$\tilde{e}_{u,T} = \int_1^2 de_{u,T} = \int_1^2 dq - T_0 \int_1^2 ds = (q_2 - q_1) - T_0(s_2 - s_1) \qquad (2\text{-}107\text{a})$$

如果系统的比定压热容不变，则 $dq = d(Ts) = c_p dT$，$ds = c_p dT/T$，将其代入式（2-107a）得

$$\tilde{e}_{u,T} = (T_2 - T_1)c_p - T_0 c_p \ln\left(\frac{T_2}{T_1}\right) = q_{1,2}\left[1 - \frac{T_0}{T_2 - T_1}\ln\left(\frac{T_2}{T_1}\right)\right] \qquad (2\text{-}107\text{b})$$

3. 有用功、最大比有用功、一般最大比有用功

1）有用功

在讨论能量转换为功的能力时人们更关心实际可以获得的功。在工程热力学中，人们将技术上有用的、可以输送给"功源"的功称为有用功，用符号 W_u（有些热力学书中用符号 W_x）表示，比有用功用小写的符号 w_u 表示。有用功与之前提到的闭口系的轴功相当，也与开口系的技术功相当。所谓功源，是指一种可以对热力系做功或从热力系中接收功的物体或装置，它与系统之间只以功的形式传递能量，并且在传递能量过程中没有功能损失。例如，可将一个重物看作一个功源，当系统对功源做功时重物被举起，当功源对系统做功时重物落下，重物上升和下降过程中没有摩擦等能量损失。

2）最大比有用功

当系统从任意平衡状态变化到环境平衡状态时，单位质量系统输送给功源的最大功量叫作最大比有用功，用符号 $w_{u,max(0)}$ 表示。最大比有用功，即系统相对环境平衡状态的比有效能。更具体地说，在符合下列三个条件的过程中系统做出的功量称为最大有用功：①只有环境为热源；②系统从给定状态进行可逆过程；③可逆过程进行到与环境达到热力平衡时为止。为叙述简便起见，将符合上述三个条件的过程称为理论转变过程（通常由定熵和可逆定温过程组成）。

3）一般最大比有用功

在系统从平衡状态 1 到平衡状态 2 的有限变化中，单位质量系统可以输送给功源的最大有用功称为一般最大比有用功，用符号 $w_{u,max}$ 表示。

三个有用功之间的关系是

$$W_{u,max1\text{-}2} = W_{u,max(0),1} - W_{u,max(0),2} \qquad (2\text{-}108)$$

$$W_{u,1\text{-}2} = W_{u,max,1\text{-}2} - T_0 \Delta S_g \qquad (2\text{-}109)$$

$$W_{u,max(0)} = e_u \qquad (2\text{-}110)$$

显然，如果式（2-110）成立，则可以利用有效能函数对热力系进行性能分析。为此，对闭口系

和开口系有限变化的一般最大比有用功和最大比有用功采用另外的方法进行分析，以证明式（2-110）成立。

（1）闭口系有限变化的一般最大比有用功和最大比有用功。

考察如图 2-8（a）所示的由闭口系和环境（压力为 p_0，温度为 T_0）组成的孤立系，在没有与其他热力系存在热交换的前提下，作业工质从状态 1 变化到状态 2 对环境做的功为 $W_{u,1\text{-}2}$，记作 W_c，并可表示为

$$W_{u,1\text{-}2} = W_c = U_1' - U_2' = U_1 - U_2 + U_{01} - U_{02} \tag{2-111}$$

式中，U_1' 和 U_2' 分别表示孤立系在作业工质状态变化前、后的热力学能；U_1 和 U_2 分别表示作业工质状态变化前、后的热力学能；U_{01} 和 U_{02} 分别表示环境在作业工质状态变化前、后的热力学能。

一般情况下，作业工质的体积从 V_1 增加到 V_2 为抵抗环境压力消耗的功 W'' 为有限无用功，有

$$W'' = W_j = p_0(V_2 - V_1) \tag{2-112}$$

式中，W'' 也称为有限挤压功，在许多场合中也记作 W_j。另外，把作业工质传给环境的热量记作 Q''。考察环境，其热力学能从 U_{01} 增加到 U_{02} 是由 W'' 和 Q'' 提供的。假定环境的变化是可逆的，则有

$$U_{01} - U_{02} = -Q'' - W'' = -T\Delta S_0 + p_0(V_1 - V_2) \tag{2-113}$$

式中，ΔS_0 为环境熵的变化量，即 $\Delta S_0 = S_{02} - S_{01}$。把式（2-113）代入式（2-111），得

$$W_{u,1\text{-}2} = W_c = U_1 - U_2 - T_0\Delta S_0 + p_0(V_1 - V_2) \tag{2-114}$$

式（2-114）中的 ΔS_0 应转化为用作业工质熵的变化量来表示，利用孤立系全体熵增量 ΔS_g 的关系求得，有

$$\Delta S_g = \Delta S_0 + S_2 - S_1 \geqslant 0 \tag{2-115}$$

式中，S_1 和 S_2 分别为作业工质状态变化前、后的熵。把式（2-115）代入式（2-114），得

$$W_{u,1\text{-}2} = W_c = U_1 - U_2 - T_0(S_1 - S_2) + p_0(V_1 - V_2) - T_0\Delta S_g \tag{2-116}$$

当 $\Delta S_g = 0$，即系统的变化为可逆变化时，做功值最大。闭口系作业工质从状态 1 变化到状态 2 的最大做功量称为闭口系的一般最大有用功 $W_{u,\max,1\text{-}2}$，另记为 $W_{uc,\max,1\text{-}2}$，有

$$W_{u,\max,1\text{-}2} = U_1 - U_2 - T_0(S_1 - S_2) + p_0(V_1 - V_2) \tag{2-117}$$

由式（2-114）把状态 2 换作环境状态，可得

$$W_{u,\max(0)} = W_{uc,\max(0)} = (U - U_0) - T_0(S - S_0) + p_0(V - V_0) \tag{2-118}$$

式中，下标“0”表示系统变化到环境平衡状态时的对应值，系统初始状态非特定，去掉下标“1”。将热力学关系式 $U = TS - pV$ 和 $U_0 = T_0S_0 - p_0V_0$ 代入式（2-118），并转换为比最大有用功表达式，有

$$w_{u,\max(0)} = w_{uc,\max(0)} = (u - u_0) - T_0(s - s_0) + p_0(v - v_0) = e_{u,U} \tag{2-119a}$$

式（2-119a）的结果与式（2-94a）完全一致。用比有效能函数表示的闭口系的一般最大比有用功 $w_{uc,\max,1\text{-}2}$ 则与式（2-94b）完全一致，因此得

$$w_{uc,\max(0)} = \varphi_{u,U} - \varphi_{u,U,0} \tag{2-119b}$$

闭口系作业工质从状态 1 变化到状态 2 做的功为

$$w_{c,1\text{-}2} = w_{u,\max} - T_0\Delta s_g = e_{u,U,1} - e_{u,U,2} - T_0\Delta s_g \tag{2-120a}$$

$$w_{c,1\text{-}2} = w_{u,\max} - T_0\Delta s_g = \varphi_{u,U,1} - \varphi_{u,U,2} - T_0\Delta s_g \tag{2-120b}$$

（2）开口系有限变化的最大比有用功。

图 2-8（b）所示为定常流动系，工业用功 $W_{u,1\text{-}2}$ 另记为 W_0（技术功 W_t，包括轴功），如果忽略进、出口作业工质的动能和位能的差别（看作净功 W_{net}），则其热力学第一定律关系式为 $dH = TdS + Vdp$，积分式为

$$W_{u,1\text{-}2} = W_0 = H_1 - H_2 + Q \tag{2-121}$$

当环境的变化为可逆变化时，$Q=-T_0\Delta S_0$，在这种情况下孤立系熵增关系式（2-105）也适用。所以，式（2-121）可表示为

$$W_{u,1-2}=W_0=H_1-H_2-T_0(S_1-S_2)-T_0\Delta S_g \tag{2-122}$$

因此，开口系从状态1变化到状态2的最大做功量称为开口系的一般最大有用功$W_{u,max,1-2}$和最大比有用功$w_{u,max,1-2}$，另记为$W_{u0,max,1-2}$和$w_{u0,max,1-2}$，分别为

$$W_{u,max,1-2}=W_{uc,max}=H_1-H_2-T_0(S_1-S_2) \tag{2-123}$$

$$w_{u,max,1-2}=w_{uc,max}=e_{u,H,1}-e_{u,H,2}=\varphi_{u,1}-\varphi_{u,2} \tag{2-124}$$

开口系的最大有用功$W_{u,max(0)}$另记为$W_{u0,max(0)}$，由式（2-121）可得

$$W_{u,max(0)}=W_{uc,max(0)}=H-H_0-T_0(S-S_0) \tag{2-125}$$

将式（2-125）变化为开口系的最大比有用功$w_{u,max(0)}$，为

$$w_{u,max(0)}=w_{uc,max(0)}=h-h_0-T_0(s-s_0) \tag{2-126}$$

式（2-126）与开口系的比有效能$e_{u,H}$的表达式，即式（2-100b）完全一样。这就证明了用势能理论和最大有用功定义的有效能概念是等效的，并诠释了有效能就是热力系某个状态具有的潜在做最大有用功的能量。

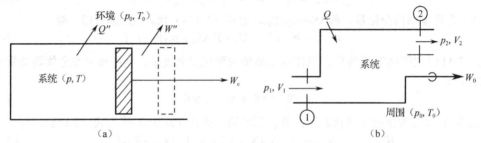

图 2-8　最大功

（3）冷源冷量的最大比有用功。

温度为T_c的冷源所提供的冷量q_c是作为吸收冷源与环境热源系统排放热量q_c'的平衡热量，二者在数量上相等，正、负号相反，即$q_c'=-q_c$，根据热力学第二定律，有

$$\frac{q_0}{T_0}+\frac{q_c'}{T_c}=0，\quad q_0=\frac{T_0}{T_c}q_c$$

所以冷量q_c的比有效能$w_{u,max(0),r_c}$为

$$w_{u,max(0),r_c}=e_{u,r_c}=\left(\frac{T_0}{T_c}-1\right)q_c=\frac{q_c}{\varepsilon_c}=\left(1-\frac{T_c}{T_0}\right)q_0 \tag{2-127}$$

T_c越低，$w_{u,max(0),r_c}$越大。反过来说，制冷要消耗功，制取的冷量温度越低，消耗的功能就越大。

（4）变温热源热量的最大比有用功。

在储热和蓄冷过程中，会遇到热源或冷源的温度变化情况，如从太阳能储热箱中取热做功，储热箱储热材料的温度会随取出的热量不断降低，储热材料温度从T降低到T_0的最大比有用功$w_{uq,max(0)}$为

$$w_{uq,max(0)}=e_{u,r}=\int_{r_0}^{r}\left(1-\frac{T_0}{T}\right)q \tag{2-128a}$$

如果储热材料的比热容不随温度变化而改变，则有

$$w_{uq,max(0)} = (T - T_0)c_p - T_0 c_p \ln \frac{T}{T_0}$$ (2-128b)

4. 定温过程的功函数——亥姆霍兹自由能函数 F

通常化学反应在等温、等温等压或等温等容的条件下进行，在这种特定的条件下，可以考虑引进不依赖于环境条件的功函数。亥姆霍兹（Von Helmholtz）和吉布斯（Gibbs）分别定义了两个状态函数：亥姆霍兹自由能函数 F 和吉布斯自由能函数 G。这两个自由能函数都是辅助函数，借助这两个辅助函数来解决变化中有关热效应的问题会方便很多。

亥姆霍兹自由能是在讨论等温 $T_1 = T_2 = T_0$ 条件下的问题时引入的一个功函数。根据热力学第一定律和熵的定义有

$$dU = TdS - \delta W$$

将其表示成功函数形式，为

$$-\delta W = dU - TdS$$

因为当系统的初始与最终温度和环境温度相等时，有 $T_1 = T_2 = T_0$，所以上式可改写为

$$\delta W = -d(U - TS)$$ (2-129)

又因为 $U - TS$ 各项都是状态参数，所以可以将其合并为新的状态参数 F，并用函数式表示为

$$F = U - TS$$ (2-130)

式（2-130）为亥姆霍兹自由能函数的定义式。单位质量的比亥姆霍兹自由能函数为

$$f = u - Ts$$ (2-131)

要注意的是，其定义条件是初始温度与最终温度相等。于是式（2-129）可改为

$$\delta W = -dF$$

对上式积分得

$$W = (U_1 - U_2) - T(S_1 - S_2) = F_1 - F_2 = -\Delta F$$ (2-132)

所以，亥姆霍兹自由能函数是功函数。

5. 定温过程的总功函数与环境基准势能

式（2-132）中的 W 是在等温可逆变化过程中系统所做的一切功的总和。根据关系 $u = Ts - pv$ 和约定的 $T = T_0$，得

$$w = (u - u_0) - T_0(s - s_0) = -pv - T_0 s_0 + p_0 v_0 + T s_0$$
$$= -pv - p_0 v_0 = -\Delta f_{(0)} = -e_{p(0),p}$$ (2-133)

根据环境基准比势能的一般表达式，即式（2-81），将体积能的环境基准比势能记为 $e_{p(0),p}$，有

$$e_{p(0),p} = pv - p_0 v_0 = f - f_0 = f_{(0)}$$ (2-134)

因此，式（2-134）称为比总能 $e_{p(0),p}$ 的函数，并等于环境基准亥姆霍兹比自由能 $f_{(0)}$ 的函数。$e_{p(0),p}$ 和亥姆霍兹自由能可以理解为在等温条件下系统的做功能力。还应注意，亥姆霍兹自由能函数是状态函数，只取决于系统的初始和最终状态，与变化的过程无关（与是否可逆无关）。只有在等温可逆过程中，系统的亥姆霍兹自由能的减少量 $-\Delta F$ 才等于对外所做的最大功。利用亥姆霍兹自由能可在等温等体积条件下判别自发变化的方向，所以亥姆霍兹自由能又叫作等温等体积位。

6. 定温定压过程的功函数——吉布斯自由能函数 G

亥姆霍兹自由能函数 F 包括一切功 W。实际上功又可以分为膨胀功 $W_e = pdV$ 和除膨胀功能以外的其他功 W_f 两类，其他功是系统组分间化学势 μ 与组分量 n 的变动引起的功的组合，非膨胀功不属于有效做功，但是对讨论化学反应问题十分有用。

在等温条件 $T_1 = T_2 = T_0$ 下，有

$$\delta W_c + \delta W_f = -d(U - TS)$$

或

$$p\,dV + \delta W_f = -d(U - TS)$$

如果体系初始和最终状态的压力 p_1 和 p_2 皆等于外压 p_0，即 $p_1 = p_2 = p_0$，则上式可写为

$$\delta W_f = -d(U + pV - TS)$$

或

$$\delta W_f = -d(H - TS) \tag{2-135}$$

由于式（2-135）括号中的 H、T 和 S 都是状态参数，所以也可定义一个新的状态参数，记为 G，用函数式表示为

$$G \equiv H - TS \tag{2-136}$$

式（2-136）为吉布斯自由能函数 G 的定义式，其有时也被称为自由焓函数。单位质量的比吉布斯自由能函数 g 的定义式为

$$g \equiv h - Ts \tag{2-137}$$

于是可将式（2-135）改写为比自由能与非膨胀比功的关系，即

$$\delta w_f = -dg$$

在不可逆过程中有 $\delta w_f < -dg$，与上式合并得

$$\delta w_f \leqslant -dg \tag{2-138}$$

式（2-138）的意义是，在等温等压条件下一个闭口系所能做的最大非膨胀功等于吉布斯自由能的减少量；如果过程是不可逆的，则所做的非膨胀功小于系统吉布斯自由能的减少量。

在等温等压且除膨胀功以外不做其他功的条件下，有

$$-\Delta g \geqslant 0 \text{ 或 } \Delta g \leqslant 0 \tag{2-139}$$

式（2-139）的等号形式适用于可逆过程，不等号形式适用于自发的不可逆过程。可以利用吉布斯自由能在等温等压条件下判别自发变化的方向，所以吉布斯自由能又叫作等温等压位。一般来说，化学反应多在等温等压条件下进行。所以，式（2-139）十分有用。

在等温等压、可逆的电化学反应中，非膨胀功即电功 nEF，故有

$$\Delta G = -nEF \tag{2-140}$$

式中，E 为电池的电动势；n 为电池反应中的电子计量系数；F 为法拉第常数，$F = 96\,485\text{C/mol}$（C 代表库仑）。

当有化学反应时，在 $T_1 = T_2 = T_0$ 和 $p_1 = p_2 = p_0$ 的条件下，最大比有用功也可以写为

$$w_{u,max} = e_{u1} - e_{u2} = [(h_1 - T_1 s_1) - (h_2 - T_2 s_2)]_{T_0 p_0} \tag{2-141}$$

$$w_{u,max} = g_1 - g_2 = g_{r_0} - g_{p_0} = -\Delta g \tag{2-142}$$

式中，g 为吉布斯比自由焓，其下标 r 表示反应物，即状态 1，p 表示生成物，即状态 2，0 表示处于基准环境态。$\Delta g_0 = g_{p_0} - g_{r_0}$。式（2-142）对闭口系和稳定流动系都适用。对于生产功的装置，化学反应过程应是 Δg_0 为负值的过程。

2.2 热力循环理论

本节主要对蒸汽动力循环、气体动力循环、制冷和热泵循环进行分析，以使学生着重了解基本循环的组织、分析和改进。随着科学技术的发展、能源的多样化及工质的变化，新的热力循环和制冷循环不断地产生，因此我们有必要从创新的角度重新审视组织热力循环和制冷循环的基本思路，总结出一些必要的指导原则。

2.2.1 蒸汽动力循环

蒸汽动力循环是最早出现也是热电厂使用的最基本的循环。图 2-9 所示为蒸汽动力循环概念图,燃料燃烧后给系统提供热量 Q_1,向大气排热 Q_2,做功 W。所用的设备有锅炉、蒸汽轮机、冷凝器、水泵及其他辅助设备。

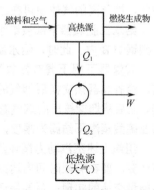

图 2-10 所示为现代蒸汽发电厂的主系统流程图。给水通过省煤器 E,被烟气废热加热后进入锅炉 B,而后水被燃料的燃烧热烟气加热沸腾成饱和蒸汽,再经过热器 S 进一步加热成过热蒸汽。在此,可以有一部分蒸汽用于辅助装置,大部分蒸汽进入蒸汽轮机 T_1。在蒸汽轮机内,蒸汽膨胀做功,在这过程中一度全部的蒸汽被取出返回锅炉再过热,这个加热器称为再热器 R。从再热器 R 出来的蒸汽进入蒸汽轮机 T_2,膨胀做功。蒸汽轮机 T_2 和蒸汽轮机 T_1 的转轴与发电机 G 的转轴连在一起,膨胀功变为电功。

图 2-9 蒸汽动力循环概念图

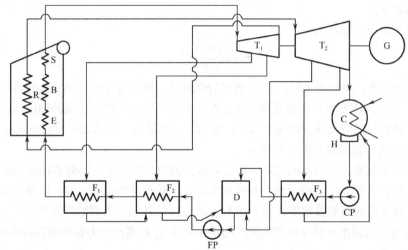

E—省煤器;B—锅炉;S—过热器;R—再热器;T_1—高压透平机(蒸汽轮机);T_2—低压透平机(蒸汽轮机);G—发电机;C—冷凝(复水)器;H—热水箱;CP—回水泵;F_1、F_2 及 F_3—高压、中压及低压给水预热器;D—脱氧器;FP—给水泵。

图 2-10 现代蒸汽发电厂的主系统流程图

另外,从蒸汽轮机的几处抽出蒸汽导入给水预热器 F_1、F_2 及 F_3。这部分蒸汽量一般占全部蒸汽量的 20%~30%。剩下的 70%~75% 的蒸汽若直接排入大气则不仅浪费宝贵的净水,而且能量利用也不经济。因此,把排汽(也称乏汽)引入密闭的冷凝器 C 的管外,管内通过冷却水,低压湿蒸汽把热量传给冷却水后凝结成水。这种冷凝器也称复水器。乏汽的压力取决于冷却水的温度,当冷凝器的温差约为 9℃,冷却水温度约为 25℃时,冷凝器内蒸汽压力为 0.0053MPa。冷凝器的真空度从能量利用上来说至关重要,但是难免有不凝性气体流入(质量比的量级通常为 0.03%~0.05%),若不连续抽去这种不凝性气体,则真空度会变坏。为此,附有蒸汽喷射器。从冷凝器下部取出的凝结水积聚在热水箱 H 内,由回水泵 CP 吸出,再经给水泵 FP 升压,可以送回锅炉 B,完成循环。但是为提高能量利用率,在将水送回锅炉 B 前还要经过几个给水预热器。首先,凝结水在预热器 F_3 的管内流过,在管外导入低压抽气,热交换后抽气的凝结水送到冷凝器的下部。D 为脱气器(也称脱氧器),在此为防止腐蚀要除去溶解在水中的氧气并使水温上升(氧气在水中的溶存量在常温时为 6~10cm³/L,在 100℃时为 0.5cm³/L,高压锅炉的给水要求是 0.02cm³/L 以下)。

脱氧器的构造是在密闭容器上部把给水以微粒化的形式喷入，在容器底部导入蒸汽轮机的抽气。容器底部积留水，在激烈沸腾蒸发的同时把水中的气体分离，上升的蒸汽还会使微粒给水蒸发。如此，被分离的气体便可在顶部被抽除。

给水在脱氧器下部被给水泵 FP 增压，分别经过中压和高压给水预热器 F_2 和 F_3 及省煤器 E 后回到锅炉 B 内。此时，给水温度已达 150～230℃。

省煤器可用于调节排放烟气的温度并回收烟气的热量，但省煤器中流过的给水温度已相当高，经省煤器热交换后烟气的温度仍相当高，有时还可用于预热空气，其热交换器称为空气预热器。而后从烟囱排出的烟气温度为 150～170℃。回收烟气的温度控制应以 SO_2 和水蒸气作用生成的亚硫酸蒸汽不结露为限度，因此烟气排放的温度下限还与燃料的品质有关。

组织上述蒸汽动力循环需要对循环的各节点和各换热器、蒸汽轮机等进行能量平衡和物流平衡计算。要在有限时间内达到平衡，换热器必须有足够的传热温差和传热面积，以保证流程设计的能量交换的实现；泵要保证工质运输所需的量和压力。而后要对上述设计的参数进行系统性能分析，通过调整参数，实现最佳设计。

发电厂中使用的能源通常为固体、液体、气体的化石燃料，原子能反应堆产生的热量用液态金属作为传热媒介。

蒸汽发电厂整体的效率为

$$\eta = \frac{3600 N_{\text{net}}}{\dot{m}_f H_{\text{fL}}} \tag{2-143}$$

式中，N_{net} 为净功率，单位为 kW；$\dot{m}_f$ 为消耗的燃料量，单位为 kg/h；H_{fL} 为燃料的低发热量，单位为 kJ/kg；η 为蒸汽发电厂的热效率。N_{net} 有时被看作发电厂向发电机的输出功率，但通常被看作蒸汽动力装置与发电机联合的输出功率，若如此，则发电厂的总效率应当是 $\eta_p\eta_d$，其中 η_p 和 η_d 分别为蒸汽动力装置效率和发电机效率。

实际发电厂的效率 η 仅为 40% 左右，现代高压大锅炉大型热电厂的效率接近 50%。为何发电厂的效率如此低？有没有提高的余地？可提高多少？为回答这些问题，有必要首先对 η 的构成进行分析，主要对蒸汽动力装置效率 η_p 进行分析，而后讨论其理论上理想的效率值。

如果把发电厂的效率 η 看作由产生蒸汽的锅炉效率 η_B 和蒸汽动力循环实际净热效率 η_{the} 两部分构成的效率，即

$$\eta = \eta_B \eta_{\text{the}} \tag{2-144}$$

则蒸汽动力循环实际净热效率 η_{the} 为

$$\eta_{\text{the}} = \frac{3600 N_{\text{net}}}{\dot{m}(h_1 - h_0)} \tag{2-145}$$

式中，$\dot{m}(h_1 - h_0)$ 为锅炉输出功率。应当注意到，净输出功是蒸汽轮机输出的轴功扣除给水泵功等的动力循环的实际功。因此，η_{the} 要比理想的理论循环热效率 η_{th0} 低。

理论循环热效率 η_{th0} 定义为

$$\eta_{\text{th0}} = \frac{W_{\text{T},0} - W_{\text{P},0}}{\Delta H_{\text{B},0} - W_{\text{P},0}} \tag{2-146}$$

式中，$\Delta H_{\text{B},0}$ 为锅炉蒸汽与进水的焓差；$W_{\text{T},0}$ 为蒸汽轮机定熵过程理论输出功；$W_{\text{P},0}$ 为给水泵定熵过程理论消耗功。

1）功比

功比 r_w 是用于考察蒸汽动力循环经济性的指标，定义为循环的净输出功 W_{net} 与蒸汽轮机的输出功 W_T 之比，即

$$r_{W} = \frac{W_{net}}{W_{T}} \qquad (2\text{-}147)$$

蒸汽动力循环中消耗的泵功将影响 r_{W} 值的大小。

2）蒸汽消耗率

蒸汽消耗率是一个比较直观的评价蒸汽动力装置性能的指标，它被定义为装置每输出 $1kW \cdot h$（等于 $3600kJ$）的功量所消耗的蒸汽量，用 d 表示，即

$$d = \frac{\dot{m}}{N} = \frac{3600}{W_{net}} \qquad (2\text{-}148)$$

3）有效率

对应于上述各种用热力学第一定律定义的热效率，根据热力学第二定律和有效能概念，对应地有热功转热装置的有效能利用效率，简称有效率，表达式如下。

蒸汽动力厂的有效率为

$$\eta_{u} = \frac{3600 N_{net}}{\dot{m}_{f} e_{ub,f}} = \eta_{uB} \eta_{u,the} \qquad (2\text{-}149)$$

锅炉的有效率为

$$\eta_{uB} = \frac{\dot{m}(e_{ub1} - e_{ub0})}{\dot{m}_{f} e_{ub,f}}$$

循环的有效率为

$$\eta_{u,the} = \frac{3600 N_{net}}{\dot{m}(e_{ub1} - e_{ub0})} \qquad (2\text{-}150)$$

式中，$e_{ub,f}$、e_{ub1} 和 e_{ub0} 分别为燃料、蒸汽和给水的比有效能。

为了对如图 2-10 所示的现代热电厂有更好的了解，下面介绍蒸汽动力循环发展过程中的一些典型循环。虽然这些循环在工程热力学中也有介绍，但研究生在学习这些内容时应当注意以下三点：①学会应用热力学分析方法，以减少热量损失和提高燃料有效能的效率为目的，不断改进蒸汽动力循环；②学会用 $T\text{-}s$ 图表示循环和根据 $T\text{-}s$ 图组织相应循环；③能对循环进行热分析，独立推导效率和有效率的表达式。

1．朗肯循环

卡诺循环是理想的循环，饱和蒸汽卡诺循环如图 2-11 所示，但对实际工质卡诺循环不适用，原因有二：一是功比小；二是湿蒸汽压缩设备庞大，技术难度高，汽水分离会产生水锤危险。因此，朗肯提出了把蒸汽轮机排汽先冷凝成水，然后用给水泵把水打到高压注入锅炉的改进卡诺循环，如图 2-12 所示，该循环被称为朗肯循环（Rankine Cycle）。

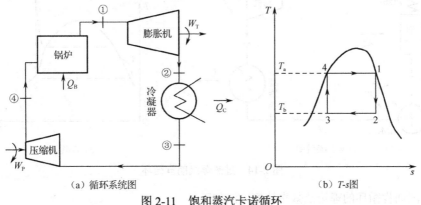

(a) 循环系统图　　　　　　　　(b) $T\text{-}s$图

图 2-11　饱和蒸汽卡诺循环

朗肯循环与卡诺循环相比，在相同的高温、低温热源间，虽然循环热效率较小，但功比、实际热效率与理论热效率之比的净效率比却增大了，并且蒸汽消耗率降低了。

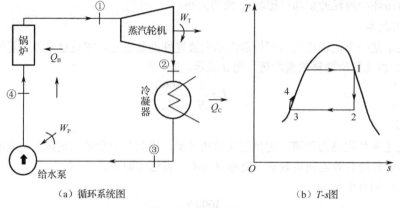

（a）循环系统图 （b）$T\text{-}s$图

图 2-12　朗肯循环

锅炉压力对朗肯循环的理论热效率及理论蒸汽消耗率的影响如图 2-13 所示。

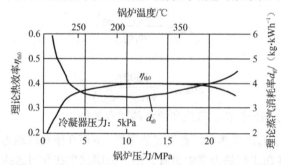

图 2-13　锅炉压力对朗肯循环的理论热效率及理论蒸汽消耗率的影响

2. 过热蒸汽朗肯循环

锅炉的燃烧气体和炉膛可以达到相当的温度，但饱和蒸汽的温度受材料强度的限制不能太高，从热燃气到饱和蒸汽温度有很大落差，即燃料的有效能有很大损失。采用使饱和蒸汽取得一定过热度的方法，可以在不增加锅炉压力的条件下提高蒸汽的温度，使燃烧气体的有效能得到更好的利用，可明显地提高朗肯循环的效率。图 2-14 所示为过热蒸汽朗肯循环。

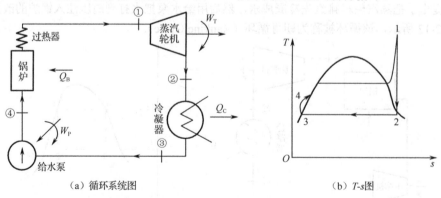

（a）循环系统图 （b）$T\text{-}s$图

图 2-14　过热蒸汽朗肯循环

过热蒸汽朗肯循环的理论热效率计算方法如下。

锅炉吸热等压过程 4—1，吸热量为

$$Q_{B,0} = h_1 - h_4 \tag{2-151}$$

蒸汽轮机做功绝热膨胀过程 1—2，做功量为

$$w_{T,0} = h_1 - h_2 \tag{2-152}$$

冷凝器放热等压过程 2—3，放热量为

$$Q_{C,0} = h_2 - h_3 \tag{2-153}$$

给水泵绝热压缩过程 3—4，水泵耗功量为

$$w_{P,0} = h_4 - h_3 \approx v_3'(p_1 - p_2) \tag{2-154}$$

净功为

$$w_{net,0} = w_{T,0} - w_{P,0} \tag{2-155}$$

理论热效率为

$$n_{th0} = \frac{w_{net,0}}{Q_0} = \frac{(h_1 - h_2) - (h_4 - h_3)}{h_1 - h_4} \approx \frac{h_1 - h_2}{h_1 - h_4} \tag{2-156}$$

图 2-15（a）表示过热度到 800℃ 时朗肯循环的理论热效率和蒸汽消耗率。由于高温材料的应用，效益越来越显著。与非过热循环不同，过热循环的热效率随着压力的增加而连续增加，直到临界压力为止。图 2-15（b）表示冷凝器压力为 5kPa、过热温度为 540℃ 的循环在锅炉压力不断提高时效率不断提高的情况。

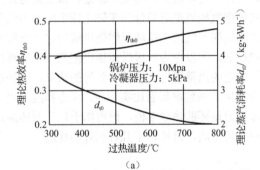
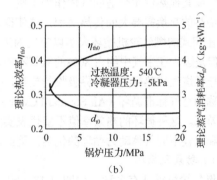

（a）　　　　　　　　　　　　　（b）

图 2-15　过热度对循环效率的影响

过热蒸汽朗肯循环得以实用还有一个重要原因，它在提高锅炉压力的同时不至于使蒸汽轮机膨胀终了乏汽有过大湿度，为了防止涡轮叶片根部的液蚀，乏汽干度必须在 0.9 以上。但以现在金属材料 620℃ 为限的蒸汽轮机，使用一次过热，膨胀终了理论干度还有 0.781。为了解决干度问题需要采用再热蒸汽朗肯循环。

3．不可逆朗肯循环的热效率

蒸汽轮机和给水泵的过程是不可逆的，实际的朗肯循环如图 2-16 中的 1—2′—3—4′ 所示，可使用蒸汽轮机和给水泵的绝热效率把循环的各个过程交换的热量、功及热效率表示为

$$Q_B = h_1 - h_4' \tag{2-157}$$

$$w_T = h_1 - h_2' = \eta_T(h_1 - h_2) \tag{2-158}$$

$$Q_C = h_2' - h_3 \tag{2-159}$$

$$w_P = h_4' - h_3 = \frac{h_4 - h_3}{\eta_P} \approx v_3'(p_1 - p_2) \tag{2-160}$$

$$w_{net} = w_T - w_P = (h_1 - h_2') - (h_4' - h_3) \tag{2-161}$$

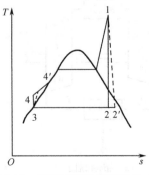

图 2-16　实际过热朗肯循环 T-s 图

$$\eta_{th} = \frac{w_{net}}{Q_B} = \frac{(h_1 - h_2') - (h_4' - h_3)}{h_1 - h_4'} = \frac{\eta_T (h_1 - h_2) - (h_4 - h_3)/\eta_P}{h_1 - h_4'} \qquad (2\text{-}162)$$

式中，η_T 和 η_P 分别为蒸汽轮机和给水泵的效率。

2.2.2 气体动力循环

使用的能源是液体或气体燃料，且在整个循环工作过程中工质都是气体状态，不涉及蒸发和凝结相变对外界交换热量的循环，称为气体动力循环。气体动力循环的工质主要是空气或空气与燃料燃烧后的混合气体，其被称为燃气。

1. 燃气轮机循环

密闭式的燃气轮机循环如图 2-17 所示，该循环由两个等压吸热和放热过程，以及两个绝热膨胀和压缩过程组成，显然它的热效率不如以蒸汽为工质的再热蒸汽朗肯循环高，但它因为有许多其他优点，所以也被广泛使用。图 2-18 所示为开放式的燃气轮机循环，空气经压缩机压缩后送入燃烧室，与喷射入燃烧室的燃料一起燃烧，生成的高温、高压混合气体在燃气轮机内膨胀做功后排入大气。气体膨胀使燃气轮机旋转做功，同时由燃气轮机的同轴带动压缩机旋转，压缩气体消耗一部分功，剩余功输出，为循环的净功。这种气体动力循环用燃烧器取代了加热器，省去了冷却器，由于不需要锅炉和冷却器，因此设备的体积和质量大大减小，非常适合作为飞机、汽车、船舶等运输工具的动力设备。另外，密闭式的燃气轮机循环可以使用廉价燃料，机械内部清洁，可以选空气或其他热性质合适的气体作为工质，采用高压设计也可做到小型化，但是内部工质与外部燃料燃烧热的交换需要大的传热面积，这使得密闭式的燃气轮机循环只能用于陆上固定的动力装置。

密闭式的燃气轮机循环大多以空气为工质，开放式的燃气轮机循环以燃烧生成的混合气体为工质，但是因为在空气中约占 80% 的氮气不参与燃烧反应，所以作为一级近似也可把燃气工质看作空气，把燃烧生成热视为从外界吸收的热量，把排气放走的热量视为工质传给外界的热量。这种理想循环称为空气标准循环（Air Standard Cycle）。这种循环的热效率显著比实际高，压力和温度也与实际有差别。这种循环的热效率值不能代表实际气体动力循环的热效率值，但可用于讨论循环的定性性质和比较不同气体动力循环的优劣。因此，以空气为工质，讨论以下几种循环的性能。

1）勃莱敦循环

燃气轮机循环有多种，如图 2-17（b）、（c）所示，由绝热压缩 1—2、等压加热 2—3、绝热膨胀 3—4 及等压放热 4—1 过程组成的循环，称为勃莱敦循环（Brayton Cycle）。这种循环因为是焦耳（J. P. Joule）想到的，所以又称焦耳循环。值得注意的是，气体涡轮机工厂的各构成设备都是开口系的。

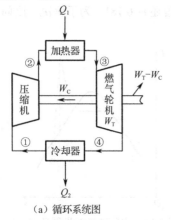

（a）循环系统图

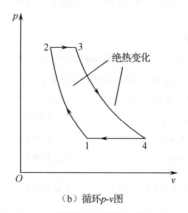

（b）循环 $p\text{-}v$ 图

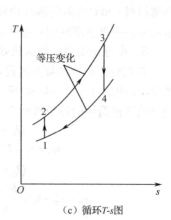

（c）循环 $T\text{-}s$ 图

图 2-17 密闭式的燃气轮机循环

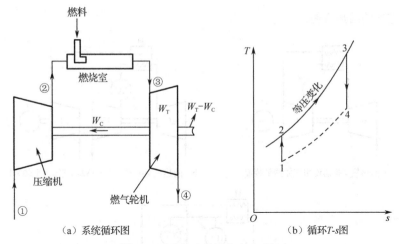

（a）系统循环图　　　　　　　　　　（b）循环 T-s 图

图 2-18　开放式的燃气轮机循环

以理想气体为工质，考察一个循环中每单位质量工质的工作情况。设供热量为 q_1，放热量为 q_2，有

$$q_1 = h_3 - h_2 = c_p(T_3 - T_2)$$
$$q_2 = h_4 - h_1 = c_p(T_4 - T_1)$$

因此，理论热效率为

$$\eta_{th0} = 1 - \frac{q_2}{q_1} = 1 - \frac{T_4 - T_1}{T_3 - T_2}$$

因为过程 1—2 和过程 3—4 为绝热过程，所以有

$$\frac{T_1}{T_2} = \left(\frac{p_1}{p_2}\right)^{(\gamma-1)/\gamma} = \left(\frac{p_4}{p_3}\right)^{(\gamma-1)/\gamma} = \frac{T_4}{T_3} = \frac{T_4 - T_1}{T_3 - T_2}$$

所以 η_{th0} 可改写为

$$\eta_{th0} = 1 - \frac{T_1}{T_2} = 1 - \frac{T_4}{T_3} \tag{2-163}$$

令压力比 $p_2/p_1=\pi$，η_{th0} 又可改写为

$$\eta_{th0} = 1 - \left(\frac{1}{\pi}\right)^{(\gamma-1)/\gamma} \tag{2-164}$$

c_p、γ、h、T 和 p 分别为比定压热容、比热容比（$\gamma = c_p/c_v$）、比焓、温度和压力，下标表示状态点。

由式（2-163）和式（2-164）可知，气体涡轮机的基准循环的热效率只取决于压缩或膨胀前后的温度比或压力比，而与绝对值无关。

若令 $m=(\gamma-1)/\gamma$，则净功，即比功 $w_{net} = w_T - w_C$ 可表示为

$$w_{net} = c_p T_1 (\pi^m - 1)\left[\left(\frac{\tau}{\pi^m}\right) - 1\right] \tag{2-165}$$

式中，τ 为最高温度比或循环增温比，$\tau = T_3/T_1$。T_3 受金属材料的耐热性限制，一般取 770～800℃，最高取 1000 ℃。

2）回热循环

如图 2-17 所示的勃莱敦循环的燃气轮机的排气温度 T_4 比压缩机出口的空气温度高很多，排气损失的热量 q_2 很大，热效率低。要想提高热效率，一种方法是采取如图 2-19 所示的利用排气的

废热加热压缩空气的回热措施。

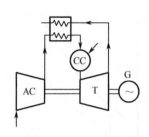

（a）回热热交换器使用气体透平装置

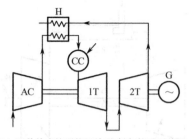

（b）回热热交换器使用并列2轴气体透平装置1

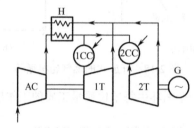

（c）回热热交换器使用并列2轴气体透平装置2

AC—空气压缩机；CC—燃烧室；G—发电机；H—回热器；T—透平机。

图 2-19　回热气体透平装置

回热的极限是热交换器出口的空气温度 T_x 等于 T_4，如图 2-20 所示。在该循环中，排气所携出的热量中，$c_p(T_4-T_2)=c_p(T_4-T_y)$ 的热量传给了压缩机排出的气体，即相当于加热了 $c_p(T_x-T_2)$ 的热量。也就是说，面积 $cy4d$ 与面积 $a2xb$ 相等。这种场合的理论热效率 η_{th0} 为

$$\eta_{th0} = \frac{(T_3-T_x)-(T_y-T_1)}{T_3-T_x}$$

又因为，$T_4=T_x$，$T_2=T_y$，$T_1/T_2=T_4/T_3$，可得

$$\eta_{th0} = 1-\frac{T_2-T_1}{T_3-T_4} = 1-\frac{T_2}{T_3} = 1-\frac{T_1}{T_3}\pi^{(\gamma-1)/\gamma} = 1-\frac{\pi^{(\gamma-1)/\gamma}}{\tau} \tag{2-166}$$

式（2-166）为回热循环的理论热效率，它随最高温度比 τ 的增大，即 T_3 的提高而增大，随压力比的增大而减小。热效率随压力比的增大而减小的原因是，压力比增大，压缩机排气温度 T_2 升高，回热量 $c_p(T_4-T_2)$ 就减小。回热循环热效率与不回热循环热效率之比为

$$\xi = \left(1-\frac{T_2}{T_3}\right)\Big/\left(1-\frac{T_4}{T_3}\right) = \frac{T_3-T_2}{T_3-T_4} \tag{2-167}$$

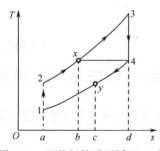

图 2-20　回热气体透平循环 T-s 图

当 $T_4>T_2$ 时，回热循环热效率比不回热循环热效率高。在 T_1 一定的场合下，压力比 π 增加，T_2 也升高，在到达某个压力比时会出现 $T_2=T_4$ 的情况。这时，回热热交换器的可利用度已到达界限，对应的回热循环的界限压力为

$$\pi = \left(\frac{T_3}{T_1}\right)^{\gamma/2(\gamma-1)} \tag{2-168}$$

3）再热循环

勃莱敦循环的输出功随最高温度比的增大而增大。但工质流体的最高温度受使用材料的耐热性的限制。在最高温度不变的条件下，提高燃气轮机效率可以使用一种再热方法，即受材料耐热性 τ 的上限限制，必须使用过量空气燃烧给定供应量的燃料，以避免燃烧后气体温度过高。这种情况随着压缩比的增大而更加严重。为了有效利用这部分温度较高的过量空气，可采用再热方法。具体方法是，向燃气轮机排气中喷射燃料，并用保炎板加热喷射进来的冷燃料使燃烧稳定，把次级燃烧的气体引至下一级燃气轮机膨胀做功。图 2-21（a）、（b）分别表示一段再热循环和二段再热循环。由于采取了再热措施，排气温度升高，所以采用回热交换器效果更明显。

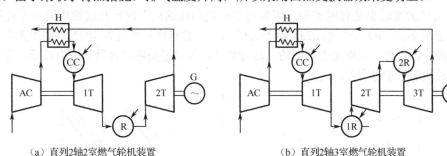

（a）直列2轴2室燃气轮机装置　　　　　（b）直列2轴3室燃气轮机装置

R—再热器（低压燃烧器）。

图 2-21　再热燃气轮机装置

在图 2-22 中，在 $4y$ 和 $2x$ 之间的回热交换措施是十分必要的。如果回热交换情况变差，循环效率就会下降，这一点要注意。如果再热温度等于一级燃烧后的温度且再热段数无限多，则膨胀线 3—4 变成等温线。

4）中间冷却后的再热回热循环

与蒸汽动力循环不同，燃气轮机循环中的压缩机会消耗较大的动力。为减少压缩机的动力消耗，要对压缩中间气体进行冷却。如图 2-23 所示的装置在压缩机低压室与高压室之间设置了一个中间冷却器。这种循环的 $T\text{-}s$ 图如图 2-24 所示。若中间冷却到初温 T_1，且中间冷却有无限多级，则

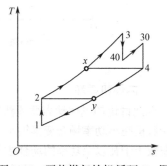

图 2-22　再热燃气轮机循环 $T\text{-}s$ 图

压缩线 1—2 变成等温线。这种循环的效率比勃莱敦循环的效率低，添加中间冷却器的目的是通过减少压缩机动力消耗而使功比增大，有效效率增加。

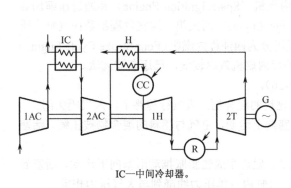

IC—中间冷却器。

图 2-23　带中间冷却器的再热回热燃气轮机装置

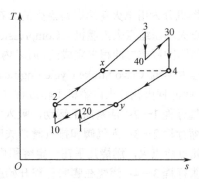

图 2-24　带中间冷却器的再热回热燃气轮机循环 $T\text{-}s$ 图

5）埃尔逊循环

当勃莱敦循环的再热段数和压缩机中间冷却级数都取无限多时就构成如图 2-25 所示的由两个等温过程和两个等压过程组成的循环，该循环称为埃尔逊（Ericsson）循环。理想气体等压过程的熵变为 $c_p\ln T$。因此，图 2-25（b）中的 2—3 和 4—1 曲线是左右平行移动的。所以，2—3 的受热量和 4—1 的放热量相等，埃尔逊循环的理论效率与同温度范围工作的卡诺热机的理论效率相同。但是，与同温度范围的卡诺循环的 12AB 相比，两者的最低压力都是点 1 的压力，埃尔逊循环的最高压力是点 3 的压力，卡诺循环的最高压力是点 A 的压力，所以埃尔逊循环的最高压力明显比卡诺循环低，循环的压力范围比较小。

埃尔逊循环的实现也是有困难的，因为再热段数和压缩机中间冷却级数实际都不能取无限多，另外要使图 2-25（b）中面积 $a23b$ 等于面积 $c14d$，意味换热量要为 100%，要用无限大的换热面积，无限小的流量，这也是做不到的。尽管如此，埃尔逊循环因为最高压力较低，在设计轻型化的燃气轮机装置中也有可取之处。

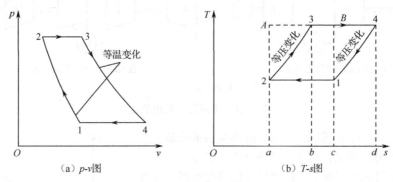

（a）p-v图   （b）T-s图

图 2-25　埃尔逊循环

2. 内燃机循环

至此讨论的气体动力循环都是连续流动过程的循环。因此，通常要在循环中配置涡轮机。涡轮膨胀机在小功率场合变得很小，黏性摩擦加剧，小功率的燃气轮机动力装置的效率很低。因此，要在数千千瓦以上功率的场合才考虑采用燃气轮机动力装置。

小动力场合下利用燃料气体的动力装置，可以采用内燃机（Internal Combustion Engine）形式的断续流动的循环。这种循环的优点是气体流动摩擦损失小，工质的最高许可温度比燃气轮机循环高。其不足之处是不适用于大功率动力装置。

1）四冲程内燃机工作过程

内燃机分为用电火花给燃料点火的火花点火内燃机（Spark Ignition Engine）和通过压缩加热给燃料点火的压缩点火内燃机（Compression Ignition Engine）两大类。这些过程都是在气缸内通过活塞的四冲程或二冲程来完成的，所以内燃机又可分为四冲程内燃机（Four Stroke Cycle Engine）和二冲程内燃机（Two Stroke Cycle Engine）。二冲程内燃机效率较低，已逐渐被淘汰。

① 四冲程火花点火内燃机工作过程（见图 2-26）。

吸气行程 1—2：活塞向下运动，吸入空气与燃料的混合物。吸气行程终了，入气阀关闭。

压缩行程 2—3：入气阀和排气阀都关闭，活塞向上运动，空气与燃料的混合物被压缩。活塞到达上死点前点火，燃烧几乎在一定容积内进行。

膨胀行程 3—4：燃烧在膨胀行程开始就完成了，燃烧生成物膨胀推动活塞向下运动，活塞到达下死点前排气阀打开，气缸内气体流入排气管，气缸内气体压力约降到与大气压力相等。

排气行程 4—1：活塞向上运动，膨胀行程终了未从气缸流出的废气被挤出，仅留余隙容积的残留气。排气行程终了，排气阀关闭。

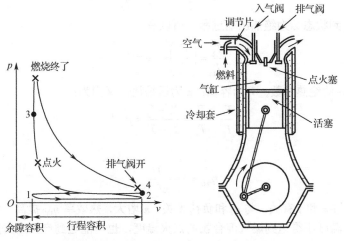

图 2-26　四冲程火花点火内燃机工作过程

② 四冲程压缩点火内燃机工作过程（见图 2-27）。

吸气行程 1—2：活塞向下运动，只吸入空气。

压缩行程 2—3：入气阀和排气阀都关闭，活塞向上运动，空气被压缩，在活塞到达上死点前空气温度高于燃点时喷射燃料，点火。

膨胀行程 3—4：燃料以一定比例喷射到气缸内，燃烧时的压力几乎保持一定。在膨胀行程中燃烧完毕。排气阀打开前，压力降低。

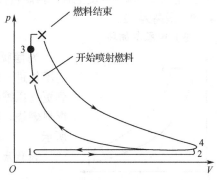

图 2-27　四冲程压缩点火内燃机工作过程

排气行程 4—1：与四冲程火花点火内燃机相同。

内燃机循环的理论标准循环同样取以空气为工质的循环进行分析。约定如下。

（1）空气的比热为定值。

（2）压缩和膨胀过程绝热。

（3）燃烧期间系统的吸热量等于燃料的燃烧热。

（4）排气在等容条件下瞬间完成，冷却排到外部的热量等于排气带走的热量，返回压缩前的状态。

2）奥托循环

奥托循环（Otto Cycle）作为火花点火汽油内燃机的空气标准循环，在实用中是最重要的循环之一。因为燃烧在定容条件下进行，所以也叫作定容燃烧循环，其 $p\text{-}V$ 图如图 2-28 所示。

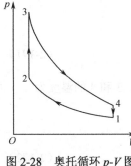

图 2-28　奥托循环 $p\text{-}V$ 图

设奥托循环的受热量 q_1、放热量 q_2、净功 w（以下约定净功不再加下标 net）分别为

$$q_1 = c_v(T_3 - T_2)$$
$$q_2 = c_v(T_4 - T_1)$$
$$w = q_1 - q_2$$

式中，c_v 为工质流体的比定容热容；T 为温度，下标表示状态点。奥托循环的理论热效率 η_{th0} 可表示为

$$\eta_{th0} = \frac{w}{q_1} = 1 - \frac{T_4 - T_1}{T_3 - T_2} \qquad (2\text{-}169a)$$

因为从状态 1 到状态 2 为绝热压缩过程，所以有

$$\frac{T_2}{T_1} = \left(\frac{V_1}{V_2}\right)^{\gamma-1} \equiv \pi^{\gamma-1}$$

式中，γ 为工质流体的绝热指数；V 为容积；π 为压缩比。又因为：

$$\frac{T_2}{T_1} = \frac{T_3}{T_4} = \frac{T_3 - T_2}{T_4 - T_1} = \pi^{\gamma-1}$$

所以有

$$\eta_{th0} = 1 - \frac{1}{\pi^{\gamma-1}} \qquad (2\text{-}169b)$$

这说明 η_{th0} 只与 π 和 γ 有关，与 q_1 和负荷无关，π 增大，热效率 η_{th0} 提高。但是压缩比的增大是有限度的，压缩温度不得达到燃气混合物的点火温度，也不能达到产生爆击声（Knocking）的程度。爆击声是由于内燃机燃烧室的燃烧条件变坏，高压下冲击波撞击气缸壁发出的打击气缸壁的金属声。当爆击声发生时，内燃机性能变坏，热效率下降。为防止这种现象，常用的压缩比为 4～8，最高为 12。

　3）狄塞尔循环

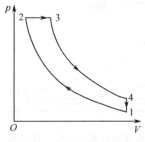

图 2-29　狄塞尔循环 $p\text{-}V$ 图

为摆脱奥托循环的压缩比受吸入的燃气混合物点火温度的限制而不能进一步增大的不足，狄塞尔循环（Diesel Cycle）先把空气压缩到更高压缩比状态，然后在温度和压力都不过分高的情况下徐徐喷入燃料燃烧。狄塞尔循环实际是一种定压燃烧循环，其 $p\text{-}V$ 图如图 2-29 所示。

设狄塞尔循环的受热量 q_1、放热量 q_2、净功 w 分别为

$$q_1 = c_v(T_3 - T_2)$$
$$q_2 = c_v(T_4 - T_1)$$
$$w = q_1 - q_2$$

式中，c_p 为工质流体的比定压热容；T 为温度，下标表示状态点。狄塞尔循环的理论热效率 η_{th0} 可表示为

$$\eta_{th0} = \frac{w}{q_1} = 1 - \frac{q_2}{q_1} = 1 - \frac{T_4 - T_1}{\gamma(T_3 - T_2)} \qquad (2\text{-}170)$$

因为从状态 1 到状态 2 为绝热压缩过程，所以温度 T 和容积 V 满足下面的关系：

$$T_3 = T_4 \left(\frac{V_4}{V_3}\right)^{\gamma-1}, \quad T_2 = T_1 \left(\frac{V_1}{V_2}\right)^{\gamma-1}$$

又因为过程 2—3 是定压变化过程，所以可令

$$\sigma \equiv \frac{T_3}{T_2} = \frac{V_3}{V_2} \qquad (2\text{-}171)$$

式中，σ 为切断比。已知压缩比 $\pi = V_1/V_2 = V_4/V_2$，用 σ 和 π 表示，状态点 2、3 和 4 的温度为

$$T_2 = T_1 \pi^{\gamma-1}, \quad T_3 = T_2\sigma = T_1\sigma\pi^{\gamma-1}, \quad T_4 = T_1\sigma^{\gamma}$$

因此，有

$$\eta_{th0} = 1 - \left(\frac{1}{\pi}\right)^{\gamma-1} \left[\frac{\sigma^{\gamma} - 1}{\gamma(\sigma - 1)}\right] \qquad (2\text{-}172)$$

这说明 η_{th0} 只与 π、σ 及 γ 有关，σ 增大，热效率 η_{th0} 降低。另外，σ 会随负荷的增大而增大。

狄塞尔循环不仅没有爆击声问题，而且压缩比越高越好，采用的压缩比一般大于 15，在这种情况下汽油内燃机可以获得相当高的效率。

4）沙巴得循环

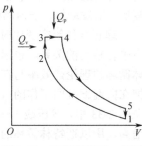

沙巴得循环（Sabathe Cycle）实际是将定容燃烧和定压燃烧相结合的一种混合循环，其 p-V 图如图 2-30 所示。沙巴得循环可以用高速狄塞尔空气标准循环来讨论，特别场合包含奥托循环和狄塞尔循环。

设沙巴得循环的受热量 q_1、放热量 q_2、净功 w 分别为

$$q_1 = q_v + q_p = c_v(T_3 - T_2) + c_p(T_4 - T_3)$$

$$q_2 = c_v(T_5 - T_2)$$

$$w = q_1 - q_2$$

图 2-30　沙巴得循环 p-V 图

沙巴得循环的理论热效率 η_{th0} 可表示为

$$\eta_{th0} = \frac{w}{q_1} = 1 - \frac{q_2}{q_1} = 1 - \frac{T_5 - T_2}{(T_3 - T_2) + \gamma(T_4 - T_3)} \tag{2-173a}$$

因为过程 1—2、2—3、3—4、4—5 及 5—1 分别为绝热、定容、定压、绝热及定容过程，在这种场合下切断比 $\sigma = T_4/T_3 = V_4/V_3$，压缩比 $\pi = V_1/V_2$，所以状态点 2、3、4 和 5 的温度为

$$T_2 = T_1\pi^{\gamma-1}, \quad T_3 = T_1\alpha\pi^{\gamma-1}, \quad T_4 = T_1\alpha\sigma\pi^{\gamma-1}, \quad T_5 = T_1\alpha\sigma^\gamma$$

式中，α 为最高压力比，或称压力上升比（Pressure Rise Ratio），定义为

$$\alpha \equiv \frac{p_3}{p_2} = \frac{T_3}{T_2}$$

因此，沙巴得循环的理论热效率 η_{th0} 又可表示为

$$\eta_{th0} = 1 - \left(\frac{1}{\pi}\right)^{\gamma-1}\left[\frac{\alpha\sigma^\gamma - 1}{(\alpha - 1) + \gamma\alpha(\sigma - 1)}\right] \tag{2-173b}$$

如果 $\sigma = 1$ 或 $\alpha = 1$，式（2-173b）就转化成奥托循环或狄塞尔循环的理论热效率，即沙巴得循环的理论热效率在这两者之间。图 2-31 所示分别为奥托循环、狄塞尔循环及沙巴得循环的比较。用上标 O、D、S 分别表示上述三种循环，由图 2-31 可直接得到三种循环的关系如下。

① 在初温 T_1、压缩比 π 和受热量 q_1 一定的场合下，如图 2-31（a）所示，有

$$\eta_{th0}^O > \eta_{th0}^S > \eta_{th0}^D$$

② 在初温 T_1、最高压力 p_{max} 和受热量 q_1 一定的场合下，如图 2-31（b）所示，有

$$\eta_{th0}^D > \eta_{th0}^S > \eta_{th0}^O$$

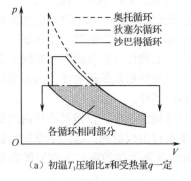

（a）初温 T_1 压缩比 π 和受热量 q 一定

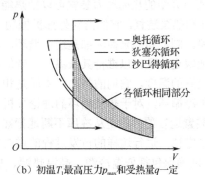

（b）初温 T_1 最高压力 p_{max} 和受热量 q 一定

图 2-31　奥托循环、狄塞尔循环及沙巴得循环的比较

5）斯特林循环

斯特林循环（Stirling Cycle）是把奥托循环的绝热过程改为两个等温过程和把埃尔逊循环的两个等压过程改为两个等容过程构成的循环，如图 2-32 所示。斯特林机是一种在试验中外燃的往复运动的发动机，非内燃机，它有许多优点。

理想气体等容变化时熵变为 $c_v \ln T$，因此图 2-32（b）中过程 2—3 和过程 4—1 的曲线为左右平行移动的关系。也因此，过程 2—3 的受热量 $a23b$ 与过程 4—1 的放热量 $c14d$ 相等，斯特林循环的理论热效率与在同温度区间工作的卡诺循环的理论热效率相等。这与埃尔逊循环相同。把在同温度区间工作的卡诺循环、埃尔逊循环和斯特林循环的 $T\text{-}s$ 图放在一起，如图 2-33 所示。在图 2-33 中，等温线 1—4E 和 2—3E 平行，等压线 1—4S 和 2—3S 平行，因为压力线左移压力增高，所以斯特林循环的最高压力 p_{3S} 比卡诺循环的最高压力 p_{3C} 低，比埃尔逊循环的最高压力 p_{3E} 高。

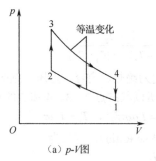

（a）$p\text{-}V$图

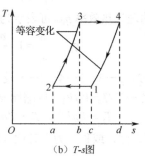

（b）$T\text{-}s$图

图 2-32　斯特林循环

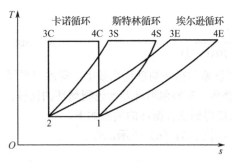

图 2-33　同温度区间三种同效率的循环

斯特林机的两个等温过程在加热器和冷却器中进行，两个等容过程在回热器的热交换器中进行。热交换器的效率低，在热交换器中的流动阻力也较大，很难接近卡诺循环的效率，目前还没有实用的、真正的斯特林发动机，仅有小型实验室样机。近年来燃料供给情况激烈变化，随着能源的多样化，斯特林机可以利用外燃式能源，如生物质能、太阳能、焚烧垃圾能等，可能有潜在的高效率优点，因此重新受到关注。

2.2.3　制冷和热泵循环

前面两节介绍的热能动力装置可以把热能转换成机械能供人们利用，此外有一类能量转换装置，如制冷和热泵装置，它们消耗外部机械功（或其他形式的能量），以实现热能由低温物体向高温物体转移。制冷和热泵循环都是逆向循环，两者的区别在于，前者的目的是从低温热源（如冷库）不断地取走热量，以维持其低温；后者的目的是向高温物体（如供暖的建筑物）提供热量，以保持其较高的温度。它们的热力学本质是相同的，都是使热量从低温物体传向高温物体。本节主要叙述制冷循环，对于热泵循环的理论分析可参照制冷循环。

制冷装置运行的目的是从冷库不断地把热量传输到环境介质中，以维持冷库内的低温。根据热力学第二定律，进行这样的自发过程的逆向过程是需要付出代价的，因此必须提供机械能（或热能等），以确保包括低温冷源、高温热源、功源（或向循环供能的源）在内的孤立系统的熵不减少。

制冷循环的制冷系数（在工程上也称为制冷装置的工作性能系数）用符号 ε 表示，有

$$\varepsilon = \frac{q_c}{q_0 - q_c} = \frac{q_c}{w_{net}} \qquad (2\text{-}174)$$

式中，q_0 为向高温热源（一般为环境介质）输出的热量；q_c 为从冷库吸收的热量，即循环制冷量。

制冷装置的制冷量在工程上常用"冷吨"表示，1 冷吨是指 1000kg 0℃的饱和水在 24h 冷冻为 0℃的冰所需要的制冷量，这个制冷量可换算为 3.86kJ/s（但在美国 1 冷吨相当于 3.517kJ/s）。

由卡诺定理知，在温度为 T_0 的大气环境与温度为 T_c 的低温冷源（如冷库）之间的逆向循环的制冷系数以逆向卡诺循环的最大，即

$$\varepsilon_c = \frac{T_c}{T_0 - T_c} > \varepsilon$$

上式表明，制冷系数可以大于、等于、小于 1。在一定的环境温度下，冷库温度 T_c 越低，制冷系数就越小。因此，为取得良好的经济效益，没有必要把冷库的温度设定得超乎需要得低。这也是一切实际制冷循环要遵循的原则。

制冷循环包括压缩式制冷循环、吸收式制冷循环、吸附式制冷循环、蒸汽喷射制冷循环及半导体制冷循环等。压缩式制冷循环又可分为压缩气体制冷循环和压缩蒸汽制冷循环。世界上运行的制冷装置绝大部分采用压缩蒸汽制冷循环。以往，工质多半为商品名为氟利昂的氯氟烃物质 CFC（如 CFC11 或称 R11，CFC12 或称 R12），含氢氯氟烃物质 HCFC（如 HCFC22 或称 R22）和氨等，前两者应用尤为广泛，但是这两类物质对大气臭氧层的破坏很强烈。随着人类对环境与生态保护的认识日益深刻，除积极寻求 CFC 和 HCFC 的替代工质以外，各种对环境友善的制冷方式，如压缩气体（空气、CO_2 等）制冷正越来越受到重视。

1）压缩空气制冷循环

由于空气定温加热和定温排热不易实现，故不能按逆向卡诺循环运行。在压缩空气制冷循环中，用两个定压过程来代替逆向卡诺循环的两个定温过程，故可将其视为逆向勃莱敦循环。压缩空气制冷循环如图 2-34 所示，其装置示意图如图 2-35 所示。图 2-34 中 T_c 为冷库中需要保持的温度，T_0 为环境温度。压气机可以是活塞式的，也可以是叶轮式的。从冷库出来的空气（状态 1，$T_1 = T_c$），首先进入压气机被绝热压缩到状态 2，此时温度已高于 T_0，然后进入冷却器，在定压下将热量传给冷却水，达到状态 3，$T_3 = T_0$，再导入膨胀机绝热膨胀到状态 4，此时温度已低于 T_c，最后进入冷库，在定压下自冷库吸收热量（称为制冷量），回到状态 1，完成循环。

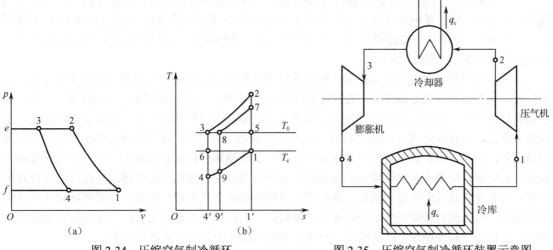

图 2-34　压缩空气制冷循环　　　　　　　图 2-35　压缩空气制冷循环装置示意图

压缩空气制冷循环中排向高温热源的热量为

$$q_0 = h_2 - h_3$$

自冷库吸收的热量为

$$q_c = h_1 - h_4$$

在 $T\text{-}s$ 图中，q_0 和 q_c 可分别用面积 $234'1'2$ 和面积 $144'1'1$ 表示，两者之差即循环净热量 q_{net}，其在数值上等于净功量 w_{net}，即

$$q_{net} = q_0 - q_c = (h_2 - h_3) - (h_1 - h_4)$$
$$= (h_2 - h_1) - (h_3 - h_4) = w_C - w_T = w_{net}$$

式中，w_C 和 w_T 分别为压气机所消耗的功和膨胀机输出的功。

压缩空气制冷循环的制冷系数为

$$\varepsilon = \frac{q_c}{w_{net}} = \frac{h_1 - h_4}{(h_2 - h_3) - (h_1 - h_4)} \tag{2-175}$$

若近似取比热容为定值，则有

$$\varepsilon = \frac{T_1 - T_4}{(T_2 - T_3) - (T_1 - T_4)} \tag{2-176}$$

过程 1—2 和 3—4 都是定熵过程，因而有

$$\frac{T_2}{T_1} = \left(\frac{p_2}{p_1}\right)^{\frac{\kappa-1}{\kappa}} = \frac{T_3}{T_4}$$

将上式代入制冷系数表达式可得

$$\varepsilon = \frac{1}{\dfrac{T_3}{T_4} - 1} = \frac{T_4}{T_3 - T_4} = \frac{T_1}{T_2 - T_1} = \frac{1}{\left(\dfrac{p_2}{p_1}\right)^{\frac{\kappa-1}{\kappa}} - 1} = \frac{1}{\pi^{\frac{\kappa-1}{\kappa}} - 1} \tag{2-177}$$

式中，$\pi = p_2/p_1$，为循环增压比。

在同样的冷库温度和环境温度条件下，逆向卡诺循环过程 1—5—3—6—1 的制冷系数为 $\dfrac{T_1}{T_3 - T_1}$，大于式（2-177）所表示的压缩空气制冷循环的制冷系数。

由式（2-177）可见，压缩空气制冷循环的制冷系数与循环增压比 π 有关：π 越小，ε 越大；π 越大，ε 越小。但 π 减小会导致膨胀温差变小，从而使循环制冷量减小，如图 2-34（b）中过程 1—7—8—9—1 的增压比较过程 1—2—3—4—1 的小，其制冷量（面积 $199'1'1$）小于过程 1—2—3—4—1 的制冷量（面积 $144'1'1$）。

压缩空气制冷循环的主要缺点是，单位质量工质的制冷量不大。因为空气的比热容较小，且增压比增大循环制冷系数将减小，故在吸热过程 4—1 中每千克空气的吸热量（制冷量）不多。为了提高制冷能力，空气的流量就要很大，如要应用活塞式压气机和膨胀机，这样设备很庞大，不经济。因此，在普冷范围内（t_c>-50℃），除飞机空调等场合以外，在其他场合很少应用压缩空气制冷循环，而且飞机机舱采用的是开放式压缩空气制冷循环，自膨胀机流出的低温空气直接吹入机舱。近年来，随着人类对环境与生态保护的认识日益深刻，包括压缩气体制冷在内的各种对环境友善的制冷方式又开始受到重视。在压缩空气制冷设备中应用回热原理，并采用叶轮式压气机和膨胀机，可以改善压缩空气制冷循环的主要缺点，为压缩空气制冷设备的广泛应用和发展提供基础。压缩空气制冷循环已广泛应用于空气和其他气体（如氢气）的液化装置。

2）回热式压缩空气制冷循环

回热式压缩空气制冷装置示意图如图 2-36 所示，回热式压缩空气制冷循环 $T\text{-}s$ 图如图 2-37

所示。从冷库出来的空气（温度为 T_1，即低温热源温度 T_c），首先进入回热器升温到高温热源的温度 T_2（通常为环境温度 T_0），接着进入叶轮式压气机进行压缩，升温、升压到 T_3、p_3，然后进入冷却器，实现定压放热，降温至 T_4（理论上可达高温热源温度 T_2），随后进入回热器进一步定压降温至 T_5（低温热源温度 T_c），再进入叶轮式膨胀机实现定熵膨胀，降压、降温至 T_6、p_6，最后进入冷库实现定压吸热，升温到 T_1，完成循环。

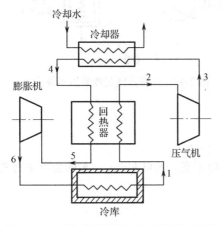

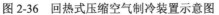

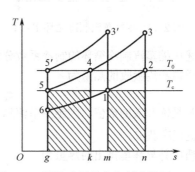

图 2-36　回热式压缩空气制冷装置示意图　　　图 2-37　回热式压缩空气制冷循环 T-s 图

在理想的情况下，空气在回热器中的放热量（图 2-37 中面积 45gk4）恰等于被预热的空气在过程 1—2 中的吸热量（图 2-37 中面积 12nm1）。工质自冷库吸取的热量为面积 61mg6，排向外界环境的热量为面积 34kn3。这一循环的效果显然与没有回热过程的循环 13′5′61 相同。因为两个循环中的 q_c 和 q_0 完全相同，所以它们的制冷系数也是相同的。但是循环增压比从 p_3/p_1 下降到 p_3/p_1，这为采用压力比不宜很高的叶轮式压气机和膨胀机提供了可能。叶轮式压气机和膨胀机具有大流量的特点，因而适用于大制冷量的机组。此外，如果不应用回热器，则在压气机中至少要把工质从 T_c 压缩到 T_0 才有可能制冷（因为工质要放热给外界环境）。在气体液化等低温工程中，T_c 和 T_0 相差很大，这就要求压气机有很高的 π，叶轮式压气机很难满足这种要求，可应用回热器解决这一困难。另外，由于 π 减小，压缩过程和膨胀过程的不可逆损失的影响也会减小。

3）压缩蒸汽制冷循环

压缩空气制冷循环有两个根本缺点：其一是不能实现定温吸热、排热过程，使循环偏离了逆向卡诺循环，从而降低了经济性；其二是由于空气的比定压热容较小，所以单位质量工质的制冷量也较小。这两个缺点是由气体的热力性质决定的。采用回热器后，缺点得到改善，但仍不能根本消除。采用低沸点物质作为制冷剂，利用在湿蒸汽区定压即定温的特性，在低温下进行定压汽化吸热制冷，可以克服压缩空气制冷循环的上述缺点。

从理论上来讲，可以实现压缩蒸汽的逆向卡诺制冷循环，如图 2-38 中的过程 7—3—4—6—7 所示。但是在状态 7 时，工质干度相当小，对两相物质的压缩是不利的。为了避免这种不利状况，也为了增加制冷量，使工质汽化到干度更大的状态 1。此外，为了简化设备，提高装置运行的可靠性，实际应用的压缩蒸汽制冷装置常采用节流阀（或称膨胀阀）代替膨胀机，如图 2-39 所示。从冷库定压汽化吸热后，状态为 1 的制冷工质（通常为干饱和蒸汽或接近干饱和蒸汽）进入压气机在绝热状态下压缩，升温、升压到状态 2（$T_2>T_0$）后进入冷凝器向外界环境等压散热，在冷凝器内过热的制冷剂蒸汽先等压降温到对应于压力 p_2 的饱和温度 T_3，然后继续等压（同时也是等温的）冷凝成饱和液状态 4 进入节流阀，绝热节流，降温、降压至对应于 p_1 的湿饱和蒸汽状态 5，再进入冷库定压汽化吸热，完成循环，该过程如图 2-38 中的过程 1—2—3—4—5—1 所示。

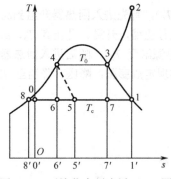

图 2-38 压缩蒸汽制冷循环 T-s 图

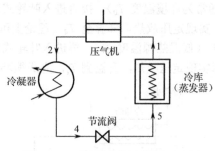

图 2-39 压缩蒸汽制冷装置示意图

上述压缩蒸汽制冷循环的制冷系数分析如下。

工质自冷库吸收的热量为

$$q_c = h_1 - h_5 = h_1 - h_4$$

式中，h_4 是饱和液的焓值，因绝热节流后工质的焓值不变，所以 $h_5 = h_4$，h_4 的值可由有关图、表和计算机程序获取。

工质向外界环境排出的热量为

$$q_0 = h_2 - h_4$$

压气机耗功，即循环耗净功为

$$w_C = h_2 - h_1 = w_{net}$$

制冷系数为

$$\varepsilon = \frac{q_c}{w_{net}} = \frac{h_1 - h_4}{h_2 - h_1} \tag{2-178}$$

由以上计算公式可以看出，压缩蒸汽制冷循环的吸热量（制冷量）、放热量和功量均与过程的比焓差有关。

压缩蒸汽制冷循环具有单位质量工质制冷量大，制冷系数更接近同温限的逆向卡诺循环等优点，因此得到了广泛的应用。由于实际压缩蒸气制冷装置的运行和性能与制冷工质的性质密切相关，因此在热力性质和环境保护等方面对制冷剂提出了要求。对制冷剂的热力性质的主要要求如下。

（1）对应于装置工作温度（蒸发温度、冷凝温度），要有适中的压力。若蒸发压力过低，则密封容易出问题；若冷凝压力过高，则对冷凝系统材料的耐压强度要求提高，同时增加了成本，也对焊接等工艺有更高要求。

（2）在工作温度下汽化潜热要大，以使单位质量工质具备较大的制冷能力。

（3）临界温度应高于环境温度，以使冷却过程能更多地进行定温排热。

（4）制冷剂在 T-s 图上的上、下界限线要陡峭，以使冷却过程更加接近定温放热过程，并减少节流引起的制冷能力下降。

（5）工质的三相点温度要低于制冷循环的下限温度，以免造成凝固阻塞。

（6）蒸汽的比体积要小，工质的传热特性要好，以使装置更紧凑。

此外，还要求制冷剂溶油性好、化学性质稳定、与金属材料及压缩机中的密封材料等有良好的相容性、安全无毒、价格低廉等。

常用的制冷剂有氨和多种商品名为氟利昂的氯氟烃、含氢氯氟烃等。氨是一种良好的制冷剂，对应于制冷温度范围有合适的压力，汽化潜热大，制冷能力较强，价格低廉，对环境破坏性小，但有较大的毒性，对铜有腐蚀性，有气味，应用场合受到一定限制。氟利昂类制冷剂汽化时吸热能力适中，性能稳定，能够满足不同温度范围对制冷剂的要求，其由于具有优异的热工性能，应用尤为广泛。例如，CFC12（R12）、CFC11（R11）和 HCFC22（R22）等曾分别作为家用冰箱、汽车空调和热泵型空调的重要制冷剂。但是在 20 世纪 70 年代，美国科学家 Molina 和 Rowland 发现，由于 CFC 和 HCFC 类物质相当稳定，进入大气后能逐渐穿越大气对流层进入同温层，在紫外线的照射下，CFC 和 HCFC 类物质中的氯游离成氯离子 Cl⁻，与臭氧发生连锁反应，使臭氧浓度急剧下降。调查显示，自 1978 年开始的 10 年内，全球各纬度平流层的臭氧含量降低约 1.2%至 10%不等，南极上空则是臭氧层被破坏最严重的区域，甚至在春季期间会出现所谓的"臭氧空洞"。南极上空的臭氧层是在 20 亿年的漫长岁月中形成的，可是仅在一个世纪里就被破坏了 60%。21 世纪初全球臭氧层削减率达每年 2%～3%，如果任其发展，在 21 世纪末，平流层臭氧含量将降至极低的水平。

臭氧层可以阻挡太阳辐射中的紫外线，如果没有臭氧层，进入大气层的紫外线就很容易被细胞核吸收，破坏生物的遗传物质 DNA。臭氧层变薄甚至出现大面积空洞大大削弱了其对紫外线 B 的吸收能力，使大量紫外线 B 直接照射到地球表面，导致人体免疫功能降低，得皮肤癌的概率增加，并使农、畜、水产品减产，破坏原有的生态平衡。此外，地球上空大量积聚 CFC 和 HCFC 类物质还加剧了温室效应。因此，虽然 CFC 和 HCFC 类物质有优异的热力性能，但是必须限制进而禁止其使用。我国于 1992 年 8 月起正式成为保护臭氧层的"蒙特利尔协定书"的缔约国。按照该协定书的规定，我国在 2010 年前已停止使用与生产 CFC 类物质。

CFC 和 HCFC 类物质的替代物，不仅必须满足环境保护方面的要求，而且应该满足前述对制冷剂的热力性能及其他方面的要求。考虑到不可能抛弃现有的冰箱、空调等设备，CFC 和 HCFC 类物质的替代物的热物理性质越接近被替代物越好，以实现现有设备顺利改用新工质。研究和试验表明，HCF134a 是 CFC12 较好的替代物，它是一种含氢的氟代烃物质，由于不含氯原子，因此不会破坏臭氧层，产生的温室效应也仅为 CFC12 的 30%左右。它的正常沸点和蒸汽压曲线与 CFC12 十分接近，热力性能也接近 CFC12，其他有关性能也较为有利。为了使替代物的性能更完善，常采用两种甚至多种纯物质的混合物作为制冷剂。

4）热泵循环

热泵循环与制冷循环的本质都是消耗高质能以实现热量从低温热源向高温热源的传输。热泵是将热能从低温热源（如外界环境）向加热对象（高温热源，如室内空气）输送的装置。热泵循环和制冷循环的热力学原理相同，但热泵装置与制冷装置的工作温度范围和达成的效果不同。例如，利用空气源热泵对房间进行供暖，热泵在房间空气温度 T_R（高温热源温度）和大气温度 T_0（低温热源温度）之间工作，其效果是室内空气获得热能，维持 T_R 不变。制冷循环在环境温度 T_0（高温热源温度）和冷库温度 T_c（低温热源温度）之间工作，其效果是从冷库移走热量，使冷库温度维持 T_c 不变。压缩蒸汽式热泵循环 T-s 图及其装置与图 2-38 和图 2-39 相似，仅温限不同而已。

热泵循环的能量平衡方程为

$$q_H = q_L + w_{net} \tag{2-179}$$

式中，q_H 为供给室内空气的热量；q_L 为取自外界环境的热量；w_{net} 为供给系统的净功。

热泵循环的经济性指标为供暖系数 ε'（或热泵工作性能系数 COP'），其表达式为

$$\varepsilon' = \frac{q_H}{w_{net}} \tag{2-180}$$

将式（2-179）代入式（2-180），可得到供暖系数与制冷系数之间的关系式，即

$$\varepsilon' = \frac{w_{net} + q_L}{w_{net}} = \varepsilon + 1 \tag{2-181}$$

式（2-181）表明，ε' 永远大于 1。和其他加热方式（如电加热、燃料燃烧加热等）相比，热

泵循环不仅把消耗的能量（如电能等）转化成热能输送给加热对象，而且依靠这种能质下降的补偿作用，把低温热源的热量 q_L "泵" 送到高温热源。因此，热泵是一种比较合理的供暖装置。由于热泵循环和制冷循环具有相似性，经过合理设计，同一装置可轮流用来制冷和供暖，夏季作为制冷机用于制冷，冬季作为热泵用于供暖。

2.3 太阳能技术的热力学基础

太阳是一个巨大的能源库，是万物和生命之源。当今人类使用的所有能源，除核能以外，都直接或间接地来自太阳。全世界几十亿人口赖以生存的地球的自然与生态环境的质量也在很大程度上依赖太阳。太阳表面温度约为 5800 K，其投射到地球大气层外的能流密度为 1364 W/m²。经大气层中 H_2O、CO_2、O_3、O_2 及尘埃和悬浮物的吸收、反射和散射，到达地球表面的能流密度约为 800W/m²，一年内落到地球上的能量达 1.58×10^{16} kW·h。太阳的巨大能量完全靠辐射方式送达地球表面，所以在面对因大量消耗化石燃料造成的严重环境污染、生态失衡问题时，开发利用清洁无污染的太阳能就显得越发重要。近年来，太阳能技术已经成为工程热力学和传热学研究所关注的领域。本节将探讨太阳能技术的热力学基础，如热辐射平衡的热力学概念、太阳辐射的最大有用功（㶲值），并从热力学角度来讨论太阳能集热器的不可逆运行等。

2.3.1 热辐射的性质

太阳的能量是依靠辐射方式传输的，故只有深入理解热辐射的最大做功能力，才能进行有关有效或经济地利用太阳能的讨论。为了介绍相关概念及澄清经常使用的专门名词的含义，有必要从热力学的角度来讨论传热的问题。从热力学的观点分析传热，涉及两个概念的变化：第一，通常传热研究注意具有不同温度的两个或更多表面之间的净能量交换，而经典热力学的分析却是基于热力平衡概念的，即各表面彼此之间处于平衡状态，这种平衡包含这些表面之间的辐射平衡；第二，通常传热把热辐射作为电磁波来解释，而经典热力学则把热辐射作为不连续微粒（光子）来解释，这使得我们能定义热辐射的热力学性质，并能将热辐射系统的热力学性质归结为吉布斯基本关系式，即 $U = U(S, V)$。热力学的光子模型中所谓的光子气体，就是通过聚集光子的空间场与充满理想气体的空间场假说的类比而得名的，当然光子气体与理想气体是近似的。

1. 光子

根据相对论，光子静止质量为零，其能量可表示为

$$\varepsilon = h\nu \qquad (2\text{-}182)$$

其动量可表示为

$$p = \frac{h\nu}{c} \qquad (2\text{-}183)$$

式中，$h = 6.626 \times 10^{-34}$ J·s，为普朗克常数（Planck Constant）；ν 为频率；c 为光速。光子在真空中的传输速度 $c_0 = 2.998 \times 10^8$ m/s，光子具有沿直线传播和频率、波长呈反比关系的特点，即

$$\lambda = \frac{c}{\nu} \qquad (2\text{-}184)$$

当能量以辐射的形式从一个表面稳定地发射时，光子流中的每个光子的发射都会导致固体中一个原子的能量水平下降。另外，光子的吸收伴随能量传递到该表面，同时固体中的原子经历了向更高能量态的跃迁。

现在我们考察一个空间 V（见图 2-40），假设其内表面为 "镜面"。将其内表面的反射率定义为投射能流被内表面反射的百分比，镜面是指反射率为 100% 的表面，这意味着对于每个频率为 ν_i 的被其吸收的光子，该表面都发射具有同样频率和能量的光子。从能量转移的角度来看，当热

量穿越空间 V 的边界时，理想镜面反射表面是绝热的。对于镜面反射来说，其入射和反射光束对于该表面的法向是对称的，而封闭空间 V 的表面可以以任何方向反射投射辐射（见图 2-40），直到全部投射辐射被反射出去。

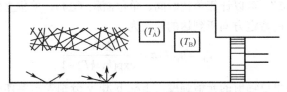

图 2-40　具有镜面内表面的闭口系

2. 温度

假设空间 V 最初是被完全抽成真空的，考虑在该空间中放置物体 A，其表面具有发射和吸收频率为 ν_A 的光子的特性。如果有许多其他频率的光子在该空间中穿行，则物体 A 对这些光子是完全透明的。最后，空间中充斥着频率为 ν_A 的单色辐射，同时物体 A 达到 T_A 的平衡温度，这时可以认为单色辐射同样具有温度 T_A，因为它与温度为 T_A 的物体达到了平衡。收集单色辐射的光子，即可测定其温度。根据热力学第零定律，热辐射温度也能通过测定与辐射达到平衡的物体的温度而间接地确定。

由于可以认为在大气层外太阳热辐射与温度为 5762K 的黑体处于平衡的辐射很像，因此用黑体 B 代替物体 A 来重复以上讨论，黑体可以完全吸收任意频率的投射辐射，或者说其反射率或穿透率为零。设当在空间 V 中放置黑体 B 时，该空间中充斥着所有频率的光子，为使其能容纳最大波长的辐射，假定空间的直线尺寸足够大。这里的空间 V 是与环境完全隔离的，经过足够长的时间之后空间将达到内部平衡，黑体 B 的最终温度也就是与黑体平衡的辐射或光子聚集物的最终温度。

进一步考虑物体 A 和 B 都处于该封闭空间的情形。当处于平衡状态时，$T_A=T_B$，这意味着 A 和 B 处于平衡状态，具有单色辐射的物体 A 的温度与黑体 B 的温度是一样的。虽然两种热辐射可以包含不同数量和不同频率的光子，但是当处于平衡状态时，它们具有同样的温度。

3. 能量

现在考虑空间 V 中仅包含温度为 T 的黑体辐射的情形，这些黑体无限小且处于平衡状态。空间内单位体积和单位频率段的光子数 n_ν 可以用普朗克（Plank）的光子体积密度公式来计算，即

$$n_\nu = \frac{8\pi\nu^2 c^{-3}}{\exp(h\nu/kT)-1} \tag{2-185}$$

式中，$k=1.38\times10^{-23}$ J/K，为玻尔兹曼常数（Boltzmann Constant）。设介质折射系数等于 1（真空折射系数等于 1，普通气体折射系数接近 1）。

空间内与光子体积密度 n 相应的单位体积能量为 $u_\nu = n_\nu h\nu$，即

$$u_\nu = \frac{8\pi h\nu^3 c^{-3}}{\exp(h\nu/kT)-1} \tag{2-186}$$

式（2-186）由普朗克提出。对式（2-186）在全频率区域进行积分，即可得到黑体辐射的比体积能量，即

$$u = \int_0^\infty u_\nu \mathrm{d}\nu = aT^4 \tag{2-187}$$

式中，

$$a = \frac{8\pi^5}{15}\frac{k^4}{h^3 c^3} = 7.565\times10^{-6} \text{ J}\cdot\text{m}^{-3}\cdot\text{K}^{-4} \tag{2-188}$$

因此，充满空间 V 的黑体辐射能量为

$$U = uV = aVT^4 \tag{2-189}$$

式（2-185）～式（2-189）和相关的公式是热辐射的主要计算公式。参照式（2-185）和图 2-41 中单位立体角的"射线束"，可以计算单位时间、单位面积（dA）、单位立体角（dΩ）和单位频率间隔（dv），沿光束轴向的特定方向所到达的能量为

$$i'_{vb} = u_v c / 4\pi = \frac{2hv^3 c^{-2}}{\exp(hv/kT)-1} \tag{2-190}$$

式（2-190）为黑体单色辐射的光谱强度。下标 b 和 v 分别表示黑体和单位频率，上标"'"表示 i_{vb} 是与一定方向有关的单位立体角量值。在传热学上，使用更为普遍的是单位波长上的光谱强度表达式：

$$i'_{\lambda b} = \frac{v^2}{c} i_{vb} = \frac{2hc^3 \lambda^{-5}}{\exp(hv/k\lambda T)-1} \tag{2-191}$$

以及光谱半球发射能量：

$$e_{\lambda b} = \pi i'_{\lambda b}$$

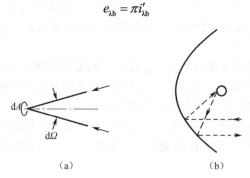

(a)   (b)

图 2-41　单位立体角光束和将一束辐射平行光束集中为充满各向同性辐射封闭物的光束

式（2-190）和（2-191）表明在黑体辐射光谱强度和温度之间存在着彼此对应的重要关系：

$$i'_b = \int_0^\infty i'_{vb} dv = \int_0^\infty i'_{\lambda b} d\lambda = \frac{c}{4\pi} aT^4 \tag{2-192}$$

通过式（2-192），对于在具有镜面的闭口系内所收集的任意方向的辐射，以及其他定向辐射，都能得到温度 T。

在如图 2-41 所示的聚集装置中，假定抛物线状的镜子是可以进行反射的，则在抛物线状的镜面焦点上可能得到理论上的最高温度，辐射波束本身也具有该温度，辐射波束碰到镜面后便被压缩、聚集，结果是垂直于法线的每单位表面积的能量流量增加了。然而，强度或流过每单位面积或单位立体角的能量沿着入射线和反射线到处都是一样的，辐射波束的温度亦如此。但后面将看到漫反射的表面会导致入射波束的温度下降而熵增加。

1879 年，斯特藩（Stefan）通过实验确定（5 年后玻尔兹曼在统计学讨论基础上推导出同样的结论）：黑体辐射的单位容积总能量仅是温度的函数。所以光子气体有与理想气体类似的特点，换句话说，式（2-187）可被看作与理想气体模型 $u=u(T)$ 相应的方程。

4. 压力

设闭口系镜面壁面的一个壁面能像在无摩擦的缸套中的活塞一样运动，如图 2-41 所示，而外界有净压力作用于活塞。该活塞由所有光子与壁面碰撞的平均效果而向外运动，辐射（光子气体）对封闭面施加的压力，可用单个原子的经典动量理论来估算，即

$$p = \frac{1}{3}\frac{N}{V}mV_{\text{avg}}^2 \tag{2-193}$$

式中，N 为占据容积 V 的分子总数；m 和 V_{avg} 分别为单个分子的质量与平均速度。

如果该空间由频率为 v 的单色辐射占据，则有 $N/V = n_v$，$m = \varepsilon/c^2$。因为 $\varepsilon = hv$ 和 $V_{\text{avg}} = c$，所示由式（2-193）可得分光子气体压力（$v \to v+dv$）为

$$p_v = \frac{1}{3}n_v hv = \frac{1}{3}u_v \tag{2-194}$$

在黑体辐射情况下，同理可得到总压力为

$$p = \frac{1}{3}nhv = \frac{1}{3}u \tag{2-195}$$

比较式（2-193）和（2-194）可知，由黑体辐射施加的压力是所有分压力 p_v 之和，即

$$p = \int_0^\infty p_v dv \tag{2-196}$$

理想气体混合物的压力是理想气体各组分的分压力之和，所以这一性质与理想气体类似。区别黑体光子气体与理想气体的一种特征式是 $p = \left(\frac{a}{3}\right)T^4$，这意味着如果黑体辐射的温度保持恒定，那么不仅其单位体积热力学能不变，而且其压力也不变。在一个热力学系统中，黑体辐射完全取决于 V 和 T，或者 V 和 p，或者 V 和 U。

5. 熵

有几种方法可用来确定光子气体系统的熵，下面介绍其中一种。

考虑一个无限小的可逆过程，其状态由 V、U 变化到 $V+dV$、$U+dU$。根据热力学第一定律，有

$$\delta Q_{\text{rev}} - pdV = dU \tag{2-197}$$

式中，pdV 为系统对外界环境所做的可逆微元功；δQ_{rev} 为外界向系统传递的可逆热量。后者伴随着环境熵减少，有

$$dS_0 = -\frac{\delta Q_{\text{rev}}}{T} \tag{2-198}$$

式中，T 是系统和环境之间相互进行可逆传热的绝对温度。对由环境和光子气体所组成的孤立系统，因为该过程可逆，所以熵增为零，即

$$dS_0 + dS = 0 \tag{2-199}$$

式中，dS 为光子气体系统的熵增。结合式（2-197）和式（2-198），可得

$$TdS - pdV = dU \tag{2-200}$$

$$dS = \frac{p}{T}dV + \frac{1}{T}dU \tag{2-201}$$

对于黑体辐射，式（2-201）可改写为

$$dS = \frac{u}{3T}dV + \frac{1}{T}(udV + Vdu) = \frac{4}{3}aT^3dV + 4aT^2dT = \frac{4}{3}ad(VT^3) \tag{2-202}$$

设定在绝对零度时，熵为零，则体积 V 内黑体辐射的熵值为

$$S = \frac{4}{3}aVT^3 = \frac{4U}{3T} \tag{2-203}$$

或单位体积内黑体辐射的比熵为

$$s = \frac{S}{V} = \frac{4}{3}aT^3 = \frac{4u}{3T} \tag{2-204}$$

由此得出以下结论：正如比体积热力学能（u）一样，黑体辐射的比熵仅是绝对温度的函数。

一个更为直接的确定熵的方程是熵的欧拉（Euler）表达式，即

$$S = \frac{1}{T}U + \frac{p}{T}V \tag{2-205}$$

由此得到以 U 和 V 表示的熵的表达式，即

$$S(U,V) = \frac{4}{3}a^{1/4}U^{3/4}V^{1/4} \tag{2-206}$$

在式（2-206）中消去 V，就得式（2-203）。式（2-206）可以改写成能量表达式，即

$$S(U,V) = \left(\frac{3}{4}\right)^{4/3}a^{-1/3}S^{4/3}V^{-1/3} \tag{2-207}$$

对频率为 v 的平衡单色辐射，式（2-205）可由下式代替：

$$S_{\mathrm{v}} = \frac{1}{T}U_{\mathrm{v}} + \frac{p_{\mathrm{v}}}{T}V \tag{2-208}$$

式中，S_{v} 为每单位频率间隔的熵；$U_{\mathrm{v}} = u_{\mathrm{v}}V$。由光压与比体积热力学能的关系式可知，$S_{\mathrm{v}}$ 与 U_{v} 和 T 的关系为

$$S_{\mathrm{v}} = \frac{4U_{\mathrm{v}}}{3T} \tag{2-209}$$

对于容积为 V、温度为 T、频率为 v 的单色辐射的熵（$J \cdot K^{-1} \cdot s^{-1}$），有

$$S_{\mathrm{v}} = \frac{32\pi V h v^3 c^{-3}}{3T\left[\exp\left(\dfrac{hv}{kT}\right)-1\right]} \tag{2-210}$$

6. 热容量

对于在定容时加热的黑体辐射，热容量 C_V 随绝对温度增加而急剧增加，有

$$C_V = T\left(\frac{\partial S}{\partial T}\right)_V = 4aVT^3 \tag{2-211}$$

因为 $p = (a/3)T^4$，在常压下温度变化为零，故定压热容量是无限大的，即

$$C_{\mathrm{p}} = T\left(\frac{\partial S}{\partial T}\right)_{\mathrm{p}} \to \infty \tag{2-212}$$

最后，不管是对单色辐射，还是对黑体辐射，光子气体的吉布斯（Gibbs）自由焓均为零，即

$$G = U + pV - TS = 0 , \quad G_{\mathrm{v}} = U_{\mathrm{v}} + p_{\mathrm{v}}V - TS_{\mathrm{v}} = 0 \tag{2-213}$$

式（2-213）意味着光子气体的化学势也为零，即

$$\mu = \left(\frac{\partial G}{\partial N}\right)_{\mathrm{T,p}} = 0 \tag{2-214}$$

式中，N 为该系统中光子总数。式（2-214）表明 G（以及 U 和 S）并不依赖于在容积 V 中的光子总数。同样，式（3-207）表明，U 仅依赖于两个广延参数，即 S 和 V，与粒子总数无关。

2.3.2 辐射系统的可逆过程和循环

为了提高太阳能利用热力学效率，将图 2-40 可变边界内的黑体辐射系统实际过程理想化为一系列可逆过程。

1. 可逆绝热膨胀或压缩

由于容积从 V_1 变化到 V_2，在没有热传递的情况下，熵 S 保持不变，因此依照式（2-203），有

$$VT^3 = 常数 \tag{2-215}$$

再由式（2-195）和式（2-187），有

$$Vp^{3/4} = 常数 \tag{2-216}$$

因为可逆膨胀功 $W = \int_1^2 p\mathrm{d}V$，所以有

$$W_{1\text{-}2,\mathrm{rev}} = 3p_1V_1[1 - (V_1/V_2)^{1/3}] \tag{2-217}$$

在等熵膨胀过程中，膨胀功受黑体辐射初始压力（温度）的影响非常大。

2．可逆等温膨胀或压缩

根据热辐射的特性，在等温过程中，压力 p 也保持常数，所以有

$$W_{1\text{-}2,\mathrm{rev}} = p(V_2 - V_1) = \frac{a}{3}T^4(V_2 - V_1) \tag{2-218}$$

与熵膨胀过程相同，可逆等温膨胀过程中的输出功受过程温度 T 的影响很大。在这个过程中，黑体辐射系统的传热量为

$$Q_{1\text{-}2,\mathrm{rev}} = W_{1\text{-}2,\mathrm{rev}} + U_2 - U_1 = \frac{4a}{3}T^4(V_2 - V_1) \tag{2-219}$$

因此，在膨胀过程中，输入热量是输出功的 4 倍。

3．卡诺循环

现在考虑用被截留的黑体辐射作为工质的卡诺循环。在热机模式中，可逆等温膨胀过程设置在循环的高温 T_H 端，可逆等温压缩过程设置在低温 T_L 端。在 $T\text{-}s$ 图中，循环运行在高温 T_H 和低温 T_L 之间。因为可逆等温过程也是等压过程，所以在 $p\text{-}V$ 图中，这个循环在 $p_H = \left(\frac{a}{3}\right)T_H^4$ 与 $p_L = \left(\frac{a}{3}\right)T_L^4$ 的范围内。在 $T\text{-}s$ 图中，卡诺循环是一个长方形，水平边为 $T=T_H$ 和 $T=T_L$，垂直边为 $S = S_1 = \frac{4}{3}aV_1T_H^3$ 和 $S = S_2 = \frac{4}{3}aV_2T_H^3$，下标 1 和 2 分别表示高温端的可逆等温膨胀的初始和最终的状态。循环净输出功为

$$\oint \delta W_{\mathrm{rev}} = \oint \delta Q_{\mathrm{rev}} = \oint T\mathrm{d}S = \frac{4a}{3}T_H^3(V_2 - V_1)(T_H - T_L) \tag{2-220}$$

式（2-220）与高温侧传热量 $Q_H = \frac{4}{3}aT_H^4(V_2 - V_1)$ 之比则为传统的卡诺循环的热效率，即

$$\eta_c = \frac{1}{Q_H}\oint \delta W_{\mathrm{rev}} = 1 - \frac{T_L}{T_H} \tag{2-221}$$

这个结果纯粹是理论上的。它再次证实了卡诺的论断，即可逆循环的热效率与工质性质无关。这对太阳能工程也是一个有用的提示，因为它使工程师可以在实际动力循环设计中自由地选用工作流体。

本章小结

本章首先介绍了工程热力学学习过程中涉及的基本概念，包括描述系统的平衡状态、状态参数、温度、压力、比体积等，以及描述能量转换过程的准静态过程、可逆过程、循环及过程的功和热量等。在掌握基本概念的基础上，引入了热力学第一定律、热力学第二定律，讨论了两大定律的实质，介绍了两大定律的一般表达式，并提出了热力学能的势能、有效能、有用功、最大有用功、功函数、能量品位等概念，从不同角度定量描述热力系能量的做功能力和能量品质。其次介绍了热力循环理论在机械工程领域的实际应用，对蒸汽动力循环、气体动力循环、制冷和热泵循环进行分析说明，使学生着重了解基本循环的组织、分析和改进。其中，蒸汽动力循环是最早出现也是热电厂使用的最基本的循环；气体动力循环是使用液体或气体燃料，且在整个循环过程

中工质都是气体状态的，不涉及蒸发和凝结相变对外界交换热量的循环；制冷和热泵循环是把热量从低温环境或物体转移到周围大气中的循环。随着科学技术的发展、能源的多样化及工质的变化，新的热力循环和制冷循环也在不断地产生。最后讨论了太阳能技术的热力学基础，旨在对新型能源系统的开发利用提供一定的指导。

参考文献

[1] 曾丹苓，敖越，张新铭，等. 工程热力学（第3版）[M]. 北京：高等教育出版社，2002.

[2] 刘桂玉，刘志刚，阴建民，等. 工程热力学[M]. 北京：高等教育出版社，1998.

[3] 朱明善，刘颖，史琳. 工程热力学题型分析（第3版）[M]. 北京：清华大学出版社，2000.

[4] 何雅玲. 工程热力学精要分析及典型题精解（第4版）[M]. 西安：西安交通大学出版社，2005.

[5] 朱明善，刘颖，林兆庄，等. 工程热力学（第3版）[M]. 北京：清华大学出版社，1995.

[6] 施明恒，李鹤立，王素美. 工程热力学[M]. 南京：东南大学出版社，2003.

[7] 陈则韶. 高等工程热力学（第2版）[M]. 北京：中国科学技术大学， 2014.

[8] 童钧耕，王丽伟. 高等工程热力学[M]. 北京：高等教育出版社，2020.

[9] 沈维道，童钧耕. 工程热力学（第5版）[M]. 北京：高等教育出版社，2016.

第3章 现代机械设计理论

3.1 现代机构学的形成、基本内容和应用

现代机构学是研究和探讨机构设计理论与设计方法的专门科学，是机械设计及理论学科的重要支撑课程，也是机器人学学科中富有生命力和创新性的重要分支之一。我国已经把高等机构学作为机械设计及理论学科硕士研究生的必修课程。

3.1.1 机构学的产生和发展

机构学的产生和发展基本上经历了三个阶段。

第一阶段：17 世纪的欧洲文艺复兴和 18 世纪初期的工业革命，促使机械工业空前发展。德国的勒洛（Reuleaux）于 1875 年出版了《机械运动学》，奠定了机构学的基础。在同一时期，俄国的切比雪夫（Chebychev）应用代数法解决了机构的近似设计问题。机构学逐渐形成一门独立的技术基础学科，为指导机械产品的设计提供了理论与方法，促进了机械工业的发展。

第二阶段：第二次世界大战结束后，工业生产的恢复和电子计算机的研制成功，发展和完善了机构学中的分析方法和综合方法，在机构结构理论、空间机构的分析与综合、弹性机构动力学等许多领域的研究都有飞跃式的发展。平面连杆机构的设计方法、凸轮机构的设计与分析方法、齿轮机构的啮合理论、机械动力学响应等传统机构学内容研究基本成熟。

第三阶段：20 世纪中后期以后，随着计算机技术、自动控制技术和传感技术的发展，机构学飞速发展。空间闭链机构、空间开链机构的理论研究基本成熟，考虑到动力学因素的机构综合取得了长足的进步。传统机构学与仿生学、生物力学、电磁学及控制理论相结合，形成相互交叉渗透的边缘学科，机构学的内涵不断扩大。进入 21 世纪以来，高等机构学也在不断发生变化，仿生机构、广义机构、高副机构、机构创新的基本理论不断充实机构学。

3.1.2 空间连杆机构

在连杆机构中，如果各构件不都相对于某一参考平面做平面运动，则称该机构为空间连杆机构。在空间连杆机构中，运动副除包括转动副 R 和移动副 P 以外，还包括圆柱副 C、球面副 S、螺旋副 H 和虎克铰 U 等，空间连杆机构常以机构中所含各运动副的代表符号来命名，如 RSSR 机构、RSUR 机构、RCCR 机构等。

若按运动链的数量来区分，则空间连杆机构可分为单链式空间连杆机构和多链式空间连杆机构。更常见的方式是按运动链是否封闭来区分，可分为开链型空间连杆机构和闭链型空间连杆机构两种。前者主要用在机械手和机器人中；后者又有单环和多环之分，单环机构主要用在轻工机械、农业机械、航空运输机械、汽车和各种仪表中，而多环机构为并联机构的主要构型，在运动模拟、精密操纵、多轴加工等众多领域的应用越来越广。本节主要介绍单链式空间连杆机构的运动分析方法。

与平面连杆机构相比，空间连杆机构结构紧凑，运动可靠、灵活，可以实现许多平面连杆机构无法实现的运动规律和空间轨迹曲线。空间连杆机构的分析和设计比平面连杆机构复杂得多，但随着科学技术的发展和计算机的普遍使用，已建立起空间连杆机构分析和综合的理论基础，尤其是计算机辅助分析和综合的解析法已成为研究空间连杆机构的主要方法。本节介绍典型空间连

杆机构的运动分析方法，详细给出坐标系的选取方法和位置、速度的求解过程。

3.1.2.1　坐标变换和方向余弦

设有两个共原点的右手直角坐标系 $x_iy_iz_i$ 和 $x_jy_jz_j$，i 系称为旧系，j 系称为新系，如图 3-1 所示。x_j 轴、y_j 轴和 z_j 轴关于 $x_iy_iz_i$ 的方向角分别是 α_1、β_1、γ_1，α_2、β_2、γ_2 和 α_3、β_3、γ_3。用 $\boldsymbol{i}_1$、$\boldsymbol{i}_2$、$\boldsymbol{i}_3$ 和 $\boldsymbol{j}_1$、$\boldsymbol{j}_2$、$\boldsymbol{j}_3$ 分别表示两组坐标系的坐标矢量，于是有

$$\begin{cases} \boldsymbol{i}_1 = \boldsymbol{j}_1\cos\alpha_1 + \boldsymbol{j}_2\cos\alpha_2 + \boldsymbol{j}_3\cos\alpha_3 \\ \boldsymbol{i}_2 = \boldsymbol{j}_1\cos\beta_1 + \boldsymbol{j}_2\cos\beta_2 + \boldsymbol{j}_3\cos\beta_3 \\ \boldsymbol{i}_3 = \boldsymbol{j}_1\cos\gamma_1 + \boldsymbol{j}_2\cos\gamma_2 + \boldsymbol{j}_3\cos\gamma_3 \end{cases} \tag{3-1}$$

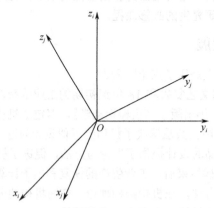

图 3-1　两个共原点的右手直角坐标系

$$\begin{cases} \boldsymbol{j}_1 = \boldsymbol{i}_1\cos\alpha_1 + \boldsymbol{i}_2\cos\beta_1 + \boldsymbol{i}_3\cos\gamma_1 \\ \boldsymbol{j}_2 = \boldsymbol{i}_1\cos\alpha_2 + \boldsymbol{i}_2\cos\beta_2 + \boldsymbol{i}_3\cos\gamma_2 \\ \boldsymbol{j}_3 = \boldsymbol{i}_1\cos\alpha_3 + \boldsymbol{i}_2\cos\beta_3 + \boldsymbol{i}_3\cos\gamma_3 \end{cases} \tag{3-2}$$

设在空间中有一点 P（矢径为 $\boldsymbol{r}$），在这两个坐标系中的坐标分别是 (x_i, y_i, z_i) 和 (x_j, y_j, z_j)，于是有

$$\boldsymbol{r} = x_i\boldsymbol{i}_1 + y_i\boldsymbol{i}_2 + z_i\boldsymbol{i}_3 = x_j\boldsymbol{j}_1 + y_j\boldsymbol{j}_2 + z_j\boldsymbol{j}_3 \tag{3-3}$$

分别用 $\boldsymbol{i}_1$、$\boldsymbol{i}_2$、$\boldsymbol{i}_3$ 点乘式（3-3）可得

$$\begin{cases} x_i = x_j\cos\alpha_1 + y_j\cos\alpha_2 + z_j\cos\alpha_3 \\ y_i = x_j\cos\beta_1 + y_j\cos\beta_2 + z_j\cos\beta_3 \\ z_i = x_j\cos\gamma_1 + y_j\cos\gamma_2 + z_j\cos\gamma_3 \end{cases} \tag{3-4}$$

写成矩阵形式为

$$(\boldsymbol{r})_i = \boldsymbol{C}_{ij}(\boldsymbol{r})_j \tag{3-5}$$

方阵 $\boldsymbol{C}_{ij}$ 为

$$\boldsymbol{C}_{ij} = \begin{bmatrix} \cos\alpha_1 & \cos\alpha_2 & \cos\alpha_3 \\ \cos\beta_1 & \cos\beta_2 & \cos\beta_3 \\ \cos\gamma_1 & \cos\gamma_2 & \cos\gamma_3 \end{bmatrix} \tag{3-6}$$

式中，下标 ij 表示该方阵是由 j 系变换到 i 系的坐标变换矩阵。$\boldsymbol{C}_{ij}$ 中每个元素都是方向余弦，故常称 $\boldsymbol{C}_{ij}$ 为方向余弦矩阵。对于两个没有相对旋转的坐标系，主对角线元素 $c_{11}=c_{12}=c_{13}=1$，而其余元素均为零，这时的方向余弦矩阵 $\boldsymbol{C}_{ij}$ 显然为单位矩阵 $\boldsymbol{I}$。

表 3-1 方阵 C_{ij} 中元素的表达式

	x_j	y_j	z_j
x_i	$c_{11}=\cos(x_i, x_j)$	$c_{12}=\cos(x_i, y_j)$	$c_{13}=\cos(x_i, z_j)$
y_i	$c_{21}=\cos(y_i, x_j)$	$c_{21}=\cos(y_i, y_j)$	$c_{21}=\cos(y_i, z_j)$
z_i	$c_{31}=\cos(z_i, x_j)$	$c_{31}=\cos(z_i, y_j)$	$c_{31}=\cos(z_i, z_j)$

方向余弦矩阵具有以下性质。

（1）方向余弦矩阵 C_{ij} 及 C_{ji} 互为转置矩阵。

由式（3-5）可知，在两个共原点的直角坐标系 $x_i y_i z_i$ 和 $x_j y_j z_j$ 中，点的坐标变换公式为

$$\begin{cases} (r)_i = C_{ij}(r)_j \\ (r)_j = C_{ji}(r)_i \end{cases} \tag{3-7}$$

式中，方向余弦矩阵 C_{ij} 和 C_{ji} 分别为由 j 系向 i 系变换和由 i 系向 j 系变换的坐标变换矩阵。因此，很容易由表 3-1 得

$$C_{ij} = \begin{bmatrix} c_{11} & c_{12} & c_{13} \\ c_{21} & c_{22} & c_{23} \\ c_{31} & c_{32} & c_{33} \end{bmatrix}, \quad C_{ji} = \begin{bmatrix} c_{11} & c_{21} & c_{31} \\ c_{12} & c_{22} & c_{32} \\ c_{13} & c_{23} & c_{33} \end{bmatrix} \tag{3-8}$$

显然，方向余弦矩阵 C_{ij} 及 C_{ji} 互为转置矩阵，即 $C_{ji}=C_{ij}^{\mathrm{T}}$ 或 $C_{ij}=C_{ji}^{\mathrm{T}}$。

（2）方向余弦矩阵中的 9 个元素只有 3 个是独立的。

因为方向余弦矩阵中各个元素分别代表新、旧坐标轴间的方向余弦，所以有

$$\begin{cases} c_{11}^2 + c_{21}^2 + c_{31}^2 = 1 \\ c_{12}^2 + c_{22}^2 + c_{32}^2 = 1 \\ c_{13}^2 + c_{23}^2 + c_{33}^2 = 1 \end{cases} \tag{3-9}$$

又因为 3 个坐标轴两两垂直，所以有

$$\begin{cases} c_{11}c_{12} + c_{21}c_{22} + c_{31}c_{32} = 0 \\ c_{12}c_{13} + c_{22}c_{23} + c_{32}c_{33} = 0 \\ c_{11}c_{13} + c_{21}c_{23} + c_{31}c_{33} = 0 \end{cases} \tag{3-10}$$

在上述 6 个关系式中，只有 3 个不在同一行或同一列的元素才是独立的。

（3）方向余弦矩阵为正交矩阵。

因为

$$C_{ij}C_{ji} = C_{ji}C_{ij} = I \tag{3-11}$$

所以有

$$C_{ij}^{-1} = C_{ij}^{\mathrm{T}} \tag{3-12}$$

（4）方向余弦矩阵的行列式等于 1（对右手直角坐标系）。

对式（3-11）等号两边均取行列式，因为 $|C_{ij}|=|C_{ji}|$ 和 $|I|=1$，所以 $|C_{ij}||C_{ji}|=|C_{ij}|^2=|C_{ji}|^2=1$，$|C_{ij}|=1$，即方向余弦矩阵的行列式等于 1。

（5）方向余弦矩阵中每个元素都等于其代数余子式。

将行列式 $|C_{ij}|=1$ 展开，可以看出：

$$
\begin{cases}
c_{11} = c_{22}c_{33} - c_{23}c_{32} \\
c_{12} = c_{23}c_{31} - c_{21}c_{33} \\
\cdots\cdots
\end{cases}
\tag{3-13}
$$

方向余弦矩阵有以下几种表示方法。

1. 绕一个坐标轴旋转的坐标变换

1）绕 z 轴旋转

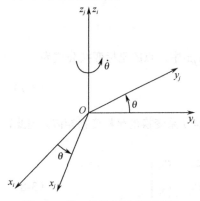

图 3-2　绕 z 轴旋转的坐标变换

设有两个共原点的右手直角坐标系,如图 3-2 所示,对坐标系 $x_i y_i z_i$ 来说,坐标系 $x_j y_j z_j$ 的坐标轴方向可看作绕 z 轴旋转了一个角度 θ。关于转角 θ 的正负,通常按右手法则确定,即对着 z 轴看,由 x_i 轴逆时针旋转至 x_j 轴为正,而顺时针旋转为负,坐标变换矩阵很容易由表 3-1 写出:

$$
C_{ij}^{(\theta)} = \begin{bmatrix} \cos\theta & -\sin\theta & 0 \\ \sin\theta & \cos\theta & 0 \\ 0 & 0 & 1 \end{bmatrix}
\tag{3-14}
$$

式中,上标 (θ) 表示 j 系是由 i 系绕 z 轴旋转角度 θ 而得到的。

2）绕 x 轴、y 轴旋转

图 3-3 所示为绕 x 轴旋转的坐标变换,j 系相对于 i 系绕 x 轴旋转了角度 α;图 3-4 所示为绕 y 轴旋转的坐标变换,j 系相对于 i 系绕 y 轴旋转了角度 β。α 和 β 的正负仍按右手法则确定。利用表 3-1 可得到绕 x 轴旋转角度 α 及绕 y 轴旋转角度 β 的方向余弦矩阵:

$$
C_{ij}^{(\alpha)} = \begin{bmatrix} 1 & 0 & 0 \\ 0 & \cos\alpha & -\sin\alpha \\ 0 & \sin\alpha & \cos\alpha \end{bmatrix}
\tag{3-15}
$$

$$
C_{ij}^{(\beta)} = \begin{bmatrix} \cos\beta & 0 & \sin\beta \\ 0 & 1 & 0 \\ -\sin\beta & 0 & \cos\beta \end{bmatrix}
\tag{3-16}
$$

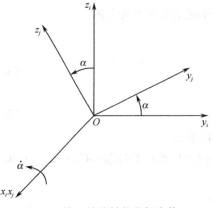

图 3-3　绕 x 轴旋转的坐标变换

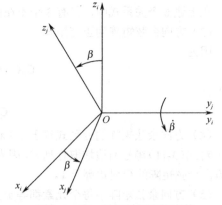

图 3-4　绕 y 轴旋转的坐标变换

2. 绕两个坐标轴旋转的坐标变换

图 3-5 所示为绕两个坐标轴旋转的坐标变换,坐标系 $x_j y_j z_j$ 相对于 $x_i y_i z_i$ 先绕 $z_i (z_m)$ 轴旋转

角度 θ，接着绕 x_j（x_m）轴旋转角度 α。将坐标系 $x_i y_i z_i$ 绕 z_i 轴旋转角度 θ 得到坐标系 $x_m y_m z_m$ 后，坐标变换的矩阵关系式为

$$(\boldsymbol{r})_i = \boldsymbol{C}_{im}^{(\theta)}(\boldsymbol{r})_m \tag{3-17}$$

式中，方向余弦矩阵 $[\boldsymbol{C}_{im}^{(\theta)}]$ 取式（3-14）的形式。

当将坐标系 $x_m y_m z_m$ 绕 x_m 轴旋转角度 α 得到坐标系 $x_j y_j z_j$ 时，坐标变换的矩阵关系式为

$$(\boldsymbol{r})_m = \boldsymbol{C}_{mj}^{(\alpha)}(\boldsymbol{r})_j \tag{3-18}$$

式中，方向余弦矩阵 $\boldsymbol{C}_{mj}^{(\alpha)}$ 取式（3-15）的形式。

由此可得，由 j 系向 i 系进行坐标变换的矩阵关系式为

$$(\boldsymbol{r})_i = \boldsymbol{C}_{im}^{(\theta)}(\boldsymbol{r})_m = \boldsymbol{C}_{im}^{(\theta)}\boldsymbol{C}_{mj}^{(\alpha)}(\boldsymbol{r})_j \tag{3-19}$$

式（3-19）表明，运用方向余弦矩阵的连乘可进行坐标系的连续变换。为了便于应用，可写出适合图 3-5 的方向余弦矩阵，即

$$
\begin{aligned}
\boldsymbol{C}_{ij}^{(\theta,\alpha)} &= \boldsymbol{C}_{im}^{(\theta)}\boldsymbol{C}_{mj}^{(\alpha)} \\
&= \begin{bmatrix} \cos\theta & -\sin\theta & 0 \\ \sin\theta & \cos\theta & 0 \\ 0 & 0 & 1 \end{bmatrix} \begin{bmatrix} 1 & 0 & 0 \\ 0 & \cos\alpha & -\sin\alpha \\ 0 & \sin\alpha & \cos\alpha \end{bmatrix} \\
&= \begin{bmatrix} \cos\theta & -\sin\theta\cos\alpha & \sin\theta\sin\alpha \\ \sin\theta & \cos\theta\cos\alpha & -\cos\theta\sin\alpha \\ 0 & \sin\alpha & \cos\alpha \end{bmatrix}
\end{aligned} \tag{3-20}
$$

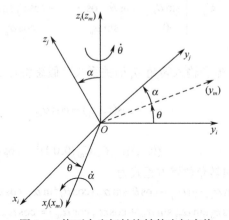

图 3-5　绕两个坐标轴旋转的坐标变换

3.1.2.2　RCCC 机构运动分析

传统意义上的空间连杆机构，其运动分析基本方法通常分为两大类：一类是类似在进行平面机构运动分析时所采用的封闭矢量多边形法，但由于矩阵形式的封闭向量方程几乎包含所有运动变量，在求解时消去中间变量比较困难。另一类是拆杆拆副法，即在建立机构的分析方程时，假想将机构的环路从某个运动副处拆开，或者把某个杆（或部分运动链）拆掉，然后基于几何同一性条件建立约束方程。这种方法可使一些中间变量不在方程中出现，从而使分析过程得以简化。

图 3-6 所示为 RCCC 机构。该机构的已知结构参数有 S_0、h_1、h_2、h_3、h_0、α_{01}、α_{12}、α_{23}、α_{30}，设杆 1 为原动件，θ_1 为输入转角，要求分析运动参数 θ_0、θ_2、θ_3、S_3、S_2、S_1。

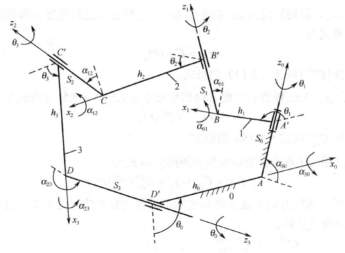

图 3-6 RCCC 机构

在图 3-6 中，RCCC 机构的各杆均固结着相应的坐标系，其中 z_i 轴分别沿相关运动副的轴线，而 x_i 轴则依次与相邻两个 z 轴的最短距离线相重合。例如，x_1 轴为 z_1 轴和 z_2 轴的公垂线等。

进行坐标系变换所用的方向余弦矩阵 $\boldsymbol{C}_{01}$、$\boldsymbol{C}_{12}$、$\boldsymbol{C}_{23}$、$\boldsymbol{C}_{30}$ 可由式（3-20）计算得到，满足如下形式：

$$\boldsymbol{C}_{ij} = \begin{bmatrix} \cos\theta_j & -\sin\theta_j\cos\alpha_{ij} & \sin\theta_j\sin\alpha_{ij} \\ \sin\theta_j & \cos\theta_j\cos\alpha_{ij} & -\cos\theta_j\sin\alpha_{ij} \\ 0 & \sin\alpha_{ij} & \cos\alpha_{ij} \end{bmatrix} \tag{3-21}$$

式中，下标 ij=01, 12, 23, 30。

为了直接建立输出转角 θ_0 和输入转角 θ_1 的关系式，假想将杆 2 拆离，则根据几何同一性条件有

$$\cos(z_2, z_1) = \cos\alpha_{12} \tag{3-22}$$

即

$$(0,0,1)\boldsymbol{C}_{23}\boldsymbol{C}_{30}\boldsymbol{C}_{01}(0,0,1)^{\mathrm{T}} = \cos\alpha_{12} \tag{3-23}$$

由此可得，各输入、输出转角位置方程式为

$$\begin{aligned}\sin\theta_0\sin\theta_1\sin\alpha_{23}\sin\alpha_{01} - \cos\theta_1\sin\alpha_{01}(\cos\theta_0\sin\alpha_{23}\cos\alpha_{30} + \cos\alpha_{23}\sin\alpha_{30}) \\ + \cos\alpha_{01}(-\cos\theta_0\sin\alpha_{23}\sin\alpha_{30} + \cos\alpha_{23}\cos\alpha_{30}) = \cos\alpha_{12}\end{aligned} \tag{3-24}$$

式（3-24）可写为

$$A\sin\theta_0 + B\cos\theta_0 + C = 0 \tag{3-25}$$

式中，

$$A = -\sin\theta_1$$
$$B = \sin\alpha_{30}\cot\alpha_{01} + \cos\alpha_{30}\cos\theta_1$$
$$C = \frac{\cos\alpha_{12}}{\sin\alpha_{01}\sin\alpha_{23}} - \cot\alpha_{23}(\cos\alpha_{30}\cot\alpha_{01} - \sin\alpha_{30}\cos\theta_1)$$

在求转角 θ_2 与 θ_1 的关系式时，可直接利用式（3-24）将下标数字排列由 0—1—2—3 轮换成 1—2—3—0，于是可得

$$\begin{aligned}\sin\theta_1\sin\theta_2\sin\alpha_{30}\sin\alpha_{12} - \cos\theta_2\sin\alpha_{12}(\cos\theta_1\sin\alpha_{30}\cos\alpha_{01} + \sin\alpha_{01}\cos\alpha_{30}) \\ + \cos\alpha_{12}(-\cos\theta_1\sin\alpha_{30}\sin\alpha_{01} + \cos\alpha_{30}\cos\alpha_{01}) = \cos\alpha_{23}\end{aligned} \tag{3-26}$$

在求转角 θ_3 与 θ_1 的关系式时，可假想将机构拆分为浮动链 2—3 和连架链 0—1。由这两个分链求出的 $\cos(z_1, z_3)$ 应该相等，即

$$(0,0,1)\boldsymbol{C}_{12}\boldsymbol{C}_{23}(0,0,1)^{\mathrm{T}} = (0,0,1)\boldsymbol{C}_{30}\boldsymbol{C}_{01}(0,0,1)^{\mathrm{T}} \tag{3-27}$$

由此可得

$$-\cos\theta_3 \sin\alpha_{12} \sin\alpha_{23} + \cos\alpha_{12} \cos\alpha_{23} = -\cos\theta_1 \sin\alpha_{30} \sin\alpha_{01} + \cos\alpha_{30} \cos\alpha_{01} \tag{3-28}$$

或

$$\cos\theta_3 = \frac{\cos\theta_1 \sin\alpha_{30} \sin\alpha_{01} - \cos\alpha_{30} \cos\alpha_{01}}{\sin\alpha_{12} \sin\alpha_{23}} + \cot\alpha_{12} \cot\alpha_{23} \tag{3-29}$$

同理，将式（3-29）中下标数字排列由 0—1—2—3 轮换成 3—0—1—2，可得由 θ_0 求 θ_2 的关系式为

$$\cos\theta_2 = \frac{\cos\theta_0 \sin\alpha_{23} \sin\alpha_{30} - \cos\alpha_{23} \cos\alpha_{30}}{\sin\alpha_{01} \sin\alpha_{12}} + \cot\alpha_{01} \cot\alpha_{12} \tag{3-30}$$

为了便于用计算机选择合适的角度值，往往需要其他计算 $\sin\theta_2$ 和 $\sin\theta_3$ 的式子。为此，可按 $\cos(x_1, z_2)$ 写出下列关系式：

$$(1,0,0)\boldsymbol{C}_{12}(0,0,1)^{\mathrm{T}} = (0,0,1)\boldsymbol{C}_{23}\boldsymbol{C}_{30}\boldsymbol{C}_{01}(1,0,0)^{\mathrm{T}} \tag{3-31}$$

由此可得

$$\sin\theta_2 \sin\alpha_{12} = \sin\alpha_{23}(\sin\theta_0 \cos\theta_1 + \cos\theta_0 \sin\theta_1 \cos\alpha_{30}) + \sin\theta_1 \cos\alpha_{23} \sin\alpha_{30} \tag{3-32}$$

如果将下标数字排列由 0—1—2—3 轮换成 1—2—3—0，则可得

$$\sin\theta_3 \sin\alpha_{23} = \sin\alpha_{30}(\sin\theta_1 \cos\theta_2 + \cos\theta_1 \sin\theta_2 \cos\alpha_{01}) + \sin\theta_2 \cos\alpha_{30} \sin\alpha_{01} \tag{3-33}$$

在求各圆柱副中的相对线位移参数时，应将机构的封闭矢量多边形 $DD'AA'BB'CC'D$ 向合适的坐标轴 x_i 进行投影，以避开一些运动变量。例如，在求 S_3 时，应将机构的封闭矢量多边形向 x_2 轴投影，可得

$$S_3 \cos(z_3, x_2) + h_0 \cos(x_0, x_2) + S_0 \cos(z_0, x_2) + h_1 \cos(x_1, x_2) + h_2 + h_3 \cos(x_3, x_2) = 0 \tag{3-34}$$

利用方向余弦矩阵可得 S_3 的关系式为

$$\begin{aligned} & S_3 \sin\theta_3 \sin\alpha_{23} + h_0(\cos\theta_1 \cos\theta_2 - \sin\theta_1 \sin\theta_2 \cos\alpha_{01}) \\ & + S_0 \sin\theta_2 \sin\alpha_{01} + h_1 \cos\theta_2 + h_2 + h_3 \cos\theta_3 = 0 \end{aligned} \tag{3-35}$$

如果将式（3-35）的下标数字排列由 0—1—2—3 分别轮换成 3—0—1—2 及 1—2—3—0，则可得求 S_2 及 S_1 的关系式，即

$$\begin{aligned} & S_2 \sin\theta_2 \sin\alpha_{12} + h_3(\cos\theta_0 \cos\theta_1 - \sin\theta_0 \sin\theta_1 \cos\alpha_{30}) \\ & + S_3 \sin\theta_1 \sin\alpha_{30} + h_0 \cos\theta_1 + h_1 + h_2 \cos\theta_2 = 0 \end{aligned} \tag{3-36}$$

$$\begin{aligned} & S_0 \sin\theta_0 \sin\alpha_{30} + h_1(\cos\theta_2 \cos\theta_3 - \sin\theta_2 \sin\theta_3 \cos\alpha_{12}) \\ & + S_1 \sin\theta_3 \sin\alpha_{12} + h_2 \cos\theta_3 + h_3 + h_0 \cos\theta_0 = 0 \end{aligned} \tag{3-37}$$

在上面的两个例子中，在每个构件上建立局部坐标系时，实际上都采用了 D-H 坐标系。

RCCC 机构的角速度和线速度量可由其角位置和线位移参数对时间求导得到。

首先，求出输入、输出角速度之间的关系，为此将式（3-24）对时间求导，整理后得

$$\dot\theta_0 = \frac{\cos\theta_1 \sin\theta_0 + \sin\theta_1(\cos\alpha_{30} \cos\theta_0 + \cot\alpha_{23} \sin\alpha_{30})}{A\cos\theta_0 - B\sin\theta_0} \dot\theta_1 \tag{3-38}$$

式中，

$$A = -\sin\theta_1, \quad B = \sin\alpha_{30} \cot\alpha_{01} + \sin\alpha_{30} \cos\theta_1$$

在求 θ_2 与 θ_0 的角速度关系式时，可将式（3-30）对时间求导，整理后得

$$\dot{\theta}_2 = \frac{\sin\alpha_{23}\sin\alpha_{30}\sin\theta_0}{\sin\alpha_{01}\sin\alpha_{12}\sin\theta_2}\dot{\theta}_0 \tag{3-39}$$

在求 θ_3 与 θ_1 的角速度关系式时，可将（3-28）对时间求导，整理后得

$$\dot{\theta}_3 = \frac{\sin\alpha_{30}\sin\alpha_{01}\sin\theta_1}{\sin\alpha_{12}\sin\alpha_{23}\sin\theta_3}\dot{\theta}_1 \tag{3-40}$$

同理，在求解线速度参数时，对相应的线位移参数表达式求时间的一次导数即可。将式（3-35）、式（3-36）和式（3-37）分别对时间求导，可得 S_3、S_2 和 S_1 的线速度表达式为

$$\dot{S}_3 = [h_0(\sin\theta_1\cos\theta_2\dot{\theta}_1 + \cos\theta_1\sin\theta_2\dot{\theta}_2) + h_0\cos\alpha_{01}(\cos\theta_1\sin\theta_2\dot{\theta}_1 + \sin\theta_1\cos\theta_2\dot{\theta}_2)$$
$$- S_0\sin\alpha_{01}\cos\theta_2\dot{\theta}_2 + h_1\sin\theta_2\dot{\theta}_2 + h_3\sin\theta_3\dot{\theta}_3 - S_3\sin\alpha_{23}\cos\theta_3\dot{\theta}_3]/(\sin\alpha_{23}\sin\theta_3) \tag{3-41}$$

$$\dot{S}_2 = [h_3(\sin\theta_0\cos\theta_1\dot{\theta}_0 + \cos\theta_0\sin\theta_1\dot{\theta}_1) + h_3\cos\alpha_{30}(\cos\theta_0\sin\theta_1\dot{\theta}_0 + \sin\theta_0\cos\theta_1\dot{\theta}_1)$$
$$- S_3\sin\alpha_{30}\cos\theta_1\dot{\theta}_1 - \sin\alpha_{30}\sin\theta_1\dot{S}_3 + h_0\sin\theta_1\dot{\theta}_1 + h_2\sin\theta_2\dot{\theta}_2 - S_2\sin\alpha_{12}\cos\theta_2\dot{\theta}_2]$$
$$/(\sin\alpha_{12}\sin\theta_2) \tag{3-42}$$

$$\dot{S}_1 = [h_1(\sin\theta_2\cos\theta_3\dot{\theta}_2 + \cos\theta_2\sin\theta_3\dot{\theta}_3) + h_1\cos\alpha_{12}(\cos\theta_2\sin\theta_3\dot{\theta}_2 + \sin\theta_2\cos\theta_3\dot{\theta}_3)$$
$$- S_0\sin\alpha_{30}\cos\theta_0\dot{\theta}_0 + h_2\sin\theta_3\dot{\theta}_3 + h_0\sin\theta_0\dot{\theta}_0 - S_1\sin\alpha_{12}\cos\theta_3\dot{\theta}_3]/(\sin\alpha_{12}\sin\theta_3) \tag{3-43}$$

至此，RCCC 机构的角速度和沿圆柱副方向的线速度参数都已求出。

3.1.3　机器人机构

机器人机构通常有以下几种分类方式。按照结构可分为直角坐标型、圆柱坐标型、球坐标型和多关节型等机器人机构；按照自由度的数目可分为 3、4、5、6 自由度及冗余度等机器人机构；按照用途可分为工业机器人、医用机器人、极限环境作业机器人、服务机器人、娱乐机器人、军事机器人等机器人机构；按照驱动方式可分为液动、气动和电动等机器人机构；按照运动链形式可分为串联、并联和混联等机器人机构。本节主要针对串联和并联机器人机构进行分析。

3.1.3.1　运动学分析

机器人机构运动学分析的内容是求解机构主动构件和输出构件之间的运动关系，主要包括位姿分析、速度分析和加速度分析。其中，机器人机构的主动构件和输出构件之间的运动关系求解包含两方面的内容：一是已知主动构件的运动规律，求解输出构件的运动规律，称为机器人机构的运动学正解；二是已知输出构件的运动规律，求解主动构件的运动规律，称为机器人机构的运动学逆解。以下分别进行串联机器人机构和并联机器人机构的运动学分析。

1. 串联机器人机构位姿分析

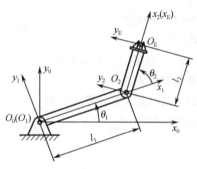

图 3-7　2R 平面机械手机构运动简图

下面以 2R 平面机械手为例，来说明串联机器人机构的位姿分析过程。图 3-7 所示为 2R 平面机械手机构运动简图，构件 1、2 的尺寸 l_1、l_2 已知。在机架，构件 1、2，以及末端执行器上分别建立坐标系 $x_iO_iy_i$（$i=0, 1, 2, E$），其中 $x_0O_0y_0$ 为参考坐标系。设各关节（转动副）变量分别为 θ_1、θ_2，末端执行器坐标系 $x_EO_Ey_E$（通常为工具或手爪）相对于参考坐标系的位姿矩阵用 ${}_E^0\boldsymbol{T}$ 表示。试求 θ_i（$i=1, 2$）与 ${}_E^0\boldsymbol{T}$ 之间的关系。

1）位姿正解

2R 平面机械手机构的位姿正解是已知各关节变量 θ_i（$i=1$, 2），求解位姿矩阵 ${}_E^0\boldsymbol{T}$。利用位姿变换的基础知识，容易得到该机构的位姿正解模型为

$${}_E^0\boldsymbol{T} = {}_1^0\boldsymbol{T}{}_2^1\boldsymbol{T}{}_E^2\boldsymbol{T} \tag{3-44}$$

式中，

$$
{}_1^0\boldsymbol{T} = \begin{bmatrix} \cos\theta_1 & -\sin\theta_1 & 0 & 0 \\ \sin\theta_1 & \cos\theta_1 & 0 & 0 \\ 0 & 0 & 1 & 0 \\ 0 & 0 & 0 & 1 \end{bmatrix}
$$

$$
{}_2^1\boldsymbol{T} = \begin{bmatrix} \cos\theta_2 & -\sin\theta_2 & 0 & l_1 \\ \sin\theta_2 & \cos\theta_2 & 0 & 0 \\ 0 & 0 & 1 & 0 \\ 0 & 0 & 0 & 1 \end{bmatrix}
$$

$$
{}_E^2\boldsymbol{T} = \begin{bmatrix} 1 & 0 & 0 & l_2 \\ 0 & 1 & 0 & 0 \\ 0 & 0 & 1 & 0 \\ 0 & 0 & 0 & 1 \end{bmatrix}
$$

根据已知条件，${}_1^0\boldsymbol{T}$、${}_2^1\boldsymbol{T}$、${}_E^2\boldsymbol{T}$ 中的元素均已知，因此，通过简单的矩阵运算即可得到末端执行器的位姿矩阵，即

$$
{}_E^0\boldsymbol{T} = \begin{bmatrix} \cos(\theta_1+\theta_2) & -\sin(\theta_1+\theta_2) & 0 & l_1\cos\theta_1 + l_2\cos(\theta_1+\theta_2) \\ \sin(\theta_1+\theta_2) & \cos(\theta_1+\theta_2) & 0 & l_1\sin\theta_1 + l_2\sin(\theta_1+\theta_2) \\ 0 & 0 & 1 & 0 \\ 0 & 0 & 0 & 1 \end{bmatrix} \tag{3-45}
$$

2）位姿逆解

2R 平面机械手机构的位姿逆解是已知末端执行器的位姿矩阵 ${}_E^0\boldsymbol{T}$，求解各关节变量 $\theta_i(i=1, 2)$。与位姿正解不同，由于一般需要求解非线性方程组，而且存在解的不唯一性，位姿逆解要相对复杂得多，一般可采用代数法、几何法或数值法求解。采用代数法求解的思路如下。

（1）在式（3-44）的等号两端同时左乘矩阵 $({}_1^0\boldsymbol{T})^{-1}$，可得

$$
({}_1^0\boldsymbol{T})^{-1}\,{}_E^0\boldsymbol{T} = {}_2^1\boldsymbol{T}\,{}_E^2\boldsymbol{T} \tag{3-46}
$$

由于 ${}_E^0\boldsymbol{T}$ 已知，因此等号左边只有 θ_1 未知，根据等号两端矩阵中的对应元素分别相等，求解方程组可以得到 θ_1 的解，但应注意求解过程中一般存在多解性。

（2）同理，在式（3-46）的等号两端同时左乘矩阵 $({}_2^1\boldsymbol{T})^{-1}$，并取其中的一组 θ_1 的解代入，可以得到 θ_2 的解。

（3）对于具有更多自由度的机构，可按上述过程反复求解。

通过对串联机器人机构的位姿分析可以看出，位姿正解简单且其解具有唯一性，位姿逆解复杂且其解不唯一，具有多值性。但是，如果从工程应用的角度来看，位姿逆解更为重要，它是实现机器人轨迹规划及运动控制的基础。机构的构型多种多样，在某些情况下，想得到机构的封闭解比较困难，也可以采用其他方法，如数值法进行求解。

2. 并联机器人机构位姿分析

下面以 6-SPS 并联机器人机构为例，来说明并联机器人机构的位姿分析过程。

图 3-8 所示为 6-SPS 并联机器人机构运动简图，上（动）平台与下（静）平台通过 6 根可伸缩的驱动杆连接。当每根驱动杆受到驱动发生长度变化时，动平台可以获得 6 个运动的自由度。分别在静、动平台上建立如图 3-8 所示的坐标系 $Oxyz$ 和 $Px_Py_Pz_P$。这里末端执行器为动平台，其位置可用动坐标系 $Px_Py_Pz_P$ 的原点 P 在静坐标系中的坐标 (x, y, z) 来表示，姿态可用欧拉角 (α, β, γ) 来表示，欧拉角通过一个姿态变换矩阵定义动坐标系与定坐标系的一一对应关系。因此，末端执行器

的位姿可通过一个广义坐标向量 $X = \{x\ y\ z\ \alpha\ \beta\ \gamma\}^T$ 表示。该机构的关节变量分别为各驱动杆的长度，即 $l_i = B_iP_i$（$i=1,2,\cdots,6$），也可以用一个关节坐标向量 $q = \{l_1\ l_2\ l_3\ l_4\ l_5\ l_6\}^T$ 表示。试求 X 与 q 之间的关系。

（1）位姿逆解。该并联机器人机构的位姿逆解是已知末端执行器的位姿向量 X，求解各驱动杆的长度，即关节向量 q。设在某个时刻 t，通过 6 根驱动杆驱动动平台运动到空间中某一位置，其矢量关系图如图 3-9 所示。根据图 3-9 中矢量的几何关系，可得 6 根驱动杆的长度矢量为

$$l_i = \overrightarrow{OB_i} - \overrightarrow{OP} - {}^O_P\!R \cdot \overrightarrow{PP_i}, \quad i = 1,2,\cdots,6 \tag{3-47}$$

式中，l_i 为第 i 根驱动杆的长度矢量，其中 $l_i = \overrightarrow{P_iB_i}$；$\overrightarrow{OP}$ 为动平台中心矢量，在静坐标系中度量；$\overrightarrow{PP_i}$ 为动平台处球铰中心矢量，在动坐标系中度量，当动平台结构确定后，其为一个常矢量；$\overrightarrow{OB_i}$ 为静平台球铰中心矢量，在静坐标系中度量，当静平台结构确定后，其为一个常矢量；${}^O_P\!R$ 为动坐标系到静坐标系的姿态变换矩阵。若采用 z-x-z 欧拉角描述动、静坐标系之间的关系，则该矩阵可由 3 个绕坐标轴的旋转矩阵相乘获得，即

$$
\begin{aligned}
{}^O_P\!R &= R_{z\alpha}R_{x\beta}R_{z\lambda} \\
&= \begin{bmatrix} \cos\alpha & -\sin\alpha & 0 \\ \sin\alpha & \cos\alpha & 0 \\ 0 & 0 & 1 \end{bmatrix} \begin{bmatrix} 1 & 0 & 0 \\ 0 & \cos\beta & -\sin\beta \\ 0 & \sin\beta & \cos\beta \end{bmatrix} \begin{bmatrix} \cos\gamma & -\sin\gamma & 0 \\ \sin\gamma & \cos\gamma & 0 \\ 0 & 0 & 1 \end{bmatrix} \\
&= \begin{bmatrix} \cos\alpha\cos\gamma - \sin\alpha\cos\beta\sin\gamma & -\cos\alpha\sin\gamma - \sin\alpha\cos\beta\cos\gamma & \sin\alpha\sin\beta \\ \sin\alpha\cos\gamma + \cos\alpha\cos\beta\sin\gamma & -\sin\alpha\sin\gamma + \cos\alpha\cos\beta\cos\gamma & -\cos\alpha\sin\beta \\ \sin\beta\sin\gamma & \sin\beta\cos\gamma & \cos\beta \end{bmatrix}
\end{aligned}
$$

该姿态变换矩阵的几何意义：矩阵中的每一列向量分别是动坐标系中各坐标轴单位矢量在静坐标系中的方向余弦，因此，${}^O_P\!R$ 也被称为方向余弦矩阵。

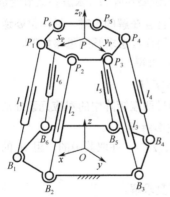

图 3-8　6-SPS 并联机器人机构运动简图

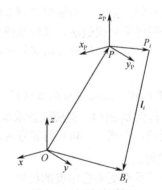

图 3-9　矢量关系图

由式（3-47）可得

$$l_i = |\,l_i\,| = \sqrt{l_{ix}^2 + l_{iy}^2 + l_{iz}^2} \tag{3-48}$$

式（3-48）即并联机器人的位姿逆解数学模型。

在并联机器人设计完成后，点 P_i 和 B_i（$i=1,2,\cdots,6$）在其相应坐标系中的坐标值已确定。根据前面的分析，式（3-47）中等号右端只有 (α, β, γ) 和 (x, y, z) 共 6 个独立参数，均已知。根据式（3-48）可求出各驱动杆的长度。

（2）位姿正解。该并联机器人机构的位姿正解是已知各驱动杆的长度，即关节向量 q，求解末端执行器的位姿向量 X。由式（3-47）可得

$$l_i = |\,l_i\,| = \sqrt{(\overrightarrow{OB_i} - \overrightarrow{OP} - {}^O_P\!R \cdot \overrightarrow{PP_i}) \cdot (\overrightarrow{OB_i} - \overrightarrow{OP} - {}^O_P\!R \cdot \overrightarrow{PP_i})}, \quad i = 1,2,\cdots,6 \tag{3-49}$$

　　将式（3-49）展开可得到由 6 个方程组成的方程组，若已知 6 根驱动杆的长度，则该方程组只含有 6 个未知数，即末端执行器的位姿向量 $X = \{x\,y\,z\,\alpha\,\beta\,\gamma\}^{\mathrm{T}}$。因此，并联机器人机构的位姿正解问题就转化为对式（3-49）进行求解的问题。由于组成该方程组的方程均为非线性方程，因此较难得到其封闭解，通常采用数值法，如最小二乘法、连续法、三维搜索法等求解。

　　与串联机器人机构相反，并联机器人机构的位姿逆解简单，位姿正解则非常复杂，不但涉及求解高次非线性方程组，而且解不唯一。目前，国内外许多学者只针对一些特殊构型的并联机器人机构进行了位姿正解的研究。对于一般的 Stewart 平台机构，如此例中的 6-SPS 并联机器人机构的位姿正解问题，有些学者将其归结为求解多元多项式方程组的问题，并利用多项式延拓法证明一般 Stewart 平台机构理论上在复数域有 40 组解析解，但由于每组正解需要把机构拆开再重新装配才能得到，因此称其为装配模式解。就目前的研究状况而言，对一般的 Stewart 平台机构，很难得到实用的解析解。因此，在实际控制中大多采用数值法，或者附加传感器的方法得到位姿正解。这两种方法各有优缺点，前者很难保证一定能得到满意解，后者则增加了硬件系统的费用和复杂性。

3. 串联机器人机构速度和加速度分析

　　速度和加速度分析是机器人机构速度控制、静力分析、动力分析及误差分析的基础。与位姿分析一样，速度和加速度分析也可分为正解和逆解两种情况。

　　仍以 2R 平面机械手为例，说明串联机器人机构的速度和加速度分析过程。在如图 3-7 所示的 2R 平面机械手机构运动简图中，设 l_1、l_2 均为常数，试求末端执行器坐标系 $x_E O_E y_E$ 的原点 O_E 相对于参考坐标系 $x_0 O_0 y_0$ 的速度 v_E、加速度 a_E 与各关节的速度、加速度之间的关系。

　　（1）速度分析。由式（3-45）可知，O_E 点在参考坐标系中的位置可表示为

$$\begin{cases} x_{OE} = l_1\cos\theta_1 + l_2\cos(\theta_1+\theta_2) \\ y_{OE} = l_1\sin\theta_1 + l_2\sin(\theta_1+\theta_2) \end{cases} \tag{3-50}$$

　　显然 O_E 点的位置可以写成关节变量的函数，即

$$X_i = f_i(\theta_1,\theta_2),\quad i = 1,2 \tag{3-51}$$

O_E 点的位置矢量可表示为 $X = \{x_{OE}\,y_{OE}\}^{\mathrm{T}}$。$\theta_1$、$\theta_2$ 为关节变量，也可用关节坐标矢量表示，即 $q = \{\theta_1\,\theta_2\}^{\mathrm{T}}$。

　　在式（3-51）中，将等号两边分别对时间求导，可得

$$\begin{cases} \dot{X}_1 = \dot{x}_{OE} = -l_1\dot{\theta}_1\sin\theta_1 - l_2\dot{\theta}_1\sin(\theta_1+\theta_2) - l_2\dot{\theta}_2\sin(\theta_1+\theta_2) \\ \dot{X}_2 = \dot{y}_{OE} = l_1\dot{\theta}_1\cos\theta_1 + l_2\dot{\theta}_1\cos(\theta_1+\theta_2) + l_2\dot{\theta}_2\cos(\theta_1+\theta_2) \end{cases} \tag{3-52}$$

　　将式（3-52）写成矩阵形式，即可得到速度正解（已知关节速度，求末端执行器速度）的数学模型，即

$$\dot{X} = \begin{bmatrix} \dot{x}_{OE} \\ \dot{y}_{OE} \end{bmatrix} = \begin{bmatrix} -l_1\sin\theta_1 - l_2\sin(\theta_1+\theta_2) & -l_2\sin(\theta_1+\theta_2) \\ l_1\cos\theta_1 + l_2\cos(\theta_1+\theta_2) & l_2\cos(\theta_1+\theta_2) \end{bmatrix} \begin{bmatrix} \dot{\theta}_1 \\ \dot{\theta}_2 \end{bmatrix} = J\dot{q} \tag{3-53a}$$

式中，J 为雅可比矩阵，被定义为机器人的操作速度和关节速度之间的线性变换矩阵，有

$$J = \begin{bmatrix} -l_1\sin\theta_1 - l_2\sin(\theta_1+\theta_2) & -l_2\sin(\theta_1+\theta_2) \\ l_1\cos\theta_1 + l_2\cos(\theta_1+\theta_2) & l_2\cos(\theta_1+\theta_2) \end{bmatrix} \tag{3-53b}$$

$\dot{q}$ 为关节速度矢量，$\dot{q} = \begin{bmatrix} \dot{\theta}_1 \\ \dot{\theta}_2 \end{bmatrix}$；$\dot{X}$ 为末端执行器的速度矢量，$\dot{X} = \begin{bmatrix} \dot{x}_{OE} \\ \dot{x}_{OE} \end{bmatrix}$。

　　将式（3-53a）等号两端同时左乘 J^{-1}，即可得到速度逆解（已知末端执行器速度，求关节速度）的数学模型，即

$$\dot{q} = J^{-1}\dot{X} \tag{3-54}$$

式中，J^1 为逆雅可比矩阵。

通过以上的速度分析可知，雅可比矩阵 J 可以看作从机器人的关节空间向操作空间运动速度的传动比。显然，用 J 来研究关节速度和操作速度之间的关系非常方便。但是，雅可比矩阵 J 的逆矩阵并不是在任何位型下都存在的，当 $|J(q)^{-1}|=0$ 时，J^{-1} 不存在，此时，机器人的位型称为奇异位型。当机器人处于奇异位型时，末端执行器至少有一个方向丧失运动能力，即失去一个或多个自由度，这显然是不符合要求的。而且，即使机器人的位型在奇异位型附近，其运动和动态性能也会变坏，对于上述 2R 平面机械手，当发生奇异（$\theta_2=0$ 或 π）时其关节速度可能趋于无穷大，显然从控制上来说是难以实现的。因此，在设计机器人机构时，应尽量避免在操作空间中出现奇异位型。

（2）加速度分析。在式（3-51）中，将等号两边分别对时间求二阶导数，整理得

$$\ddot{X}_i = \frac{\partial^2 f_i}{\partial \theta_1^2}d\theta_1^2 + 2\frac{\partial^2 f_i}{\partial \theta_1 \partial \theta_2}d\theta_1 d\theta_2 + \frac{\partial^2 f_i}{\partial \theta_2^2}d\theta_2^2 + \frac{\partial f_i}{\partial \theta_1}d^2\theta_1 + \frac{\partial f_i}{\partial \theta_2}d^2\theta_2$$

$$= [\dot{\theta}_1 \quad \dot{\theta}_2]\begin{bmatrix} \dfrac{\partial^2 f_i}{\partial \theta_1^2} & \dfrac{\partial^2 f_i}{\partial \theta_1 \partial \theta_2} \\ \dfrac{\partial^2 f_i}{\partial \theta_1 \partial \theta_2} & \dfrac{\partial^2 f_i}{\partial \theta_2^2} \end{bmatrix}\begin{bmatrix} \dot{\theta}_1 \\ \dot{\theta}_2 \end{bmatrix} + \begin{bmatrix} \dfrac{\partial f_i}{\partial \theta_1} & \dfrac{\partial f_i}{\partial \theta_2} \end{bmatrix}\begin{bmatrix} \ddot{\theta}_1 \\ \ddot{\theta}_2 \end{bmatrix} \quad , \ i=1, 2 \quad (3\text{-}55)$$

$$= \dot{q}^T H_i \dot{q} + A_i \ddot{q}$$

式中，

$$H_i = \begin{bmatrix} \dfrac{\partial^2 f_i}{\partial \theta_1^2} & \dfrac{\partial^2 f_i}{\partial \theta_1 \partial \theta_2} \\ \dfrac{\partial^2 f_i}{\partial \theta_1 \partial \theta_2} & \dfrac{\partial^2 f_i}{\partial \theta_2^2} \end{bmatrix}, \ A_i = \begin{bmatrix} \dfrac{\partial f_i}{\partial \theta_1} & \dfrac{\partial f_i}{\partial \theta_2} \end{bmatrix}$$

将式（3-55）写成矩阵形式，即可得到加速度正解（已知关节加速度，求末端执行器加速度）的数学模型，即

$$\ddot{X} = \begin{bmatrix} \dot{q}^T & H_1 & \dot{q} \\ \dot{q}^T & H_2 & \dot{q} \end{bmatrix} + J\ddot{q} = H + J\ddot{q} \quad (3\text{-}56)$$

将式（3-50）代入式（3-56），整理得到末端执行器点 O_E 的加速度为

$$\ddot{X} = \begin{bmatrix} \ddot{x}_{OE} \\ \ddot{y}_{OE} \end{bmatrix} = \begin{bmatrix} -l_1\ddot{\theta}_1\sin\theta_1 - l_2(\ddot{\theta}_1+\ddot{\theta}_2)\sin(\theta_1+\theta_2) - l_1\dot{\theta}_1^2\cos\theta_1 \\ -l_2(\dot{\theta}_1^2+\dot{\theta}_2^2)\cos(\theta_1+\theta_2) - 2l_2\dot{\theta}_1\dot{\theta}_2\cos(\theta_1+\theta_2) \\ l_1\ddot{\theta}_1\cos\theta_1 + l_2(\ddot{\theta}_1+\ddot{\theta}_2)\cos(\theta_1+\theta_2) - l_1\dot{\theta}_1^2\sin\theta_1 \\ -l_2(\dot{\theta}_1^2+\dot{\theta}_2^2)\sin(\theta_1+\theta_2) - 2l_2\dot{\theta}_1\dot{\theta}_2\sin(\theta_1+\theta_2) \end{bmatrix} \quad (3\text{-}57)$$

对式（3-56）等号两端同时左乘 J^{-1}，即可得到加速度逆解（已知末端执行器加速度，求关节加速度）的数学模型，即

$$\ddot{q} = J^{-1}\ddot{X} - J^{-1}H \quad (3\text{-}58)$$

4. 并联机器人机构速度和加速度分析

仍以 6-SPS 并联机器人机构为例，说明并联机器人机构的速度和加速度分析过程。在如图 3-8 所示的 6-SPS 并联机器人机构运动简图中，试求动坐标系 $Px_Py_Pz_P$ 的原点 P 的速度 $\dot{X}=\{\dot{x} \ \dot{y} \ \dot{z} \ \dot{\alpha} \ \dot{\beta} \ \dot{\gamma}\}^T$、加速度 $\ddot{X}=\{\ddot{x} \ \ddot{y} \ \ddot{z} \ \ddot{\alpha} \ \ddot{\beta} \ \ddot{\gamma}\}^T$ 与关节速度 $\dot{q}=\{\dot{l}_1 \ \dot{l}_2 \ \dot{l}_3 \ \dot{l}_4 \ \dot{l}_5 \ \dot{l}_6\}^T$、加速度 $\ddot{q}=\{\ddot{l}_1 \ \ddot{l}_2 \ \ddot{l}_3 \ \ddot{l}_4 \ \ddot{l}_5 \ \ddot{l}_6\}^T$ 之间的关系。

（1）速度分析。由前面的分析可知，对于并联机器人机构的末端执行器（动平台）的一个任意位姿，6 根驱动杆都有唯一的长度值与之对应。也就是说，驱动杆的长度是末端执行器位姿的

函数。那么，第 i 根驱动杆的长度为

$$l_i = f_i(\boldsymbol{X}) = f_i(x, y, z, \alpha, \beta, \gamma)，\quad i = 1, 2, \cdots, 6 \tag{3-59}$$

式中，(x, y, z) 为动平台中心的位置坐标；(α, β, γ) 为动平台以 z-x-z 欧拉角表示的姿态角。将式（3-59）等号两边分别对时间求导得

$$\dot{l}_i = \frac{\partial f_i}{\partial x}\mathrm{d}x + \frac{\partial f_i}{\partial y}\mathrm{d}y + \frac{\partial f_i}{\partial z}\mathrm{d}z + \frac{\partial f_i}{\partial \alpha}\mathrm{d}\alpha + \frac{\partial f_i}{\partial \beta}\mathrm{d}\beta + \frac{\partial f_i}{\partial \gamma}\mathrm{d}\gamma \tag{3-60}$$

写成矩阵形式，即可得到并联机器人机构的速度逆解（已知末端执行器速度，求关节速度）数学模型，即

$$\dot{\boldsymbol{q}} = \boldsymbol{G}\dot{\boldsymbol{X}} = \boldsymbol{J}^{-1}\dot{\boldsymbol{X}} \tag{3-61}$$

式中，$\dot{\boldsymbol{q}} = \{\dot{l}_1 \ \ \dot{l}_2 \ \ \dot{l}_3 \ \ \dot{l}_4 \ \ \dot{l}_5 \ \ \dot{l}_6\}^{\mathrm{T}}$ 为驱动杆的伸缩速度矢量；$\dot{\boldsymbol{X}} = \{\dot{x} \ \ \dot{y} \ \ \dot{z} \ \ \dot{\alpha} \ \ \dot{\beta} \ \ \dot{\gamma}\}^{\mathrm{T}}$ 为动平台的位姿速度矢量。

考虑到与串、并联机器人机构雅可比矩阵的定义的一致性，令 $\boldsymbol{G} = \boldsymbol{J}^{-1}$，且矩阵 $\boldsymbol{G}$ 的第 i 行为

$$\left[\frac{\partial f_i}{\partial x} \quad \frac{\partial f_i}{\partial y} \quad \frac{\partial f_i}{\partial z} \quad \frac{\partial f_i}{\partial \alpha} \quad \frac{\partial f_i}{\partial \beta} \quad \frac{\partial f_i}{\partial \gamma}\right], \quad i = 1, 2, \cdots, 6 \tag{3-62}$$

将式（3-61）等号两边同时左乘 $\boldsymbol{G}^{-1}$，整理可得并联机器人机构的速度正解（已知关节速度，求末端执行器速度）的数学模型，即

$$\dot{\boldsymbol{X}} = \boldsymbol{J}\dot{\boldsymbol{q}} \tag{3-63}$$

式中，$\boldsymbol{J}$ 为雅可比矩阵。

（2）加速度分析。在式（3-59）中，将等号两边分别对时间求二阶导数，并整理得

$$\ddot{l}_i = \dot{\boldsymbol{X}}^{\mathrm{T}} \boldsymbol{H}_i \boldsymbol{X} + \boldsymbol{A}_i^{\mathrm{T}} \ddot{\boldsymbol{X}} \tag{3-64}$$

式中，$\ddot{l}_i$ 为第 i 根驱动杆的伸缩加速度；

$$\boldsymbol{A}_i = \left[\frac{\partial f_i}{\partial x} \quad \frac{\partial f_i}{\partial y} \quad \frac{\partial f_i}{\partial z} \quad \frac{\partial f_i}{\partial \alpha} \quad \frac{\partial f_i}{\partial \beta} \quad \frac{\partial f_i}{\partial \gamma}\right]^{\mathrm{T}}$$

$$\boldsymbol{H}_i = \begin{bmatrix} \dfrac{\partial^2 f_i}{\partial x^2} & \dfrac{\partial^2 f_i}{\partial y \partial x} & \cdots & \dfrac{\partial^2 f_i}{\partial \gamma \partial x} \\[2mm] \dfrac{\partial^2 f_i}{\partial x \partial y} & \dfrac{\partial^2 f_i}{\partial y^2} & \cdots & \dfrac{\partial^2 f_i}{\partial \gamma \partial y} \\[1mm] \vdots & \vdots & & \vdots \\[1mm] \dfrac{\partial^2 f_i}{\partial x \partial \gamma} & \dfrac{\partial^2 f_i}{\partial y \partial \gamma} & \cdots & \dfrac{\partial^2 f_i}{\partial \gamma^2} \end{bmatrix}_{6 \times 6}$$

将式（3-64）写成统一的矩阵形式，即可得到 6-SPS 并联机器人机构的加速度逆解数学模型，即

$$\ddot{\boldsymbol{q}} = \begin{bmatrix} \dot{\boldsymbol{X}}^{\mathrm{T}} \boldsymbol{H}_1 \dot{\boldsymbol{X}} \\ \dot{\boldsymbol{X}}^{\mathrm{T}} \boldsymbol{H}_2 \dot{\boldsymbol{X}} \\ \vdots \\ \dot{\boldsymbol{X}}^{\mathrm{T}} \boldsymbol{H}_6 \dot{\boldsymbol{X}} \end{bmatrix}_{6 \times 1} + \boldsymbol{J}^{-1} \ddot{\boldsymbol{X}} = \boldsymbol{H} + \boldsymbol{J}^{-1} \ddot{\boldsymbol{X}} \tag{3-65}$$

式中，$\ddot{\boldsymbol{q}} = \{\ddot{l}_1 \ \ \ddot{l}_2 \ \ \ddot{l}_3 \ \ \ddot{l}_4 \ \ \ddot{l}_5 \ \ \ddot{l}_6\}^{\mathrm{T}}$ 为驱动杆的伸缩加速度矢量；$\ddot{\boldsymbol{X}} = \{\ddot{x} \ \ \ddot{y} \ \ \ddot{z} \ \ \ddot{\alpha} \ \ \ddot{\beta} \ \ \ddot{\gamma}\}^{\mathrm{T}}$ 为动平台的位姿加速度矢量；$\boldsymbol{H} = \begin{bmatrix} \dot{\boldsymbol{X}}^{\mathrm{T}} \boldsymbol{H}_1 \dot{\boldsymbol{X}} \\ \dot{\boldsymbol{X}}^{\mathrm{T}} \boldsymbol{H}_2 \dot{\boldsymbol{X}} \\ \vdots \\ \dot{\boldsymbol{X}}^{\mathrm{T}} \boldsymbol{H}_6 \dot{\boldsymbol{X}} \end{bmatrix}_{6 \times 1}$ 为加速度系数影响矩阵。

将式（3-65）等号两边同时左乘 $\boldsymbol{J}$，整理可得到 6-SPS 并联机器人机构的加速度正解数学模型，即

$$\ddot{\boldsymbol{X}} = \boldsymbol{J}\ddot{\boldsymbol{q}} - \boldsymbol{J}\boldsymbol{H} \tag{3-66}$$

3.1.3.2　静力学分析

机器人机构的静力学主要研究当机构静止或低速运动时输出构件所受的外力、外力矩与机构各驱动杆所受驱动力之间的关系。同运动学分析一样，静力学求解也包括正解和逆解两方面。已知机构各主动关节的驱动力（或力矩），求解末端执行器所承受的外载荷（包括力和力矩），称为静力学正解；已知末端执行器所承受的外载荷，求解各主动关节的驱动力（或力矩），称为静力学逆解。下面分别就串联和并联机器人机构两方面来阐述机器人机构的静力学分析。

1. 串联机器人机构静力学分析

仍以 2R 平面机械手为例，说明串联机器人机构的静力学分析过程。如图 3-10 所示，末端执行器坐标系原点受到力 F_E 的作用，力 F_E 在参考坐标系 $x_0O_0y_0$ 中可用矢量 $\boldsymbol{Q} = \{F_{Ex} \quad F_{Ey}\}^T$ 表示。为了保持机构的平衡，驱动装置给各关节提供的驱动力矩可用矢量 $\boldsymbol{\tau} = \{\tau_1 \quad \tau_2\}^T$ 表示。在忽略各构件重力和构件之间摩擦的情况下，试分析末端执行器所受的力矢量 $\boldsymbol{Q}$ 和关节力矩矢量 $\boldsymbol{\tau}$ 之间的关系。

根据虚功原理，当机构满足平衡条件时，由任意虚位移所产生的总虚功为 0，即

$$\boldsymbol{\tau}^T\delta\boldsymbol{q} = \boldsymbol{Q}^T\delta\boldsymbol{X} \tag{3-67}$$

式中，$\delta\boldsymbol{q}$ 为各关节的虚位移矢量，$\delta\boldsymbol{q} = \{\delta\theta_1 \quad \delta\theta_2\}^T$；$\delta\boldsymbol{X}$ 为末端执行器产生的虚位移矢量，$\delta\boldsymbol{X} = \{\delta x \quad \delta y\}^T$。由于 $\delta\boldsymbol{q}$ 和 $\delta\boldsymbol{X}$ 并不是相互独立的，而应该满足一定的几何约束条件，因此 $\delta\boldsymbol{q}$、$\delta\boldsymbol{X}$ 与 $\boldsymbol{J}$ 三者之间的关系为

$$\delta\boldsymbol{X} = \boldsymbol{J}\delta\boldsymbol{q} \tag{3-68}$$

考虑到 $\delta\boldsymbol{q} \neq 0$，将式（3-68）代入式（3-67），整理可得到串联机器人机构的静力学逆解数学模型，即

$$\boldsymbol{\tau} = \boldsymbol{J}^T\boldsymbol{Q} \tag{3-69}$$

式中，$\boldsymbol{J}$ 为雅可比矩阵，意义同前。

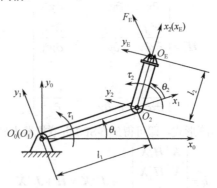

图 3-10　2R 平面机械手受力示意图

由式（3-69）可以看出，末端执行器所承受的外载荷是各关节驱动力矩的简单线性映射，而且速度雅可比矩阵和力雅可比矩阵互为转置矩阵，这说明力映射与速度映射之间存在对偶关系。对于下面的并联机器人机构的静力学分析，也有相同的结论。

将式（3-69）等号两边同时左乘$(\boldsymbol{J}^T)^{-1}$，整理可得到串联机器人机构的静力学正解数学模型，即

$$\boldsymbol{Q} = (\boldsymbol{J}^T)^{-1}\boldsymbol{\tau} \tag{3-70}$$

将式（3-53b）代入式（3-69）或式（3-70），即可得到 2R 平面机械手中 $\boldsymbol{Q}$ 与 $\boldsymbol{\tau}$ 之间的关系，即

$$\begin{bmatrix} \tau_1 \\ \tau_2 \end{bmatrix} = \begin{bmatrix} -l_1\sin\theta_1 - l_2\sin(\theta_1+\theta_2) & l_1\cos\theta_1 + l_2\cos(\theta_1+\theta_2) \\ -l_2\sin(\theta_1+\theta_2) & l_2\cos(\theta_1+\theta_2) \end{bmatrix} \begin{bmatrix} F_{Ex} \\ F_{Ey} \end{bmatrix}$$

2. 并联机器人机构静力学分析

与串联机器人机构的静力学分析相似，并联机器人机构的静力学分析也基于虚功原理，下面仍以 6-SPS 并联机器人机构为例，简要地阐述一下并联机器人机构的静力学分析过程。设末端执行器坐标系原点（动平台中心 P 点）受到三维力 $\boldsymbol{F_P}$ 和三维力矩 $\boldsymbol{M_P}$ 的作用，可用一个六维广义力矢量 $\boldsymbol{Q} = \{\boldsymbol{F_P}\ \boldsymbol{M_P}\}^T = \{F_x\ F_y\ F_z\ M_x\ M_y\ M_z\}^T$ 来表示。在工作载荷作用下，为了保持机构的平衡，6 根驱动杆所受的驱动力（沿各杆轴向）可用矢量 $\boldsymbol{\tau} = \{f_1\ f_2\ f_3\ f_4\ f_5\ f_6\}^T$ 表示。所以，根据虚功原理，有

$$\boldsymbol{Q}^T \delta \boldsymbol{X} = \boldsymbol{\tau}^T \delta \boldsymbol{q} \tag{3-71}$$

式中，δq 为各驱动杆的轴向虚位移矢量，$\delta \boldsymbol{q} = \{\delta l_1\ \delta l_2\ \delta l_3\ \delta l_4\ \delta l_5\ \delta l_6\}^T$；$\delta \boldsymbol{X}$ 为末端执行器（动平台）产生的虚位移矢量，$\delta \boldsymbol{X} = \{\delta x\ \delta y\ \delta z\ \delta \alpha\ \delta \beta\ \delta \gamma\}^T$

同理，将 $\delta \boldsymbol{X} = \boldsymbol{J}\delta \boldsymbol{q}$ 和 $\delta \boldsymbol{q} \neq 0$ 的条件代入式（3-71），整理可得到并联机器人机构的静力学逆解数学模型，即

$$\boldsymbol{\tau} = \boldsymbol{J}^T \boldsymbol{Q} \tag{3-72}$$

式中，$\boldsymbol{J}$ 为雅可比矩阵，意义同前。

将式（3-72）等号两边同时左乘 $[\boldsymbol{J}^T]^{-1}$，整理可得到并联机器人机构的静力学正解数学模型，即

$$\boldsymbol{Q} = [\boldsymbol{J}^T]^{-1} \boldsymbol{\tau} \tag{3-73}$$

3.2 现代机器人设计研究现状及发展前景

3.2.1 机器人设计基本原则、步骤

机器人设计是一个比较完整的机电一体化整机设计过程。在设计过程中，要坚持两个原则：① 整体性原则；②控制系统设计优先于机械结构设计原则。

机器人是集机械、电子、控制等于一体的机电系统。机器人系统内任何一个部件或零件的设计有缺陷，都会影响机器人的整体功能和性能。为此，必须首先设计机器人的整体功能和参数，然后设计各个部件和零件。

在设计过程中，可能的设计缺陷是机器人的机械本体加工完成之后，在安装驱动器、控制器和传感器时，发现预留的空间不够。这样的设计错误有点荒唐，但对于初学者而言却是很可能犯的。对于比较有经验的设计者来说，可能在机器人加工调试之后才发现有设计缺陷，如样机的控制精度不够，或者快速响应达不到要求。为了达到技术要求，修改控制程序或改变控制方法并不能解决问题，而需要修改机械结构或控制硬件。有时候会出现要么重新选择电动机，要么重新设计机械结构这样"鱼与熊掌不可兼得"的情况，这反映了机器人设计的整体性原则考虑不足。若想在原有的样机上增加一个小的功能，往往会牵一发而动全身，机器人的机械结构和控制系统等全部需要修改或重新设计，这也体现了机器人设计的整体性原则。所以说，在设计机器人时要充分考虑各方面因素，而不能只进行简单的机械结构设计，要遵循整体性原则。

设计机器人要遵循控制系统设计优先于机械结构设计原则。进行机器人设计，首先应该进行功能设计，根据功能要求提出机器人的性能参数，围绕性能参数选择控制方案，确定控制系统的类型，设计并选购计算机控制硬件，最后进行机械结构设计。现代机器人设计不同于传统机器人设计，不是每个部件都需要设计者自己详细设计的，更多时候需要设计者对现有资源和技术进行整合和集成。随着科学技术的发展和社会分工的细化，设计者不可能对所有与机器人相关的技术

和产品都很熟悉。为了快速研制出一台机器人，设计者需要充分利用社会资源，除需要具备丰富的设计经验以外，还需要熟悉市场上的现有技术和相关产品。在机器人设计过程中，基本控制硬件大多采用直接购买的方式获得。控制方案确定之后，要选择电动机、驱动器、控制板卡或控制计算机，虽然产品有成千上万种，但考虑到成本、体积、质量、性能和功能要求，最终适合的产品并不多，可能较优的方案只有一种。对于机械部分，只要不违背机械设计原则，设计者就可以随心所欲地设计。因此，在总体方案设计完成后，要先确定控制系统的子方案，在调研甚至购买控制硬件之后才能进行机械设计。控制硬件都是镶嵌在机械结构上的，如果不知道控制硬件的尺寸，就谈不上设计出精致、巧妙的机械结构。如果时间和经费允许，则可以对控制硬件进行调试实验，在验证选择的控制方案满足设计要求后再进行机械设计。但这样做的缺点是，机械加工的周期往往比较长，把机械设计放在最后会影响机器人总体的研制进度。因此，在基本控制方案确定之后，一般采用并行方式展开机械设计工作。计算机技术（如 CAD/CAM/CAPP）的快速发展，为机器人设计提供了方便，大大缩短了设计周期、降低了成本。很多设计者在进行具体设计之前，都会进行计算机仿真设计，开发出虚拟样机，为机器人后续的设计、加工和制造提供条件和保障，这样可提高设计效率，减少加工和制造费用。

通常来说，机器人的设计步骤一般可分为总体方案设计，子系统详细设计，机器人制造、安装和调试，以及编写机器人设计文档等。

1. 总体方案设计

（1）机器人的应用和可行性分析。分析现有同类机器人产品的性能和特点，进行可行性调查。论证技术上是否先进、是否可行；核算经济上的成本和效益；评估市场开发的前景。对于企业来说，在设计机器人之前，应该明确设计的机器人适用于什么样的场合，应用在什么领域，可实现什么样的功能。对于高校或研究所等科研单位来说，在设计机器人之前，需要明确设计机器人的目的，是用来展示成果和进行科学实验的，还是用来进行理论验证的等。

（2）明确机器人的设计要求。确定工艺过程、动作要求和有关参数，并对机器人工作环境进行分析，确定其工作空间和自由度等。

（3）明确机器人的功能要求、性能指标和技术要求。通过查阅国内外文献和进行市场调研分析，了解国内外同类机器人的发展水平和研制的技术难点，结合机器人工作条件和功能要求，明确提出设计的机器人要具有的功能、性能指标和技术参数。

（4）方案论证比较。根据上述分析，初步提出若干总体方案，通过对工艺生产、技术和价值进行分析选择最佳方案。例如，选择传动方案、机器人运动载体的移动方式、传感器的种类和数目、控制策略等。

2. 子系统详细设计

机器人总体方案确定后，要进行机器人的详细设计，也就是要进行各个子系统、部件及零件的设计。机器人子系统包括机械系统、控制系统等。

1）机器人机械系统设计

机器人机械系统设计包括末端执行器、臂部、腕部、机座和行走机构等的设计。机器人机械系统设计不但要实现一定的机械功能，还要实现一定的人的智能。机器人机械系统设计与一般传统的机械系统设计相比具有许多类似的方面，但是也有不少特殊之处，其特点如下。

首先，从机构学的角度来分析，机器人的机械结构可以是由一系列连杆通过旋转关节（或移动关节）连接起来的开式空间运动链，也可以是类似并联机器人的闭式或混联空间运动链。其次，机器人的链结构形式与一般机构相比，虽然在灵巧性和空间可达性等方面要好得多，但是由于链结构相当于一系列悬挂杆件串接或并接在一起，机械误差和弹性变形的累积会使机器人的刚度和精度大受影响。一般机械系统设计主要是指强度设计，机器人机械系统设计既要满足强度要求，还要考虑刚度和精度要求。再次，机器人的机械结构，特别是关节传动系统，是整个机器人伺服系统中的一个重要组成环节，因此机器人机械系统设计具有机电一体化的特点。例如，一般机械系统设计对于运动部件的惯量控制仅从减少驱动功率角度来分析，而机器人机械系统设计需要同时从机电时间常数、提高机器人快速响应能力角度考虑进行惯量控制。此外，与一般机械系统设计相比，机器人机械系统设计在结构的紧凑性、灵巧性及特殊性等方面具有较高的要求。

在详细设计机械系统的零件图和装配图时，可以使用 Pro/E、UC 或 Solid Works 等软件建立三维实体模型，在计算机上进行虚拟装配，然后进行运动学仿真，检查是否存在运动干涉和外观方面的不足。在加工制造之前，可使用 ADAMS 等软件进行动力学仿真，以发现更深层次的问题，然后进行修正，从而进一步完善机器人机械系统设计。

2）机器人控制系统设计

首先，根据总体的功能要求选择合适的机器人控制方案；然后，根据控制方案选择和设计机器人控制硬件和软件。在机器人控制系统设计过程中，选择驱动方式很重要。通常，根据机器人负载要求可以选择液压驱动、电气驱动或气压驱动等驱动方式，主要取决于机器人工作现场条件和机器人的动力源类型。

3. 机器人制造、安装和调试

首先，筛选标准元器件，对自制的零部件进行检查，对外购的设备器件进行验收；然后，在对各子系统进行调试后进行总体安装，整机联调。对于传动系统，特别是谐波传动系统，在安装到机器人上之前一定要调试，检查传动精度及噪声是否满足要求。对于机器人，通常先空载调试，然后带负载调试。

4. 编写机器人设计文档

编写机器人设计文档并不是机器人设计的最后一项任务，而是贯穿于整个设计过程的。编写机器人设计文档的过程，是对机器人技术进行总结、分析和积累的过程。设计机器人没有严格的步骤和设计程序，规定必须先做什么，后做什么。中间有许多反馈的过程，很可能开始的设计不能满足后来设计的要求，或者后来发现最初的设计方案中有些不是最佳的方案或是多余的，这时需要重新修改前面的设计，有可能造成一连串的改动。因此，作为一名设计者，在开始进行总体方案设计时要尽可能考虑全面、论证充分，这样才能避免很多不必要的返工。

3.2.2　机器人设计方法

机器人设计方法通常与计算机技术的发展是紧密相关的。目前，机器人设计通常采用计算机辅助设计法、仿真与虚拟设计法、仿生设计法等。

1. 计算机辅助设计法

计算机辅助设计（CAD）法是通过向计算机输入设计资料，由计算机自动地编制程序，优化设计方案，并绘制出产品或零件图的方法。CAD 技术把人们从过去烦琐的绘图工作中解放出来，它不仅为人们带来了绘图的便利，而且改变了整个设计过程。

2. 仿真与虚拟设计法

在计算机技术快速发展的今天，机器人设计也发生了很大的变化，出现了仿真与虚拟设计法。例如，特种机器人有很多特殊工作环境，如深水区、核反应堆、强辐射区等，只能借助计算机来模拟实际的环境。Pro/E、UG、SolidWorks 和 ADAMS 等计算机软件的应用，使设计者不需要制造出实际的样机，就能够虚拟仿真机器人，从而研究机器人的运动学和动力学等特性，以及在计算机环境下开发虚拟数字化样机。计算机仿真与虚拟研究，使机器人的设计时间大大缩短，使设计者在设计阶段就能发现以后有可能出现的一些问题，此时更改设计方案是比较容易的，如果等到样机已经制造出来再更改图样，就会花费更多的人力和物力。

3．仿生设计法

仿生设计学也可称为设计仿生学（Design Bionics），它是在仿生学和设计学的基础上发展起来的一门新兴边缘学科。仿生设计不仅是一种设计方法和工具的突破，而且是一种概念上的创新，是一种设计思想。目前，仿生设计主要采用结构仿生和功能仿生两种方法。

（1）结构仿生。现代机器人的结构仿生比较常见有海洋动物仿生、蛇类仿生、变形虫仿生和人体仿生等。

（2）功能仿生。机器人仿生研究的目的之一是实现功能仿生，使人造的机械能实现或部分实现高级生物具有的功能，如思维、感知、运动和操作等。功能仿生包括大脑功能仿生、感知仿生和运动仿生等。

3.2.3　工业机器人系统设计

1．机器人技术参数和指标

设计机器人系统，首先要确定机器人技术参数和指标，主要包括工作空间、自由度、有效负载、运动精度、运动特性、动态特性和经济性指标等。

2．机器人系统总体功能和结构方案设计

机器人系统设计涉及机械设计、传感技术、计算机应用和自动控制，是跨学科的综合设计。应将机器人作为一个系统进行研究，从总体出发研究系统内部各组成部分之间，以及外部环境与系统之间的相互关系。作为一个系统，机器人应具备以下特性。

（1）整体性。由几个具有不同功能的子系统构成的机器人，应作为一个整体来分析，应具有其特定功能。

（2）相关性。各子系统之间相互依存、相互联系。

（3）目的性。每个子系统都有明确的功能，各子系统的组合方式由整个系统的功能决定。

（4）环境适应性。机器人作为一个系统，要能适应外部环境的变化。

在进行详细设计之前，要明确所设计的机器人应该具有哪些功能。实现既定的功能，可能有很多种结构方案，应优先选择简单可靠的结构方案。通过市场调研和对现有同类机器人的技术分析，研究所要设计的机器人的技术难点和关键技术。通过讨论及对比分析，并经过充分论证后，选择最优的结构方案。

3．机器人分系统设计及实现

1）机器人机械结构分系统

由于应用场合不同，机器人的结构形式多种多样，各组成部分的驱动方式、传动原理和机械结构也有不同的类型。通常根据机器人各部分的功能，其机械部分主要由下列各部分组成。

（1）手部结构。手部结构是指为了使机器人能进行作业，在其手腕上配置的操作机构，有时也称为手爪部分或末端执行器，包括抓取工件的各种手爪、取料器、专用工具的夹持器等，还包括部分专用工具，如拧螺钉螺母机、喷枪、焊枪、切割头和测量头等。

（2）手腕结构。手腕结构是连接手部和手臂的部分，其主要作用是改变手部的空间方向和将作用载荷传递到手臂。

（3）手臂结构。手臂结构是连接机座和手腕的部分，其主要作用是改变手部的空间位置，满足机器人的作业空间，将各种载荷传递到机座。

（4）机座结构。机座结构是机器人的基础部分，起支承作用。对固定式机器人，机座结构直接连接在地面基础上；对移动式机器人，机座结构安装在移动机构上。

2）机器人控制分系统

机器人控制分系统是机器人的重要组成部分，它的功能类似于人的大脑。机器人要与外围设

备协调动作，共同完成作业任务，就必须具备一个功能完善、灵敏可靠的控制分系统。机器人控制分系统总体来说可以分为两大部分：一部分对其自身进行控制；另一部分对外围设备进行协调控制。

机器人控制分系统一般由控制计算机和驱动装置伺服控制器组成。后者控制各关节的驱动器，使各关节按一定的速度、加速度和位置要求运动；前者则要根据作业要求完成编程，并发出指令控制各驱动装置使各关节协调工作，同时还要完成环境状况、外围设备之间的信息传递和协调工作。

（1）机器人控制分系统的特点。

机器人控制分系统的主要任务是，控制机器人在工作空间中的运动位置、姿态和轨迹、操作顺序及动作的时间等，其中有些项目的控制是非常复杂的，这就决定了机器人控制分系统应具有以下特点。

① 机器人的控制与其机构运动学和动力学具有密不可分的关系，因此要使机器人的手臂、手腕及末端执行器等部位在工作空间中具有准确的位姿，就必须在不同的坐标系中描述它们，并且随着基准坐标系的不同而做适当的坐标变换，要经常求解运动学和动力学问题。

② 描述机器人状态和运动的数学模型是一个非线性模型，因此随着机器人的运动及环境的改变，其参数也在改变。又因为机器人往往具有多个自由度，所以引起其运动变化的变量不止一个，而且各个变量之间一般都存在耦合问题，这就使得机器人控制分系统不仅是一个非线性系统，而且是一个多变量系统。

③ 对机器人的任一位姿，都可以通过不同的方式和路径达到，因此机器人控制分系统必须解决优化的问题。

（2）机器人控制分系统的基本功能。

机器人控制分系统必须具备示教再现和运动控制两个基本功能。

① 示教再现功能。示教再现功能是指在执行新的任务之前，预先将作业的操作过程示教给机器人，然后让机器人再现示教的内容，以完成作业任务。

② 运动控制功能。运动控制功能是指机器人对其末端执行器的位姿、速度、加速度等的控制功能。

（3）机器人控制方式。

机器人控制方式多种多样，根据作业任务的不同，主要可分为点位控制和连续轨迹控制。

（4）机器人控制分系统的组成。

机器人控制分系统主要由硬件和软件组成。机器人控制分系统的硬件主要由以下几个部分组成。

● 传感装置。机器人可感知内部和外部的信息。其中，用以检测机器人各关节的位置、速度和加速度等，即感知其本身状态信息的传感器称为内部传感器；外部传感器是指视觉、力觉、触觉、听觉等传感器，它们可使机器人感知外部工作环境和工作对象状态信息。

● 控制装置。控制装置用来处理各种传感信息、执行控制软件、产生控制命令，一般由一台微型或小型计算机及相应的接口组成。

● 关节伺服驱动部分。这部分主要用来根据控制命令，按作业任务的要求驱动各关节运动。

这里所说的软件主要是指控制软件，包括运动轨迹算法和关节伺服控制算法及相应的动作程序。控制软件可以用计算机语言来编制，由通用语言模块化编制而成的专业机器人语言越来越成为机器人控制软件的主流。

3）机器人智能分系统

机器人智能分系统是目前机器人系统的研究热点。它主要由两部分组成：一部分为感知系统；

另一部分为"分析—决策—规划"系统。前者主要靠硬件（各类传感器）来实现各种功能；后者主要靠软件（如专家系统）来实现各种功能。目前已开发出各种各样的传感器，而且已经实用化，如测量接触、压力、力、位置、角度、速度、加速度、距离及物体特性（形状、大小、姿态、凹凸、表面粗糙度、质量）的传感器。这些传感器可以分为两大类：用于控制机器人自身的内部传感器和安装在机械手或外围设备上进行某种操作所需要的外部传感器。真正意义上的智能机器人系统应具有解决问题的能力和理解知觉信息的能力，能适应外界的条件和环境，并可根据人的指示进行必要的作业。

4）机器人系统内外部接口设计

（1）机械接口设计。

机器人系统内外部的机械结构主要采用螺栓、螺钉等连接件紧定连接，对于易损和需要经常更换的外围设备，通常采用卡口式设计，以方便操作者对外围设备的快速装卸。

（2）通信接口设计。

机器人系统的通信接口随着计算机、控制器和驱动器接口标准的发展而改变。在连接机器人系统与计算机时，如果通信距离较远，则采用串行 RS232C 接口；如果通信距离较近，则采用并行通信接口。也有一些机器人系统采用总线接口，如 CAN 总线、Fire Wire 总线（IEEE1394 总线）接口。机器人系统与各种传感器之间主要采用模拟量的 1/0 接口和数字量的 I/O 接口，也可采用串行RS232C 接口。

3.2.4 工业机器人应用案例

1. 机器人应用准则及步骤

（1）机器人应用准则：应当从恶劣环境和工种开始执行机器人计划；考虑在生产率落后的部门应用机器人；要估计长远发展需要；使用费用与机器人不成正比；力求简单实效；确保人员和设备安全；不要期望卖家提供全套承包服务；不要忘记机器人需要由人控制。

（2）机器人应用步骤：全面考虑并明确自动化要求；开发机器人化技术；探讨采用机器人的条件；对辅助作业和机器人性能进行标准化设计；设计机器人化作业系统方案；选择适宜的机器人系统评价指标；详细设计和具体实施。

机器人技术自 20 世纪 60 年代初问世以来，经历几十年的发展已取得长足的进步。机器人已成为制造业中不可缺少的核心装备，世界上约有近百万台机器人正与工人并肩工作在各条战线上，并且数量还在飞速增长。下面主要介绍典型的焊接机器人、搬运机器人、喷涂机器人和装配机器人系统组成及应用。

2. 焊接机器人系统组成及应用

焊接机器人是在机器人的末轴法兰上安装焊钳或焊（割）枪，使之能进行焊接、切割或热喷涂的机器人。目前焊接机器人是机器人应用领域中数量较多的机器人，占机器人总数的 25%左右。焊接机器人具有焊接性能可靠、焊缝质量优良、焊接参数调整方便、生产率高、柔性好等特点，可焊接多种多样的产品，能灵活调整生产安排。

在工业发达国家，焊接机器人广泛应用于汽车工业、航天、船舶、机械加工、电子电气及其他相关制造业等诸多领域，是制造业中无可替代的先进装备。焊接机器人技术水平是衡量一个国家制造水平和科技水平的重要标志之一。我国的焊接机器人研究起步较晚，20 世纪 70 年代末才开始，20 世纪 80 年代研制出了我国第一台弧焊机器人和点焊机器人，经过多年机器人焊接技术的应用实践，国内焊接机器人应用已初具规模。

1）焊接机器人系统组成

焊接机器人系统组成示意图如图 3-11 所示。焊接机器人一般由以下几部分组成：机械手、变位机、控制器、焊接系统（专用焊接电源、焊枪或焊钳等）、焊接传感器、中央控制计算机和相应的安全设备等。

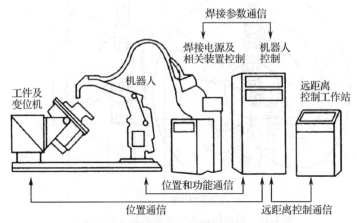

图 3-11　焊接机器人系统组成示意图

2）焊接机器人的主要结构形式及性能

焊接机器人基本上都属于关节型机器人，绝大部分有 6 个轴。其中，1、2、3 轴可将末端工具送到不同的空间位置处，4、5、6 轴可满足工具姿态的不同要求。焊接机器人本体的机械结构主要有两种类型：一种为平行杆型结构；另一种为多关节型结构，如图 3-12 所示。

多关节型结构的主要优点是，上、下臂的活动范围大，使机器人的工作空间几乎能达到一个球体。因此，这种机器人可倒挂在机架上工作，以节省占地面积，方便地面工件的流动。但是这种机器人的 2、3 轴为悬臂结构，降低了机器人的刚度。这种结构一般适用于负载较小的机器人，用于电弧焊、切割或喷涂。

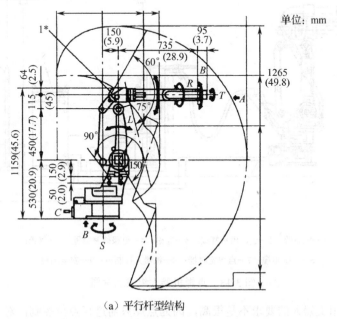

（a）平行杆型结构

图 3-12　焊接机器人的主要结构类型

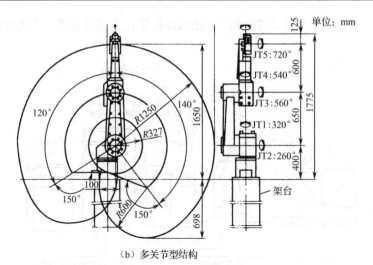

（b）多关节型结构

图 3-12　焊接机器人的主要结构类型（续）

平行杆型结构的工作空间包括机器人的顶部、背部及底部，而且没有多关节型结构中存在的刚度问题，因此得到普遍的重视，不仅适用于轻型机器人，还适用于重型机器人。

3）点焊机器人

点焊机器人（Spot Welding Robot）是用于点焊自动作业的机器人。点焊机器人由机器人本体、计算机控制系统、示教盒和点焊焊接系统几部分组成，如图 3-13 所示。点焊机器人的机器人本体一般具有 6 个自由度：腰转、大臂转、小臂转、腕转、腕摆及腕俯仰运动。其驱动方式有液压驱动、电气驱动和气压驱动 3 种，其中电气驱动应用更为广泛。

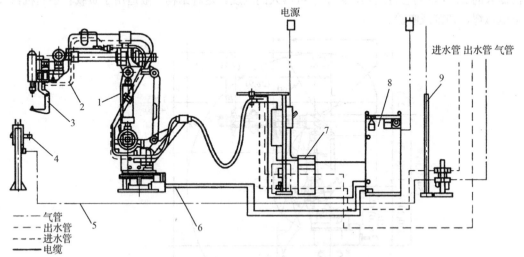

1—机械臂；2—进、出水管线；3—焊钳；4—电极修整装置；5—气管；

6—控制电缆；7—点焊定时器；8—机器人控制柜；9—安全围栏。

图 3-13　点焊机器人组成示意图

点焊作业对所用机器人的要求不是很高，因为点焊只需进行点位控制，对于焊钳在点与点之间的移动轨迹没有严格要求，这也是机器人最早只能用于点焊的原因。点焊机器人需要有足够的负载能力，而且在点与点之间移位时速度要快、动作要平稳、定位要准确，以减少移位的时间，提高工作效率。

在工业领域引入点焊机器人可以将人从繁重、单调、重复的体力劳动中解放出来；能更好地保证焊点质量；可实现长时间重复工作，使工作效率提高 30%以上；可以组成柔性自动生产系统，特别适合新产品开发和多品种生产，增强企业应变能力。

在我国，点焊机器人约占焊接机器人的 46%，主要应用在汽车、农机、摩托车等行业。通常，装配一台汽车车身需要完成 4000～5000 个焊点，机器人可完成 90%以上的焊点，仅少数焊点因机器人无法深入机体内部而须手工完成。

随着汽车工业的发展，焊接生产线要求焊钳一体化，点焊机器人的质量越来越大，165kg 级点焊机器人是目前汽车焊接中最常用的一种机器人，国外已经有 200kg 级甚至负载更大的点焊机器人。2008 年 9 月，哈尔滨工业大学机器人研究所研制成功国内首台 165kg 级点焊机器人，并将其成功应用于奇瑞汽车焊接车间，之后经过优化和性能提升的第二台机器人研制成功并顺利通过验收，其整体技术指标已经达到国外同类机器人水平。

4）弧焊机器人

弧焊机器人是可以进行自动弧焊的机器人。中国在 20 世纪 80 年代中期研制出华宇-I 型弧焊机器人。一般的弧焊机器人由示教盒、控制器、机器人本体及自动送丝装置、焊接电源等部分组成，可以在计算机的控制下实现连续轨迹控制和点位控制，还可以利用直线插补和圆弧插补功能，焊接由直线及圆弧所组成的空间焊缝。弧焊机器人主要有熔化极焊接作业和非熔化极焊接作业两种类型，具有可长期进行焊接作业，可保证焊接作业的生产率、质量和稳定性等特点。

随着科学技术的发展，弧焊机器人逐渐向着智能化的方向发展，采用激光传感器实现焊接过程中的焊缝跟踪，提升焊接机器人对复杂工件进行焊接的柔性和适应性，结合视觉传感器离线观察获得焊缝跟踪的残余偏差，基于偏差统计获得补偿数据并进行机器人运动轨迹的修正，以便在各种工况下都能获得最佳的焊接质量。我国新松机器人自动化股份有限公司已经开发出 RH6 弧焊机器人，并进行了小批量生产，其焊接质量达到国外同类机器人水平。RH6 弧焊机器人示意图如图 3-14 所示。

图 3-14　RH6 弧焊机器人示意图

5）焊接机器人技术发展趋势

（1）多传感器信息融合技术。近年来，随着机器人系统中使用的传感器种类和数量越来越多，各种新型传感器不断出现，如超声波触觉传感器、静电电容式距离传感器、基于光纤陀螺惯性测量的三维运动传感器，以及具有焊接工件检测、识别和定位功能的视觉传感器等。但是，依靠单一的传感器信息难以保证输入信息的准确性和可靠性，不能满足智能机器人系统获取环境信息和系统决策能力的要求。为了有效利用这些传感器信息，需要对不同信息进行综合处理，即应用多传感器信息融合技术，通过各种传感器信息，获得对环境的正确理解，使机器人系统具有容错性，保证系统信息处理的快速性和正确性。

（2）虚拟现实技术。虚拟现实技术是一种对事件的现实性从时间和空间上进行分解后重新组合的技术。这一技术包括三维计算机图形学技术、多功能传感器的交互接口技术及高清晰度的显示技术。虚拟现实技术可应用于遥控机器人和临场感通信等。基于多传感器、多媒体和虚拟现实及临场感技术，可实现机器人的虚拟遥控操作和人机交互。虚拟现实技术可以模拟焊接过程，先在计算机上完成焊接过程，然后将工艺过程转化为数字化操作，再由数字化操作指导实际生产。通过建立生产加工的仿真模型研究制造活动，用户在设计阶段就能够了解产品未来的焊接过程，从而实现对生产系统性能的有效预测评价。在仿真环境下试运行，不仅有利于进行多工艺方案的比较，还有利于多机器人焊接轨迹的选取与优化。

（3）多智能焊接机器人系统（MARS）。多智能焊接机器人系统是近年来开始探索的又一项智能技术，它是在单体智能机器发展到需要协调作业的条件下产生的。系统中多个机器人主体具有共同的目标，完成相互关联的动作或作业。在构建系统时，不追求单个、庞大、复杂的系统，而按控制应用的要求，从功能、物理或时间上划分成多个具有一定自主能力的智能体，各智能体之间相互通信，彼此协调，共同完成复杂系统的控制作业，解决全局性问题。多智能焊接机器人系统的作业目标一致，信息资源共享，各个局部（分散）运动的主体在全局前提下感知、行动、受控和协调，是在群控机器人系统的基础上发展而来的，其可将大的、复杂的硬件或软件系统构造成相对较小的、独立的、彼此可通信及协调的、易于管理的多个智能体系统。多智能焊接机器人系统在制造业中的应用研究正不断成熟，这种趋势表明多种智能自治主体间相互协调、合作的分布式制造系统有希望成为下一代制造业的生产系统。

（4）智能化控制技术。随着人工智能技术的发展，神经网络和模糊逻辑技术的融合已成为当前的研究热点。神经网络具有很强的自学习、自适应、大规模并行运算和精确计算的能力，而模糊逻辑在专家可预见的论域有良好的收敛性，在进行模糊量的运算上有优势。因此，两者结合可以优势互补，从而大大提高综合性能。在国内，借助神经网络构成的自学习模糊控制器，已成功地实现脉冲 GTAW 焊的正面熔宽控制和 TIG 焊的熔宽控制。

（5）焊接机器人控制系统。针对焊接机器人控制系统，将重点研究开放式、模块化控制系统。计算机语言、图形编程与人的交流界面更加友好。机器人控制器的标准化和网络化，以及基于 PC 的网络式控制器已成为研究热点。在线编程技术的可操作性进一步提高，离线编程的实用化将成为研究重点。此外，焊接机器人的遥控及监控技术，机器人半自主和自主技术，多机器人和操作者之间的协调控制，通过网络建立大范围内的机器人遥控系统，在有时延的情况下通过预先显示进行遥控等，都是未来焊接机器人控制系统的发展方向。

3. 搬运机器人系统组成及应用

搬运机器人（Transfer Robot）是主要从事自动化搬运作业的机器人。所谓搬运作业，是指用一种设备握持工件，将工件从一个位置移到另一个位置。工件搬运和机床上、下料是机器人的重要应用场合，搬运机器人在机器人中占有较大的比重。

1）搬运机器人系统组成

搬运机器人系统由搬运机械手和外围设备组成。搬运机械手可用于搬运几千克至 1 吨甚至更重的工件。微型搬运机械手可搬运轻至几克甚至几毫克的样品，还可用于传送超净实验室内的样品。外围设备包括工件自动识别装置、自动启动和自动传输装置等。搬运机器人可安装不同的末端执行器（如机械手爪、真空吸盘及电磁吸盘等），以完成不同形状和状态的工件搬运工作。

2）应用实例

最早的搬运机器人出现在美国，1960 年 Versatran 和 Unimate 两种机器人首次用于搬运作业。20 世纪 80 年代以来，工业发达国家在推广搬运码垛的自动化、机器人化方面取得了显著的进展，日本、德国等国家在大批量生产，如机械、家电、食品、水泥、化肥等行业广泛使用搬运机器人。搬运机器人的应用如图 3-15 所示。

图 3-15　搬运机器人的应用

4．喷涂机器人系统组成及应用

1）喷涂机器人系统组成

喷涂机器人系统主要由机器人本体、计算机和相应的控制系统组成，配有自动喷枪、供漆装置、变更颜色装置等喷涂设备。喷涂机器人多采用液压驱动。采用液压驱动的喷涂机器人系统中还包括液压系统，如液压泵、油箱和电动机等。喷涂机器人系统组成示意图如图 3-16 所示。

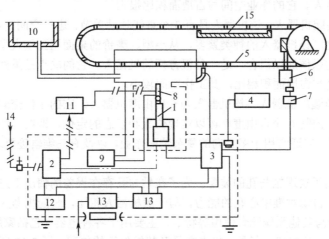

1—机械手；2—液压站；3—机器人控制柜；4、12—防暴器；5—传送带；6—电动机；7—测速发电机；8—喷枪；
9—高压静电发生器；10—塑粉回收装置；11—粉桶；12—高压静电发生器；13—电源；14—气源；15—烘道。

图 3-16　喷涂机器人系统组成示意图

喷涂机器人多采用具有 5、6 个自由度的关节型结构，手臂有较大的运动空间，并可做轨迹复杂的运动。其腕部一般有 2、3 个自由度，可灵活运动。较先进的喷涂机器人腕部采用柔性手腕，既可向各个方向弯曲，又可转动，其动作类似人手腕的动作，能方便地通过较小的孔伸入工件内部，喷涂其内表面。喷涂机器人动作速度快，有良好的防爆性能，其示教方式以连续轨迹示教为主，也可做点位示教。

2）防爆功能的实现

喷涂机器人的电动机、电器接线盒、电缆线等都应密封在壳体内，使它们与危险的易燃气体隔离，同时应配备一套空气净化系统，用供气管向这些密封的壳体内不断地运送清洁的、不可燃的、压力高于周围大气压的保护气体，以防止外界易燃气体的进入。喷涂机器人中按此方法设计的结构称为通风式正压防爆结构。

3）应用实例

由计算机控制的喷涂机器人早在 1975 年就投入运用了。由于能够代替人在危险和恶劣环境中进行喷涂作业，因此喷涂机器人在汽车车体、仪表、家电、陶瓷和各种塑料制品的喷涂作业中的应用日益广泛。

5. 装配机器人系统组成及应用

装配机器人（Assembly Robot）是为完成装配作业而设计的机器人。装配作业的主要操作是，垂直向上抓起零部件，水平移动它，然后垂直放下插入。通常要求这些操作进行得既快又平稳，因此一种能够沿着水平和垂直方向移动，并能对工作平面施加压力的机器人是最适合用于装配作业的。

1）装配机器人系统组成

装配机器人系统是柔性自动化装配系统的核心设备，由机器人操作机、控制器、末端执行器和传感系统等组成。

2）装配机器人的种类和特点

（1）水平多关节装配机器人。该机器人由连接在机座上的两个水平旋转关节（大小臂）、沿升降方向运动的直线移动关节、末端手部旋转轴构成，共有 4 个自由度。它是特别为装配而开发的专用机器人，其结构特点表现为沿升降方向的刚度高，沿水平旋转方向的刚度低，因此也被称为平面双关节型机器人。它的作业空间与占地面积比很大。

（2）直角坐标装配机器人。该机器人具有 3 个直线移动关节，进行空间定位只需要 3 轴运动，末端姿态不发生变化。该机器人的种类繁多，从小型、廉价的桌面型到较大型应有尽有，而且可以设计成模块化结构以便加以组合，是一种很方便的机器人。它的缺点是虽然结构简单，便于与其他设备组合，但是与占地面积相比，其工作空间较小。

（3）垂直多关节装配机器人。该机器人为 6 自由度机器人，它的工作空间与占地面积比是所有机器人中最大的，控制 6 个自由度就可以实现位置和姿态的定位，即在工作空间内可以实现任何姿态的动作。因此，它通常用于多方向的复杂装配作业，以及有三维轨迹要求的特种作业场合。

3）应用实例

装配机器人常用于实现轴与孔的装配。为了在轴与孔存在误差的情况下进行装配，应使装配机器人具有柔性，即自动对准中心孔的能力。与一般机器人相比，装配机器人具有精度高、柔性好、工作范围小、能与其他系统配套使用等特点，主要用于各种电器（包括家用电器）、小型电动机、汽车及其零部件、计算机、玩具、机电产品及其组件等的装配。图 3-17 所示为精密装配机器人装配作业示意图。

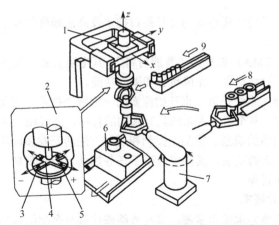

1—主机器人；2—柔性手腕；3、5—触觉传感器；4—弹簧片；6—基座零件的传送与定位装置；

7—辅助机器人；8—连套供料系统；9—小轴供料系统。

图 3-17　精密装配机器人装配作业示意图

下面以精密装配机器人为例进行介绍。要进行机构零部件的装配，尤其是带有配合要求的精密装配，对于人工装配来说，需要具有相当熟练的经验，而且主要靠手指的精细感觉进行修正和插入动作；对于精密装配机器人而言，需要具有感觉装置和柔性机构，只有这样才能实现孔轴间隙为 10μm 的精密装配。

如图 3-17 所示的机器人为带有力反馈机构的精密装配机器人，该机器人可将 3 个零件基座、连接套和小轴组装起来，它的视觉采用电视摄像机实现。主机器人、辅助机器人各抓取所需组装的零件，两者互相配合，使零件尽量接近，由主机器人向孔的中心方向移动。由于手腕具有柔性，所以所抓取的小轴会稍微产生倾斜，当小轴端部到达孔的位置附近时，由于弹簧力的作用，轴端会落入孔内。柔性机构在 z 轴方向的位移变化可以检测，可使主机器人控制装置获得探索阶段已完成的动作信息。进入插入阶段，由触觉传感器检测轴相对中心线的倾斜方向，一边对轴的姿态进行修正，一边进行插入，完成装配作业。因此，这种机器人的技术关键就是手爪的触觉和手腕的柔性设计。解决该关键技术问题的方法为，用几个应变片触觉传感器制成力反馈手爪，用弹簧片制成柔性手腕。手爪抓取轴类零件后，逐渐接触到带孔的轴套，施以微小的作用力，使两者进行装配。在装配作业中，x 轴、y 轴、z 轴方向的力传感器输出的力变化信号就成为装配过程的控制信号。该机器人能把直径为 20mm 的小轴插入间隙量为 7～32μm 的孔，插入深度为 10mm，插入时间为 1s 左右，比人工插入快。插入完毕后，由行程开关发出结束信号。如图 3-17 所示的精密装配机器人不仅可用于轴套类机构零件的装配，还可用于自动化生产线上电子元器件、集成电路、家用电器零部件及汽车发动机等的装配。

3.2.5　机器人的发展前景

机器人将向智能化、模块化、微型化、系统化、网络化、多样化等方向发展，其发展前景如下。

1. 传感型智能机器人发展迅速

（1）作为传感型智能机器人基础的传感技术将不断发展，各种新型传感器将不断出现。

（2）多传感器信息融合技术在智能机器人上将获得应用。

（3）在多传感器信息融合技术研究方面，人工神经网络的应用特别引人注目，将成为研究热点。

2. 开发新型智能技术

（1）虚拟现实技术是一种对事件的现实性从时间和空间上进行分解后重新组合的技术，包括三维计算机图形学技术、多功能传感器的交互接口技术及高清晰度的显示技术，可应用于遥控机器人和临场感通信等。

（2）形状记忆合金（SMA）被誉为"智能材料"，其电阻会随温度变化而变化，从而导致合金变形，从而可用来执行驱动动作，完成传感和驱动功能。

（3）多智能焊接机器人系统是近年来开始探索的一项智能技术，它是在单体智能发展到需要协调作业的条件下产生的。多个机器人系统具有共同的目标，完成相互关联的动作或作业。

（4）基于人工神经网络的识别、检测、控制和规划方法的开发和应用占有重要位置。基于专家系统的机器人规划获得新的发展，其除可应用于任务规划、装配规划、搬运规划和路径规划以外，还可用于自动抓取规划等。

3. 采用模块化的设计技术

高智能机器人的结构要力求简单紧凑，其高智能部件甚至全部机构的设计逐渐向模块化方向发展；其驱动装置采用交流伺服电动机，向小型和高输出方向发展；其控制装置向小型化和智能化方向发展，采用高速 CPU、多处理器和多功能操作系统，以提高机器人的实时和快速适应能力及控制系统的适应性。

4. 微型机器人的研究有所突破

（1）微型机器和微型机器人技术是 21 世纪的尖端技术。微型驱动器技术是开发微型机器人的基础和关键技术。

（2）在大、中型机器人和微型机器人系列之间，还有小型机器人。小型化也是机器人发展的一个趋势。

5. 机器人的应用领域向非制造业和服务业扩展

机器人的应用领域不断向非制造业和服务业扩展，下面为非制造业应用智能机器人技术的一些典型例子。

（1）太空领域：空间站服务机器人（装配、检修），机器人卫星（空间会合、对接与轨道作业），飞行机器人（人员和材料运送及通信），空间探索（星球探测等）和资源收集，机器人地面实验平台等。

（2）海洋领域：海底普查和采矿机器人，海上建筑的建设与维护机器人，海滩救援机器人，海况检测与预报系统等。

（3）建筑领域：钢结构自动加工系统，防火层喷涂机器人，混凝土地板研磨机器人，外墙装修机器人，顶棚和灯具安装机器人，外墙清洗、喷涂、检测和瓷砖铺设机器人，桥梁自动喷涂机器人，小管道和电缆地下铺设机器人等。

（4）采矿领域：金属和煤炭自动采掘机器人，矿井安全监督机器人等。

（5）电力领域：配电线带电作业机器人，绝缘子自动清洗机器人，变电所自动巡视机器人，核电站反应堆检查与维护机器人，核反应堆拆卸机器人等。

（6）煤气及供水领域：管道安装、检查和修理机器人，容器检查、修理和喷涂机器人等。

（7）农林渔业领域：剪羊毛机器人，森林自动修剪和砍伐机器人，鱼肉自动去骨、切片、分选和包装机器人等。

（8）医疗领域：神经外科感知机器人，胸部肿瘤自动诊断机器人，体内器官和脉管检查及手术微型机器人，用于外科手术的多只手机器人等。

（9）社会福利领域：老年人和卧床不起的病人护理机器人，残疾人员支援系统，人工假肢等。

6. 开发敏捷的制造生产系统

（1）机器人必须改变过去那种"部件发展方式"，而优先考虑"系统发展方式"。机器人作为高精度、高柔性的敏捷性加工设备的时代必将到来。无论机器人在生产线上起什么样的作用，它总是作为系统中的一员而存在的。

（2）通用的机器人编程语言仍是动作级语言，虽然开发了很多任务级语言，但大多不实用。随着面向对象技术的发展及离线编程技术的成熟，任务级语言可能会日趋成熟。但是可以预见，由于任务的复杂性，未来实用的语言仍将是动作级语言。

（3）机器人与机床的数控设备一样，完全可以实现离线编程，再加上易于大规模安全修改的软件，就可实现"敏捷制造生产线"。

3.3　现代机械仿真技术及其应用

3.3.1　现代机械仿真技术概述

20 世纪 90 年代以来，以 C3P（CAD/CAE/CAM/PDM）为代表的计算机辅助设计工具 CAX 的应用在工业界得到普及，产生了巨大的经济效益和社会效益，"数字化"作为显著的时代技术特征初露端倪。CAX 的特点是以工程和科学问题为背景，建立计算模型并进行计算机仿真。计算机辅助设计更多地强调基于多体系统（Multi-Body System）复杂机械产品的系统动态设计，基于多学科协同（Multidisciplinary Collaborative）集成框架的优化设计，基于本构融合的多领域统一建模可重用机、电、液、控数字化功能样机分析的研究与开发，并逐步形成相关技术和平台工具。在设计管理方面，产品数据管理（PDM）向产品全生命周期拓延，已形成产品全生命周期管理（PLM）技术。

1. 虚拟样机技术

随着社会竞争日益激烈，产品复杂程度越来越高，产品开发周期越来越短，产品保修维护期望越来越高，生产计划越来越灵活，在现实中还有一些客观的约束条件，如昂贵的物理样机试验、严格的法律法规要求等，因此要提高产品质量、缩短开发周期并不是一件容易的事情。要克服以上困难，一个行之有效的方法是，通过虚拟样机进行仿真模拟，在未真正生产出真实的产品以前就进行仿真模拟，提前知道产品的各种性能，防止各种设计缺陷的存在，提出改进意见。

1990 年 10 月 29 日，美国波音公司正式启动波音 777 飞机研制计划，采用了一种全新的设计与制造方式。波音 777 飞机的研制采用了全数字化的无纸设计技术，整机外形、结构件和整机系统 100%采用三维数字化定义，100%应用数字化预装配，整个设计制造过程无须模型和样机，一次成功，首次实现了整机数字化设计、数字化制造和数字化协调。对比以往的飞机研制，波音 777 飞机的研制成本降低了 25%，出错返工率减少了 75%，制造周期缩短了 50%。波音 777 飞机的研制成为现代产品开发新技术应用的里程碑，其采用的开发过程被称为虚拟产品开发（Virtual Product Development，VPD），采用的开发技术被称为虚拟样机（Virtual Prototyping，VP）技术。

虚拟产品开发是指将从产品研究、产品规划、产品设计、产品试验、产品制造、产品销售、产品使用到产品报废的产品全生命周期在计算机上构造的虚拟环境中予以实现，其目标不仅包括对产品的物质形态和制造过程进行模拟和可视化，而且包括对产品的性能、行为和功能，以及在产品实现的各个阶段中的实施方案进行预测、评价和优化。虚拟产品开发最主要的特征是产品开发过程的数字化，它彻底地改变了传统的产品开发流程，如图 3-18 所示。数字化设计主要用于产品开发阶段，包括产品规划、产品设计（包括初步设计和详细设计）和产品试验这三个阶段，并且是一个循环的过程。数字化模型不只存在于产品开发阶段，还根据不同的需要存在于后续产品制造、产品销售、产品使用等过程中。

虚拟产品开发，将传统的产品设计—样机建造—测试评估—反馈设计的循环过程采用虚拟样机技术以数字化方式进行，避免了物理样机的制造，不仅有利于缩短产品开发周期和降低产品开发成本，而且数字化方式有利于协同工作，数字化模型的应用使得产品全生命周期的统一成为可能。

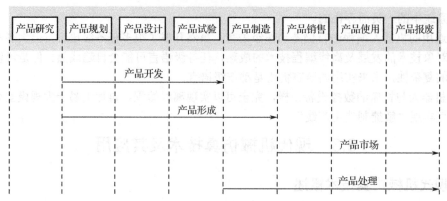

图 3-18　产品全生命周期

根据产品全生命周期，可以对虚拟产品开发和传统产品开发的流程进行比较，如图 3-19 所示。在虚拟产品开发过程中，起到核心作用的是虚拟样机（Virtual Prototype），它统一了产品开发过程中的产品设计—样机建造—测试评估过程。虚拟样机技术是面向系统级设计的、应用于基于仿真的设计过程的技术，包含数字化物理样机（Digital Mock-Up，DMU）、功能虚拟样机（Functional Virtual Prototyping，FVP）和虚拟工厂仿真（Virtual Factory Simulation，VFS）三个方面的内容。数字化物理样机对应于产品装配过程，用于快速评估组成产品的全部三维实体模型装配件的形态特性和装配性能；功能虚拟样机对应于产品分析过程，用于评价已装配系统整体的功能和操作性能；虚拟工厂仿真对应于产品制造过程，用于评价产品的制造性能。这三者在产品数据管理系统或产品全生命周期管理系统的基础上实现集成。数字化物理样机、功能虚拟样机和虚拟工厂仿真联合起来，可提供有效的方法实现从实体物理样机向软件虚拟样机的转化，从而有效地支持虚拟产品开发。

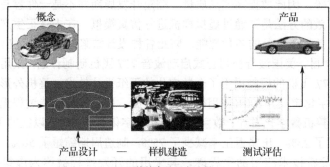

（a）传统产品开发过程

（b）虚拟产品开发过程

图 3-19　传统产品开发与虚拟产品开发过程比较

2. 虚拟样机技术与传统 CAX（CAD/CAE/CAM）技术的比较

从 20 世纪七八十年代起，传统的 CAD/CAE/CAM 技术开始进入实用阶段，它们主要关注产品零部件质量和性能，通过采用结构设计、工程分析和制造过程控制软件或工具，达到设计和制造高质量零部件的目的。传统的 CAD 技术基于三维实体几何造型技术，支持产品零部件的详细结构设计和形态分析。传统的 CAE 技术主要应用有限元软件，完成产品零部件的结构分析、热分析、振动特性分析等功能。传统的 CAM 技术用于提高产品零部件的可制造性，可对铸造过程、冲压过程、锻造加工等提供更好的控制。产品零部件的形态特性、配合性、功能、制造过程中的装配性等因素之间存在着依赖关系，其相互作用极大地影响着产品的整体质量和性能。虚拟样机技术与传统 CAD/CAE/CAM 技术最大的差别正在于这一点，前者是面向系统的设计/分析/制造，以提高产品整体质量和性能并降低开发与制造成本为目的的，而后者是面向产品零部件的设计/分析/制造，以提高零部件的质量和性能为目的的。虚拟样机技术与传统 CAD/CAE/CAM 技术的比较如图 3-20 所示。

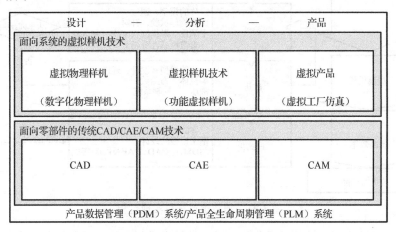

图 3-20　虚拟样机技术与传统 CAD/CAE/CAM 技术的比较

3.3.2　现代机械仿真技术分类

在产品设计阶段，工程师就可以驱动数字化物理样机进行实体物理样机在实验室或试验场所能做的性能测试与评估，并可直接根据评估结果进行设计过程中的修改；功能虚拟样机能直接实现多功能优化，以取得运动学与动力学性能、安全性、耐久性、舒适性及成本等各方面性能要求的良好平衡。

1．功能虚拟样机

功能虚拟样机的实现分为五个过程，分别为建造（Build）、测试（Test）、验证（Validate）、改进（Refine）和自动化（Automation），如图 3-21 所示。建造过程也就是功能虚拟样机的建模过程。对于已经存在数字化物理样机的产品，可以直接由既有的几何模型引入零件实体模型，再通过有限元分析软件引入零件有限元模型，然后加上表示系统运动学和动力学特性的约束和力，建造功能虚拟样机模型。在功能虚拟样机中，子系统或系统级虚拟样机由数学定义的约束连接刚性或柔性的组件组成，其中几何和质量属性来自组件实体模型，结构、热和振动属性来自组件有限元模型或实验测试。

测试在功能虚拟样机实现过程中具有极重要的意义，实现测试仿真是功能虚拟样机的重要目标。传统的实体物理样机包括不同情况下的试验室试验和试验场试验，功能虚拟样机也包括与之对应的两种试验。为了建立虚拟试验室，需要构建虚拟试验设备，以再现实际中在物理固定设备和机器上进行的试验过程，并确定边界条件。对于虚拟试验场，需要构建体现物理试验场中实际操作条件的虚拟模型，如汽车试验的标准跑道、飞机试验的起落跑道等。为了实现有效的功能虚拟样机，实体物理样机的物理试验与虚拟样机的仿真试验之间的紧密配合是必不可少的，两者的配合是从零部件和系统两个级别实现的。

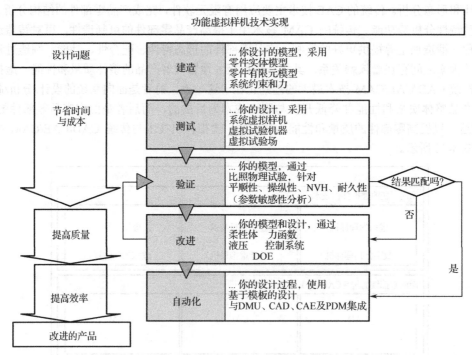

图 3-21　功能虚拟样机实现过程

验证是指通过将虚拟试验的结果与物理试验的结果进行对照，根据两者的差别调整虚拟样机模型参数和假定，以期建立与物理试验相一致的功能虚拟样机。在验证阶段，还可以通过参数敏捷性分析确定对所关心的性能指标或目标函数影响最大的若干关键参数，作为改进设计的根据。

改进是根据验证结果进行的，包括两方面：一方面是模型精度与广度的改进；另一方面是设计本身的改进。从模型的改进来讲，在开始设计时，考虑的只是有限的要素和粗略的特性，如在设计汽车时，刚开始考虑的可能只是汽车的机械部分，而且机械零部件也可简化为刚体。随着设计的细化，数字化模型越来越接近实际的目标产品，模型广度延伸，在单纯的机械系统中加上动力系统、电子系统、控制系统等，零部件或要素特性细化，如用更接近实际的柔体代替刚体、用力函数代替常力等。从设计的改进来讲，首先要定义并完成一组产品功能试验，这些试验是利用功能虚拟样机通过虚拟试验完成的，接着进行基于此的零部件参数、系统拓扑和参数公差范围的改进。在进行虚拟试验时，对所有参数和公差的组合都进行试验是不现实的，也是没必要的，因此普遍采用基于统计的实验设计（Design of Experiment，DOE）方法，根据由 DOE 确定的系统性能与参数之间的统计关系，选定要组合的参数及其公差。

2. 数字化功能样机

在工程实际中，不同领域的产品往往有着截然不同的功能需求，即使同一种产品，往往也有着多种不同的性能指标。以汽车为例，既要考虑基于计算多体系统动力学和结构有限元理论的平顺性、操纵性、安全性、NVH、耐久性和疲劳等方面的性能，又要考虑基于能量流的动力性、经济性和排放性等指标。在工程实际中，对于同一个系统，往往采用不同的工具对其不同的性能加以预测和评估，与功能虚拟样机一致，这种分析和优化也是在系统层次上进行的，这种技术被称为数字化功能样机技术，其模型被称为数字化功能样机。

　　数字化功能样机技术是对功能虚拟样机技术的扩展，是在 CAD/CAM/CAE 技术和一般虚拟样机技术（Virtual Prototyping，VP）基础上发展起来的，其理论基础为计算多体系统动力学、结构有限元理论、多领域物理系统建模与仿真理论，以及多领域物理系统混合建模与仿真理论。基于计算多体系统动力学和结构有限元理论，解决产品的运动学、动力学、变形、结构、强度、寿命等问题；基于多领域物理系统混合建模与仿真理论，解决复杂产品机、电、液、控等多领域能量流和信号流的传递与控制问题。

　　数字化功能样机的内容包括基于计算多体系统动力学理论的运动/动力学分析、基于有限元统计理论的应力/疲劳分析、基于有限元非线性理论的非线性变形分析、基于有限元模态理论的振动/噪声分析、基于有限元热传导理论的热传导分析、基于有限元大变形理论的碰撞/冲击仿真、基于计算流体动力学（Computational Fluid Dynamics，CFD）理论的流体动力学分析、基于液压控制理论的液压/气动与控制仿真，以及基于多领域混合系统建模与仿真理论的多领域混合仿真等，如图 3-22 所示。

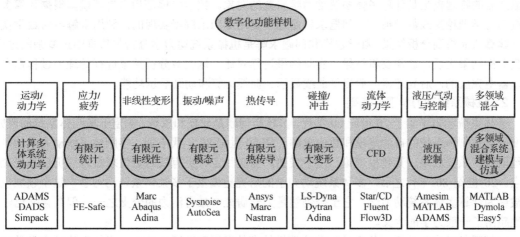

图 3-22　数字化功能样机的内容

　　数字化功能样机在数字化功能样机模型的基础上进行特性分析和试验仿真，以实现设计优化，这种分析与仿真可以在零部件和系统层次上进行。能够进行上述所有特性分析的统一的数字化功能样机的建模尚不现实，也没必要，但是某种倾向性的统一是数字化功能样机的发展趋势，表现为两个方向：一是软件系统功能集成，同一个软件系统，基于某些相近的理论可实现多功能的集成，如有限元软件 NASTRAN 和 ANSYS 都实现了基于有限元的诸多功能；二是围绕某类产品的分析与仿真实现全分析功能的集成，如汽车开发的分析与仿真，涉及运动特性、结构、振动与噪声、应力/疲劳、碰撞与冲击、控制、电子等特性或领域，为其中耦合的特性或领域分析建立统一的数字化功能样机模型是有必要的。

3.3.3　现代机械仿真技术基础理论

　　机械系统动力学分析与仿真技术的成熟为 CAE 领域带来了全新的面貌，使得面向系统层次的设计分析成为可能，功能虚拟样机技术正是在机械系统动力学分析与仿真技术的基础上形成的。

1．机械系统动力学分析与仿真

　　机械系统是指由运动副连接多个物体所组成的系统，系统内部物体之间往往还有弹簧、阻尼器、制动器等力元的作用，系统外部对系统内部物体施加外力或外力矩，以及驱动约束。如果假定组成系统的物体全部为刚体，那么这样的机械系统称为多刚体系统；如果考虑物体的弹性变形，全部物体为柔体，那么这样的机械系统称为多柔体系统。实际的系统往往部分物体为柔体，将其余可以不计弹性变形的物体假定为刚体，这样的系统称为刚柔混合多体系统。在一般的科学研究与工程应用中，刚柔混合多体系统和多柔体系统统称多柔体系统。

机械系统动力学分析与仿真主要解决机械系统的运动学、正向动力学、逆向动力学、静平衡四种类型的分析与仿真问题。运动学分析在不考虑力的作用情况下研究组成机械系统的各部件的位置、速度和加速度；正向动力学分析研究外力（偶）作用下机械系统的动力学响应，包括各部件的加速度、速度和位置，以及运动过程中的约束反力；逆向动力学分析在已知机械系统的运动的条件下求反力；静平衡分析要求确定在定常力作用下系统的静平衡位置。按照机械系统动力学分析的结果驱动系统运动，称为机械系统的动力学仿真。

机械系统动力学分析与仿真要经历物理建模、数学建模、问题求解和结果后处理四个阶段。物理建模是指对实际机械系统进行抽象，用标准的运动副、驱动约束、力元和外力等要素建立与实际机械系统一致的物理模型，在这个过程中，对实际部件进行合理的抽象与简化是操作关键。抽象之后的物理模型是计算多体系统动力学研究的对象。数学建模是指由物理模型根据计算多体系统动力学理论生成数学模型。问题求解是通过调用专门求解器实现的，利用求解器对数学模型进行解算从而得到分析结果。数学建模和问题求解是机械系统动力学分析与仿真中最复杂的过程，得到分析结果之后，通常要将结果与实验结果进行对比，这些对分析结果进行处理的过程是在后处理器中完成的，后处理器一般提供曲线显示、曲线运算和动画显示功能。

2. 机械系统动力学理论基础

多体系统动力学始于20世纪60年代，其核心问题是建模和求解，侧重于多刚体系统的研究，主要研究多刚体系统的自动建模和数值求解。到20世纪80年代中期，多刚体系统动力学的研究已经取得一系列成果，其建模理论已趋于成熟，但更稳定、更有效的数值求解方法仍然是研究的热点。20世纪80年代之后，多体系统动力学的研究更偏重于多柔体系统动力学，这个领域也正式被称为计算多体系统动力学，它至今仍然是力学研究中最有活力的分支之一，但其含义已经远远地超出了一般力学的含义。

机械系统动力学分析与仿真是随着计算机技术的发展而不断成熟的，多体系统动力学是其理论基础。计算机技术逐渐在机构的静力学分析、运动学分析、动力学分析及控制系统分析中应用，自20世纪80年代形成了计算多体系统动力学，并产生了以ADAMS和DADS为代表的动力学分析软件。

多体系统是指由多个物体通过运动副连接的复杂机械系统。多体系统动力学分析的根本目的是应用计算机技术进行复杂机械系统的动力学分析与仿真。多体系统动力学分析是基于经典力学理论的，多体系统中最简单的情况——自由质点和一般简单的情况——少数多个刚体，是经典力学的研究内容。多刚体系统动力学旨在为由多个刚体组成的复杂机械系统的运动学和动力学分析建立适合用计算机程序求解的数学模型，并寻求高效、稳定的数值求解方法。分析由多个刚体组成的复杂机械系统，理论上可以采用经典力学的方法，即以牛顿-欧拉方法为代表的矢量力学方法和以拉格朗日方程为代表的分析力学方法。这种方法对于由单刚体或少数几个刚体组成的系统是可行的，但随着刚体数目的增加，方程复杂度成倍增长，寻求其解析解往往是无法实现的。后来由于计算机数值计算方法的出现，面向具体问题的程序数值方法成为求解复杂问题的一条可行道路，即针对具体的多刚体问题列出其数学方程，然后编制数值计算程序进行求解。对于每个具体的问题都要编制相应的程序进行求解，虽然可以得到合理的结果，但是这个过程的长期重复是让人难以忍受的，于是寻求一种适合计算机操作的程式化的建模和求解方法变得极为迫切。因此，在20世纪60年代初期，人们在航天领域和机械领域分别展开了对多刚体系统动力学的研究，并且形成了不同派别的研究方法。

最具代表性的几种方法是罗伯森-维滕堡（Roberson-Wittenburg）方法、凯恩（Kane）方法、旋量方法和变分方法。这几种方法构成了早期多刚体系统动力学的主要内容，借助计算机数值计算方法，可以解决由多个物体组成的复杂机械系统的动力学分析问题。但是多体系统动力学在建模与求解方面的自动化程度与结构有限元分析相差甚远。正是为了解决多体系统动力学建模与求解的自动化问题，美国的 Chace 和 Haug 于 20 世纪 80 年代提出了适合用计算机自动建模与求解的多刚体系统笛卡儿建模方法。这种方法不同于以罗伯森-维滕堡方法为代表的拉格朗日方法，它以系统中每个物体为单元，建立固结在刚体上的坐标系，刚体的位置相对一个公共参考基进行定义，其位置坐标统一为刚体坐标系基点的笛卡儿坐标与坐标系的方位坐标，再根据铰约束和动力学原理建立系统的数学模型进行求解。

多柔体系统动力学在 20 世纪 70 年代逐渐引起人们的注意，一些系统（如高速车辆、机器人、航天器、高速机构、精密机械等）中柔体的变形会对系统的动力学行为产生很大影响。多年来多柔体系统动力学一直是研究热点，期间产生了许多新的概念和方法，有浮动标架法、运动-弹性动力学方法、有限段方法及绝对节点坐标法等，其中浮动标架法最早是在航天领域的研究中提出来的。

多体系统动力学中所研究的多体系统，根据系统中物体的力学特性可分为多刚体系统、多柔体系统和刚柔混合多体系统。多刚体系统是指可以忽略系统中物体的弹性变形而将其当作刚体来处理的系统，该类系统常处于低速运动状态；多柔体系统是指系统在运动过程中会出现物体的大范围运动与物体的弹性变形的耦合，从而必须把物体当作柔体处理的系统，大型、轻质且高速运动的机械系统常属于此类系统；如果多柔体系统中有部分物体可以当作刚体来处理，那么该系统就是刚柔混合多体系统，这是多体系统中最一般的模型。

1）多体系统建模理论

对于多刚体系统，从 20 世纪 60 年代到 80 年代，在航天和机械两个领域形成了两类不同的数学建模方法，分别称为拉格朗日方法和笛卡儿方法；20 世纪 90 年代，在笛卡儿方法的基础上又形成了完全笛卡儿方法。这几种建模方法的主要区别在于对刚体位形的描述不同。

在航天领域形成的拉格朗日方法是一种相对坐标方法，以罗伯森-维腾堡方法为代表，以系统中每个铰的一对邻接刚体为单元，以一个刚体为参考物，另一个刚体相对该刚体的位置由铰的广义坐标（又称拉格朗日坐标）来描述，广义坐标通常为邻接刚体之间的相对转角或位移。这样开环系统的位置完全可由所有铰的拉格朗日坐标阵所确定。其动力学方程的形式为拉格朗日坐标阵的二阶微分方程，即

$$A(q,t)\ddot{q} = B(q,\dot{q},t) \tag{3-74}$$

这种形式首先在解决拓扑为树的航天器问题时被提出。其优点是方程个数最少，树系统的坐标数等于系统自由度数，而且动力学方程易转化为常微分方程组（Ordinary Differential Equations，ODEs）。但方程呈严重非线性，为使方程程式化且具有通用性，在矩阵 A 与 B 中常常包含描述系统拓扑的信息，其形式相当复杂，而且在选择广义坐标时需要人为干预，不利于计算机自动建模。目前对于多体系统动力学的研究比较深入，也有几种应用软件采用拉格朗日方法取得了较好的效果。

对于非树系统，拉格朗日方法要采用切割铰的方法消除闭环，这样就引入了额外的约束，使得产生的动力学方程为微分代数方程，不能直接采用常微分方程算法求解，而需要专门的求解方法。

在机械领域形成的笛卡儿方法是一种绝对坐标方法，由 Chace 和 Haug 提出，以系统中每个物体为单元，建立固结在刚体上的坐标系，刚体的位置相对于一个公共参考基进行定义，其位置坐标（也可称为广义坐标）统一为刚体坐标系基点的笛卡儿坐标与坐标系的方位坐标，方位坐标可以选用欧拉角或欧拉参数表示。单个物体位置坐标在二维系统中为 3 个，在三维系统中为 6 个

（如果采用欧拉参数则为 7 个）。对于由 N 个刚体组成的系统，位置坐标阵中的坐标个数为 $3N$（二维）或 $6N$（或 $7N$）（三维），由于铰约束的存在，这些位置坐标不独立。系统动力学模型的一般形式可表示为

$$\begin{cases} A\ddot{q} + \boldsymbol{\varPhi}_q^T \boldsymbol{\lambda} = \boldsymbol{B} \\ \boldsymbol{\varPhi}(q,t) = 0 \end{cases} \tag{3-75}$$

式中，$\boldsymbol{\varPhi}$ 为位置坐标阵 q 的约束方程；$\boldsymbol{\varPhi}_q$ 为约束方程的雅可比矩阵；$\boldsymbol{\lambda}$ 为拉格朗日乘子。这类数学模型就是微分代数方程组（Differential Algebraic Equations，DAEs），也称为欧拉-拉格朗日方程组（Euler-Lagrange Equations），其方程个数较多，但系数矩阵呈稀疏状，适合用计算机自动建立统一的模型进行处理。笛卡儿方法对于多刚体系统的处理不区分开环与闭环，即树系统与非树系统统一处理。目前国际上著名的两个动力学分析商业软件 ADAMS 和 DADS 采用的都是这种建模方法。

当部件间的大范围运动不存在时，退化为结构动力学问题。多柔体系统不存在连体基，通常选定一个浮动坐标系描述物体的大范围运动，物体的弹性变形将相对该坐标系定义。弹性体相对于浮动坐标系的离散分析将采用有限单元法与现代模态综合分析法。在用集中质量有限单元法或一致质量有限单元法处理弹性体时，用节点坐标描述弹性变形。在用正则模态或动态子结构等模态综合分析法处理弹性体时，用模态坐标描述弹性变形。这就是由莱肯斯首先提出的描述多柔体系统的混合坐标方法。

用坐标阵 $\boldsymbol{p} = (\boldsymbol{q}^T \boldsymbol{a}^T)^T$ 描述系统的位形，其中 q 为浮动坐标系的位形坐标，a 为变形坐标。考虑到多刚体系统的两种流派，在多柔体系统动力学中也相应地提出两种混合坐标，即浮动坐标系的拉格朗日坐标加弹性坐标与浮动坐标系的笛卡儿坐标加弹性坐标。根据动力学基本原理推导出的多柔体系统动力学方程，形式同式（3-74）和式（3-75），只是将 q 用 p 代替，即多柔体系统具有与多刚体系统类似的动力学数学模型。

2）多体系统动力学数值求解

由多刚体系统拉格朗日方法产生的形如式（3-74）的动力学数学模型，是形式复杂的二阶常微分方程组，系数矩阵包含描述系统拓扑的信息。对于该类问题的求解，通常采用符号-数值方法或全数值方法。符号-数值方法先采用基于计算代数的符号计算方法进行符号推导，得到多刚体系统拉格朗日模型系数矩阵简化的数学模型，再用数值方法求解常微分方程组问题。由多刚体系统笛卡儿方法产生的形如式（3-75）的动力学数学模型，是著名的微分代数方程组。微分代数方程组问题是计算多体系统动力学领域的热点问题。

多柔体系统动力学数学模型的形式与多刚体系统相同，可以借鉴多刚体系统动力学数学模型的求解方法。但是混合坐标中描述浮动坐标系运动的刚体坐标 q 通常是慢变大幅值的变量，而描述相对于浮动坐标系的弹性变形的坐标 a 却为快变微幅值的变量，两类变量出现在严重非线性与时变的耦合动力学方程中，其数值计算呈病态，将出现多刚体系统中不会出现的数值计算困难问题。综上所述，多体系统动力学问题的求解集中于微分代数方程组的求解，下面简要地介绍一下微分代数方程组的求解方法。

（1）微分代数方程组的特性。

多刚体系统采用笛卡儿方法建模生成的微分代数方程组为

$$\boldsymbol{M}(q,t)\ddot{q} + \boldsymbol{\varPhi}_q^T(q,t)\boldsymbol{\lambda} - \boldsymbol{Q}(q,\dot{q},t) = 0 \tag{3-76}$$

$$\boldsymbol{\varPhi}(q,t) = 0 \tag{3-77}$$

式中，q、$\dot{q}$、$\ddot{q} \in \boldsymbol{R}^n$ 分别为系统位置、速度、加速度向量；$\boldsymbol{\lambda} \in \boldsymbol{R}^m$ 为拉格朗日乘子；$t \in \boldsymbol{R}$ 为时间；$\boldsymbol{M} \in \boldsymbol{R}^{n \times m}$ 为机械系统惯性矩阵；$\boldsymbol{\varPhi}_q \in \boldsymbol{R}^{m \times n}$ 为约束雅可比矩阵；$\boldsymbol{Q} \in \boldsymbol{R}^n$ 为外力向量；$\boldsymbol{\varPhi} \in \boldsymbol{R}^m$ 为位

置约束方程。

将式（3-77）对时间求一阶和二阶导数，得到速度和加速度约束方程，即

$$\dot{\boldsymbol{\Phi}}(\boldsymbol{q},\dot{\boldsymbol{q}},t) = \boldsymbol{\Phi}_{q}(\boldsymbol{q},t)\dot{\boldsymbol{q}} - v(\boldsymbol{q},t) = 0 \tag{3-78}$$

$$\ddot{\boldsymbol{\Phi}}(\boldsymbol{q},\dot{\boldsymbol{q}},\ddot{\boldsymbol{q}},t) = \boldsymbol{\Phi}_{q}(\boldsymbol{q},t)\ddot{\boldsymbol{q}} - \eta(\boldsymbol{q},\dot{\boldsymbol{q}},t) = 0 \tag{3-79}$$

式中，$-v(\boldsymbol{q},t)$ 称为速度右项；$\eta = -(\boldsymbol{\Phi}_{q}\dot{\boldsymbol{q}})_{q}\dot{\boldsymbol{q}} - 2\boldsymbol{\Phi}_{qt}\dot{\boldsymbol{q}} - \boldsymbol{\Phi}_{tt}$ 称为加速度右项。

给定方程组初始条件：

$$\begin{cases} \boldsymbol{q}(0) = \boldsymbol{q}_0 \\ \dot{\boldsymbol{q}}(0) = \dot{\boldsymbol{q}}_0 \end{cases} \tag{3-80}$$

微分代数方程组的特性和需要注意的问题如下。

- 微分代数方程组问题不是常微分方程组问题。
- 由式（3-76）和式（3-77）组成的微分代数方程组是指标 3 问题，通过对约束方程求导化为由式（3-76）和式（3-79）组成的微分代数方程组后，其指标降为 1。
- 微分代数方程组求解的关键在于避免积分过程中代数方程的违约现象。
- 式（3-80）与式（3-77）及式（3-78）的相容性。
- 微分代数方程组的刚性问题。

（2）微分代数方程组积分技术。

根据对位置坐标阵和拉格朗日乘子的处理技术的不同，可以将微分代数方程组问题的处理方法分为增广法和缩并法。

传统增广法是指先把广义坐标加速度 $\ddot{\boldsymbol{q}}$ 和拉格朗日乘子 λ 作为未知量同时求解，再对加速度 $\ddot{\boldsymbol{q}}$ 进行积分求出广义坐标速度 $\dot{\boldsymbol{q}}$ 及广义坐标位置 $\boldsymbol{q}$，包括直接积分法和约束稳定法。近年来，在传统增广法的基础上又发展出了超定微分代数方程组（ODAEs）法等新的方法。

直接积分法：将式（3-76）和式（3-79）联立起来，同时求出 $\ddot{\boldsymbol{q}}$ 与 λ，然后对 $\ddot{\boldsymbol{q}}$ 积分得 $\dot{\boldsymbol{q}}$ 和 $\boldsymbol{q}$。该方法未考虑式（3-77）和式（3-78）的坐标和速度违约问题，积分过程中误差积累严重，很易发散。在实际的数值计算过程中，并不直接采用直接积分法，但在直接积分法的基础上发展出一系列控制违约现象的数值方法。

约束稳定法：将控制反馈理论引入微分代数方程组的数值积分过程，以控制违约现象。通过把式（3-79）第一个等号右边的量替换为含位置约束和速度约束的参数式，保证位置约束和速度约束在式（3-76）和（3-79）联立求解时恒满足。该方法稳定性好、响应快，但如何为参数式中速度项和位置项选择适当的系数是一个问题。

超定微分代数方程组法：将系统速度作为变量引入微分代数方程组，从而将原来的二阶常微分方程转化为超定的一阶微分代数方程，再为所得方程组引入未知参数，根据模型的相容性消除系统的超定性，如此可使数值计算的稳定性明显提高。或者将系统位置、速度、加速度向量和拉格朗日乘子向量联立作为系统广义坐标，再将由式（3-76）～式（3-79）组成的微分代数方程组及速度与位置、加速度与速度的微分关系式作为约束，化二阶微分代数方程为超定的一阶微分代数方程，再根据系统相容性引入两个未知参数，消除超定性，这样所得的最终约化模型更简单，但方程组要多 n 个。在 ODAEs 法的基础上产生了一系列新的更为有效的算法。

解耦 ODAEs 法：在 ODAEs 法的基础上发展出一类解耦思想，即在 ODAEs 法的基础上，对常用的隐式 ODE 法采用预估式，再按加速度、速度和位置的顺序进行求解。后来进一步发展出无须对隐式 ODE 法利用预估式的解耦思想，进一步提高了效率。

缩并法是指通过各种矩阵分解方法将描述系统的 n 个广义坐标用 p 个独立坐标表达，从而将微分代数方程组从数值上化为与式（3-74）类似的数学模型，如此易于用 ODE 法进行求解。传统

缩并法包括 LU 分解法、QR 分解法、SVD 分解法及零空间法等，后来在传统缩并法的基础上发展出了局部参数化缩并法等新的方法。缩并法中的这些具体方法分别对应约束雅可比矩阵的不同分解。

LU 分解法：又称广义坐标分块法。把广义位置坐标 q 用相关坐标 u 和独立坐标 v 分块表示，再将约束雅可比矩阵用 LU 分解法分块，得到广义坐标速度 $\dot{q}$、加速度 $\ddot{q}$ 用独立坐标速度 $\dot{v}$、加速度 $\ddot{v}$ 表达的式子。将这两个表达式代入式（3-76），就可得到形如式（3-74）的关于独立坐标加速度 $\ddot{v}$ 的二阶微分方程。该算法可靠、精确，并可控制误差，但效率稍低。

QR 分解法：通过对约束雅可比矩阵正交分解的结果进行微分流形分析，得到可选作受约束系统独立速度的 $\dot{z}$，并将微分代数方程组化作形如式（3-74）的关于 $\ddot{z}$ 的二阶微分方程，如此可保证在小时间间隔内由 $\ddot{z}$ 积分引起的广义坐标的变化不会导致大的约束违约。

SVD 分解法：将对约束雅可比矩阵进行奇异值分解所得的结果分别用于式(3-76)和式(3-79)，得到缩并后的系统动力学方程。在该方法推导过程中，没有用到式（3-77）和式（3-78），所以也存在位置和速度违约问题，可用约束稳定法改善其数值性态。

局部参数化缩并法：先将式（3-76）～式（3-79）改写为等价的一阶形式，再用微分流形理论的切空间局部参数化方法将等价的欧拉-拉格朗日方程降为参数空间上的常微分方程。

总体说来，微分代数方程组数值求解的方法都可归为增广法或缩并法，除上面所介绍的这些增广法和缩并法所运用的增广和缩并技术以外，近年来还出现了不少独具特色的处理方法，它们有的在数值求解算法中独具匠心，有的针对某些具体情况做了专门研究。

3）相容性问题和刚性问题

初值相容性问题：在微分代数方程组数值求解过程中，给定的位置和速度初始条件与微分代数方程组中的位置和速度约束的相容性是一个值得注意的问题。相容性是微分代数方程组有解的必要条件。

刚性问题：由于现代机械系统具有复杂性，因此系统的耦合会使所得到的微分代数方程组呈现刚性。对于刚性问题的求解，目前最常用的方法是隐式方法，隐式方法可用于求解刚性问题，而且比显式方法具有更好的稳定性和计算精度。近年来，无论是在 LU 分解法基础上发展出新缩并法，基于 ODAEs 法的增广法，还是基于多体系统正则方程的解法，应用的都是隐式方法。

计算多体系统动力学分析的整个流程主要包括建模和求解两个阶段。建模分为物理建模和数学建模，物理建模是指由几何模型建立物理模型，数学建模是指由物理模型生成数学模型。几何模型可以由动力学分析系统几何造型模块构建，也可以通用几何造型软件导入。对几何模型施加运动学约束、驱动约束、力元和外力或外力矩等物理模型要素，形成表达系统力学特性的物理模型。在物理建模过程中，有时候需要根据运动学约束和初始位置条件对几何模型进行装配。由物理模型，采用笛卡儿坐标或拉格朗日坐标建模方法，应用自动建模技术，组装系统运动方程中的各系数矩阵，得到系统数学模型。对系统数学模型根据情况应用求解器中的运动学、动力学、静平衡或逆向动力学分析算法，迭代求解，得到所需的分析结果。联系设计目标，对求解结果再进行分析，从而反馈到物理建模过程或几何模型的选择中，如此反复，直到得到最优的设计结果。

在建模和求解过程中涉及几种类型的运算和求解。首先是物理建模过程中的几何模型装配，在图 3-23 中称为初始条件计算，这是根据运动学约束和初始位置条件进行的，是非线性方程的求解问题；然后是数学建模，即系统运动方程中的各系数矩阵的自动组装过程，涉及大型矩阵的填充和组装问题；最后是数值求解，包括多种类型的分析计算，如运动学分析、动力学分析、静平衡分析、逆向动力学分析等。运动学分析是对非线性的位置方程和线性的速度、加速度方程求解；动力学分析是对二阶微分方程或二阶微分方程和代数方程混合问题求解；静平衡分析从理论上讲是对一个线性方程组求解，但实际上往往采用能量的方法；逆向动力学分析是对线性代数方程组求解，其中最复杂的是动力学微分代数方程组的求解问题，它是多体系统动力学的核心问题。

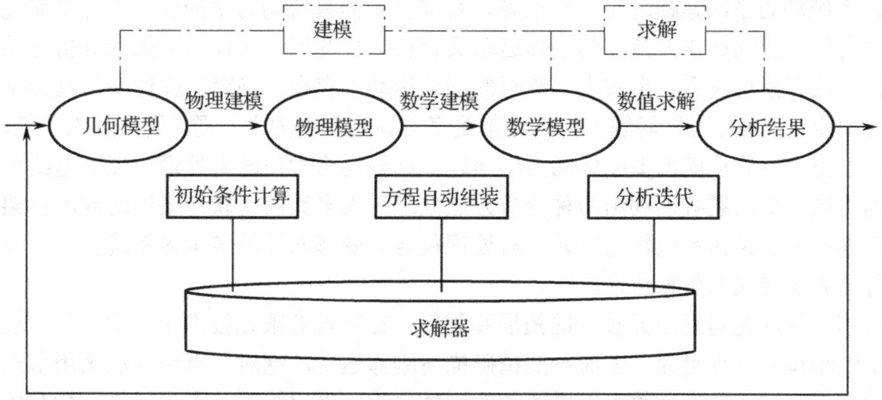

图 3-23　计算多体系统动力学建模与求解一般过程

在多体系统动力学建模与求解过程中，还有一个问题是值得注意的，即初值相容性问题，这个问题是在任何正式求解之前都必须首先解决的问题，它直接影响到问题的可解性。初值相容性要求系统中所有的位置、速度初始条件必须与系统运动学约束方程相容。对于简单系统，初值相容性是易于保证的，但对于大型复杂系统，必须有专门的初值相容性处理算法以判断系统的相容性或由一部分初值计算相容的其他初值。

在多体系统动力学建模与求解过程中，求解器是核心，这个过程中涉及的所有运算和求解，如初始条件计算、方程自动组装、分析迭代等都由求解器提供支持，求解器提供所需的全部算法。

3.3.4　现代机械仿真技术的应用和发展趋势

1. 现代机械仿真技术的应用

多体系统动力学仿真软件 ADAMS 是对机械系统的运动学与动力学特性进行仿真的商用软件，由美国 MDI（Mechanical Dynamics Inc.）开发，在经历了 12 个版本后，被美国 MSC 公司收购。

ADAMS 使用交互式图形环境和零件库、约束库、力库创建完全参数化的机械系统几何模型，其求解器采用多刚体系统动力学理论中的拉格朗日方法建立系统动力学方程，对虚拟机械系统进行静力学、运动学和动力学分析，输出位移、速度、加速度和反作用力曲线。ADAMS 的仿真功能可用于预测机械系统的性能、运动范围、峰值载荷，进行碰撞检测，以及计算有限元的输入载荷等。

ADAMS 是虚拟样机分析应用软件，用户可以运用该软件非常方便地对虚拟机械系统进行静力学、运动学和动力学分析。同时 ADAMS 又是虚拟样机分析开发工具，其开放性的程序结构和多种接口使其成为特殊行业用户进行特殊类型虚拟样机分析的二次开发工具平台。ADAMS 由基本模块、扩展模块、接口模块、专业领域模块及工具箱五大类模块组成。用户不仅可以采用通用模块对一般的机械系统进行仿真，而且可以采用专用模块针对特定工业应用领域的问题进行快速有效的建模与仿真。

2. 现代机械仿真技术的发展趋势

基于多体系统动力学的机械系统动力学分析与仿真技术，从 20 世纪 70 年代开始吸引了众多研究者，解决了自动化建模和求解问题的基础理论问题，并于 20 世纪 80 年代形成了一系列商业化软件，到 20 世纪 90 年代，机械系统动力学分析与仿真技术已成熟应用于工业界。目前机械仿真技术的研究重点主要包括以下几个方面。

1）多柔体系统动力学的建模理论

多刚体系统动力学的建模理论已经成熟，目前多柔体系统动力学的建模理论是研究热点。多柔体系统动力学由于既存在大范围的刚体运动又存在弹性变形，所以与有限元分析方法及多刚体动力学分析方法有密切关系。事实上，绝对的刚体运动不存在，绝对的弹性变形动力学问题在工程实际中也很少见，实际工程问题严格来说都是多柔体系统动力学问题，只不过为了使问题简化、容易求解，不得不将其化简为多刚体动力学问题、结构动力学问题来处理。然而这给使用者带来了不便，因为同一个问题必须利用两种分析方法处理。大多数商用软件采用的浮动标架法对处理仅含小变形部件的多柔体系统较为有效，对处理包含大变形部件的多柔体系统会产生较大的仿真误差甚至得出完全错误的仿真结论。

绝对节点坐标法是对有限元技术的拓展和创新。在常规有限元技术中，梁单元、板壳单元采用节点微小转动作为节点坐标，因而不能精确描述刚体运动。绝对节点坐标法采用节点位移和节点斜率作为节点坐标，其形函数可以描述任意刚体位移。采用绝对节点坐标法，梁和板壳可以看作等参单元，系统的质量阵为一常数阵，而其刚度阵为强非线性阵，这与浮动标架法截然不同。绝对节点坐标法已成功应用于手术线的大变形仿真。寻求有限元分析与多刚体动力学的统一近年来成为多体系统动力学分析的研究热点，绝对节点坐标法在这方面有极大的潜力，可以说绝对节点坐标法是多柔体动力学发展的一个重要进展。

多柔体系统动力学可以计算出每个时刻的弹性位移，通过计算应变可计算出应力。由于一般的多柔体分析程序不具备有限元分析功能，因此柔体的应力分析都由有限元程序处理。由于可以计算出每个柔体应力的变化历史，因此可以再根据疲劳分析程序对柔体进行寿命分析，但如何利用柔体的应力分析结果对疲劳分析程序来说也是一个关键问题。

2）接触碰撞建模问题

多体系统中纯粹的运动学约束是不存在的，如铰链间由于制造精度或使用中产生磨损而存在间隙，各刚体在运动中不可避免地会发生接触碰撞，因此多体系统中的接触碰撞带有普遍性，而这种现象的仿真确是一个难点，吸引了许多学者的注意。碰撞是一种单边约束，两个刚体的外形边界不能相互侵入。对多体系统中的接触碰撞现象进行分析一般采取两类方法：基于冲量定理的恢复系数方法和基于罚函数的连续接触力方法。恢复系数方法的特点是计算效率高，但不易实现仿真过程的自动化，而且无法计算出发生碰撞时的接触碰撞力，速度是不连续的。存在采用牛顿假设计算恢复系数和采用泊松假设计算恢复系数两种方法，牛顿假设利用速度计算恢复系数，而泊松假设利用冲量计算恢复系数。恢复系数的选取是仿真的关键，一般需要通过试验确定。连续接触力方法将接触碰撞现象处理为连续的动力学问题，速度是连续的，可以计算出接触碰撞力，在某种程度上可以较真实地模拟接触碰撞过程，而恢复系数方法认为接触碰撞是在瞬间完成的。在接触碰撞中都伴有摩擦，在分析摩擦现象、计算摩擦问题时，一般采用库仑定律，考虑摩擦对系统的收敛性有很大影响。多柔体系统和多刚体系统的接触碰撞分析方法相同，但是多柔体系统需要进一步考虑弹性波的影响等。在多柔体系统中可能需要进一步考虑弹性波的影响。弹性波对整个接触碰撞过程有影响，判断接触碰撞的条件、接触点的位置都需要新理论的支持，这也是目前多柔体系统动力学的研究重点。

3）多领域集成化仿真与控制

多体系统中还存在液压元件、气动元件、电子电路及控制系统等，因此仅考虑多刚（柔）体系统的动力学是不完善的，要全面研究系统的动态特性，必须全面考虑机、电、液、气、控制耦合的多领域多体系统模型。例如，多体系统中许多外力自身就是一个受控系统。目前多领域集成仿真与控制已成为研究热点。又如，在航天设备中，液体火箭、充液卫星、航天飞船及空间站等都是充液多体系统，由于航天设备对精度有严格的要求，因此液体的晃动检测及晃动控制问题成为当前航天领域的重要问题。此外，带油罐的地面车辆稳定性成为车辆动力学的一个研究分支。因此，充液多体系统的研究不但具有重要的理论指导意义，而且具有很高的工程价值。按充液量的多少，可以将充液多体系统分为全充液多体系统和半充液多体系统。全充液多体系统中的液体仅有旋转运动，而后者中还有液体的晃动。在刚性腔内的液体晃动是一种自由液面的波动，可能是微幅晃动，也可能是大幅晃动或产生自由液面的破碎和液体的飞溅，这些都是强非线性现象，对系统的稳定性有很大影响。再如，由于柔体有弹性变形，因此多柔体系统的控制比多刚体系统的控制复杂得多，关于多柔体系统的控制有许多问题需要进一步研究。表达刚体运动的铰链自由度与弹性自由度之间的强耦合使多刚体系统的控制变得复杂，如何选取控制参数是一个极其重要的课题。由于选取的参考标架不同，因此弹性模态存在区别，虽然在动力学上没有太大的影响，但对控制参数的选取有影响。这个问题也需要研究，以便能选取最优控制参数。

4）多体系统参数识别问题

多体系统仿真结果的准确与否与系统参数有很大关系。因此，多体系统输入参数的获取、识别也就成为多体系统动力学仿真的一个基本的关键性问题。多体系统中一般都会有大范围的刚体转动和移动，其解呈现高度的非线性，然而多体系统的动力学方程对系统参数而言呈现线性特征，这对系统参数的识别提供了便利。多体系统中存在许多参数，如距离、质量、惯量、刚度系数、阻尼系数等，参数应尽可能直接获取，如从 CAD 图中提取尺寸、质量、惯量等，或者通过简单试验直接测量质量、惯量、刚度系数、阻尼系数等。其他参数需要通过参数识别试验来获取。系统参数识别的典型方法是利用宽带白噪声作为系统的激励，对系统的状态变量进行采样并用数字识别算法对包含微分方程的系统模型方程进行辨识。由于数字计算机是基于代数运算的，因此多体系统参数识别的关键是如何将连续微分方程转换为代数参数识别问题。第一种方法是在采样点测量系统的激励、状态变量及状态变量的导数，这样就会形成关于未知系统参数的代数方程，利用代数模型辨识技术，如最小二乘法就可对系统参数进行辨识。然而有时系统状态变量的导数不易测量，这时可使用状态变量滤波技术来近似估计系统状态变量的导数。第二种方法是对测量信号进行 FFT 变换，基于 FFT 变换的辨识技术适用于线性系统，在非线性系统中这种方法受到许多限制，因此频域方法对多体系统的辨识似乎价值不大。第三种方法是协方差分析方法，利用稳态、各态历经、有色白噪声作为系统激励，对激励和系统的状态变量进行线性稳态滤波处理。由于利用辨识技术进行系统参数识别比将系统拆开进行测量有很大的优越性，因此辨识技术在将来一段时间内仍会是研究热点。

5）多目标（学科）协同优化

随着仿真技术的深入发展，多体系统分析方法已从单纯的分析转为系统综合分析。多体系统的动态性能是由系统的质量、惯量、几何尺寸、刚度系数、阻尼系数及控制参数等决定的。这些参数可以作为系统动态性能优化的设计参数。实际的多体系统分析时常需要考虑不同甚至相互矛盾的目标要求，因而需要确定几个不同的性能评判准则，即成为多目标（学科）协同优化设计问题。多目标协同优化方法为寻求系统不同性能的最优化提供了可能。在工程问题中，通常对系统的不同性能分析采用不同的分析模型。例如，在车辆动力学中，对车辆的平顺性进行分析需要建立车辆的 1/4 或 1/2 振动模型，而对车辆的操纵稳定性进行分析则需要建立两轮自行车甚至整车空间模型，而且两种特性存在设计参数的耦合，需要进行多目标协同优化，以便找到满足两者要求的最优解。每个性能指标需要采用不同的子模型进行计算分析，每个子模型分别对应工程中的不同设计目标。由于涉及多体系统性能或目标函数的计算，其本身是常微分方程或微分代数方程，计算非常耗时，所以并非所有的多目标优化策略都适用于多体系统的动态性能多目标优化。将矢量优化设计问题转化为非线性优化设计问题被证实有较高的效率，可以利用顺序二次规划（SQP）算法求解，其缺点是需要计算各子系统的梯度信息。一般多体系统的动态特性为某一段时间内的积分特性，因此其目标函数不仅是系统设计参数的函数，还是系统状态变量的函数。研究表明，对这类目标函数的梯度信息进行计算，使用伴随变量方法更有效率，有限差分法并不适用。虽然优化理论及其算法在多体系统中的应用相对滞后，但近年来针对多体系统的多目标协同优化随着非线性规划理论的完善已有了很大进步，多体系统的优化与综合将会有更大的进展。

6）硬件在环及人在回路仿真

研究出有效、快速的仿真算法是计算动力学领域研究者追求的目标，特别是在多体系统的半实物仿真，即硬件在环问题及人在回路仿真问题中，要求进行实时仿真，因此有效、快速的仿真算法就显得十分重要。通过递推算法、符号算法或并行计算可以大幅度提高仿真计算速度。例如，在汽车的主动控制研究中采用的硬件在环方法就需要采用有效、快速的仿真算法。又如，人在回路用于进行汽车性能评价的驾驶模拟器同样需要采用有效、快速的仿真算法。此外，实时仿真的高速动画也是一个挑战，汽车驾驶模拟器需要模拟周围环境，并且有人的参与，因此需要对汽车及周围环境进行高速动画处理，这个处理过程涉及计算机图形学技术、多媒体技术、虚拟现实技术及科学可视化技术的综合。

7）多体系统的随机性分析

多体系统由于在制造和装配中存在公差，因此其本身存在一定的随机性。例如，各部件的尺寸会引起机构的拓扑结构位置存在一定的随机性，系统的质量、刚度系数和阻尼系数等物性参数存在一定的随机性，系统的外部载荷也存在一定的随机性。因此，多体系统的随机性分析可分为以下三类：随机外部载荷作用下的确定性多体系统分析，确定性载荷作用下的随机多体系统分析，以及随机外部载荷作用下的随机多体系统分析。多体系统的随机性分析有十分重要的工程价值，但是这个领域的研究还不够深入，同时存在很大的难度与挑战性。

8）DAE 算法

DAE 算法可分为增广法或缩并法。增广法可以把广义坐标加速度拉格朗日乘子作为未知量一起求出来。传统增广法包括直接积分法和约束稳定化法。直接积分法可同时求出加速度和拉格朗日乘子，然后通过对加速度积分得到速度和位移，该方法未考虑坐标、速度的违约问题，积分过程中误差积累严重，容易发散。约束稳定化法将反馈控制理论引入微分代数方程数值积分，该方法稳定性好，响应快，但如何选择适当的反馈系数是一个问题。

缩并法通过各种矩阵分解方法将描述系统的 n 个广义坐标用 p 个独立坐标表达，从而化为 ODE 数学模型。传统缩并法包括广义坐标分块法（LU 分解法）、QR 分解法、SVD 分解法及零空间法等，分别对应约束雅可比矩阵的不同分解。

近年来在这些传统方法的基础上又产生了不少新方法，但仍是增广法和缩并法的进一步深化。在这些方法中，广义坐标分块法和约束稳定法较为常用。局部参数化缩并方法是用有关流形理论的切空间局部参数化方法将欧拉-拉格朗日方程降为参数空间上的常微分方程。超定微分代数方程方法（ODAE 方法）是将广义速度作为变量引入方程，从而将原二阶 DAE 化为一阶 DAE。然后在所得方程组中引入各种未知参数，把生成的方程当作非超定系统，这样可使计算的稳定性明显改变。同时辛算法用于对刚性微分方程的求解也引起了人们的重视，如基于辛格式的隐式龙格-库塔法等。

3.4 优化设计方法

3.4.1 优化设计的基本知识

1. 优化设计发展概述

产品设计通常存在众多的潜在设计方案，对于设计者来说就需要结合产品需求在这些潜在设计方案中找出最符合设计目标的方案。随着科学技术的发展，结构设计过程中要考虑的因素越来越多样化，以"经验判断"和"试错"为主的传统设计方法已经很难满足要求，于是现代优化设计理论与方法应运而生。

优化设计是指从一定的设计目标出发，综合考虑多方面的约束条件，主动地从众多的可行性设计方案中寻找一种具有最佳性能的设计方案。与传统设计方法不同，优化设计方法是一门以数学分析为基础，结合待求解问题自身的学科背景知识和计算机技术，从众多的可行性设计方案中找出的尽可能好的设计方案。进入 20 世纪 90 年代以后，计算机技术迅猛发展，大规模的并行处理技术不断产生，人们开始探索一些新的算法。受生物进化机理、生物活动现象及物理现象启发，人们开发出了群智能优化算法，其中比较著名的有遗传算法、粒子群算法、蚁群算法及模拟退火法等。

目前，优化设计的应用已涉及船舶、汽车、机械、航空航天、土木、桥梁、水利、电力、化工、医学等诸多领域。以机械领域为例，在机构运动参数优化、机构动力学优化、机械零部件的结构优化、机械加工工艺的参数优化中，均可见到优化设计思想和方法在其中发挥重要作用。

近年来发展起来的 CAD、CAE 及 VD 技术，在引入优化设计方法后，既可以在设计过程中不断选择设计参数并评选出最优设计方案，又可以加快设计速度、缩短设计周期。在科学技术发展要求机械产品更新周期日益缩短的今天，把优化设计方法与计算机技术结合起来，使设计过程完全自动化，已成为设计方法的一个重要发展趋势。

2. 优化设计的数学基础

优化设计问题本质上是数学问题，求解优化设计问题实际上是求解一系列的数学方程，以得到最优的参数。本节将简要介绍优化设计问题中的一些基本概念，为后续优化设计问题的讨论做一定的准备。

1）目标函数

在设计过程中，设计者总是希望所设计的产品或结构能够达到最优，而这种最优往往是由某个或多个性能指标来确定的，这些性能指标其实就是优化设计的目标。因此，在优化设计问题中，需要定义目标函数，来度量不同的设计方案在设计者所追求的性能指标上的优劣程度，目标函数一般用 $f(x)$ 的形式来表达。

目标函数对设计方案性能指标的度量往往是以函数的极小值或极大值来实现的，形如 $\min f(x)$ 或 $\max f(x)$。由于 $\max f(x)$ 等价于 $\min (-f(x))$，因此优化设计问题的数学表达式一般统一采用目标函数极小值形式。

2）设计变量

在设计过程中，设计者需要适当地调整一些设计参数，从而获得不同的设计方案。例如，结构设计问题中的构件长度、截面尺寸、某些关键点的坐标等，这些参数称为设计变量，而目标函数正是这些设计变量的函数。也就是说，设计变量是那些可由设计者改变的、直接影响设计方案性能指标的变量。在具体的优化设计问题中，还有一些设计参数在设计过程中受某些因素所限是不允许修改的，这样的参数称为设计常量，与设计变量相对。设计变量的数目称为优化设计问题的维数。

在数学上，一般用一组 n 维的向量来表示设计变量，即 $x=[x_1, x_2, \cdots, x_n]^T$。由 n 个设计变量的坐标所组成的实空间称为设计空间。设计空间中的任意一个特定的向量就是一个设计方案，而设计空间就是所有设计方案的集合。

按照设计变量的取值形式，可以将设计变量分为离散设计变量和连续设计变量。离散设计变量只能在有限个数值中进行选择，形如 $x \in \{a, b, c, \cdots\}$，而连续设计变量则可以选择一个数值区间内的任意值，形如 $x \in (d, f)$。

3）约束条件

如上所述，设计空间是所有设计方案的集合，但不是所有的设计方案都满足工程需要的，如在桥梁的设计中，可能某些方案达不到需要的承载能力等。如果一个设计满足所有对它提出的要求，则该设计称为可行设计，反之称为不可行设计。

在优化设计中，一个可行设计所必须满足的限制条件称为约束条件。按照数学表达式的形式不同，约束条件可以分成不等式约束和等式约束两种类型，分别表示为

$$g_u(\boldsymbol{x}) = g_u(x_1, x_2, \cdots, x_n) \leqslant 0, \quad u = 1, 2, \cdots, m \qquad (3\text{-}81)$$

$$h_v(\boldsymbol{x}) = h_v(x_1, x_2, \cdots, x_n) = 0, \quad v = 1, 2, \cdots, k \qquad (3\text{-}82)$$

式中，$g_u(\boldsymbol{x})$ 和 $h_v(\boldsymbol{x})$ 均为设计变量的函数；m 和 k 分别为不等式约束方程和等式约束方程的个数。对于不等式约束而言，由于 $g_u(\boldsymbol{x}) \geqslant 0$ 等价于 $-g_u(\boldsymbol{x}) \leqslant 0$，因此将不等式约束统一表示成 $g_u(\boldsymbol{x}) \leqslant 0$。对于等式约束而言，当约束方程的个数与设计变量的个数相等，即 $k = n$，且 k 个等式约束方程线性无关时，优化设计问题有唯一解，故无优化可言。因此，对于等式约束，一般要求 $k < n$。在一个 n 维设计空间中，由等式约束函数和不等式约束函数所围成的区域称为优化设计的可行域，目标函数的最优解只能存在于该可行域中。

按照约束条件的意义或性质，约束条件又可分为几何约束和性能约束两种类型。几何约束一般是指直接对设计变量的上下限进行限制，如某块板的厚度值要在一个固定的区间内。由于这类约束是直接加在设计变量上的，所以通常被称为显式约束。性能约束是加在结构形态变量上的，如结构节点位移、应力、结构自振频率等，这些结构形态变量往往跟设计变量是有直接关系的。由于这类约束不直接加在设计变量上，所以通常被称为隐式约束。

4）优化设计的数学模型

目标函数、设计变量和约束条件合称优化设计三要素。因此，对于一般的优化设计问题，其数学模型可描述为

$$\begin{cases} \min f(\boldsymbol{x}) \\ \text{s.t.} \quad g_u(\boldsymbol{x}) \leqslant 0, \ u = 1, 2, \cdots, m \\ h_v(\boldsymbol{x}) = 0, \ v = 1, 2, \cdots, k \end{cases} \qquad (3\text{-}83)$$

优化设计问题的最优解为能使目标函数值达到最小值的一组设计变量 $\boldsymbol{x}^* = [x_1^*, x_2^*, \cdots, x_n^*]^T$，对应的目标函数值 $f(\boldsymbol{x}^*)$ 称为最优值。

从数学规划论的角度来看，当目标函数和约束函数均为设计变量的线性函数时，称该优化设计问题为线性规划问题，否则称其为非线性规划问题。实际的工程优化设计问题大多数属于非线性规划问题。

下面通过一个例子来具体说明优化设计的概念。

例 3.4.1　有一个由金属板制成的立方体箱子，如图 3-24 所示，其体积为 5m³，长 x_1 不得小于 4m，要求合理地选择长 x_1、宽 x_2 和高 x_3 以使制造时耗材最少（假设各板厚度均匀且为定值）。

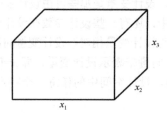

图 3-24　立方体箱子示意图

依据题意可以将该问题归结为在满足长度 $x_1 \geqslant 4\text{m}$，体积等于 5m³ 的前提下，合理地选择 x_1、x_2 和 x_3 的值以使箱子的表面积最小。这就是一个比较简单的优化设计问题，即从无穷种 x_1、x_2 和 x_3 的组合方案中选出既满足限制条件又能使箱子的表面积最小的设计方案。

用数学函数将箱子的表面积表示为

$$f(x_1, x_2, x_3) = 2(x_1 x_2 + x_2 x_3 + x_1 x_3) \tag{3-84}$$

式中，$f(x_1, x_2, x_3)$ 为该优化设计的目标函数；x_1、x_2 和 x_3 为本问题中的设计变量。x_1、x_2 和 x_3 要分别满足 $x_1 \geq 4$、$x_2 > 0$、$x_2 > 0$、$x_1 x_2 x_3 = 5$ 这些限制条件，这些限制条件就是本问题中的约束条件。综合以上分析建立该优化设计问题的数学模型，即

$$\min f(x_1, x_2, x_3) = 2(x_1 x_2 + x_2 x_3 + x_1 x_3)$$
$$\text{s.t.} \quad x_1 \geq 4, x_2 > 0, x_3 > 0 \tag{3-85}$$
$$x_1 x_2 x_3 = 5$$

选用适当的优化设计方法求解上述数学模型可得，当 $x_1 = 4$、$x_2 = 1.12$、$x_3 = 1.12$ 时，函数 $f(x_1, x_2, x_3) = 20.43$ 为本问题的最优值。

5）局部最优解及全局最优解

在对优化设计问题进行求解的过程中，一般只要达到目标函数的极值点就会停止运算，并将此极值点作为最优解输出。由于目标函数的复杂性，这些极值点从全局来讲并不一定是最优解，而可能只在一个局部的范围内达到了最优，这些解被称为局部最优解。用数学方式来说，局部最优解被定义为：如果存在一个足够小的正数 ε，使得对于满足 $|x - x^*| \leq \varepsilon$ 和所有约束条件的任意一个 x，都有 $f(x) \geq f(x^*)$，则称 x^* 是一个局部最优解。例如，图 3-25 中的 B 点就是一个局部最优解，平行线表示的是目标函数的等值面。

如果在可行域中 x^* 的目标值比其他目标值都小（至少不大于），则称 x^* 是一个全局最优解。图 3-25 中的 C 点就是一个全局最优解。显然，全局最优解一定是局部最优解，而局部最优解不一定是全局最优解。优化设计的任务是找到全局最优解，对于一个算法来讲，其全局的寻优能力也是评价该算法优劣的重要指标。遗憾的是，只有对凸规划等比较特殊的问题才比较容易找到全局最优解，一般情况下很多优化算法只能给出局部最优解。但是在工程实际中，能把现有的设计改进一大步已实属不易，因此设计者往往不太关心得出的解是否全局最优。在理论层面上，一些算法一直在提高自身的全局搜索能力，但是往往会附加很大的计算量。

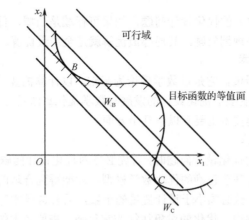

图 3-25　局部最优点和全局最优点

6）凸域、凸函数及其性质

在 n 维空间中的区域 S 中，如果连接其中任意两个点 x_1 和 x_2 的线段全部包含在该区域中，则称该区域为凸域，否则称该区域为非凸域。凸域的概念可以用数学的方式简练地表示为：如果对一切 $x_1 \in S$、$x_2 \in S$ 及一切满足 $0 \leq a \leq 1$ 的实数 a，点 $ax_1 + (1-a)x_2 = x \in S$，则称区域 S 为凸域。图 3-26 所示为凸域与非凸域的例子。

如果函数 $f(x)$ 定义在 n 维空间中的凸域 S 上，且对 S 上的任意两点 x_1、x_2 和任意满足 $0 \leq a \leq 1$ 的实数 a，有

$$f[ax_1 + (1-a)x_2] \leq af(x_1) + (1-a)f(x_2) \tag{3-86}$$

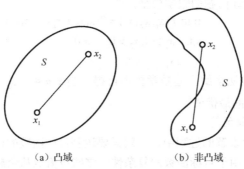

（a）凸域　　　　　　　　（b）非凸域

图 3-26　凸域与非凸域的例子

则称 $f(x)$ 为凸域 S 上的凸函数，如果将式（3-86）中的等号去掉并且有 $0 < a < 1$，则称 $f(x)$ 为严格凸函数。显然，如果 $f(x)$ 是凸函数，则 $-f(x)$ 是凹函数。图 3-27 所示为凸函数、凹函数和非凸非凹函数的例子。

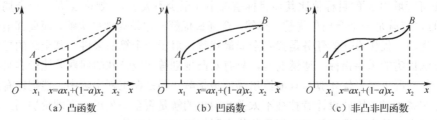

（a）凸函数　　　　　　　（b）凹函数　　　　　　　（c）非凸非凹函数

图 3-27　凸函数、凹函数及非凸非凹函数的例子

对于一个形如式（3-83）的优化设计问题，如果可行域是凸域，目标函数是凸函数，则称该问题为凸规划问题。对于凸规划问题，其局部最优解就是全局最优解。

3. 优化设计的关键技术

优化设计的本质是求极值，它是以数学理论为基础，以计算机技术为工具，对设计变量进行寻优的一种先进设计方法。因此，优化设计的发展与数学优化算法及计算机技术的发展息息相关。归结起来，优化设计的关键技术主要有以下几个方面。

1）优化数学模型的建立

在解决任何一个实际的优化设计问题时，首先必须对优化设计问题进行抽象处理，建立正确、合理的优化数学模型。只有基于正确的优化数学模型，才能得到合理的优化结果。例如，在优化数学模型中，等式约束的个数必须小于设计变量的个数，只有这样才有最优解。

在实际的优化设计问题中，优化的对象往往非常复杂，需要考虑的因素也多种多样。一般而言，在建模时考虑的因素越多，建立的模型越准确，但模型中会有越多的设计变量，相应的求解难度也越大；若优化数学模型忽略的因素过多，则很难准确把握问题的特征。因此，要将工程实际与优化设计经验很好地结合到一起，把握和优化目标相关程度大的因素，根据优化的对象及要求的指标对实际问题进行合理简化，尽量建立简洁、确切的优化数学模型。例如，对于一个实际问题，可以根据其复杂程度选择建立单目标优化设计问题或多目标优化设计问题，也可以根据其实际的工况选择建立单约束条件或多约束条件。总之，在建立优化设计问题的优化数学模型时，

既要保证优化数学模型的可解性，又要尽量地贴近该问题的实际工作情况。

2）设计变量的选择

在对设计要求进行充分了解的基础上，应根据各设计参数对目标函数的影响程度对其主次进行分析，尽可能地将设计变量的数目减少，以简化优化设计问题。各设计变量要相互独立，避免发生耦合情况，否则会导致目标函数出现山脊或沟谷，影响优化。

3）优化数学模型的尺度变换

由于各设计变量、各目标函数及各约束函数具有不同的意义，因此可能会导致其在数量级上有很大的差异，进而造成它们在给定搜索方向上的灵敏度有很大的差距。灵敏度的大小代表着搜索变化的快慢，灵敏度越大搜索变化越快。为了消除这种差别，可将其重新标度，使其成为无量纲或规格化的设计变量，即变换目标函数尺度、设计变量尺度和使约束函数规格化，以加快优化进程，并使收敛速度加快。

4）优化数学算法

对于建立的优化数学模型，有很多优化数学算法可以对其进行求解，如优化准则法、数学规划法及智能优化算法等。采用不同的优化数学算法所得到的优化结果和所花费的时间会有差别，所以需要设计者针对建立的优化数学模型，在众多的优化数学算法中找到一种快速收敛的高效优化数学算法，这对于提高整个优化设计过程的效率至关重要。

3.4.2　优化设计问题分类

在实际应用中，根据目标函数中变量的个数可将优化设计问题分为单变量优化设计问题和多变量优化设计问题。当优化设计问题中只有一个变量时，该问题为单变量优化设计问题；当优化设计问题中有多个变量时，该问题为多变量优化设计问题。根据目标函数的个数可将优化设计问题分为单目标优化设计问题和多目标优化设计问题。

根据设计变量的取值是否连续可将优化设计问题分为连续优化设计问题和离散优化设计问题。当优化设计问题中的设计变量的取值是连续值时，该问题为连续优化设计问题；当优化设计问题中的设计变量的取值是离散值时，该问题是离散优化设计问题。根据有无约束条件可将优化设计问题分为无约束优化设计问题和有约束优化设计问题。无约束优化设计问题在经典优化设计中占有重要地位，其求解方法是某些有约束优化设计问题求解的基础。根据目标函数和约束函数的性质可将优化设计问题分为线性优化设计问题和非线性优化设计问题。当优化设计问题中的目标函数和约束函数都是线性函数时，该问题是线性优化设计问题；当目标函数或约束函数中含有非线性函数时，该问题是非线性优化设计问题。线性规划和二次规划均为特殊的线性优化设计问题。此外，根据设计变量的取值性质还可将优化设计问题分为整数优化设计问题和非整数优化设计问题。

1. 按照目标函数的个数分类

1）单目标优化设计问题

单目标优化设计问题只有一个目标函数，是最简单的问题。在实际工程中有很多单目标优化设计问题，如结构质量最小化、结构某阶固有频率最小化、最小化结构柔顺度等。单目标优化设计问题就是要使唯一的目标函数在满足约束条件的作用下，函数值尽可能小，在数学上可以描述为

$$\begin{cases} \min f(\boldsymbol{x}) \\ \text{s.t.} \quad g_u(\boldsymbol{x}) \leqslant 0, \ u = 1, 2, \cdots, m \\ \quad\ \ h_v(\boldsymbol{x}) = 0, \ v = 1, 2, \cdots, k \end{cases} \tag{3-87}$$

由于单目标优化设计问题的普遍性，数学上的一般算法多数是针对单目标优化设计问题的。下面通过介绍多目标优化设计问题来说明两者的不同。

2）多目标优化设计问题

在实际的工程应用领域中，普遍存在着针对多个目标的方案、计划及设计的决策问题，这些优化设计问题的目标函数性能改善往往可能是相互矛盾的，一个目标的性能优化往往都是以其他目标的性能劣化为代价的，而且不同的目标函数量纲也可能不一致。所以在解决这类问题时，往往需要综合考虑各种因素的制约，以便找到满足多个目标的最佳设计方案，这就是所谓的多目标优化设计问题。

（1）多目标优化设计问题的数学模型。一般地，多目标优化设计问题要求所有目标函数在满足约束的条件下越小越好，在数学上可以描述为

$$\begin{cases} \min_{X \in S} F(X) \\ F(X) = (f_1(X), f_2(X), \cdots, f_q(X)), \quad X = (x_1, x_2, \cdots, x_n)^T, \quad X \in S \\ \text{s.t.} \quad g_u(X) \leqslant 0, \quad u = 1, 2, \cdots, m \\ \qquad h_v(X) = 0, \quad v = 1, 2, \cdots, k \end{cases} \quad (3\text{-}88)$$

式中，$F(X)$ 为目标函数向量，也称为目标向量；$x_1, x_2, \cdots, x_n$ 表示决策变量，由决策变量构成的向量 $X = [x_1, x_2, \cdots, x_n]^T$ 称为决策向量；S 为约束域；$g_u(X)$ 和 $h_v(X)$ 分别表示不等式约束和等式约束条件，用以确定决策变量可行的取值范围。

（2）多目标优化设计问题的解。由于多目标优化设计问题的多个目标往往是相互冲突的，通常不可能找到一个使所有分目标函数都达到最优值的设计方案，因此对于多目标优化设计问题而言，往往不存在最优解。多目标优化设计问题的最优解只是满意解，在多目标优化中这样的解又被称为有效解或 Pareto 最优解。有效解还可以分成全局有效解和局部有效解。局部有效解的最优性只是和其邻域内的其他解相较而言的。

假设多目标优化设计问题的最优解集为 P^*，则所有的 Pareto 最优解所对应的目标向量构成问题的 Pareto 最优解前沿（Pareto front，也称为 Pareto 矩阵）。多目标优化设计问题的 Pareto 最优解前沿或为凸集，或为凹集，在某些复杂的情况下，还可能是半凸、半凹或不连续的。Pareto 最优解前沿的复杂性也增加了多目标优化设计问题的求解难度。

对于单目标优化设计问题，只要比较任意两个解对应的目标函数值就可以判断它们的优劣；对于多目标优化设计问题，由于各目标函数值并不呈同样的变化趋势，因此很难通过简单的比较来判断其优劣。著名的 Pareto 最优理论提出了一种 Pareto 支配（Pareto Dominance）原则，作为判断多目标优化设计问题解优劣的根据，并在此基础上定义了 Pareto 最优解的概念。

如果存在两个目标向量，即 $F(U)$ 和 $F(V)$，其中决策变量 $U = (u_1, u_2, \cdots, u_n)^T$，$V = (v_1, v_2, \cdots, v_n)^T$，若每个目标函数 $f_i(X)$ 都满足 $f_i(U) \leqslant f_i(V)$，且至少在某个目标函数上满足 $f_i(U) < f_i(V)$，则定义决策向量 $U \prec V$，称为 U 严格支配 V。

Pareto 最优解的定义为：假设存在任意两个目标向量 $F(U)$ 和 $F(V)$，如果 U 是 Pareto 最优解，则当且仅当在问题的可行域内不存在决策变量 V 使得 $V \prec U$ 时，所有这些解的集合构成 Pareto 解集，即构成了 Pareto 最优解前沿。Pareto 最优解和最优解前沿示意图如图 3-28 所示。在图 3-28 中，B、C、D、E 点是可行域内的解，空心点为求得的 Pareto 最优解，在可行解区域的范围内再也无法找到可以支配这些点的解。多目标优化设计问题的最优解往往不是一个单一的解，而是一组解。

（3）多目标优化设计问题的传统解法。由于多目标优化设计问题的应用范围日益广泛，因此它的解法已经成为研究热点。传统的求解多目标优化设计问题最简单的方法就是通过选取一组合理的加权系数将多个目标函数按照某种准则进行线性聚合，然后利用单目标优化算法进行求解。具有代表性的传统解法主要包括目标加权法、目标规划法、功效系数法、层次优化法等。它们的优点在于继承了成熟单目标优化算法的一些机理，具有简单、高效的特点。

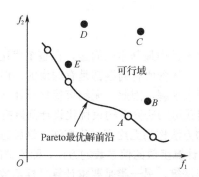

图 3-28　Pareto 最优解和最优解前沿示意图

目标加权法使用不同的加权系数将所有的目标函数聚合成一个新的目标函数，也就是通过加权求和的方式将多目标优化设计问题转换为单目标优化设计问题进行求解，其形式如下：

$$F(\boldsymbol{X}) = \sum_{i=1}^{q} w_i f_i(\boldsymbol{X}) \tag{3-89}$$

式中，加权系数 $w_i \geq 0$，同时为了不失一般性，需要满足 $\sum_{i=1}^{q} w_i = 1$。每个目标函数自身都有一个最优解，选取不同系列的权值组合，求解这个线性组合的单目标优化设计问题就可以得到一系列不同的解，组成解集，即 Pareto 最优解集。

目标加权法的关键之处在于如何找到合理的加权系数，以反映各个单目标对整个多目标优化设计问题的重要程度，使原多目标优化设计问题较合理地转化为单目标优化设计问题，且此单目标优化设计问题的解又是原多目标优化设计问题的非劣解。加权系数的选取反映了对各分目标的不同估价、折中，故应根据具体情况做具体处理，有时凭经验、估计或统计计算并经试算得到。下面介绍一种确定加权系数的方法，如下式所示：

$$\begin{cases} w_i = 1/f_i^* \\ f_i^* = \min f_i(\boldsymbol{X}), \quad i = 1, 2, \cdots, q \end{cases} \tag{3-90}$$

即将各单目标函数最优值的倒数取为加权系数。从式（3-90）中可以看出，这种方式反映了各个单目标函数值离开各自最优值的程度。在确定加权系数时，只需预先求得各个单目标函数最优值，而无需其他信息，使用方便。此方法适用于需要同时考虑所有目标或各目标在整个问题中具有同等重要性的场合。

（4）多目标优化设计问题的智能求解方法。进化计算技术、群智能方法和仿生学自出现后，与工程科学相互交叉和渗透，并在科研实践中得到广泛应用，多目标优化技术的发展也随之变得更为迅捷，基于群智能的优化理论应运而生。这些方法具有高度的并行机制，可以对多个目标同时进行优化，从而节省搜索时间，因此多目标优化设计问题的求解方法也开始由目标组合方法逐步向基于 Pareto 最优解的向量优化方法发展。

在基于 Pareto 最优解的向量优化方法的多目标优化算法中，带精英策略的非支配排序遗传算法（Elitist Nondominated Sorting Genetic Algorithm，NSGA-II）是最为有效的。它是在第一代非支配排序遗传算法（NSGA）的基础上改进而来的，是一种比较有代表性的多目标优化算法。另外，粒子群优化算法在求解多目标优化设计问题上也有一定的适用性，一般而言，可以分为无约束的多目标粒子群优化算法和有约束的多目标粒子群优化算法两种。关于粒子群优化算法的基本原理将在后续的内容中介绍。

2. 按照约束条件分类

1) 无约束优化设计问题

无约束优化设计问题是优化设计中最基本的问题，在整个优化设计过程中，对设计变量的取值没有任何限制。在工程实际中，尽管所有问题都是有约束的，但是很多有约束优化设计问题都可以转化为无约束优化设计问题来求解。因此，无约束优化设计问题的解法是优化设计的基本组成部分。研究无约束优化设计问题可为研究有约束优化设计问题打下良好的基础。

求解无约束优化设计问题的方法称为无约束优化方法。这种方法主要分为两大类：一类是仅要求计算目标函数值，而不要求计算函数的偏导数的方法，即所谓的非梯度算法，如随机搜索法、坐标轮换法、Powell法、单纯形法等。另一类是要求计算目标函数的一阶导数甚至二阶导数的方法，即所谓的梯度算法，如最速下降法、牛顿型方法、共轭梯度法等。一般情况下，梯度算法要比非梯度算法计算效率高，求解问题的维数可以更高一些。但是这两类算法从计算性质来看都是迭代性质的。它们都要求：①从某一初始点 x^0 开始迭代计算；②各种方法都以 x^k 为基础产生新点 x^{k+1}；③检验点 x^{k+1} 是否满足最优条件。

2) 有约束优化设计问题

与无约束优化设计问题相对应的问题为有约束优化设计问题。大多数实际优化设计问题都属于有约束优化设计问题，问题中存在对设计变量取值的约束限制（不等式约束、等式约束），在求解过程中必须考虑这些约束。求解有约束优化设计问题的方法称为优化设计问题计算方法。根据求解方式的不同，该类方法可以分为间接求解法和直接求解法两大类。

间接求解法是将有约束优化设计问题转化为一系列无约束优化设计问题来求解的一种方法。由于这类方法可以选用有效的无约束优化方法且易于处理，同时具有不等式约束和等式约束的问题，因此在工程优化中得到了广泛的应用。

直接求解法是在满足不等式约束的可行域内直接搜索问题的约束最优解 x^* 和 $f(x^*)$ 的方法。属于这类方法的有随机试验法、随机方向搜索法、复合形法、可行方向法、梯度投影法等。其中，随机方向搜索法和复合形法比较简单，但在求解多维问题时计算量比较大；可行方向法程序比较复杂，一般用于大型优化设计问题；梯度投影法对约束函数有一定的要求，目前应用较少。

3.4.3 求解优化设计问题的传统优化算法

利用最优化的理论和方法求解工程中的实际问题大体可分为两个步骤：首先根据实际问题建立优化数学模型，确定设计变量、目标函数、约束条件及收敛准则；然后利用一定的数学优化算法对所建立的数学模型进行求解。

本节将简单介绍无约束优化算法中的牛顿法，除此之外，还有一些其他的算法，如最速下降法、共轭方向法、共轭梯度法、鲍威尔法等，本书不进行介绍。感兴趣的读者可以参考一些相关的文献。

牛顿法的基本思想：根据已知点 x^k，构造一条过 $(x^k, f(x^k))$ 点的二次函数，求出该曲线的极小点。若这个极小点与 $f(x)$ 的最小点相差较大，则以该极小点替换上述的 x^k，重复以上步骤。这样就可不断地用构造的二次曲线的极小点去逼近 $f(x)$ 的最小点，如图3-29所示。

对于多元函数 $f(x)$，设 x^k 为 $f(x)$ 的极小点 x^* 的一个近似点，在 x^k 处对 $f(x)$ 进行泰勒展开，保留二次项，得

$$f(x) \approx \varphi(x) = f(x^k) + \nabla f(x^k)^{\mathrm{T}}(x - x^k) + \frac{1}{2}(x - x^k)^{\mathrm{T}}\nabla^2 f(x^k)(x - x^k) \tag{3-91}$$

式中，$\nabla^2 f(x^k)$ 为 $f(x)$ 在 x^k 处的海赛矩阵。

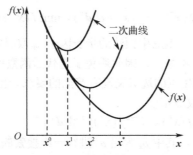

图 3-29 牛顿法的搜索路线

设 $\boldsymbol{x}^{k+1}$ 为 $\varphi(\boldsymbol{x})$ 的极小点，作为 $f(\boldsymbol{x})$ 的极小点 $\boldsymbol{x}^*$ 的下一个近似点，根据极值必要条件：

$$\nabla\varphi(\boldsymbol{x}^{k+1}) = 0 \tag{3-92}$$

即

$$\nabla f(\boldsymbol{x}^k) + \nabla^2 f(\boldsymbol{x}^k)(\boldsymbol{x}^{k+1} - \boldsymbol{x}^k) = 0 \tag{3-93}$$

得

$$\boldsymbol{x}^{k+1} = \boldsymbol{x}^k - (\nabla^2 f(\boldsymbol{x}^k))^{-1}\nabla f(\boldsymbol{x}^k) \tag{3-94}$$

式（3-94）即多元函数求极值的牛顿法迭代公式。

对于二次函数，上述 $f(\boldsymbol{x})$ 的泰勒展开是精确的。海赛矩阵 $\nabla^2 f(\boldsymbol{x}^k)$ 是一个常矩阵，其中各元素均为常数。因此，无论从任何点出发，只需一步就可找到极小点，故牛顿法是二次收敛的。下面用一个例子具体说明牛顿法寻优的过程。

例 3.4.2 用牛顿法求 $f(x_1, x_2) = x_1^2 + 25x_2^2$ 的极小值。

解： 若取初始点 $\boldsymbol{x}^0 = (2,2)^{\mathrm{T}}$，则初始点处的函数梯度、海赛矩阵及其逆阵分别为

$$\nabla f(\boldsymbol{x}^0) = \begin{pmatrix} 2x_1 \\ 50x_2 \end{pmatrix}_{x^0} = \begin{pmatrix} 4 \\ 100 \end{pmatrix}$$

$$\nabla^2 f(\boldsymbol{x}^0) = \begin{pmatrix} 2 & 0 \\ 0 & 50 \end{pmatrix}$$

$$(\nabla^2 f(\boldsymbol{x}^0))^{-1} = \begin{pmatrix} \dfrac{1}{2} & 0 \\ 0 & \dfrac{1}{50} \end{pmatrix}$$

将其代入牛顿法迭代公式，得

$$\boldsymbol{x}^1 = \boldsymbol{x}^0 - (\nabla^2 f(\boldsymbol{x}^0))^{-1}\nabla f(\boldsymbol{x}^0) = \begin{pmatrix} 0 \\ 0 \end{pmatrix}$$

经过一次迭代即可求得极小点 $\boldsymbol{x}^0 = (0,0)^{\mathrm{T}}$ 及函数极小值 $f(\boldsymbol{x}^0) = 0$。

从牛顿法迭代公式的推演中可以看出，迭代点位置是按照极值条件确定的，其中并未含有沿下降方向搜寻的概念。因此，对于非二次函数，如果采用上述牛顿法迭代公式，则有时会使函数值上升，即出现 $f(\boldsymbol{x}^{k+1}) > f(\boldsymbol{x}^k)$ 的现象。为此，人们对上述牛顿法进行改进，引入数学规划法的搜寻概念，提出了所谓的阻尼牛顿法。如果把

$$\boldsymbol{d}^k = -(\nabla^2 f(\boldsymbol{x}^k))^{-1}\nabla f(\boldsymbol{x}^k) \tag{3-95}$$

看作一个搜索方向（可称为牛顿方向），则阻尼牛顿法迭代公式为

$$\boldsymbol{x}^{k+1} = \boldsymbol{x}^k + \alpha_k \boldsymbol{d}^k = \boldsymbol{x}^k - \alpha_k(\nabla^2 f(\boldsymbol{x}^k))^{-1}\nabla f(\boldsymbol{x}^k) \tag{3-96}$$

式中，α_k 代表沿牛顿方向进行一维搜索的最佳步长，可称为阻尼因子。α_k 可通过如下极小化求得，即

$$f(\boldsymbol{x}^{k+1}) = f(\boldsymbol{x}^k + \alpha_k \boldsymbol{d}^k) = \min_{\alpha} f(\boldsymbol{x}^k + \alpha \boldsymbol{d}^k) \tag{3-97}$$

这样，原来的牛顿法就相当于阻尼牛顿法的步长因子 α_k 取固定值 1 的情况。由于阻尼牛顿法每次迭代都在牛顿方向上进行一维搜索，因此避免了迭代后函数值上升的现象，从而保持了牛顿法二次收敛的特性，并且其对初始点的选取又没有苛刻的要求。阻尼牛顿法的具体计算步骤如下。

第 1 步：给定初始点 $\boldsymbol{x}^0$ 及收敛精度 ε。

第 2 步：计算 $\nabla f(\boldsymbol{x}^k)$、$\nabla^2 f(\boldsymbol{x}^k)$、$(\nabla^2 f(\boldsymbol{x}^k))^{-1}$ 和 $\boldsymbol{d}^k$。

第 3 步：求 $\boldsymbol{x}^{k+1} = \boldsymbol{x}^k + \alpha_k \boldsymbol{d}^k$，其中 α_k 为沿 $\boldsymbol{d}^k$ 进行一维搜索的最佳步长。

第 4 步：检查收敛精度，若满足收敛准则，则停止迭代；否则，$k=k+1$，返回第 2 步，继续进行迭代。

牛顿法和阻尼牛顿法统称牛顿型方法。这类方法的主要缺点是每次迭代都要计算函数的二阶导数矩阵，并要对该矩阵求逆，工作量较大，特别是矩阵求逆，当矩阵维数较高时，计算量会进一步增大。另外，从计算机存储方面考虑，牛顿型方法所需的存储量也很大。

3.4.4 优化设计问题的智能求解方法

智能优化算法是通过模拟或揭示某些自然现象或过程发展而来的，也是一种迭代算法，但其思想与传统优化算法完全不同。在处理优化设计问题时，这类算法将优化设计问题本身视为"黑箱"来处理，不要求待求解的问题满足可微性、凸性等数学条件，甚至不要求待求解的问题具有显式的数学解析式。它们仅用到优化的目标函数值的信息，不必用到目标函数的导数信息，搜索的策略是结构化和随机化的。智能优化算法在求解过程中涉及大量的随机操作，具有随机性，但在多次重复求解时，其求解结果往往又很接近，即算法又会体现出一定的稳定性。智能优化算法的优点有全局寻优能力强、并行高效、鲁棒性和通用性强等。另外，这类算法实现简单，算法中仅涉及各种基本的数学操作，计算容易，其数据处理过程对计算机硬件配置（CPU、内存等）要求不高。智能优化算法的这些优点弥补了传统优化算法的不足，为解决复杂优化设计问题提供了新的思路和手段，同时易于被工程人员学习和掌握，因此在很多领域内迅速得到应用和推广，成为最优化方法领域内的研究热点之一。智能优化算法可以分为两类：一类是模拟生物进化等的算法，如遗传算法、进化规划、模拟植物生长算法等；另一类是基于群体智能的算法，如蚁群算法、粒子群优化算法、禁忌搜索法、差异演化算法、人工鱼群算法、果蝇优化算法等。本节将以粒子群优化算法为例对智能优化算法做进一步介绍。

粒子群优化算法（Particle Swarm Optimization，PSO）又称粒子群算法、微粒群算法或微粒群优化算法，是由美国的 Kennedy 和 Ederhar 于 1995 年受鸟群觅食行为的启发提出的。粒子群优化算法从这种鸟群觅食行为的模型中得到启示，用来解决优化设计问题。

1）基本粒子群优化算法

在基本粒子群优化算法中，可以把每个优化设计问题的潜在解看作 n 维搜索空间中的一个点，称为"粒子"或"微粒"，并假定它是没有体积和质量的。所有的粒子都有一个由目标函数所决定的适应度值（Fitness Value）和一个决定它们位置和飞行方向的速度，然后粒子们就以该速度追寻当前的最优粒子在解空间中进行搜索，经过逐代搜索最后得到最优解。在算法开始时，基本粒子群优化算法首先在解空间中随机生成一组候选解（微粒）。假设 $\boldsymbol{X}_i = (x_{i,1}, x_{i,2}, \cdots, x_{i,n})$ 是微粒 i 的当前位置，$\boldsymbol{V}_i = (v_{i,1}, v_{i,2}, \cdots, v_{i,n})$ 是微粒 i 的当前飞行速度，那么基本粒子群优化算法的进化方程为

$$v_{i,j}(t+1) = w v_{i,j}(t) + c_1 \mathrm{rand}_1()(p_{i,j}(t) - x_{i,j}(t)) + c_2 \mathrm{rand}_2()(p_{g,j}(t) - x_{i,j}(t))$$

$$x_{i,j}(t+1) = x_{i,j}(t) + v_{i,j}(t+1) \tag{3-98}$$

$$\boldsymbol{p}_i(t) = (p_{i,1}(t), p_{i,2}(t), \cdots, p_{i,n}(t)) \tag{3-99}$$

$$\boldsymbol{p}_g(t) = (p_{g,1}(t), p_{g,2}(t), \cdots, p_{i,n}(t)) \tag{3-100}$$

式中，t 为迭代次数；$\boldsymbol{p}_i(t)$ 为微粒 i 迄今为止经过的历史最好位置；$\boldsymbol{p}_g(t)$ 为当前粒子群搜索到的最好位置，也称为全局最好位置；w 为惯性权重，其大小决定了粒子对当前速度继承的多少；c_1 和 c_2 为学习因子，分别称为认知学习因子和社会学习因子，通常在 0 到 2 之间取值，c_1 用于调节微粒向自身最好位置飞行的步长，c_2 用于调节微粒向全局最好位置飞行的步长；$\text{rand}_1(\ )$ 和 $\text{rand}_2()$ 为在 [0, 1] 区间的两个相互独立的随机参数。

一般认为，在上述的基本粒子群优化算法的进化方程中，第一部分 $wv_{i,j}(t)$ 为微粒对先前速度的继承，表示微粒对当前自身运动状态的信任，根据自身的速度进行惯性运动；第二部分 $c_1\text{rand}_1()(p_{i,j}(t) - x_{i,j}(t))$ 为认知部分，表示微粒本身的思考；第三部分 $c_2\text{rand}_2()(p_{g,j}(t) - x_{i,j}(t))$ 为社会部分，表示微粒间的信息共享与合作。如果进化方程中只有认知部分，即只考虑微粒自身的飞行经验，不同的微粒间就缺少了信息的交流，得到最优解的概率就非常小；如果进化方程中只有社会部分，微粒就失去了自身的认知能力，虽然收敛速度比较快，但是对于复杂问题却容易陷入局部最优。所以，基本粒子群优化算法的进化方程可以认为是由认知和社会两部分组成的。

关于第三部分，还有另外一种解释，即将 $c_2\text{rand}_2()(p_{g,j}(t) - x_{i,j}(t))$ 视为群体精英部分，反映群体精英的引领作用，同时群体精英的产生是竞争的、动态的。群体精英可以使整个群体凝结在一起，向最优解前行。

基本粒子群优化算法的实现步骤如下。

第 1 步：初始化。设定基本粒子群优化算法中涉及的各类参数，如搜索空间的下限 L 和上限 U，学习因子 c_1 和 c_2，算法最大迭代次数 T 或收敛精度，粒子速度范围 $[v_{\min}, v_{\max}]$；随机初始化搜索点的位置 x_i 及其速度 v_i；设当前位置为每个粒子的 $\boldsymbol{p}_i$，由个体极值找出全局极值，记录该最好值的粒子序号 g 及其位置 $\boldsymbol{p}_g$。

第 2 步：评价每个粒子。计算粒子的适应值，如果好于该粒子当前个体极值，则将 $\boldsymbol{p}_i$ 设置为该粒子的位置，并更新个体极值。如果所有粒子的个体极值中最好的好于当前的全局极值，则将 $\boldsymbol{p}_g$ 设置为该粒子的位置，更新全局极值及其序号 g。

第 3 步：粒子的状态更新。对每个粒子的速度和位置进行更新。如果 $v_i > v_{\max}$，则将其置为 $v_{\max}$，如果 $v_i < v_{\min}$，则将其置为 $v_{\min}$。

第 4 步：检验是否符合结束条件。如果当前的迭代次数达到了预先设定的最大迭代次数 T，或最终结果小于设定的收敛精度，则停止迭代，输出最优解，否则转到步骤 2。

2）粒子群优化算法的参数设置

在用粒子群优化算法解决优化设计问题的过程中有两个重要的步骤：问题解的编码和适应度函数。粒子群优化算法不像遗传算法那样一般采用二进制编码，而采用实数编码。例如，对问题 $f(\boldsymbol{x}) = x_1^2 + x_2^2 + x_3^2$ 求解，粒子可以直接编码为 (x_1, x_2, x_3)，适应度函数就是 $f(\boldsymbol{x})$。下面是粒子群优化算法中一些参数的经验设置。

粒子数：粒子群优化算法对种群大小不十分敏感，当种群数目下降时性能下降不是很大。粒子数一般取 30～50 个，对于多模态函数优化设计问题，粒子数可以取 100～300 个。

粒子的长度：由优化设计问题本身决定，也就是解的维数。

粒子的范围：由优化设计问题本身决定，每一维可根据要求设定不同的范围。

参数 c_1、c_2：合适的 c_1、c_2 取值可以加快算法的收敛速度，减小陷入局部极小值的可能性，默认取 $c_1 = c_2 = 2.0$。研究发现，如果令 $c = c_1 + c_2$，那么当 $c > 4.0$ 时，粒子不收敛。

参数 $\text{rand}_1(\ )$、$\text{rand}_2(\ )$：用于保证群体的多样性，是在 [0, 1] 区间均匀分布的随机数，且两者相互独立，其具体值由算法程序在运行过程中自动生成。

终止条件一般可取最大循环次数或最小误差阈值，可以由具体问题而定。

3）粒子群优化算法的特点

粒子群优化算法是基于群体智能理论的优化算法，它通过群体中粒子间的合作与竞争产生的群体智能指导优化搜索。粒子群优化算法主要有以下几个特点。

（1）粒子群优化算法搜索过程为从一组解迭代到另一组解，采用同时处理群体中多个个体的方法，具有本质的并行性。

（2）粒子群优化算法采用实数进行编码，直接在问题上进行处理，无须转化，因此算法简单，易于实现。

（3）粒子群优化算法的各粒子的移动具有随机性，可搜索不确定的复杂区域。

（4）粒子群优化算法具备有效的全局和局部搜索的平衡能力，可避免早熟。

（5）粒子群优化算法在优化过程中，每个粒子通过自身经验与群体经验进行更新，具有学习的功能，且解的质量不依赖初始点的选取，保证了收敛性。

（6）粒子群优化算法可求解离散变量的优化设计问题，但是对离散变量的取整，可能导致较大的误差。

3.4.5　基于 MATLAB 的某型号空心传动轴结构优化实例

本节以某型号空心传动轴的结构优化为例，给出从建模到求解的完整过程。问题描述：欲设计如图 3-30 所示的某型号空心传动轴，其中 D 和 d 分别为空心轴的外径和内径，轴长 L=4m，轴的材料密度 ρ=7.8×10kg/m^2，剪切弹性模量 G=80GPa，许用剪切应力 $[\tau]$=40MPa，单位长度许用扭转角 $[\varphi]$=1° /m，轴所传递的功率 P=4.5kW，转速 n=200r/min。在满足许用条件和结构尺寸限制条件的前提下对该空心轴进行结构优化，使该轴的质量最小。

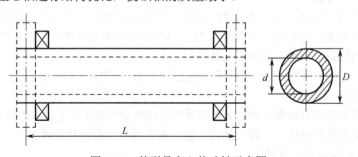

图 3-30　某型号空心传动轴示意图

1．确定工作变量

如图 3-30 所示的传动轴的力学模型是一个受扭转的圆柱筒轴。在材料密度、轴的长度均已确定的情况下，圆轴质量由其外径 D 和内径 d 共同决定。因为在本实例中，外径 D 和内径 d 相互独立，所以可选择外径 D 和内径 d 作为设计变量，将其写成向量的形式，即

$$\boldsymbol{X} = [x_1, x_2]^{\mathrm{T}} = [D, d]^{\mathrm{T}} \tag{3-102}$$

2．建立目标函数

本实例中要取质量最小为优化目标，则目标函数（空心轴的质量）可写为

$$M = \frac{\pi}{4}\rho L(D^2 - d^2) \tag{3-103}$$

注意：在设计时要确定目标变量的单位，应保持在目标函数和约束条件中单位一致。

3．建立约束条件

根据本实例中的要求，主要限制扭转强度和扭转刚度。

1）扭转强度

根据扭转剪切应力的计算方法，有

$$\tau_{\max} = \frac{T}{W_t} \leqslant [\tau] \tag{3-104}$$

式中，T 和 W_t 分别为轴所受的扭矩和轴的抗扭截面模量，分别为

$$T = \frac{9\,549\,000P}{n} \tag{3-105}$$

$$W_t = \frac{\pi(D^4 - d^4)}{16D} \tag{3-106}$$

2）扭转刚度

刚度条件是限制轴的变形量（单位长度的最大扭转角不超过规定的许用值），即

$$\varphi = 5.73 \times 10^4 \times \frac{T}{GI_p} \leqslant [\varphi] \tag{3-107}$$

式中，φ 为单位长度扭转角；G 为剪切模量，单位为 MPa；I_p 为极惯性矩，单位为 mm^4，有

$$I_p = \frac{\pi(D^4 - d^4)}{32} \tag{3-108}$$

3）尺寸限制

外径 D 和内径 d 自然都是大于 0 的，且 $D > d$。

将给定的数据代入上述式子，整理可得本实例的优化数学模型为

$$\min f(\boldsymbol{x}) = 24\,504 \times 10^{-6} \times (x_1^2 - x_2^2)$$

$$\text{s.t.} \quad g_1(\boldsymbol{x}) = 33\,435 \times \frac{x_1}{x_1^4 - x_2^4} - 1 \leqslant 0$$

$$g_2(\boldsymbol{x}) = \frac{1.9157 \times 10^6}{x_1^4 - x_2^4} - 1 \leqslant 0 \tag{3-109}$$

$$g_3(\boldsymbol{x}) = -x_2 \leqslant 0$$

$$g_4(\boldsymbol{x}) = x_2 - x_1 \leqslant 0$$

下面应用 MATLAB 求解上述优化模型。由于本实例属于有约束优化设计问题，因此这里仅对 MATLAB 优化工具箱中用于求解有约束优化设计问题的 fmincon 函数进行介绍，对于求解其他类型的优化设计问题的函数，读者可自行查阅相关资料。fmincon 函数是用于求解如式（3-110）所示的有约束优化设计问题的函数：

$$\min f(\boldsymbol{x})$$

$$\text{s.t.} \quad A\boldsymbol{x} \leqslant b$$

$$\text{aeq}\boldsymbol{x} = \text{beq}$$

$$c(\boldsymbol{x}) \leqslant 0 \tag{3-110}$$

$$\text{ceq}(\boldsymbol{x}) = 0$$

$$\text{lb} \leqslant \boldsymbol{x} \leqslant \text{ub}$$

式中，$\boldsymbol{x}$ 为设计变量向量；$A\boldsymbol{x} \leqslant b$、$\text{aeq}\boldsymbol{x} = \text{beq}$ 分别为线性不等式约束和线性等式约束；aeq、beq 分别为线性等式约束的系数；$c(\boldsymbol{x}) \leqslant 0$、$\text{ceq}(\boldsymbol{x}) = 0$ 分别为非线性不等式约束和非线性等式约束；lb、ub 分别为设计变量的取值上界、下界。

fmincon 函数的一般调用格式如下。

```
[x, fval, exitflag, output, lambda, grad, hessian]=fmincon(fun, x0, A, b, aeq, beq, lb, ub, nonlcon, options)
```

其中，fun 为目标函数；nonlcon 为非线性约束条件（用于计算非线性不等式约束 $c(\boldsymbol{x}) \leqslant 0$ 和非线

等式约束 ceq(*x*)=0；grad 为求解 x 处 fun 函数的梯度；hessian 为求 fun 函数的 Hess 矩阵；其他参数同上。fmincon 函数一共有 trust-region-reflective 算法、active-set 算法、interior-point 算法、序列二次规划算法这 4 种算法。

基于 MATLAB 求解本实例的程序及优化结果如下。

（1）取设计变量的初值为 x0=[20, 10]。首先编写目标函数的 m 文件 Objfun.m，返回 x 处的函数值 f。

```
function f = fun(x)
f=24.504e-6*(x(1)^2-x(2)^2);
```

（2）编写描述非线性约束的 m 文件 nonlcon.m。

```
function[c,ceq]= nonlcon(x)
c=[3-3435e4*x(1)/(x(1)^4-x(2)^4)-1; 1.9157e6/(x(1)^4-x(2)^4)-1];        ceq=[ ];
```

（3）运行 run.m 函数，给定初值，并调用优化函数。

```
x0=[20 10]; A=[-1 1]; b=0; lb=[0 0]; ub=[40 15]; %为避免优化后得到的外径尺寸过大，这里给轴的内径和外径设置一个取值上限%
[x, f, exitflag, output]=fmincon('fun', x0, A ,b ,[] ,[] , lb, ub, 'nonlcon'）
```

（4）优化程序经过 20 次迭代计算后收敛，可得空心传动轴的外径和内径的最优解分别为 D=36.4469mm，d=15.00mm，此时空心传动轴的质量最小，为 0.0288kg。同时通过观察优化结果可知，该问题的最优解恰好落在设计空间的边界上。

本章小结

本章首先介绍了机构学的发展，重点讲解了空间机构的坐标变换及动、静力学分析；其次介绍了机器人设计的基本原则、方法、步骤，结合机器人的应用案例，给出了机器人的发展前景；再次分析了现在机械仿真技术及应用，在此基础上介绍了优化设计的思想及其相关基本概念，介绍了传统优化算法中的牛顿法和现代智能优化算法中的粒子群优化算法；最后给出了一个基于 MATLAB 的某型号空心传动轴结构优化实例。

参考文献

[1] 韩建友，杨通，于靖军. 高等机构学（第 2 版）[M]. 北京：机械工业出版社，2014.

[2] 张春林. 高等机构学[M]. 北京：北京理工大学出版社，2004.

[3] 袁夫彩. 工业机器人及其应用[M]. 北京：机械工业出版社，2018.

[4] 张宪民. 机器人技术及其应用[M]. 北京：机械工业出版社，2018.

[5] 韩建友，杨通，于靖军. 高等机构学（第 2 版）[M]. 北京：机械工业出版社，2014.

[6] 张春林. 高等机构学[M]. 北京：北京理工大学出版社，2004.

[7] 袁夫彩. 工业机器人及其应用[M]. 北京：机械工业出版社，2018.

[8] 张宪民. 机器人技术及其应用[M]. 北京：机械工业出版社，2018.

[9] 陈立平. 机械系统动力学分析及 ADAMS 应用[M]. 北京：清华大学出版社，2004.

[10] 贺利乐. 机械系统动力学分析[M]. 北京：国防工业出版社，2014.

[11] 郭卫东，李守忠. 虚拟样机技术与 ADAMS 应用实例教程（第 2 版）[M]. 北京：北京航空航天大学出版社，2018.

[12] 陈峰华. ADAMS 2018 虚拟样机技术从入门到精通[M]. 北京：清华大学出版社，2019.

[13] 史冬岩，滕晓艳，钟宇光，等. 现代设计理论和方法[M]. 北京：北京航空航天大学出版社，2016.

[14] 孙靖民，梁迎春. 机械优化设计（第 5 版）[M]. 机械工业出版社，2012.

[15] 李丽，牛奔. 粒子群优化算法[M]. 北京：冶金工业出版社，2009.

[16] 朱爱斌，朱永生. 机械优化设计技术与实例[M]. 西安：西安电子科技大学出版社，2011.

第4章 先进制造技术

4.1 高速/超高速切削加工技术

高速切削加工技术作为先进制造技术中的重要组成部分，已经成为切削加工的主流技术，具有强大的生命力和广阔的应用前景。高速切削加工的理念于20世纪30年代初被提出，经过半个多世纪艰难的理论探索和研究，随着高速切削加工机床技术和高速切削刀具技术的发展和进步，到20世纪80年代后期进入工业化应用阶段。目前高速切削加工技术在工业发达国家的航空航天、汽车、模具等领域应用广泛，并产生了巨大的经济效益。

4.1.1 高速/超高速切削加工技术概述

1. 高速切削加工技术的概念

高速切削加工技术中的"高速"是一个相对的概念。对于不同的加工方法和工件材料与刀具材料，在进行高速切削加工时应用的切削速度并不相同。如何定义高速切削加工，至今还没有统一的认识。目前沿用的高速切削加工的定义主要有以下几种。

（1）1978年，CIRP切削委员会提出以线速度为500～7000m/min的切削加工为高速切削加工。

（2）根据ISO1940标准，主轴转速高于8000r/min切削加工为高速切削加工。

（3）德国Darmstadt工业大学生产工程与机床研究所（PTW）提出以速度为普通切削加工速度的5～10倍的切削加工为高速切削加工。

（4）从主轴设计的角度，以沿用多年的DN值（主轴轴承孔直径D与主轴最大转速N的乘积）来定义高速切削加工。当DN值达$(5～2000)×105$mm·r/min时为高速切削加工。

（5）从刀具和主轴动力学角度来定义高速切削加工。这种定义取决于刀具振动的主模式频率，它在ANSI/ASME标准中用来在进行切削性能测试时选择转速范围。

因此，高速切削加工不能简单地用某一具体的切削速度值来定义。在不同的切削条件下，具有不同的高速切削速度范围。虽然很难就高速切削加工给出明确定义，但从实际生产角度来考虑，高速切削加工中的"高速"不应仅是一个技术指标，还应是一个经济指标，可由此获得较大经济效益。根据目前的实际情况和可能的发展趋势，不同工件材料的大致切削速度范围如图4-1所示。

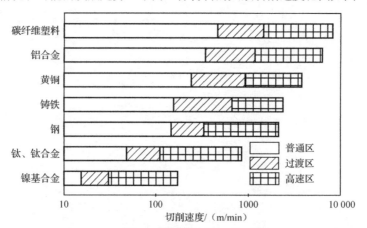

图4-1 不同工件材料的大致切削速度范围

2．高速切削加工技术的发展历程

20 世纪中后期，随着社会生产力的提高和科学技术的发展，特别是在材料、信息等领域取得长足进步，人们对常规的金属加工效率提出了更高的要求，需要在保证加工质量的同时尽快地完成金属切削加工过程，提高生产效率，缩短产品的开发周期，进而提升企业的产能，增加企业收入。在这样的背景之下，高速切削加工技术概念提出 20 多年后，从 20 世纪 50 年代后期开始，高速切削加工技术的理论研究开始在世界范围内展开。

第一阶段是高速切削加工技术理论研究和探索阶段（1931—1971 年）。由于当时还没有高速切削加工机床，不能进行高速切削加工实验，因此采用了弹射实验的方法。研究表明，很多材料可以通过高速切削来实现加工，从而大大地提高生产效率，但是要解决高速切削过程中严重的刀具磨损和机床振动问题。

第二阶段是高速切削加工技术应用基础研究探索阶段（1972—1978 年）。该阶段主要探索了高速切削加工技术用于实际生产的可行性。最后发现，在生产中应用 305～915m/min 的速度切削加工铸铁和钢，以及应用 610～3660m/min 的速度切削加工铝合金是可行的，并且可以有效地提高表面加工质量，但是要加强刀具和具有快速装卸工件与更换刀具的高速切削加工机床的研究开发。

第三阶段是高速切削加工技术应用研究阶段（1979—1989 年）。该阶段开始研究由磁悬浮轴承支持的高速电主轴系统，全面、深入、系统地研究了高速铣削铁属和非铁属材料的基础理论、高速切削刀具技术、高速切削加工机床技术、高速切削加工工艺和效率，以及高速切削加工技术的实际应用，获得了许多有重要价值的成果。

第四阶段是高速切削加工技术发展和应用阶段（1990 年至今）。1993 年直线电机的出现拉开了高速进给的序幕，快速换刀和装卸工件的结构日益完善，自动新型电主轴高速切削加工中心也不断被投放到国际市场中。高性能刀具材料和能使刀具与主轴可靠连接的刀柄等的出现与使用，标志着高速加工切削技术已从理论研究阶段进入工业应用阶段。在工业发达国家，高速切削加工技术已经成为切削加工的主流技术，日益广泛地应用于航空航天、汽车和模具等领域，并取得巨大的经济效益。

4.1.2　高速/超高速切削加工技术系统

1．高性能刀具材料

高速切削对刀具的材料、镀层、几何形状等提出了很高的要求。高速切削刀具的材料必须具有很高的高温硬度和耐磨性，必要的抗弯强度、冲击韧性和化学惰性，良好的工艺性（刀具毛坯制造、磨削和焊接性等），且不易变形。目前国内外性能好的刀具主要是指超硬材料刀具，包括金刚石刀具、聚晶立方氮化硼刀具、陶瓷刀具、TiC（N）基硬质合金刀具（金属陶瓷）、涂层刀具和超细晶粒硬质合金刀具等。刀具材料的发展与切削高速化的关系如图 4-2 所示。

2．高速主轴系统

高速主轴系统是高速切削加工技术系统的关键技术之一。由于高速主轴转速极高，主轴零件在离心力的作用下会产生振动和变形，高速运转摩擦热和大功率内装电机产生的热会也会引起热变形和高温，因此对高速主轴提出了如下性能要求。

（1）结构紧凑、质量小、惯性小、可避免振动和噪声，具有良好的启停性能。

（2）具有足够的刚性和回转精度。

（3）具有良好的热稳定性。

（4）功率大。

（5）具有先进的润滑和冷却系统。

（6）具有可靠的主轴监控系统。

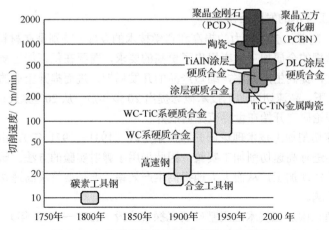

图 4-2　刀具材料的发展与切削高速化的关系

　　为满足上述性能要求,高速主轴在结构上几乎全部采用由交流伺服电机直接驱动的"内装电机"集成化结构,因为减少了传动部件,所以具有更高的可靠性。高速主轴要求在极短的时间内实现升速、降速,在指定的区域内实现快速准停,这就要求主轴具有很高的角加速度。为此,将主轴电机和主轴合二为一,制成电主轴,以实现无中间环节的直接传动,该结构是高速主轴单元的理想结构。

　　轴承是决定主轴寿命和负荷的关键部件。为了适应高速切削加工,高速切削加工机床采用了先进的主轴轴承、润滑和散热等新技术。目前高速主轴主要采用陶瓷轴承、磁悬浮轴承、空气轴承,以及液体动、静压轴承等。

3．高速进给系统

　　在进行高速切削加工时,为了保证刀具每次的进给量基本不变,随着主轴转速的提高,进给速度也必须大幅度提高。为了适应进给运动高速化的要求,对高速切削加工机床主要采取了如下措施。

　　(1)采用新型直线滚动导轨,其中的球轴承与钢轨之间的接触面积很小,摩擦系数为槽式导轨的 1/20 左右,并且爬行现象大大减小。

　　(2)采用小螺距、大尺寸、高质量的滚珠丝杠或粗螺距多头滚珠丝杠。

　　(3)使高速进给伺服系统实现数字化、智能化和软件化,从而使高速进给伺服系统与 CNC系统在 A/D 转换与 D/A 转换过程中不会出现丢失和延迟现象。

　　(4)为了尽量减小工作台的质量但又不降低工作台的刚度,高速进给机构通常采用碳纤维增强基复合材料。

　　(5)使用直线电机,消除了机械传动系统的间隙、弹性变形等问题,减小了传动摩擦力,几乎没有反向间隙,并且使高速进给系统具有高加速、减速特性。

4．高速 CNC 系统

　　数控高速切削加工要求高速 CNC 系统具有快速数据处理能力和高的功能化特性,以保证在进行高速切削加工时,特别是在 4～5 轴坐标联动加工复杂曲面时,仍具有良好的加工性能。高速CNC 系统的数据处理功能有两个重要指标:一个是单个程序段处理时间,为了适应高速,单个程序段处理时间要短,为此需要使用 32 位、64 位 CPU,并采用多处理器;另一个是插补精度,为了确保高速下的插补精度满足要求,要求有前馈控制和大数超前程序段预处理功能。此外,还可采用 NURBS(非均匀有理 B 样条)插补、回冲加速、平滑插补、钟形加减速等轮廓控制技术。高速 CNC 系统的功能包括加减速插补、前馈控制、精确矢量插补、最佳拐角减速度。

5．高速刀柄系统

传统加工中心的主轴和刀具的连接大多采用 7∶24 锥度的单面夹紧刀柄系统，如 ISO、CAT、DIN、BT 等都属于此类。高速切削加工使此类系统出现了一系列问题，包括刚性不足、自动换刀重复精度不稳定、受离心力作用影响较大、刀柄锥度大、不利于快速换刀和实现机床的小型化等。针对这些问题，为提高刀具与机床主轴的连接刚性和装夹精度，适应高速切削技术的发展需要，人们开发出了刀柄与主轴内孔锥面和断面同时贴紧的两面定位的刀柄系统。两面定位的刀柄系统主要有两大类：一类是对现有的 7∶24 锥度的单面夹紧刀柄系统进行改进性设计得到的系统，如 BIG-PLUS、WSU、ABSC 等系统；另一类是采用新思路设计的 1∶10 中空短锥刀柄系统，有德国开发的 HSK、美国开发的 KM 和日本开发的 NC5 等几种形式。传统 BT 刀柄与 HSK 刀柄的结构示意图如图 4-3 所示。

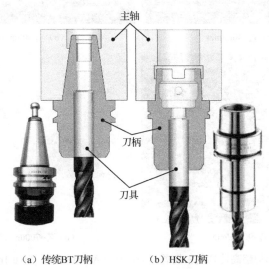

（a）传统 BT 刀柄　　　　（b）HSK 刀柄

图 4-3　传统 BT 刀柄与 HSK 刀柄的结构示意图

4.1.3　高速/超高速切削机理

1．高速/超高速切削的切屑形态和切屑形成机理

（1）切屑形态。切削中通常会产生以下四种切屑形态（见图 4-4）：带状切屑（连续切屑）、锯齿形切屑（节状切屑）、单元切屑（节片切屑）和崩碎切屑。切屑形态和材料的物理机械性能及切削条件相关。一般塑性材料在普通切削速度下容易形成带状切屑，而脆性材料在同样的切削速度下易形成单元切屑或崩碎切屑。

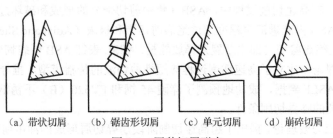

（a）带状切屑　　（b）锯齿形切屑　　（c）单元切屑　　（d）崩碎切屑

图 4-4　四种切屑形态

在高速/超高速切削中，变形区材料变形速率可达 $10^4/s$ 以上，变形区材料的热软化效应、应变率脆化效应与在普通切削速度下有明显的不同，同样的材料在高速/超高速切削时呈现出和普通

速度切削时不同的切屑形态。在高速/超高速切削中，典型的切屑形态有锯齿形切屑、单元切屑和崩碎切屑。高速/超高速切削中切屑形态演化如图 4-5 所示。

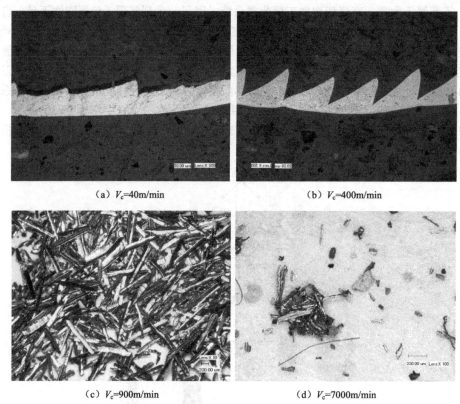

（a）V_c=40m/min　　　　　　　　　（b）V_c=400m/min

（c）V_c=900m/min　　　　　　　　　（d）V_c=7000m/min

图 4-5　高速/超高速切削中切屑形态演化（AerMet100，f = 0.1mm/rev）

（2）切屑形成机理。对应不同的切屑形态，切屑形成机理不同。锯齿形切屑的形成机理存在两种理论：周期性断裂理论和绝热剪切理论。周期性断裂理论认为，材料在变形过程中因应变大于抗拉强度对应的应变而发生断裂，从而导致失效，研究该理论的代表人物有 Nakayama、Shaw 和 Vyas、Elbestawi 等；绝热剪切理论认为，在塑性变形时，材料因塑性变形做功产生的热软化效应大于材料的应变硬化效应而导致材料塑性变形失稳失效，即绝热剪切失效，该理论的代表人物有 Recht、Komanduri、Barry、Davies、Evans、Hou 等。

随着切削速度的进一步提高，锯齿形切屑的锯齿分节间会发生断裂，形成由单个锯齿组成的单元切屑，而在更高的切削速度阶段，切屑分节变得更小，最后发展为谷粒状的脆性崩碎切屑。

王敏杰等认为，在高速切削过程中，ASB（集中剪切带）的形成和破坏过程分别是能量汇聚和释放的过程。当 ASB 内能量汇聚程度超过绝热剪切饱和极限（Adiabatic Shear Saturation Limit，ASSL）时，就会发生绝热剪切局部化断裂来释放能量，ASSL 表征 ASB 断裂韧性相关的固有属性。他们结合梯度塑性理论，建立了高速切削过程热塑性剪切波的传播模型，推导出 ASSL 和 ASSD 的表达式，提出了 ASLF 判据，成功地预测了淬硬 45 钢和 FV520（B）不锈钢的锯齿形切屑发生绝热剪切局部化断裂的临界切削条件。

刘战强等基于应力波理论，提出了超高速切削阶段崩碎切屑形成的冲击崩碎理论。他们认为，当切削速度达到或接近塑性应力波在工件材料中的传播速度（又称临界冲击速度）时，变形区材料会因来不及进行塑性变形而崩碎，形成谷粒状的脆性崩碎切屑，如图 4-6 所示。

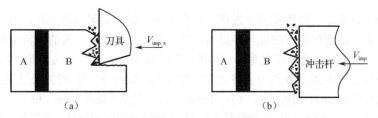

图 4-6　临界冲击速度和临界冲击切削速度

根据一维压缩塑性波理论提出的崩碎切屑形成的切削速度为

$$V_{imp} = \int_0^{e_u} c_p de \tag{4-1}$$

式中，e_u 为名义应力-工程应变曲线抗拉强度对应的应变；c_p 为工件材料塑性波波速，其计算公式为

$$c_p = \sqrt{(d\sigma_0/de)/\rho} \tag{4-2}$$

式中，σ_0、e 分别为名义应力、工程应变。

将切削速度和临界冲击速度进行等效处理，可得

$$V_{imp\_s} = V_{imp} \tag{4-3}$$

此时的切削速度被命名为临界冲击切削速度。

2. 高速/超高速切削力、切削热和切削能

与普通速度切削相比，高速/超高速切削中切削力、切削热和切削能具有不一样的特点。在切削速度由普通速度逐渐提高到高速/超高速的过程中，第一变形区材料的热软化效应加强，导致材料流动应力变小，同时第二变形区刀具和切屑之间、第三变形区刀具和已加工表面之间的摩擦加剧，从而导致摩擦副间温度升高、摩擦力下降。以上原因将导致在高速/超高速切削阶段切削力和单位切削能随着切削速度的提高而降低，如图 4-7 和图 4-8 所示。

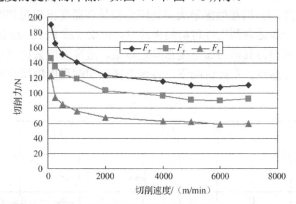

图 4-7　切削 7050-T7451 时切削力随切削速度的变化（f=0.1mm，a_p=1mm）

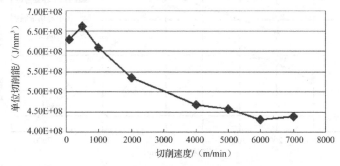

图 4-8　切削 7050-T7451 时单位切削能随切削速度的变化（f=0.1mm，a_p=1mm）

Carl J. Salomon 博士在铣削实验中发现，随切削速度提高切削温度上升，当切削温度上升到一定值（峰值）后，随切削速度的进一步提高切削温度开始降低。大量的实验结果表明，随切削速度的提高，不同变形区的温度演化是不一样的，有的和 Salomon 博士的发现一致，有的则不然。

切削温度可以分为 6 类，分别为主剪切面温度（PSP Temp）、刀-屑接触温度（T-C Temp）、刀-工接触温度（T-W Temp）、切屑温度（Chip Temp）、刀具温度（Tool Temp）和工件温度（Workpiece Temp），如图 4-9 所示。其中，刀-屑接触温度和刀-工接触温度分别为第二变形区（SDZ）和第三变形区（TDZ）的最高温度，它们决定了加工过程中的刀具磨损程度和已加工表面的完整性。此外，图 4-9 中的 FDZ 表示第一变形区。

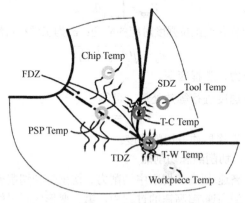

图 4-9　切削温度

在高速/超高速切削阶段，由于工件材料的应变率脆性效应增强，切屑形态和切屑变形做功发生变化，导致最高温度点由刀-屑接触区向刀-工接触区转移。在锯齿形切屑形成时，由于沿主剪切面的剪切应力快速下降，刀-屑接触区最大剪切应力和最高温度出现在切削刃附近而不是远离切削刃处。当切削速度进一步提高到工件材料的声速时，FDZ（或 PSP）和 SDZ（或刀-屑接触区）的热源就不存在了。切屑和刀具前刀面温度都接近室温。最高温度只出现在刀-工接触面上，刀-工接触温度可能达到工件熔点。在此影响下，各变形区的切削温度随切削速度的增加而变化的规律如图 4-10 所示。

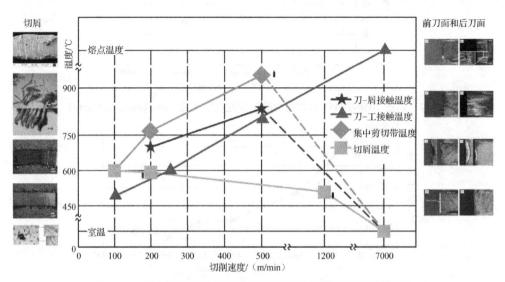

图 4-10　各变形区的切削温度随切削速度的增加而变化的规律

3. 高速/超高速切削刀具磨损和破损机理

在高速/超高速切削中，切削力、切削热都和普通速度切削时有明显的不同，造成刀具磨损/破损形式和主要机理也不同。

在普通速度切削中，刀具磨损的主要形式有前刀面月牙洼磨损、边界沟槽磨损、后刀面磨粒磨损等。在高速/超高速切削中，刀具磨损和破损的主要形式包括前刀面月牙洼磨损、后刀面磨损和塑性变形、微崩刃、剥落、碎断等。

在高速切削中，由于切屑锯齿化、工件材料中的硬质点、剧烈的切削温升等，刀具普遍会受到强烈的热冲击和机械冲击，导致切削刃及附近刀具材料内部产生较高的热应力和机械应力，从而导致刀具的热冲击和机械冲击破损。另外在前刀面和后刀面上，由于刀-屑接触面、刀-工接触面摩擦速度较高，会产生较高的温升，因此易导致前刀面月牙洼磨损和后刀面磨粒磨损。

PCD、CBN、PCBN、陶瓷等材料的超硬刀具在切削高强度钢、高温合金，特别是在断续切削这些材料的工件时，常发生微崩刃、剥落、碎断等破损。

在超高速切削中，由于工件材料的应变率脆化效应，切屑呈崩碎状，刀-屑接触面磨损不易形成，此时的刀具磨损主要发生在切削刃和后刀面处。

在高速切削中，由于机械冲击和热冲击的加强，机械冲击和热冲击引起的刀具磨损和破损机理起主要控制作用，且随着切削速度的提高和切削温度分布的改变，不同切削速度阶段和不同刀具位置的主要磨损机理亦发生变化。

1）磨粒磨损

磨粒磨损是指在材料去除过程中，工件材料中的硬质点在由前刀面和后刀面流出的过程中和刀具表面发生接触、划擦而引起刀具磨损的一种机理。

在高速切削中，刀-屑接触面、刀-工接触面相对摩擦速度较高，导致单位时间内划过刀具表面的硬质点数量较多，加剧了刀具的磨粒磨损。同时，较高的摩擦速度也使刀-屑接触面、刀-工接触面温度升高，从而软化刀具基体相和黏结相，使刀具磨粒磨损加剧。

对于前刀面，由于高速变形过程中第一变形区热软化作用增强，刀-屑接触面压力降低，因此前刀面的磨粒磨损降低，同时由于后刀面磨损加剧，前刀面的磨粒磨损区域因后刀面磨损而消失，因此观察到的前刀面的磨粒磨损并不明显。

2）黏结磨损

黏结是指在一定的温度和压力下，刀具与工件材料的接触达到原子间距离时发生结合从而黏结在一起的现象。发生摩擦的两个表面的黏结点有相对运动，晶粒或晶粒群受剪切或拉伸作用而被对方带走，从而造成黏结磨损。接触区的压力、温度、面积、刀具和工件材料对黏结磨损的影响较大。当氧化铝陶瓷、立方氮化硼、金刚石和纯铁结合时，氧化铝陶瓷的黏结强度系数最大，立方氮化硼的最小，金刚石的居中；当它们与钛结合时，氧化铝陶瓷的黏结强度系数最大，金刚石的最小。

3）化学磨损

化学磨损包括扩散磨损和溶解磨损。当两个具有一定化学亲和性的材料被放在一起时，在较高的温度下会发生一方原子向另一方迁移或双方原子互相向对方迁移的现象。在高速/超高速切削中，切削刃及附近刀具材料和工件材料接触紧密，且有较高的接触温度，因此容易发生刀具材料中的原子向切屑迁移或切屑材料中的原子向刀具迁移的现象，这种迁移的结果是接触面刀具材料力学性能发生改变，从而使刀具抗磨性能降低，加剧刀具的磨损。

4）氧化磨损

在高速切削时，切削温度较高使得刀具材料中的一些原始成分与周围环境中的某些介质（如空气中的氧气，切削液中的硫、氯等）发生化学反应，生成氧化膜或黏附膜，其中有的能起一定的保护作用，有的为较软的氧化物（如硬质合金中的 Co 与 O_2 反应生成 Co_3O_4），可使刀具材料中的硬质相颗粒易被黏走。氧化磨损速度和形成的薄膜的黏结强度有关。形成的薄膜的黏结强度越低，刀具磨损越快；反之，刀具磨损越慢。例如，立方氮化硼在 1000℃ 时与氧气发生化学反应，在刀具表面形成氧化硼薄膜，可防止刀具的进一步氧化。

5）崩刃和剥落

崩刃和剥落是指在刀具前刀面或后刀面上剥落一块贝壳状碎片，经常连切削刃一起剥落。崩刃是指只在切削刃上产生细小的缺口。硬度高、脆性大的刀具材料，如金刚石、氮化硼和陶瓷刀具等在高速切削高强度钢、镍基高温合金时主要发生崩刃和剥落的破损形式。在高速/超高速切削中，切屑一般呈锯齿形，伴随锯齿形切屑的产生，切削力发生周期性波动，对刀具形成高周冲击，容易引起切削刃处的崩刃。另外在高速/超高速切削中，刀具进入切削至稳态切削的时间非常短，变形区温度上升很快，对刀具形成强烈的热冲击，会导致刀具内部的微小开裂。在后续机械冲击和其他磨损机理作用下容易导致切削刃处的快速磨损。

4.1.4　高速/超高速切削加工技术及其应用

典型的高速/超高速切削加工技术包括高速硬切削、薄壁零件高速切削、基于热软化高速切削、基于应变率脆化高速/超高速切削等。本节结合当前生产实际中的应用，重点对前两种技术进行介绍。

1. 高速硬切削

高速硬切削是指对高硬度的材料直接进行切削加工，可以实现"以切代磨"的新技术。用于高速硬切削的材料包括淬硬钢、高速钢、轴承钢、冷硬铸铁、镍基合金等。目前高速硬切削加工技术在汽车、飞机、机床、医疗设备等领域得到了广泛应用。

与传统磨削相比，高速硬切削具有加工效率高、设备投资少、加工精度高和便于实现洁净加工等特点，但需要刚性好的机床来支持高速硬切削加工过程。此外，高速硬切削加工要注意选择合适的刀具材料与几何结构，加工时产生的切屑和切屑所带的热量必须尽快排除，还要注意系统振动的影响等。

高速硬切削对刀具有较高的要求。在进行高速硬切削时，切削力大、切削温度高，需要刀具、机床、夹具同时提供良好的支持条件。刀具需要有较高的红硬性、耐磨性和良好的高温化学稳定性，同时刀具的几何结构要有利于提高刀具刚性和减小切削刃破损概率。机床的刚性要高、散热性和热稳定性要好，机床主轴系统要能承受较高的轴向和径向力。夹具（刀柄系统）的加持刚度要高。

2. 薄壁零件高速切削

薄壁零件在保持较小质量的情况下拥有较高的刚性和比强度，在航空航天领域有着广泛的应用。相较普通零件高速切削，薄壁零件高速切削应注意以下几点。

（1）薄壁零件的整体尺寸较大，结构比较复杂且壁薄，在加工过程中极易产生加工变形，零件的变形控制及矫正是加工过程中的重要内容。

（2）薄壁零件的截面积较小，而外廓尺寸相对截面尺寸较大，在加工过程中，随着零件刚性的降低，容易发生切削振动，严重影响零件的加工质量。

（3）薄壁零件的制造主要采用数值量传递或图形直接传递，应用数控加工的方法来完成。目前，CAD/CAM/CNC 技术是加工航空领域薄壁零件的主要技术。

（4）薄壁零件不仅要具有较高的加工尺寸精度，而且要具有高的协调精度。例如，槽口、结合孔、缘条内套合面及接头等部分之间的位置精度要求高，加工这些具有装配要求的表面，必须满足协调精度要求，以满足零件装机使用要求。

（5）薄壁零件的选材多为高强度铝合金，虽然其为易切削材料，但其加工变形的控制要求高，常规的加工技术无法保证加工精度。而且铝合金材料的缺口敏感性强，一般采用手工或机械打磨方法达到表面粗糙度要求，其打磨工作量占全部工作量的 20%以上。随着数控加工技术的进一步完善与发展，打磨工作量将逐渐减少。

4.1.5　高速/超高速切削加工技术的发展趋势

高速切削通常是指高切削线速度切削，可获得较高的加工表面质量，但单位时间的材料体积去除率并不是很高，在粗加工阶段并非最优技术。为了适应高性能产品制造技术的新发展，20 世纪 90 年代末，一种新的加工理念，即高性能切削（High Performance Cutting，HPC）在欧洲和北美洲得到发展。高性能切削最初以高材料去除率为主要特征，随着研究与实践的深入，高性能切削可以定义为：根据加工对象不同，以最高的加工效率、最高的经济效益、令人满意的加工质量获得高性能零件与高性能加工过程的切削技术。高性能切削技术的主要特性如下。

（1）粗加工阶段以高效切削为主要特性，要快速去除较大的余量。

（2）精加工阶段以高质量为主要特性，要满足零件的使用性能要求，通常采用高速切削以获得高的加工质量。同时，单位时间面积去除率最高。

（3）绿色可持续特性，降低能耗、减少废弃物和污染物排放。

（4）可测、可控性，保证加工过程、加工结果可以预测、可以控制，进而可以进行综合优化。

高性能切削综合了高速切削和高效切削的特点，适应不同的应用范围，因而可以在更大程度上解决难加工材料与难加工结构大量使用及其品种性能多样化带来的切削加工难题。

4.2　增材制造技术

4.2.1　增材制造技术概述

增材制造（Additive Manufacturing，AM）技术是 20 世纪 80 年代中期发展起来的高新技术。增材制造技术以计算机 3D 模型的形式为开端，可以经过几个阶段直接转化为成品，不需要使用模具、附加夹具和切削工具。从成型原理出发，可提出一个分层制造、逐层叠加成型的全新思维模式：将 CAD、CAM、CNC、激光伺服驱动和新材料等先进技术集于一体，基于在计算机上构成的 3D 模型，分层切片，得到各层截面的 2D 轮廓信息。在控制系统的控制下，增材制造设备的成型头按照这些轮廓信息选择性地固化或切割一层一层的成型材料，形成各个截面轮廓，并按顺序逐步叠加成 3D 制件。图 4-11 所示为增材制造技术的工艺设计流程。

增材制造技术有以下优点。

（1）设计灵活性。

增材制造技术的显著特征是可以分层制造，采用分层制造方法可以创建各种复杂几何形状。增材制造技术与切削（减材制造）技术形成鲜明的对比，切削（减材制造）技术由于需要工装夹具和各种刀具，以及当制造复杂几何形状时刀具达到较深或不可见区域等会造成加工困难甚至无法加工成型。从根本上来说，增材制造技术为设计人员提供了将选择性（多）材料精确地放置在实现设计功能所需位置的能力。这种能力与数字生产线相结合，能够实现结构的拓扑优化，从而减少材料的用量。

（2）节省成本。

目前的增材制造技术为设计师在实现复杂几何形状方面提供了非常大的自由发挥空间。由于增材制造技术不需要额外的工具、不需要重新修复、不需要增加操作员的专业知识甚至制造时间，因此使用增材制造技术制造复杂的零件不会增加额外的成本。尽管传统的制造技术也可以制造复杂零件，但其几何复杂性与模具成本之间仍存在直接的关系，如只有在大批量生产时利润才可达到预期。

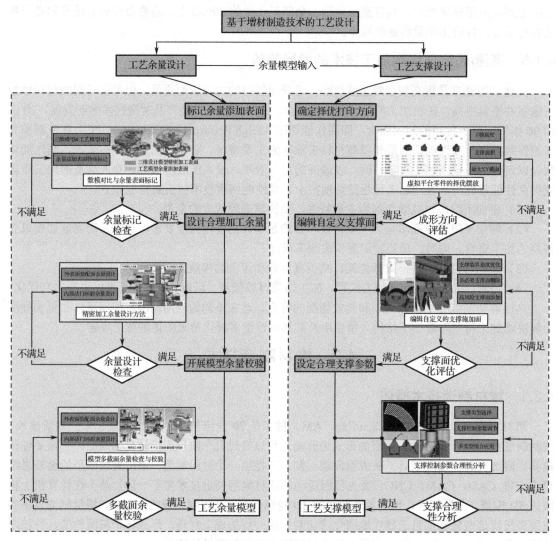

图 4-11　增材制造技术的工艺设计流程

（3）尺寸精度。

在传统制造系统中，需要基于符合国家标准的一般尺寸公差和加工余量来保证零件的加工质量。大多数增材制造设备在用于制造几厘米或更大的部件时，具有较高的形状精度，但尺寸精度较低。尺寸精度在增材制造技术早期开发中并不重要，主要用于原型制作。然而，随着人们对增材制造制品的期望越来越高，增材制造制品的尺寸精度要求也越来越高。

（4）装配需要。

应用增材制造技术能够直接生产出各种几何形状的制品，如果按常规方式生产，则需要组装多个部件。此外，可以使用增材制造技术生产具有集成机制的"单件组件"产品。

（5）生产运行时间和成本效益。

采用一些常规技术（如注塑成型技术），无论启动成本多少，进行批量生产都需要消耗大量的时间和成本。虽然采用增材制造技术比采用注塑成型技术慢得多，但是不需要进行生产启动的环节，所以增材制造技术更适用于单件小批量的生产。此外，按订单需求采用增材制造技术进行生产可以降低库存成本，还可以降低与供应链和交付相关的成本。通常，采用增材制造技术制造部件，浪费的材料很少。虽然由于粉末熔融技术中的支撑结构和粉末回收会产生一些废料，但是所购物料量与最终材料量的比率对于增材制造工艺来说非常低。

增材制造技术的常见工艺方法主要包括立体光固化制造（Stereo Lithography Apparatus，SLA）成型、叠层实体制造（Laminated Object Manufacturing，LOM）成型、选择性激光烧结制造（Selective Laser Sintering，SLS）成型、熔融沉积制造（Fused Deposition Manufacturing，FDM）成型、激光熔覆（Selective Laser Melting，SLM）成型及"弧+丝"增材制造（Wire Arc Additive Manufacturing，WAAM）成型等。表 4-1 所示为增材制造技术的常见工艺方法及其装备。

表 4-1 增材制造技术的常见工艺方法及其装备

成型工艺	成型材料	成型形式	成型质量	关键技术	工艺优点	工艺缺点	成型精度	成型成本	成型时间	环保程度	工艺起源	研究方向
SLA	光敏树脂	激光固化液态光敏树脂	高	控制固化线的线宽及固化深度	制作结构十分复杂的模型，无须支撑	激光功率容易出现波动	高	高	长	有毒	1988 年，美国 3D-System 公司推出第一台 SLA-250	光敏树脂的挥发与补偿
LOM	热敏胶纸	电阻基板加热热敏胶纸，激光或刀具切割	高	控制激光器进行层面切割	多使用纸材，成本低廉，制造精度高	层间材料不匹配和梯度冷却导致产生热残余应力和变形	低	低	长	环保	1988 年，美国 Helisys 公司的 Michael Feygin 研制成功	环境湿度控制
SLS	固态粉末	激光烧结金属粉末	高	烧结工艺参数	无须支撑	致密度不高	高	高	长	粉尘	1989 年，激光烧结工艺由美国得克萨斯州大学奥斯汀分校的 C. R. Dechard 研制成功	致密度，成型件的机械性能
FDM	丝状熔化挤喷成型	电阻熔融丝材	高	熔化丝材	原材料在成型过程中无化学变化	成型件的表面有较明显的条纹，熔丝头易堵塞	低	低	长	有毒	1988 年，美国 Dr. Scott C. 在分层理论和数控插补原理基础上，研究塑性材料熔融沉积制造成型技术	打印头的堵塞问题，路径优化
SLM	金属型材	激光熔覆或熔炉熔化金属材料	高	熔化型材	大型零部件成型	流动性难控制	低	低	长	辐射	1995 年，德国 Fraunhofer 激光器研究所（Fraunhofer Institute for Laser Technology，FILT）最早提出了直接用金属制造零件的 SLM 技术	熔炉黏结，流速控制
WAAM	金属丝材	高温液态金属熔滴过渡	高	成型形貌的控制	致密度高、化学成分均匀、力学性能好	热积累严重、散热条件差、熔池过热、难以凝固	低	高	长	辐射	1998 年，英国诺丁汉大学的 Spencer 等人提出了 WAAM 技术	高温液滴尺寸控制工艺

4.2.2 增材制造技术的应用

1）增材制造技术在航空航天工业中的应用

在航空航天工业中，从 20 世纪 80 年代就开始使用增材制造技术，当时增材制造在航空制造业只扮演了做快速原型的小角色。增材制造技术最近的发展趋势是，将在整个航空航天产业链中占据战略性的地位。由于增材制造技术具有极大的灵活性，未来的飞机设计可以实现极大的优化。表 4-2 所示为国内外利用增材制造技术对航空航天工业产品的研发。

表 4-2　国内外利用增材制造技术对航空航天工业产品的研发

增材制造技术在航空航天工业中的应用	研发产品示例
国防科技工业先进制造技术研究应用中心利用 SLM 工艺制成钛合金飞机产品。该中心研究出五代激光熔融沉积制造成型设备，其可成型的最大尺寸为 4m×3m×2m，并已制造出 30 余种钛合金大型整体关键飞机主承力构件，这些构件已经在 7 种型号的飞机研制和生产中得到工程应用	
西北工业大学依托国家凝固技术重点实验室，成功研制出系统集成完整、技术指标先进的激光熔融沉积制造成型装备，为企业提供了多种大型桁架类钛合金构件	西北工业大学制造的航空零部件 C919 中央翼缘条，长度超过 3m 飞机主承力梁，长度为 5m
由镍基合金 X 制成的喷嘴是 Leonardo AW189 型直升机的辅助动力装置（APU）的核心部件之一，已得到欧洲航空安全局（EASA）的认证。3D 打印喷嘴被安装在赛峰集团设计的 eAPU60 微型涡轮发动机上，以满足推重比高和结构紧凑的需求	

增材制造技术在航空航天工业中的应用	研发产品示例
空客 A350-1000 采用的是 XWB-97 发动机，可产生 432kN 的推力，主要是因为使用了先进的空气动力学技术，以及 3D 打印零部件。3D 打印的镍金属结构件是一件直径为 1.5m、厚度为 0.5m 的前轴承座，含有 48 个翼面	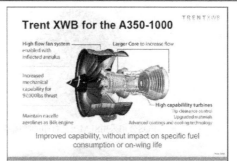
GE 航空研发的 T25 传感器壳体得到了美国联邦航空局的认证，这是 GE 航空首个 3D 打印的金属零部件。2015 年 4 月，T25 传感器壳体首次用在飞机发动机中，目前已被安装在超过 400 个 GE90-94B 发动机中	
在 MTU 的研发过程中，涡轮箔、燃料喷射器和其他零部件往往都是 3D 打印的，并且设计师还可以通过 3D 打印技术减少零部件数量，减轻零部件质量，提高零部件强度，3D 打印已经被证明在这个过程中具有可靠性	
霍尼韦尔正在印度 Bangalore 的 3D 打印实验室中测试金属粉末，该粉末将用于打印 1000 个金属零部件。霍尼韦尔还将突破目前金属 3D 打印材料种类的限制，尝试将超过 40 种新型金属 3D 打印粉末材料应用在航空制造中	
INTECH DMLS 为印度斯坦航空有限公司（HAL）所交付的 25kN 发动机燃烧室机匣是一种复杂的薄壁零部件，25kN 发动机燃烧室机匣的制造材料为镍基高温合金，此类零部件不仅具有大型复杂结构，而且对结构完整性要求高	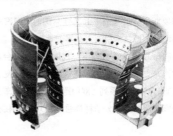

　　此外，EOS、Avion 等公司也围绕航空航天工业中的增材制造技术进行了研究。图 4-12 所示为金属增材制造技术在航空航天工业中的典型应用。

EOS公司采用SLM工艺打印的喷嘴头　　　　Avio公司采用EBM工艺打印的涡轮叶片

欧洲宇航集团采用SLM工艺打印的铰链支架　　Optisys公司采用SLM工艺打印的卫星天线

图 4-12　金属增材制造技术在航空航天工业中的典型应用

2）增材制造技术在汽车工业中的应用

　　汽车行业是最早采用增材制造技术进行快速原型制造的行业之一。汽车制造商和代工厂正朝着数字化量产的方向迈进。现在，汽车制造商已经看到了采用增材制造技术生产零部件带来的效益。目前，增材制造技术在汽车工业中的应用主要集中在概念模型的设计、功能验证原型的制造、样机的评审及小批量定制型成品 4 个生产阶段。在 1∶1 模型的基础上，可以采用增材制造技术制造和安装车灯、座椅、方向盘和轮胎等汽车零部件。表 4-3 所示为国内外利用增材制造技术对汽车工业产品的研发。

表 4-3　国内外利用增材制造技术对汽车工业产品的研发

增材制造技术在汽车工业中的应用	研发产品示例
拥有 Mini 和 Rolls Royce 品牌的德国汽车公司宝马自 2016 年以来一直是增材制造技术的主要应用商。该公司在慕尼黑以北的 Oberschleissheim 拥有一个增材制造工厂，同时采购外部供应商生产的 SLS 和 SLA 零部件。右图所示为宝马 i8 敞篷跑车安装的金属 3D 打印零件	
拥有梅赛德斯-奔驰、smart 和其他品牌的德国汽车公司戴姆勒也已将增材制造技术引入汽车零部件生产中。自 2017 年以来，戴姆勒与 EOS 合作开发下一代增材制造平台项目，为即将到来的汽车金属零部件的大规模增材制造开发了工作流程。梅赛德斯-奔驰 198 系列（双门跑车和敞篷跑车）工具套件中的火花塞固定器由高分子材料通过 3D 打印制成	

续表

增材制造技术在汽车工业中的应用	研发产品示例
德国大众（Volkswagen Group）集团是采用增材制造技术最多的汽车公司之一，其知名品牌包括奥迪、兰博基尼、保时捷和布加迪等。大众汽车的大多数增材制造研发项目都是在沃尔夫斯堡最先进的 3D 打印中心进行的。2018 年年底，该中心安装了 Additive Industries MetalFAB1 系统，用于 3D 打印工具和备件。右图所示为工程师在奥迪的金属增材制造中心展示打印完的铝合金零件	
德国大众集团旗下的意大利豪车品牌兰博基尼是 Stratasys 公司的 FDM 和 PolyJet 技术的长期用户，该技术可用于原型设计和工具生产。2019 年，兰博基尼与 Carbon 合作，采用数字光合成（DLS）技术生产汽车零部件。兰博基尼顶级跑车 Sian 的内饰中的皮革纹理部件就是采用 3D 技术打印的	
拥有别克、凯迪拉克、雪佛兰和 GMC 等多个汽车品牌的美国通用汽车（General Motors）公司在全球的工厂均开始使用增材制造技术。通用汽车公司是增材制造技术的早期使用者，多年来一直在使用 SLA 和 FDM 技术制造零部件和工具。2018 年，通用汽车公司与 Autodesk 合作生产了一种经过拓扑优化设计生成的座椅支架，采用不锈钢通过 3D 打印的支架比之前减重 40%，刚度提高 20%	
美国汽车制造商福特在增材制造工业化方面也进行了广泛的实践研究，主要侧重于聚合物和复合材料。增材制造技术的大部分活动都在底特律雷德福德的新高级制造中心进行，该公司经营着来自 Stratasys、HP、Carbon、EOS、Desktop Metal 和 SLM Solutions 的工业级增材制造设备	
菲亚特-克莱斯勒汽车集团（FCA）由意大利菲亚特集团（包括法拉利、阿尔法·罗密欧、蓝旗亚和依维柯）和美国克莱斯勒集团（包括道奇和 Jeep）合并而成。菲亚特集团是意大利首家采用 3D 打印进行原型制造的汽车集团，它的增材制造研发工作主要在都灵工厂进行。菲亚特 Centoventi 概念车利用 3D 打印实现了定制化生产，并提供 114 个 Mopar 设计的配件	

续表

增材制造技术在汽车工业中的应用	研发产品示例
在 2015 年 3 月 5 日至 15 日的日内瓦车展上，宾利汽车公司展示了用增材制造技术制造的概念车，这辆概念车的各种功能部件都是用增材制造技术制造的，包括其标志性的进气格栅、排气管、门把手和侧通风口	
由 KOR Ecologic、RedEye 及 3D 打印制造商 Stratasys 三家公司联合设计的第三代 3D 打印汽车 Urbee2 是完全使用增材制造技术制造的汽车，整车包含超过 50 个 3D 打印组件。该车配备 3 个车轮，动力为 7 马力（5kW），燃油效率很高，行驶 4500km 油耗只有 38L	
亚利桑那州的 Local Motors 公司已经建立了增材制造系统，打印出来的 Strati 汽车由 49 个零部件构成，其中座椅、车身、底盘、仪表板、中控台及引擎盖都是由增材制造系统制造的。该车的最高速度为 40kM/h，采用电池和电动机而非传统的发动机进行驱动，并可以搭乘两名乘客	

　　另外，增材制造技术在汽车工业中的应用还包括汽车轻量化，具体可采用轻量化材料和简化零部件结构，从而实现环保和节能的目的。当前，德国宝马、奥迪，以及美国通用汽车等汽车制造商都已推出采用碳纤维零部件的新车型。用增材制造系统打印的汽车排气管如图 4-13 所示。我国某公司根据汽车制造商的需求，设计并打印了具有螺旋上升排列的空洞结构的排气管系统，这种复杂的结构只有通过增材制造技术才可完成。采用传统的加工工艺是无法获得内表面和外表面都完全光滑的管道的，而采用增材制造技术可实现上述要求，从而使得最后加工出来的管道就是完全光滑的。

图 4-13　用增材制造系统打印的汽车排气管

　3）增材制造技术在生物医学中的应用

　　3D 生物打印是基于增材制造的原理，以特制生物"打印机"为手段，以加工活性材料，包括细胞、生长因子、生物材料等为主要内容，以重建人体组织和器官为目标，跨学科、跨领域的新型再生医学工程技术。它在一定程度上代表了目前 3D 打印技术的最高水平。

（1）规划和模拟复杂手术。利用增材制造技术打印出 3D 模型，外科医生借助该模型模拟复杂的手术，从而制订最佳的手术方案，提高手术的成功率。随着增材制造技术的发展，利用打印设备打印出模型从而对腹腔镜手术、关节镜手术等微创手术进行指导或术前模拟等应用也将得到更多的应用与推广。利用 3D 建模工具构建的下颚骨 3D 模型如图 4-14 所示。

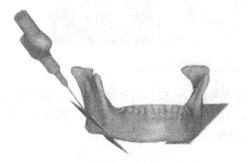 

（a）虚拟电子钻和截骨平面　　　　　　　　　（b）截骨后的模拟图

图 4-14　利用 3D 建模工具构建的下颚骨 3D 模型

（2）器官定制。随着生物材料的发展，3D 生物打印速度提高到较高水平，所支持的材料更加精细全面，并且当打印出的组织器官具有免遭人体自身排斥的情况时，实现复杂的组织器官的定制将成为可能。那时每个人专属的组织器官随时都能打印出来，相当于为每个人建立了自己的组织器官储备系统，可以实现定制植入物。器官定制示例如图 4-15、图 4-16 和图 4-17 所示。

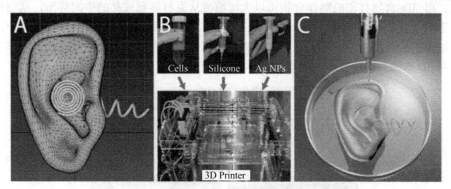

图 4-15　3D 打印的仿生耳图

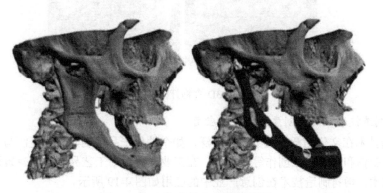

图 4-16　3D 打印的人造下颌骨图

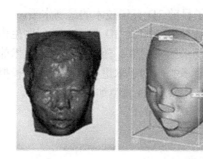

图 4-17　3D 打印的烧伤面具

（3）快速制作医疗器械。当 3D 打印机逐步升级后，在一些紧急情况下，可利用 3D 打印机快速制作医疗器械，如导管、手术工具、衣服、手套等，可使各种医疗用品更适合患者，同时减少获取环节和时间，临时解决医疗用品不足的问题。

4）增材制造技术在食品工业中的应用

随着人们的生活水平不断提高，健康饮食理念逐渐深入人心，越来越多的人追求个性化、美观化的营养饮食。传统食物加工技术很难完全满足这些需求，3D 食物打印技术不仅能实现自由搭配、均衡营养，以满足各类消费群体的个性化营养需求；还可以改善食物品质，根据人们的情感需求改变食物形状，增加食物的趣味性。因此，3D 食物打印技术为健康个性化饮食提供了可能性，在食品工业中有着良好的发展前景。

3D 食物打印机有很多优点，如供厨师开发更多的新菜品，制作个性化美食，以满足不同消费者的需求。用 3D 食物打印机制作食物可以大幅缩减从原材料到成品的中间环节，从而避免食物在加工、运输及包装等环节产生的不利影响。另外，利用该项技术，营养师可根据一个人的基础代谢量和每天的活动量，运用 3D 食物打印机打印其每日所需的食物，以此来控制肥胖、糖尿病等问题。用 3D 食物打印机打印的美食如图 4-18 所示。

图 4-18　用 3D 食物打印机打印的美食

5）增材制造技术在文化创意产业中的应用

增材制造技术在文化创意产业中应用广泛，如个性化产品定制、文物复制与修复、影视动漫产业中的道具制作和影视形象创作等。另外，在工业设计、手工艺品制作、建筑设计等中都会用到增材制造技术。增材制造技术在创意产业中的应用如图 4-19 所示。

图 4-19 增材制造技术在创意产业中的应用

4.2.3 4D 打印技术

增材制造技术经过几十年的发展，其含义逐渐发生变化，内涵逐渐丰富。随着 2013 年 4D 打印概念的提出，增材制造和 3D 打印"同一性"的固有思维逐渐被打破。4D 打印技术在 3D 打印技术三维坐标轴的基础上增加了时空轴。

图 4-20 所示为增材制造技术的分类、发展历程和技术特点。按照增材制造构件的发展历史，可将其分为结构构件、功能构件、智能构件、生命器官、智慧物体等。

20 世纪 90 年代，增材制造能够实现材料制备与成型一体化，即在制备材料的同时成型所需构件，注重构件的形状和力学性能，其成型件称为结构构件，其形状和性能要求稳定。2010 年前后，面向增材制造技术的新材料大量涌现，构件的宏/微观结构、力学性能及其他性能均受到关注，增材制造实现了材料-结构一体化，得到功能构件，其形状、性能和功能要求稳定。然而，随着高端制造领域对构件的要求越来越高，如今智能构件的材料-结构-功能一体化 4D 打印已成为增材制造技术的重要发展方向，其构件的形状、性能和功能要求可控变化。由图 4-20 可以看出，随着制造思维的进一步发散，制造领域构件的智能化、生命化、意识化是必然的发展趋势，"5D 打印""6D 打印"的概念也进入"增材制造的大家庭"中。自此，增材制造不再是 3D 打印的代名词，而具有更高维度、更多方面、更深层次的含义。5D 打印已有实验室研究成果，尽管 6D 打印仅是新提出的概念，尚未进入实质性的研究阶段，但随着 4D 打印技术研究的逐渐深入，更高维度打印方式的出现成为可能，这也表明了增材制造领域的发展趋势，引起了人们对制造思想的再认识和再思考，并且极有可能引发制造技术的变革和颠覆。目前，4D 打印技术的研究已全面展开。

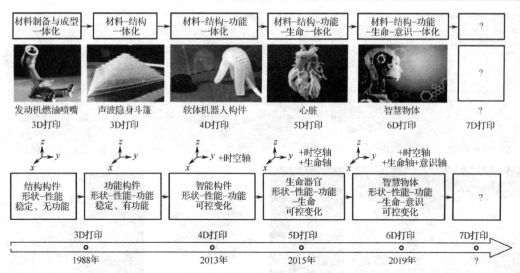

图 4-20　增材制造技术的分类、发展历程和技术特点

4D 打印技术不仅可以解决航空航天领域部分构件结构复杂、设计自由度低、制造难等问题，而且其形状、性能和功能可控变化的特征在智能变体飞行器、柔性变形驱动器、新型热防护技术、航天功能变形件等智能构件的设计制造中将展现出巨大的优势。4D 打印技术在航空航天领域的应用如图 4-21 和图 4-22 所示。

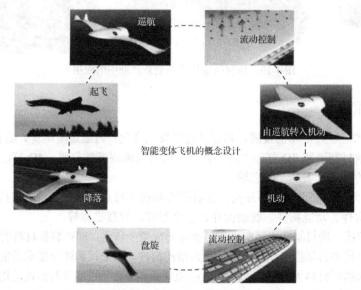

图 4-21　美国国家航空航天局提出的智能变体飞机的概念设计

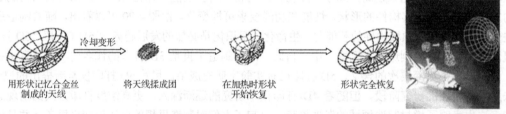

（a）变形机理示意图　　　　　　（b）在太空中展开的过程

图 4-22　用形状记忆合金成型的人造卫星天线

生物支架经常用在外科手术中，如血管支架，可起到扩充血管的作用。生物支架在植入时所占空间较小，处于收缩状态，当植入到达指定位置时再撑开以实现扩充血管的功能。生物支架一般是多孔结构的，因此 4D 打印技术尤其适用于生物支架的成型。4D 打印技术在生物医疗领域的应用如图 4-23 所示。

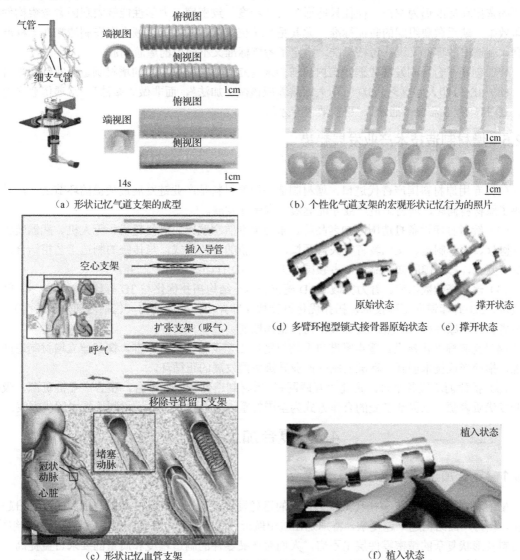

图 4-23　4D 打印技术在生物医疗领域的应用

4.2.4　增材制造技术发展面临的主要问题

增材制造技术发展主要面临以下 6 个问题。

（1）关键原材料依赖进口。关于增材制造原材料，国内虽有一定研究基础，但批次稳定性差，应用有限，大部分仍需要依赖进口。

（2）材料单一化。国内 3D 打印材料品种比较单一（缺少梯度材料、复合材料等），尤其可供打印的金属材料只有十几种。只有 3D 打印材料向多元化发展，并建立相应的材料供应系统，才能极大地拓宽 3D 打印技术的应用场合。

（3）市场竞争环境恶劣。目前国内市场上没有可以和国际巨头企业相匹敌的 3D 打印品牌，其中 3D 打印机的核心零件（如激光器、振镜等）仍然被国外企业垄断。国内同质化竞争激烈，各品牌均试图以低价占领市场。

（4）尚未形成全面的行业标准。国内关于增材制造工艺过程中构件组织形态的表征、控制和认证的依据和标准仍为空白，往往只能通过尺寸精度、致密度、力学性能等宏观因素考察构件的打印效果，缺乏微观组织的验证标准。尤其是在航空航天、医疗等领域中存在制造零件无标准可依据，制造出的零件又没有考核标准，拟定了考核标准又不敢用的尴尬局面。

（5）创新平台协同发展较弱。国内目前尚未建立有效的国家层面的增材制造产业创新平台。

（6）3D 打印人才匮乏。3D 打印人才培养应该做"加法"，而非做"减法"。从通俗意义上来讲，3D 打印行业需要"通才"，更需要"专才"。

4.2.5　增材制造技术产业发展趋势

增材制造技术产业有以下 5 个发展趋势。

（1）专用原材料国产替代进口。增材制造专用原材料是产业链发展最关键的环节之一，只有解决了原材料问题，增材制造产业才能健康、有序地发展。

（2）针对打印设备打造国际知名品牌。重点瞄准航空航天、燃气轮机、无人机、武器装备、生物医疗、汽车制造、文化教育等关键领域，开拓新的产业模式，与传统的制造工艺相结合，实现优势互补，打造国际知名品牌，占领国际工业级 3D 打印装备行业制高点。

（3）建立基础数据库。着力突破 CAD 建模技术、结构拓扑优化与 3D 打印的对接技术、轻量化技术、3D 打印逆向工程技术，拓扑优化设计战斗部异构件整体结构（包括内部复杂结构），从而节省材料和减轻构件质量，提升关键构件整体性能。

（4）完善标准化建设。重点瞄准典型增材制造工艺及相关市场标准，探索建立增材制造产业标准，推动形成技术创新—标准研制—产业升级协同发展的正循环。

（5）搭建创新服务平台。搭建"互联网＋"增材制造创新服务平台，整合产业链资源，吸引并开发优质客源，以灵活多变的合作方式为全国的重点企业提供整体增材制造技术解决方案。

4.3　复合加工技术

4.3.1　复合加工技术概述

随着科学技术的进步和社会工业化进程的迅猛发展，人们对产品的功能与性能的要求日趋多样化，使得产品结构越来越复杂，特别是在航空航天、武器装备、汽车制造等领域，各种新结构、新材料及形状复杂的精密零件层出不穷，人们对产品零件的制造精度和质量的要求日益提高。采用一般机械加工方法往往难以满足结构形状的复杂性、材料的可加工性，以及加工精度和表面质量方面的要求，这就不断地向加工技术提出新的挑战。复合加工技术就是在这种背景下逐步形成的一门综合性制造技术。

复合加工技术是将多种加工方法融合在一起，使其充分发挥各自的优势、互为补充，在一道工序内使用一台多功能设备，实现多种加工方法的集成加工技术。复合加工技术主要解决两方面的问题：特殊结构与复杂结构的加工，难加工材料与脆硬材料的加工。复合加工的主要特点是综合应用机械、光学、化学、电力、磁力、流体和声波等多种能量进行综合加工，提高了加工效率，其加工效率往往远高于单独使用各种加工方法的加工效率之和，在提高加工效率的同时兼顾了加工精度、加工表面质量及工具损耗等，具有常规单一加工技术无法比拟的优点。

4.3.2　复合加工技术的种类

复合加工技术目前主要分为三种类型：第一种是以工序集中原则为基础的、以机械加工工艺为主的传统机械加工方法的复合加工；第二种是利用多种形式能量的综合作用来实现材料的去除的传统机械加工方法与特种加工方法的复合加工；第三种是增材制造和减材制造的复合加工。

1．传统机械加工方法的复合加工

1）镗铣复合加工

镗铣复合加工中心是集钻、镗、铰、攻丝和铣加工功能为一体的高精度、多功能加工中心，不仅具有坐标镗的高精度，而且具有较高的刚性和主轴转速，能够实现机匣类零件外形铣削和定位孔的钻镗复合加工。济南二机床集团有限公司的镗铣复合加工中心如图 4-24 所示。

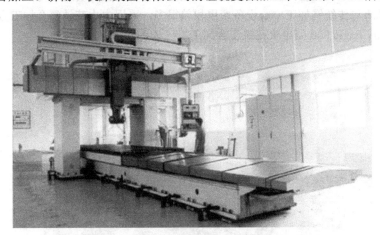

图 4-24　济南二机床集团有限公司的镗铣复合加工中心

2）卧式车铣复合加工

卧式车铣复合加工中心是集车削和镗铣加工为一体的多功能复合加工中心，其旋转工作台不仅具有车削加工需要的高转速、高扭矩，而且具有铣削加工要求的高精度分度，配备刚性铣头，能够安装车刀、铣刀、镗刀和测头等多种工具，能够实现自动换刀车铣复合加工。车铣复合加工中心以车加工为主，在进行零件主要型面车加工的同时，辅助完成定位孔、安装孔、键槽和凸台的镗铣加工，实现了工序集中，可保持较好的加工一致性，有利于提高加工效率，实现加工过程自动化。韩国起亚车铣复合加工中心如图 4-25 所示。

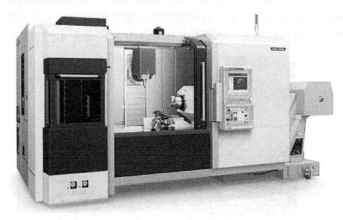

图 4-25　韩国起亚车铣复合加工中心

3）立式车铣复合加工

立式车铣复合加工中心是以铣加工为主的车、铣一体结构的复合加工中心，其设备采用高速直线驱动电机，具有较高的刚性和主轴转速，旋转工作台具有较高的定位精度，并且具备大扭矩和高转速的特点，不仅能进行难切削材料的高速、高效铣削加工，而且能进行内、外圆车削加工。

2. 传统机械加工方法与特种加工方法的复合加工

1）电火花铣复合加工

电火花铣复合加工是在电火花放电产生高能热的基础上，采用铣削加工刀具运动方式，以去除材料为目的的加工方法。电火花铣复合加工工具是管状电极，电极高速旋转，进行直线或圆弧插补运动，能够实现复杂曲面的仿形加工。与传统铣加工相比，电火花铣复合加工没有切削力，适合进行薄壁零件加工；没有刀具消耗，电极损耗费用比刀具损耗费用小得多，可节约大量刀具费用；电火花铣床与传统铣加工中心设备费用相差很多，采用电火花铣复合加工方式可大幅降低加工成本。Gantry Eagle 800 型电火花铣复合加工机床如图 4-26 所示。

图 4-26　Gantry Eagle 800 型电火花铣复合加工机床

2）电火花磨复合加工

电火花磨复合加工实质上是指通过磨削加工的形式进行电火花加工，加工工具（电极）和工件各自做旋转运动，同时使电极与工件做相对旋转运动。电极局部放电、径向进给实现磨削加工，电极损耗可以通过进给予以补偿。对放电间隙进行伺服控制，保持加工间隙。例如，REDM-100型电火花磨床，主轴头沿垂直方向或水平方向做单轴伺服进给运动，工件安装在水平工作台上做定速旋转运动来实现电火花磨削加工。小孔加工用电火花磨床如图 4-27 所示。

图 4-27　小孔加工用电火花磨床

3）化学机械复合加工

化学机械复合加工是指化学加工方法与机械加工方法的综合，利用化学腐蚀机理，结合机械振动、磨削、铣削等机械加工方法，实现脆硬难加工材料、薄壁复杂结构零件的高效、高精度加工。化学机械复合加工包括化学铣、化学机械振动抛光等。

其中，化学铣是将金属坯料浸没在化学腐蚀溶液中，利用溶液的腐蚀作用去除表面金属的加工方法。化学铣已经成为现代精密制造工业中广泛应用的一种特种加工工艺。化学铣的工艺过程：将金属零件清洗除油，在零件表面上涂覆能够抵抗腐蚀溶液作用的可剥性保护涂料，经室温或高温固化后进行刻形，然后将涂覆于需要铣加工部位的保护涂料剥离。

4）加热辅助切削复合加工

加热辅助切削复合加工是通过对加工零件表面局部瞬间加热，改变零件加工部位局部表层材料物理、力学性能，降低加工表面机械强度、硬度，改善零件加工性能，减少刀具磨损，延长刀具使用寿命，提高加工效率，保证加工质量的加工方法。加热辅助切削复合加工如图 4-28 所示。

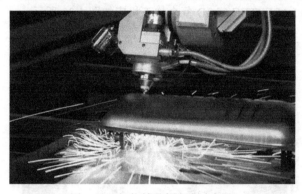

图 4-28　加热辅助切削复合加工

5）超声振动辅助切削复合加工

超声振动辅助切削复合加工是难加工材料加工及细长孔等复杂结构零件加工的一种有效的加工方法，其工作机理是加工刀具或工具以适当的方向、一定的频率和振幅振动，以脉冲式进给方式切削零件，从而改善加工工况及断屑条件，通过连续有规律的脉冲切削减小切削力、降低切削变形、消除加工自激振动，达到提高加工精度、延长刀具使用寿命的目的。超声振动辅助切削复合加工小径非球面工件如图 4-29 所示。

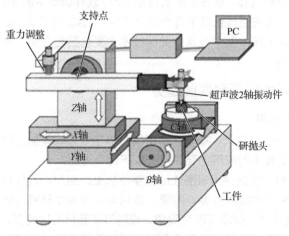

图 4-29　超声振动辅助切削复合加工小径非球面工件

3. 增材制造与减材制造的复合加工

增材制造是依据产品的 3D CAD 数据逐层累加材料，从而形成产品的一种制造工艺。增材制造具有可以成型任意复杂形状的零件，无需刀具、夹具等专用装备，成型速度快等特点。但在产品的几何尺寸精度和表面光洁度方面，增材制造工艺的效果不太理想。传统的切削加工属于减材加工，具有精度高和易于切削加工等优点。因此，减材制造与增材制造的优缺点具有很强的互补关系，实现增材制造与减材制造复合加工，不仅可以提高生产效率，降低生产成本，拓宽产品原材料加工范围，还可以减少切削液的使用，保护环境。因此，该加工方法具有广阔的应用前景。

增材制造与减材制造复合加工技术是一种将产品设计、软件控制及增材制造与减材制造相结合的新技术。借助计算机生成 CAD 模型，将其按一定的厚度分层，从而可将零件的 3D 数据信息转换为一系列的 2D 或 3D 轮廓几何信息，轮廓几何信息融合沉积参数和机加工参数生成增材制造加工路径数控代码，成型 3D 实体零件。然后针对 3D 实体零件进行测量与特征提取，并与 CAD 模型进行对照找到误差区域后，基于减材制造对零件进行进一步加工修正，直至满足产品设计要求。DMG Mori 公司的 LASERTEC 65 3D 复合加工机床如图 4-30 所示。

图 4-30　DMG Mori 公司的 LASERTEC 65 3D 复合加工机床

由复合加工技术的原理可知，该技术的实质是 CAD 软件驱动下的 3D 堆积和机加工过程。因此，一个基本的复合加工系统应该由以下几个部分组成：CNC 加工中心、沉积制造部分、送料系统、软件控制系统及辅助系统。其中涉及的关键技术主要包括复合加工的集成方式、软硬件平台搭建和复合制造控制系统。

4.3.3　复合加工技术的应用和发展趋势

1. 复合加工技术的应用

复合加工技术已经在航空航天、军工、精密模具等工业领域难加工材料的高效加工中广泛应用。总体来说，复合加工技术的应用主要体现在以下两个方面。

（1）难加工脆硬材料和复杂薄壁弱刚性结构零件加工。例如，近代精密机械和电子工业迅猛发展，大量使用硬脆材料（如硬质合金、陶瓷、玻璃等）和晶体材料（如半导体晶片、单晶体、蓝宝石晶体等）。利用复合加工技术可以对陶瓷、玻璃等硬脆材料以经济、可靠的方法实现较高的成型精度和极低的表面粗糙度，并可使表面及亚表面层晶体结构组织的损伤程度降至最低。

（2）多工序集成、自动化加工。例如，航空发动机机匣、整体叶盘等零件结构复杂、加工特征多、加工余量大；高压压气机前机匣有数百个叶片安装孔，采用普通的钻、扩、镗、铰分工步加工方法存在加工效率低、一致性差等问题。针对这些问题可以采用复合刀具实现钻、扩、镗、铰多工步复合加工，以节省安装、调试刀具等辅助加工时间，提高加工效率，提高加工自动化程度。航空发动机蜂窝结构薄壁零件如图 4-31 所示，国产 919 客机机匣如图 4-32 所示。

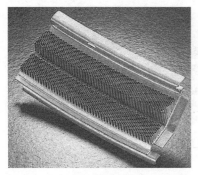
图 4-31　航空发动机蜂窝结构薄壁零件

图 4-32　国产 919 客机机匣

1）车铣复合加工技术的应用

轴类及盘轴一体化零件有许多键槽、孔、花边等加工特征，不仅需要车削加工，还需要镗铣加工，传统加工方法采用车削加工和镗铣加工分工序独立完成，存在重复装夹找正定位的精度误差，影响加工精度和效率。车铣复合加工工艺路线主要包括：毛料图表→修前端基准→粗车后端→粗车前端→超声波检查→半精车后端→半精车前端→热处理→修前端基准→细车后端→细车前端→清洗→腐蚀检查→清洗→精车后端并镗孔→精车前端并镗孔→中间检验→喷丸强化→喷涂→车磨涂层→平衡→最终检验。

与传统机械加工方法相比，车铣复合加工工序更为集中，加工自动化程度更高，减少了工序间周转时间及重复装夹找正定位的时间，提高了加工效率，同时避免了重复装夹找正定位的精度误差，有利于保证加工精度。盘轴一体化零件车铣复合加工如图 4-33 所示。

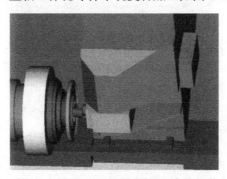
图 4-33　盘轴一体化零件车铣复合加工

2）电火花铣复合加工技术的应用

电火花铣复合加工技术常用于机匣、整体叶盘类零件粗加工，这类零件的特点是毛坯余量大、材料难加工，采用数控铣复合加工方法加工周期长、刀具消耗大。采用电火花铣加工方法能够节省大量刀具费用，并且因为电火花铣复合加工几乎没有切削力，所以不需要复杂的夹具支撑，通常结构简单、凸台较少的机匣更适合采用电火花铣复合加工方法。

电火花铣复合加工路线与数控铣有较大的差别，编制机匣电火花铣复合加工程序须注意铜管电极端部放电会造成零件根部过切，通常要在零件根部和拐角处留适当的余量；在电火花铣复合加工中，电极的损耗是必须考虑的事情，需要及时进行电极补偿，否则会造成加工余量不均等问题；电火花铣参数设置是电火花铣复合加工工艺的关键，合理地设置电火花铣参数能够保证加工质量、减少电极消耗，通常需要针对不同材料进行充分的试验，以合理地设置电火花铣参数。电火花铣复合加工机匣如图4-34所示。

图4-34　电火花铣复合加工机匣

3）化学铣复合加工技术的应用

化学铣复合加工技术常用于薄壁、带有多重筋肋的弱刚性机匣等结构零件加工，这类零件壁薄、易变形，材料去除量大，加工周期长，刀具消耗大。采用化学铣复合加工方法，需要在零件表面涂覆抗腐蚀可剥落涂料，将零件非加工表面保护起来，然后利用化学腐蚀液去除零件材料。

化学铣复合加工的优点是一次加工面积大，加工效率高；几乎没有加工应力，加工变形小；不需要加工刀具，节省大量刀具费用；化学铣设备小时费用远远低于五坐标加工中心小时费用，能够节省大量工时费用。一般而言，采用铣削、磨削等机械加工方法，加工切削力大，被加工表面易产生变质层，影响零件的表面质量。相比之下，化学铣复合加工效率高，不存在工具损耗且无切削力，被加工零件表面质量好。化学铣复合加工零件特征如图4-35所示。

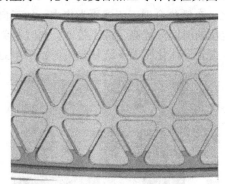

图4-35　化学铣复合加工零件特征

4）电火花磨复合加工技术的应用

导向器组件都是大尺寸的薄壁零件，刚性很差，其蜂窝内表面的粗糙度和尺寸精度要求较高。采用车削和磨削加工，加工表面的蜂窝孔壁翻卷，会产生大量毛刺，将孔眼堵塞难以清除，不能满足零件表面的质量要求。针对蜂窝件的结构特点，采用电火花磨削和电解磨加工工艺最适宜。导向器蜂窝件待加工面为大直径孔或阶梯孔，加工余量小于3mm，且沿圆周各处加工余量分布不均匀，有时相差较大，在径向进给电火花磨削加工时零件做自主转动，电极沿零件做全孔深径向进给。在加工时，电极与零件间的放电间隙通过伺服控制保持相对稳定，这种方式类似仿形车、磨削加工，在加工中仿照被加工孔原有的形状，做径向跟踪仿形扩大加工。

5）超声振动辅助切削复合加工技术的应用

超声振动辅助切削复合加工技术是针对钛合金、不锈钢、复合材料、微晶玻璃等难加工材料的加工而采用的能量复合加工技术，主要优点是可消除刀具积屑瘤、减少刀具磨损。超声振动辅助切削复合加工在车削加工中的研究与应用较多，也用于钻削加工过程（如深孔、小孔的钻孔、铰削、功丝）。近年来，带有超声振动功能的铣削主轴已经发展成熟，开始进入实用状态，如德马吉的 ULTRASONIC 系列铣削加工中心的高速主轴上复合了振动频率为 15.5～30.5kHz 的超声激励系统。超声振动铣削具有更广泛的应用前景，如可以应用到飞机钛合金结构件、复合材料构件、航空激光陀螺光学零件及其金属结构件（如套筒、支架）等的加工过程中。

2. 复合加工技术的发展趋势

随着科学技术的发展，新产品、新材料不断推出，为适应新型复杂结构、难加工材料的加工需求，现代加工技术已经不再是一种单一的学科技术，而逐渐向多元化、多功能、自动化、柔性化方向发展。实现高精度、高效率、低成本加工的途径就是实现多种加工技术的综合和集成，现代许多先进加工技术是多学科、不同加工方法复合的结果，包括传统加工技术中不同加工方法的复合、机械加工与电加工的复合、化学加工与电加工的复合等。复合加工已经成为解决航空航天、汽车、兵器、精密机械和电子等行业领域中难加工材料、复杂薄壁结构零件的加工问题，实现加工过程自动化，提高加工效率的重要途径。

现代加工技术向多元化和多样性、精密加工和超精密加工、多功能和自动化方向发展，向绿色和环保方向发展，向多学科技术方向发展，而冷热结合、去除材料和增加材料相结合、多工序复合加工是复合加工技术的发展趋势。

4.4　表面工程技术

表面工程技术是一门正在迅速发展的综合性边缘学科。表面工程技术是根据特定的工程需求，运用各种物理、化学、生物方法与工艺，使材料、零部件、构件及元器件等的表面具有所要求的成分、结构和性能的技术。表面工程技术有耐蚀、耐磨、修复、强化、装饰等方面的应用，也有光、电、磁、声、热、化学、生物和特殊机械功能等方面的应用。表面工程技术在生产生活中的应用如图 4-36 所示。

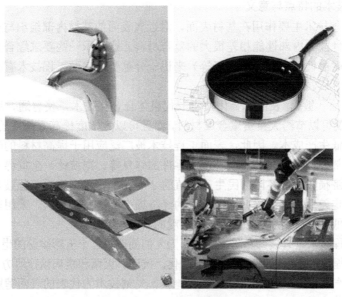

图 4-36　表面工程技术在生产生活中的应用

表面工程技术所涉及的基材，不仅包括金属材料，还包括无机非金属材料、有机高分子材料及复合材料等各种固体材料。表面工程技术在知识经济发展的过程中，与新能源、新材料、计算机、信息技术、先进制造、生命科学等一样，具有十分重要的作用。今后表面工程技术仍将快速发展，以满足人们日益增长的需求，并且将更加重视节能、节材和环境保护的研究，促使绿色的表面工程技术广泛应用。

4.4.1 表面工程技术概论

1. 表面工程技术的含义

表面工程技术是为满足特定的工程需求，使材料或零部件表面具有特殊的成分、结构和性能（或功能）的化学、物理、生物方法与工艺。表面工程技术的内涵包括以下五个方面。

（1）表面改性（Surface Modification）技术，即能够提高零部件（或元器件）表面的耐磨性、耐蚀性、抗高温氧化性，或者装饰零部件（或元器件）表面，或者使材料表面具有各种特殊性能（如电性能、磁性能和光电性能等）的有关工程技术。

（2）表面加工技术，即能够在材料表面加工或制作各种功能结构元器件的有关技术，如能够在单晶硅表面制作大规模集成电路的光刻技术、离子刻蚀技术等。

（3）表面合成材料技术，即借助各种手段在材料表面合成新材料的技术，如纳米粒子制备过程中的表面工程技术、离子注入制备或合成新材料技术等。

（4）表面加工 3D 合成技术，即将 2D 表面加工累积成 3D 零件的快速原型制造技术等。

（5）上述四个要点的组合或综合。

上述定义下的表面工程技术，由单纯表面改性扩展到表面加工和合成新材料，其实施对象由"结构材料"扩展到"功能材料"，涵盖材料学、材料加工工程、物理、化学、冶金、机械、电子与生物领域的有关技术与科学，交叉学科的特征名副其实。

表面工程技术所涉及的基材包括几乎所有的工程材料，如金属、陶瓷、半导体材料、高分子材料、混凝土、木材和各类复合材料等，所涉及的工艺方法数以百计且各具特点，同样的工艺应用于不同的材料，或者相同的材料采用不同的工艺，所得效果可能相去甚远。有时错误地选择了工艺或材料不仅达不到预期的目的和效果，甚至可能破坏零件的表面，使产品报废。

2. 表面工程技术的特点与意义

第一，表面工程技术主要作用在基材表面，对远离表面的基材内部组织与性能影响不大。因此，可以制备表面性能与内部性能相差很大的复合材料。这对于一些要求综合力学性能良好的零部件（如要求表面耐磨性好、心部韧性好等）来说十分重要，表面工程技术有时甚至是制造这类零部件的唯一工艺手段。

第二，用表面涂（镀）、表面合金化技术取代整体合金化技术，使普通、廉价的材料表面具有特殊的性能，不仅可以节约大量贵重金属材料，而且可以大幅度提高零部件的耐磨性和耐蚀性，提高生产效率，降低生产成本。因此，表面工程技术被广泛应用于提高材料的耐磨性、耐蚀性、抗高温氧化性，零部件的表面装饰，以及各类零件的修复等。据统计，全世界各发达国家仅因磨损、腐蚀造成的经济损失就占各国国民生产总值的 3%～5%。我国表面工程技术的运用水平与世界先进水平尚有一定差距，因磨损、腐蚀造成的经济损失所占比重更大。采用表面工程技术，即使只使上述损失降低 1%，经济效益也是相当可观的。

第三，表面工程技术兼具装饰和防护功能，为人们创造了一个五彩缤纷的世界，推动了产品的更新换代。表面工程技术还可以在大气与水质净化、抗菌、灭菌和疾病治疗等方面发挥重要作用。

第四，以化学气相沉积、物理气相沉积、掩膜、光刻技术为代表的表面薄膜沉积技术和表面微细加工技术是制作大规模集成电路、光导纤维和集成光路、太阳能薄膜电池等的基础技术。如果没有它们，就不可能有今天的微电子工业和光纤通信行业的辉煌，当然也就不会有今天的信息社会。

第五，计算机技术与材料科学、精密机械和数控技术相结合，使 2D 表面处理技术发展成 3D 零件制造技术，创造了一种全新的制造方法——生长型制造法，不仅大幅度降低了零部件的制造成本，而且使设计与生产速度成倍提高。

第六，表面工程技术已成为制备新材料的重要方法，如可以在材料表面制备特殊性能合金，这是采用整体合金化技术难以做到的。

4.4.2　表面改性技术

在表面工程技术中，不需要外加其他材料，主要依靠材料自身组织与结构转变来进行表面改性的工艺主要有两类：一类是表面热处理技术；另一类是表面形变强化技术。这两种技术工艺简单、效果显著，在工业生产中得到了广泛的应用。本节简要介绍这两种技术的基本原理与特点。

1．表面热处理技术

1）表面淬火技术的原理与分类

采用特定热源将钢铁材料表面快速加热到 Ac_3（对亚共析钢）或 Ac_1（对过共析钢）之上，然后使其快速冷却并发生马氏体相变，形成表面强化层的技术称为表面淬火技术。实际上不止钢铁，凡是能通过整体淬火强化的金属材料，原则上都可以进行表面淬火。依据表面淬火的热源不同，可以将其分为感应加热淬火、火焰淬火、激光淬火、电子束淬火等。

原则上碳的质量分数为 0.35%～1.20% 的中、高碳钢，以及基体相当于中碳钢的普通灰铸铁、球墨铸铁、可锻铸铁、合金铸铁均可以进行表面淬火，但中碳钢与球墨铸铁是最适合进行表面淬火的材料。这是由于中碳钢经过预先热处理（正火或调质）以后再进行表面淬火，既可以保证心部有较高的综合力学性能，又可以使表面具有较高的硬度（>50HRC）和耐磨性。高碳钢表面淬火后表面硬度与耐磨性虽然很高，但心部的塑性与韧性较低，只能用于制作承受较小的冲击与在交变载荷下工作的工具、量具及高冷硬轧辊。低碳钢由于表面强化效果不显著，因此很少进行表面淬火。

2）表面淬火层的组织与性能

（1）表面淬火层的组织。工件在进行表面淬火以后，其金相组织与加热温度沿试样横截面的分布有关，一般可分为淬硬层、过渡层及心部三部分。图 4-37 中的曲线 1-45 钢是 45 钢在进行表面淬火后组织与硬度的分布：第 I 区，温度高于 Ac_1 时，得到全马氏体，称全淬硬层；第 II 区，温度为 Ac_3～Ac_1，淬火后得到马氏体加自由铁素体，称为过渡层；第 III 区，温度低于 Ac_1，为原始组织，称为心部。图 4-37 中曲线 2-T8 钢为 T8 钢在进行表面淬火后组织与硬度的分布，可以看出其过渡层在相同温度下比 45 钢要窄。过渡层的宽窄对钢的残余应力分布有重要影响。过渡层的宽窄主要取决于温度梯度。提高加热速度可增大温度梯度，显著减小过渡层宽度。进行表面淬火后的组织与硬度的分布还与钢的成分、淬火工艺及其参数、工件尺寸等因素有关。因此，表层淬硬层中除马氏体以外，还可能出现下贝氏体等。淬硬层深度 δ 可以用金相法（由表面测至 50% 马氏体区）、硬度法（以半马氏体区硬度为准）和酸蚀法来标定。

（2）表面淬火层的性能。在正常情况下，表面淬火层的硬度比普通淬火层高 2～5HRC，进行表面淬火后工件的耐磨性也比进行普通淬火后要好。这主要是因为奥氏体晶粒和精细结构的细化，以及淬火冷却速度比常规淬火快得多等。此外，表面淬火还可以在零件表面产生压应力，抑制裂纹的产生与扩展，因此能大幅度提高轴类零件的疲劳强度并使其缺口敏感性下降。

但是应该注意，不是采用任意的表面淬火工艺都可以达到上述效果的。无论是感应加热淬火、火焰加热淬火，还是激光淬火与电子束淬火，在实际工作时都必须注意工艺参数的优化，否则难以达到理想的效果。下面简要介绍各种表面淬火技术的基本特点。

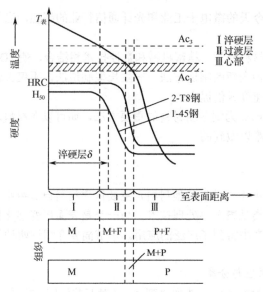

图 4-37　进行表面淬火后组织与硬度的分布

① 感应加热淬火技术。感应加热淬火技术的基本原理：将工件放在有足够功率输出的感应线圈中，在高频交流磁场的作用下，产生很大的感应电流，并因集肤效应而集中分布于工件表面，使受热区迅速加热到钢的相变临界温度 Ac_3 或 Ac_{cm} 之上，然后在冷却介质中快速冷却，使工件表层获得马氏体。感应加热淬火原理示意图如图 4-38 所示。

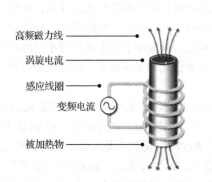
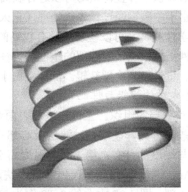

图 4-38　感应加热淬火原理示意图

感应加热淬火技术是基本的表面淬火技术，它可以大幅度提高材料的表面硬度、耐磨性和疲劳强度。在进行感应加热淬火前，首先要根据工件的尺寸与形状、所要求达到的淬硬层深度来设计感应线圈尺寸与所需电源功率。因为集肤效应的存在，高频磁力线只能从工件表面通过。如果感应线圈与工件的间隙非常小，则磁能全部为工件表面所吸收。

感应加热淬火工艺流程如图 4-39 所示。其中，预先调质处理的主要目的一方面是为感应加热淬火做好组织准备，另一方面是使工件在整个截面上具备良好的力学性能。工件的加热温度对淬硬层性能影响很大。实践表明，在进行感应加热淬火时存在最佳的温度范围，在该温度范围内加热工件所得到的硬度性能比普通淬火要高 2~3HRC。在进行高频淬火时，比功率（单位面积上供给的电功率）的大小对工件的淬火加热过程有重要影响。当工件尺寸一定时，比功率越大，加热速度越快，工件表面能达到的温度也就越高。比功率太低将导致加热不足，加热层深度增加，过渡层增大。比功率的大小要综合考虑淬硬层深度和淬火区温度来确定。

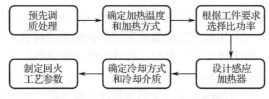

图 4-39　感应加热淬火工艺流程

近年来，研究出了高频感应冲击淬火技术。该技术是采用高能量密度感应热源将金属表面在数毫秒或更短的时间内快速加热到相变点以上，当热源移开后，仍处于低温状态的金属基体内部的热传导作用使表层温度迅速降低到马氏体相变点以下，从而实现自淬火的技术。高频感应冲击淬火技术所要求的能量密度在 $10^4 W/cm^2$ 以上，比一般高频感应加热淬火技术所要求的能量密度高出 2 个数量级。

高频感应冲击淬火加热速度极快，奥氏体晶粒超细化，可以得到极微细的隐晶马氏体，淬硬层硬度、韧性、耐蚀性都比采用高频感应加热淬火和激光淬火工艺高，回火稳定性也很好。在进行高频感应冲击淬火后工件变形很小，工艺重复性好。因此，该技术可以用于一些精密零件的表面强化。其缺点是淬硬层较浅（0.05～0.5mm），且受冲出能量的限制，不适宜用于大型工件的表面硬化。

② 火焰加热淬火技术。将高温火焰或燃烧着的炽热气体喷向工件表面，使其迅速加热到淬火温度，然后在一定的淬火介质中冷却，称为火焰加热淬火。

火焰加热淬火技术是应用历史最长的表面淬火技术之一。与感应加热淬火相比，火焰加热淬火的设备费用低，方法灵活，简便易行，可对大型工件实现局部表面淬火。近年来，自动控温技术的不断进步，使传统的火焰加热淬火技术迸发出新的活力。各种自动化、半自动化火焰加热淬火机床逐渐在工业中得到越来越广泛的应用。图 4-40 所示为火焰加热淬火原理图。

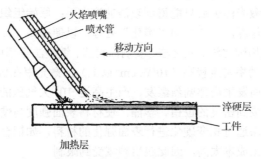

图 4-40　火焰加热淬火原理图

火焰加热淬火中所使用的燃料主要为氧乙炔或其他可燃气体。通过控制燃烧火焰及其与工件的相对位置，以及两者相对运动速度来控制工件的表面温度、加热层深度及加热速度。一般来说，工件在火焰区停留的时间越长，表面温度越高；当火焰面积大小一定时，单位时间内所消耗的可燃气体越多，工件表面加热速度越快。与感应加热淬火类似，在进行火焰加热淬火前要对工件进行正火或调质处理，以获得细粒状或细片状珠光体。在进行火焰加热淬火时一方面要防止工件表面温度过高导致过烧，从而使工件性能下降；另一方面要防止工件表面受热不足，达不到所要求的性能。表面淬硬层深度主要取决于钢的淬透性、工件尺寸大小、加热层深度及冷却条件等。由于火焰加热淬火的加热速度比感应加热淬火慢，工件表面的温度梯度较为平缓，所以过渡层较宽。

火焰加热淬火技术的缺点是生产效率低，淬硬层的均匀性远不如感应加热淬火，质量控制比较困难，故主要用于单件、小批量生产，以及大型齿轮、轴、轧辊、导轨等的表面淬火。

③ 激光淬火和电子束淬火技术。激光淬火（Laser Quenching），又称激光相变硬化（Laser Transformation Hardening），是利用聚焦后的激光束照射到钢铁材料表面，使其温度迅速升高到相变点以上，当激光移开后，由于仍处于低温的内层材料的快速导热作用，表层快速冷却到马氏体相变点以下，从而获得淬硬层的技术。

激光淬火技术的原理与感应加热淬火、火焰加热淬火技术的原理类似，但其所使用的能量密度更高，加热速度更快，不需要淬火介质，工件变形小，加热层深度和加热轨迹易于控制，易于实现自动化，因此在很多工业领域中正逐步取代感应加热淬火和化学热处理等传统工艺。激光淬火可以使工件表层 0.1～1.0mm 范围内的组织结构和性能发生明显变化。

依据激光器的特点不同，激光淬火可分为 CO_2 激光淬火和 YAG 激光淬火两种，但不论是哪种淬火方式，影响淬硬层性能的主要因素都基本相同，具体包括如下几点。

a. 材料成分。材料成分通过影响材料的淬硬性和淬透性来影响激光淬硬层深度与硬度。一般来说，随着钢中含碳量的增加，淬火后马氏体的含量会增加，激光淬硬层的显微硬度也会提高。钢的淬透性越好，相同激光淬火工艺参数条件下淬硬层的深度要比含碳量相同时的碳素钢要深。

b. 激光工艺参数。激光淬火层的宽度主要取决于光斑直径 D。淬硬层深度 H 由激光功率 P、光斑直径 D 和扫描速度 v 共同决定，即

$$H \propto P/(Dv) \tag{4-4}$$

式中，$P/(Dv)$ 的物理意义为单位面积激光作用区注入的激光能量，称为比能量，单位为 J/cm^2。描述激光淬火的另一个重要工艺参数为功率密度，即单位面积注入工件表面的激光功率。为了使材料表面不熔化，激光淬火的功率密度通常低于 $10^4 W/cm^2$，一般为 $1000～6000W/cm^2$。

c. 表面预处理状态。表面预处理状态包括两个方面：一是表面组织准备，即通过调质处理等手段使工件表面具有较细的表面组织，以便保证在进行激光淬火时工件组织与性能的均匀、稳定。原始组织为细片状珠光体、回火马氏体或奥氏体的工件经激光淬火后得到的淬硬层较深；原始组织为球状珠光体的工件经激光淬火后只能得到较浅的淬硬层；原始组织为淬火态的基材经激光淬火后硬度最高，淬硬层也最深。二是表面"黑化"处理，以便提高工件表面对激光束的吸收率。"黑化"的方法很多，如采用磷化法、氧化法、喷刷涂料法、镀膜法等都可以得到较为理想的效果。

激光淬火技术是采用功率密度极高（$10^7 W/cm^2$ 以上）的激光束在极短时间内（低于 1ms）作用于金属表面，使金属表面发生局部剧烈蒸发，产生高达 10^8 大气压的压力，该压力使金属表面发生强烈的塑性变形，形成高密度的位错、孪晶，使材料表面强度与硬度显著提高，激光淬火技术的优点是可以对那些无法通过相变硬化进行表面强化的材料，如铝合金等进行处理；缺点是所需要的能量密度过高，加工成本太高，因此应用领域受到限制。

激光熔凝技术是采用激光束将基材表面加热到熔化温度以上，当激光束移开后，由于基材内部导热冷却，熔化层表面快速冷却并凝固结晶的表面处理技术。与激光淬火相比，激光熔凝处理的关键是使材料表面经历了一个快速熔化—凝固的过程，所获得的熔凝层为铸态组织。

激光表面处理技术已成为高能粒子束表面处理的一种主要手段。激光表面处理的目的是改变工件表层的成分和显微结构，激光表面处理技术包括退火、相变硬化、熔化/粉注、熔覆、熔化/晶粒细化、冲击硬化和表面合金化等，如图 4-41 所示，从而提高表面性能，以适应基材的需要。目前，激光表面处理技术已在汽车、冶金、石油、机床、军工、轻工、农机等领域显示出越来越广泛应用前景。

电子束淬火技术是采用高能密度电子束对材料表面进行相变硬化的热处理技术。电子束淬火的原理与激光淬火类似，也不需要淬火介质，工件对电子束的吸收率一般比对激光束的吸收率要大得多，淬硬层深度也高于激光淬火。然而，电子束淬火必须在真空环境下进行，这大大限制了其使用范围。自激光淬火技术兴起以来，原来被电子束淬火占领的市场逐步被激光淬火取代，因

此电子束淬火技术现在在工业中很少应用。

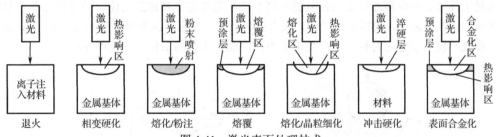

图 4-41　激光表面处理技术

④ 电阻加热表面淬火技术。在工件中通以低压大电流，利用在工件表面或紧靠工件表面的周围介质中形成高电阻面产生的热效应将工件表面快速加热到相变点以上并淬火的技术，称为电阻加热表面淬火技术。

电阻加热表面淬火技术可分为两种：一种是靠金属导体相互接触时形成的高接触电阻来加热，故称为电接触加热法，即工业电经变压器降压后加在滚轮电极两端，电流经过压紧在工件表面的滚轮与工件形成回路，实现快速加热，滚轮移去后即实现自激冷淬火。另一种是电解液加热表面淬火，即将工件放到含有电解质的电解槽中，在槽与工件之间通直流电，电解液电离后在阳极上析出氧气，在工件（阴极）上析出氢气，包围住工件的氢气膜电阻很高，当电流密度足够高时，将使工件表面温度急剧升高到相变点以上，当断电后就在电解液中实现自行淬火。上述两种电阻加热表面淬火技术的共同优点是工艺简单，设备费用低，工件变形小；缺点是淬硬层薄，对形状复杂、尺寸很大的工件不宜采用。

2．表面形变强化技术

表面形变强化通过机械方法使金属表层发生压缩变形，产生一定深度的形变硬化层，其亚晶粒得到很大的细化，位错密度增加，晶格畸变度增大，同时形成高的残余压应力，从而大幅度地提高金属材料的疲劳强度和抗应力腐蚀能力等。表面形变强化技术是国内外广泛研究、应用的技术之一，强化效果显著，成本低廉。常用的表面形变强化技术主要有滚压强化、内挤压强化和喷丸强化等，其中以喷丸强化应用最为广泛。下面简要介绍几种常用的表面形变强化技术。

1）喷丸强化

喷丸强化是利用高速喷射出的弹丸强烈冲击工件表面，使之产生形变硬化层并引起残余压应力，以提高工件的部分力学性能并改变其表面状态的技术，如图 4-42 所示。

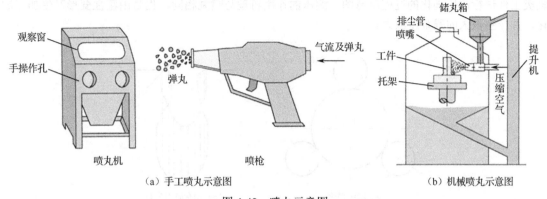

（a）手工喷丸示意图　　　　　　（b）机械喷丸示意图

图 4-42　喷丸示意图

图 4-43 所示为喷丸强化原理及喷丸后工件表面结构示意图。由此可见，喷丸强化一方面使工

件外形发生变化，另一方面产生了大量孪晶与位错，使材料表面发生加工硬化。喷丸强化的主要原理就是工件表面吸收高速运动的弹丸的动能后产生塑性流变和加工硬化，同时使工件表面保留残余压应力。一般来说，根据工况需求，喷丸强化的材料变形层深度可以控制在 0.1～0.8mm。实际上，喷丸不仅用于强化材料，还广泛用于表面清理、光整加工和工件校形等。

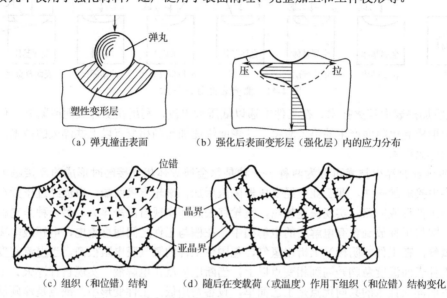

（a）弹丸撞击表面　　　　（b）强化后表面变形层（强化层）内的应力分布

（c）组织（和位错）结构　　　　（d）随后在变载荷（或温度）作用下组织（和位错）结构变化

图 4-43　喷丸强化原理及喷丸后工件表面结构示意图

由于喷丸强化技术的关键是改变了材料表面的残余应力，提高了材料的疲劳强度和抗应力腐蚀能力，因此该技术在工业中的应用主要局限于那些需要改善这两类性能的零件。例如，焊缝及其热影响区一般呈拉应力状态，降低了材料的疲劳强度，采用喷丸强化处理后，拉应力可以转变成压应力，从而改善焊缝及其热影响区的疲劳强度。钢板弹簧在进行喷丸强化后疲劳寿命可提高 5 倍。喷丸强化还可使钢齿轮的使用寿命大幅度提高。实验证明，汽车齿轮渗碳后再经过喷丸强化处理，其使用寿命可提高 4 倍。

　　2）滚压强化

　　滚压强化是在一定的压力下用滚轮、滚球或滚轴对被加工工件表面进行滚压或挤压，使其发生塑性变形，形成强化层的工艺过程。一些工件的内孔挤压同样属于这一范畴。图 4-44 所示为对轴类工件进行滚压强化的过程示意图。滚压的作用机理与喷丸相同，也是由塑性变形产生加工硬化，并产生很大的残余压应力。

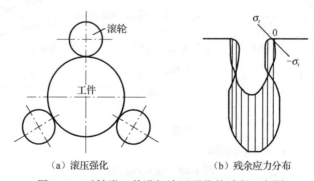

（a）滚压强化　　　　（b）残余应力分布

图 4-44　对轴类工件进行滚压强化的过程示意图

　　滚压可以使表面改性层的深度达 5mm 以上，因此能较大幅度地提高材料表面的疲劳强度、抗应力腐蚀能力，特别适合晶体结构为面心立方的金属与合金的表面改性。滚压的缺点：只适用于一些形状简单的平板类、轴类和沟槽类等工件，对于形状复杂的工件无法应用；需要的挤压力过大，无法应用于小尺寸或薄壁工件的加工；需要超高压流体润滑，设备复杂、成本高。

　　基于对以上缺点的思考，现在发展出超声辅助滚压强化技术，通过滚压工具头沿表面法线方向给工件施加一定幅度的超声机械振动，将静压力和超声冲击振动传递到处于旋转状态的被加工工件表面，利用金属在常温状态下的冷塑性特点，使材料产生弹塑性变形，如图 4-45 所示。

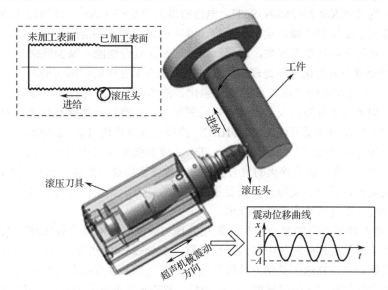

图 4-45　超声辅助滚压强化原理

　　超声辅助滚压强化相对于滚压强化所需的挤压力要小，无需特殊装备，工艺简单，成本低，表面滚光和强化同时进行，加工效率很高，可获得更好的表面光洁度、晶粒更细化的材料表面、深度更大且分布更均匀的表层残余应力及形变组织，这些特点对改善材料表面质量和提高材料性能具有独特优势。

4.4.3　复合表面工程技术

　　单一的表面工程技术往往有着一定的局限性，有时不能满足人们对材料越来越高的使用要求，因此综合运用两种或两种以上表面工程技术进行复合处理的方法得到迅速发展。将两种或两种以上表面工程技术用于同一工件的表面处理，不仅可以发挥各种表面工程技术的特点，而且可以显示表面工程技术组合使用的突出效果。这种优化组合的表面处理方法称为复合表面工程技术。

　　复合表面工程技术是指用于制备高性能复合膜层（涂层）的现代表面工程技术。高性能复合膜层与一般材料膜层的简单混合有本质的区别，其既能保留原组成材料的主要特性，又能通过复合效应获得原组成材料不具备的优越性能。本节针对一些典型实例进行介绍和分析。

　　1. 表面热处理与某些表面工程技术的复合

　　1）复合表面热处理

　　将两种或两种以上表面热处理技术复合起来，往往能比单一的表面热处理技术获得更好的效果，因此发展出许多复合表面热处理技术，其在生产中获得了广泛的应用。

　　（1）复合表面化学热处理有以下两种处理方法。

　　① 渗钛与离子渗氮复合处理，是指先对工件进行渗钛，然后进行离子渗氮。经过这两种复

合表面化学热处理后，在工件表面形成硬度高、耐磨性好且具有较高耐蚀性的金黄色 TiN 化合物层，其性能明显高于单一渗钛层和单一渗氮层的性能。

② 渗碳、渗氮、碳氮共渗与渗硫复合处理。渗碳、渗氮、碳氮共渗对提高工件表面的强度和硬度有十分显著的效果，但这些渗层表面抗黏着力并不十分令人满意。在渗碳、渗氮、碳氮共渗层上再进行渗硫处理，可以降低摩擦因数，提高抗黏着力，提高耐磨性。例如，渗碳淬火与低温电解渗硫复合处理工艺，是指先将工件按技术条件要求进行渗碳淬火，在其表面获得高硬度、高耐磨性和较高的疲劳强度，然后将工件置于温度为 190℃±5℃ 的盐浴中进行电解渗硫。盐浴成分（质量分数）为 75%KSCN+25%NaSCN，电流密度为 2.5~3A/dm^2，时间为 15min。渗硫后获得复合渗层。渗硫层是呈多孔鳞片状的硫化物，其中的间隙和孔洞能储存润滑油，因此具有很好的自润滑性能，有利于降低摩擦因数，改善润滑性能和抗咬合性能，减少磨损。

（2）表面热处理与表面化学热处理的复合强化处理在工业中的应用实例。

① 液体碳氮共渗与高频感应淬火的复合强化。液体碳氮共渗可提高工件的表面硬度、耐磨性和疲劳强度。但该技术有渗层浅、硬度不理想等缺点。若将经液体碳氮共渗后的工件再进行高频感应淬火，则工件表面硬度可达 60~65HRC，淬硬层深度可达 1.2~2.0mm，工件的疲劳强度也比单纯进行高频感应淬火的工件明显提高，其弯曲疲劳强度提高 10%~15%，接触疲劳强度提高 15%~20%。渗碳与高频感应淬火的复合强化，一般渗碳后经过整体淬火和回火，虽然渗层深，其硬度也能满足要求，但仍有变形大、需要重复加热等缺点。使用该复合处理方法，不仅能使工件表面达到高硬度，而且可减少热处理变形。

② 氧化处理与渗氮处理的复合强化。氧化处理与渗氮处理的复合强化称为氧氮化处理。这种处理工艺在用于渗氮处理的氨气中加入体积分数为 5%~25% 的水分，处理温度为 550℃，适用于处理高速工具钢刀具。高速工具钢刀具经过这种处理之后，表层被多孔性质的氧化膜（Fe_3O_4）覆盖，内层形成由氮与氧富化的渗氮层，其耐磨性、抗咬合性能均显著提高，切削性能得到改善。

③ 激光与离子渗氮的复合强化。钛的质量分数为 0.2% 的钛合金经激光处理后再经离子渗氮，淬硬层硬度从单纯渗氮处理的 600HV 提高到 700HV；钛的质量分数为 1% 的钛合金经激光处理后再经离子渗氮，淬硬层硬度从单纯渗氮处理的 645HV 提高到 790HV。

2）表面热处理与表面形变强化处理的复合

普通淬火、回火与喷丸处理的复合处理工艺在生产中应用很广泛，如齿轮、弹簧、曲轴等重要受力件经过淬火、回火后再经喷丸处理，其疲劳强度、耐磨性和使用寿命都有明显提高。表面热处理与表面形变强化处理的复合，同样有良好的效果。

① 表面热处理与喷丸处理的复合。对工件进行离子渗氮后经过高频感应淬火再进行喷丸处理，不仅可以使组织细致，而且可以获得具有较高硬度和疲劳强度的表面。

② 表面形变强化处理与表面热处理的复合。工件经喷丸处理后再经过离子渗氮，虽然表面硬度提高不明显，但渗层深度明显增加，化学热处理的处理时间缩短，具有较高的工程实际意义。

2. 高能束表面处理与某些表面工程技术的复合

由高密度光子、电子、离子组成的激光束、电子束、离子束可以通过一定的装置聚集成很小的尺寸，形成能量密度极高（$10^3 \sim 10^{12}$W/cm^2）的粒子束。这种高能束作用于工件表面，可以在极短的时间内以极快的加热速度使工件表面特性发生改变，因而在表面改性等领域中得到了广泛的应用。高能束表面处理与某些表面工程技术恰当地复合，可发挥更大的作用。下面以激光束为例进行简要介绍。

1）激光表面合金化、陶瓷化和增强电镀

（1）激光表面合金化。利用各种工艺方法先在工件表面形成所要求的含有合金元素的镀层、涂层、沉积层或薄膜，然后用激光、电子束、电弧或其他加热方法使其快速熔化，形成符合要求的、经过改性的表面层。例如，柴油机铸铁阀片经过镀铬、激光合金化处理，表层的表面硬度达60HRC，深度达 0.76mm，延长了使用寿命。45 钢经过 Fe-B-C 激光合金化后，表面硬度可达 1200HV以上，提高了耐磨性和耐蚀性。

激光表面合金化在有色金属表面处理中也获得了应用，ZL109 铝合金采用激光熔覆镍基粉末后再涂覆 WC 或 Si，基体表面硬度由 80HV 提高到 1079HV。

在激光照射前，工具的预涂覆还可采用电镀沉积（镍和磷）、表面固体渗（硼等）、离子渗氮（获得氧化铁）等工艺。激光预处理层的问题是会出现裂纹，通过调整激光参数、涂覆材料和激光处理方法可减少裂纹。

（2）激光表面陶瓷化。激光束与镀覆处理复合，可以在金属基材表面形成陶瓷化涂层。例如，供给异种金属粒子，并利用激光照射使其与保护气体反应形成陶瓷层。研究表明，在 Al 表面涂覆Ti 或 Al 粒子，然后通入氮气或氧气，同时用 CO_2 激光照射，可形成高硬度的 TiN 层或 Al_2O_3 层，使耐磨性提高 $10^3 \sim 10^4$ 倍。

① 在材料表面涂覆两层涂层（如在钢表面涂覆 Ti 和 C 后），再用激光照射使之形成陶瓷层（或 TiC 层）。

② 一边供给氮气或氧气一边用激光照射，使 Ti 或 Zr 等母材表面直接氮化或氧化形成陶瓷层。

（3）激光增强电镀。在电解过程中，用激光束照射阴极，可极大地改善激光照射区的电镀特性。激光增强电镀可迅速提高沉积速度而不发生遮蔽效应，能改善电镀层的显微结构，可用于选择性电镀、高速电镀和激光辅助刻蚀。例如，在选择性电镀中，一种被称为激光诱导化学沉积的方法尤其引人注目，即使不施加槽电压，对浸在电解液中的某些导体或有机物进行激光照射，也可选择性地沉积 Pt、Au 或 Pb-Ni 合金，具有无掩膜、高精度、高速率的特点，可用于微电子电路和金属电路的修复等高新技术领域。在高速电镀中，当激光照射到与之截面积相当的阴极面上时，不仅其沉积速率可提高 $10^3 \sim 10^4$ 倍，而且沉积层结晶细致，表面平整。钛合金采用激光气相沉积TiN 后再沉积 Ti（C，N）形成复合层，硬度可达 2750HV。

2）激光表面处理与等离子喷涂的复合

等离子喷涂是热喷涂的一种方法，是利用等离子弧发生器（喷枪）将通入喷嘴的气体（常用氩气、氮气和氢气等气体）加热和电离，形成高温、高速的等离子射流，熔化和雾化喷涂材料，使其以很高的速度喷射到工件表面形成涂层的方法。等离子弧焰温度达 10 000℃以上，几乎可喷涂所有固态材料，包括各种金属和合金、陶瓷、非金属矿物及复合粉末材料等。喷涂材料经加热熔化或雾化后，在高速等离子弧流引导下高速撞击工件表面，并沉积在经过粗糙处理的工件表面形成很薄的涂层。其与基材表面的结合主要是机械结合，在某些微区形成了冶金结合和其他结合。等离子弧流速度达 1000m/s 以上，喷出的粉粒速度可达 180～600m/s，得到的涂层氧化物夹杂少，气孔率低，致密性和结合强度均比一般的热喷涂方法高。等离子喷涂工件不带电，受热少，表面温度不超过 250℃，基材组织性能无变化，涂层厚度可严格控制到几微米到 1mm。因此，在表面工程中，可利用等离子喷涂的方法，先在工件表面形成所需的含有合金化元素的涂层，然后用激光加热的方法使它快速熔化，最终冷却形成符合性能要求、经过改性的优质表面。

（1）钢铁材料等离子喷涂与激光表面处理的复合。低碳钢具有良好的塑性和韧性，容易进行变形加工，但其表面硬度低，不耐磨。经等离子喷涂 CrC2-80NiCr 或 WC-17Co 再进行 CO_2 激光表面熔化处理后，低碳钢表面硬度大幅度提高，如 WC-Co 喷涂层硬度达 1000HV，喷涂层的耐磨性得到改善，而低碳钢的韧性没有改变。

奥地利 GFM 公司生产的大型精锻机被世界上大多数国家采用，其芯棒是用美国联合碳化公司垄断的涂层技术制造的，即采用爆炸喷涂工艺在芯棒表面制备一层耐高温、耐冲击、耐磨蚀、抗疲劳的薄涂层。这项技术可替换为其他技术，如等离子喷涂与激光重熔的复合处理技术。具体方法是，先采用超音速等离子喷涂法将平均粒度为 6.3μm 的 WC-10Co-4Cr 粉末喷涂到 Φ76mm 的精锻机芯棒表面，然后进行 CO_2 激光表面熔化，使涂层更加致密，结合更稳定，并使涂层中的组分对芯棒基材有一定的扩散作用，进一步提高 WC-10Co-4Cr 涂层与芯棒基材的结合强度，延长芯棒在 850～900℃高温、高速锻造条件下的使用寿命。

（2）有色金属材料等离子喷涂与激光表面处理的复合。一般的有色金属材料与钢铁材料相比具有热导率与电导率高、易加工、比强度高、密度小、抗冲击等优点，其主要缺点是硬度低、不耐磨、易腐蚀。有色金属材料若采用单一的表面硬化层，则会因受力时发生塑性变形，削弱硬化层的结合强度及硬化层与基体的附着力，硬化层会塌陷，并且会脱离基体形成磨粒，导致材料的早期失效。为了解决这个问题，可以采用复合处理方法：先通过激光合金化增加基材的承载能力，然后复合一层所需的硬化层，提高其耐磨性和耐蚀性。有时，对工况复杂的工件虽进行了两种表面工程技术的复合处理，但仍难以满足工况要求，因此需要采用由两种以上表面工程技术组成的复合处理技术。例如，钛合金进行物理气相沉积 TiN 和离子渗氮复合处理后，虽然表面耐磨性提高了，但表层厚度仅为 1～3μm（PVD），经离子渗氮后也仅为 10μm，该工件在达到临界接触应力时发生基体的塑性变形，会使表面硬化层塌陷和脱落，形成磨粒，导致早期失效。如果在 PVD 和离子渗氮处理前先进行高能束氮的合金化，增加基体承载能力，就可避免表面硬化层的塌陷。

对于有些有色金属材料，则是另一种情况。例如，燃烧室和叶片多用镍基耐热合金等材料制造，为了提高隔热性能，可使用陶瓷热障涂层（TBC），或称隔热涂层。TBC 具有热导率低、可隔绝热传导的作用，可使耐热合金表面温度降低几百摄氏度，让具有较高强度的合金能在较低温度范围内工作。TBC 有多种类型，其中高温隔热涂层主要采用等离子喷涂法制成，这种涂层有适用范围广、简单实用的特点，但涂层中存在气孔、裂纹及未熔化的粉末粒子，会使涂层的力学性能受到影响，同时它们也成为腐蚀气体的通道，会使中间结合层氧化、耐蚀性降低。研究表明，激光表面重熔等离子喷涂 TBC 可获得等离子喷涂层所不具备的外延生长致密的柱状晶组织，从而可改善结合强度，降低气孔率，提高涂层力学性能及热震性。

4.4.4　表面工程技术的发展方向

研究者将各类表面工程技术互相联系起来，探讨它们的共性，阐明各种表面现象和表面特性的本质，在此基础上通过各种学科和技术的相互交叉和渗透，使表面工程技术改进、复合和创新。展望今后数十年，结合我国的实际情况，表面工程技术的发展方向大致可以归纳为以下几个。

1）努力服务于国家重大工程

重点发展先进制造业中关键零部件的强化与防护新技术，显著提高使用性能和工艺，形成系统成套技术，为先进制造业的发展提供技术支撑。同时，要解决高效运输技术与装备（如重载列车、特种重型车辆、大型船舶、大型飞机等新型运载工具）、关键零部件在服役过程中存在的使用寿命短和可靠性差等问题。另外，国家在建设大型矿山、港口、水利、公路、大桥等项目时，都需要表面工程技术的支撑。

2）贯彻可持续发展战略

表面工程技术可以为人类的可持续发展做出重大贡献，但是在表面工程技术的实施过程中，如果处理不当，则会带来许多污染环境和大量消耗宝贵资源等严重问题。为此，要切实贯彻可持续发展战略。这是表面工程技术的重要发展方向，在具体实施上有许多事情要做：①建立表面工程技术项目环境负荷数据库，为开发生态环境技术提供基础；②深入研究表面工程技术的产品全寿命周期设计，以此为指导，用优质、高效、节能、节水、节材、环保的方法来实施技术，并且努力开展再循环和再制造等活动；③尽力采用环保低耗的生产技术取代污染高耗的生产技术，如在涂料方面尽量采用水性涂料、粉末涂料、紫外光固化涂料等环保涂料，对于几何形状不是过分复杂的装饰-防护电镀工件尽可能用"真空镀-有机涂"复合镀工件来取代；④加强对"三废"处理和减少污染的研究，如对于几何形状较复杂的装饰-防护电镀铬工件，在电镀生产过程中尽可能用三价铬等低污染物取代六价铬等高污染物，同时做好"三废"处理工作。

3）深入研究极端、复杂条件下的规律

许多尖端和高性能产品往往在极端、复杂条件下使用，这对涂覆、锻层、表面改性等提出了一些特殊的要求。使产品在极端、复杂条件下可靠服役，有时还要求产品表面具有自适应、自修复和自恢复等功能，如有智能表面涂层和薄膜。同时，要研究在极端、复杂条件下材料的损伤过程、失效机理及寿命预测理论和方法，实现材料表面的损伤预报和寿命预测。

4）表面工程技术的改进、复合和创新

表面工程技术在不断改进、复合和创新中发展，具体内容主要包括：①改进各种耐蚀涂层、耐磨涂层和特殊功能涂层，根据实际需求开发新型涂层；②进一步引入激光束、电子束、离子束等高能束技术，进行材料及其制品的表面改性与镀覆；③深入运用计算机等技术，全面实现生产过程自动化、智能化，提高生产率和产品质量；④加快建立和完善新型表面工程技术［如原子层沉积（ALD）、纳米多层膜等］创新平台，推进重要薄膜沉积设备自主设计、制造和批量生产；⑤加大复合表面工程技术的研究力度，充分发挥各种工艺和材料的最佳组合效应，探索复合理论和规律，扩大表面工程技术的应用范围；⑥将纳米材料、纳米技术引入表面工程技术的相关各个领域，使材料表面具有独特的结构和优异的性能，建立和完善纳米表面工程技术的理论，开拓表面工程技术新的应用领域；⑦大力发展表面加工技术，提高表面工程技术的应用能力和使用层次，尤其关注微纳加工技术的研究开发，为发展集成电路、集成光学、微光机电系统、微流体、微传感、纳米技术及精密机械加工等科学技术奠定良好的制造基础；⑧重视研究量子点可控、原子组装、分子设计、仿生表面及智能表面等涂层、薄膜或表面改性技术，同时要高度重视表面工程技术中一些重大课题的研究，如太阳能电池的薄膜技术、表面隐形技术、轻量化材料的表面强化-防护技术、空间运动体的表面防护技术、特殊功能涂层的修复技术等。

4.5　微纳制造技术

4.5.1　微纳制造技术概述

1. 微制造、纳制造的定义、联系与区别

随着制造业的飞速发展，人们对器件加工精度与微型化提出了更高的要求。微纳器件的尺寸范围多为 1nm～100μm，在此尺寸范围内的材料通常具备常规材料所不具备的奇异或反常的物理、化学特性自身存在的尺度效应。例如，陶瓷材料在通常情况下呈脆性，然而由纳米超微颗粒压制而成的纳米陶瓷材料却具有良好的韧性。通过传统机械加工方法，如车、钻、磨、锻、铸、焊等，很难实现微纳器件的加工，由此诞生了微纳制造技术这一概念。

微纳制造技术是制造微米级、纳米级或更小尺寸结构、器件、系统技术的统称。细致地讲，微纳制造技术可分为微制造技术与纳制造技术。微制造技术主要面向尺寸为 0.1～100μm 的结构、器件或系统的研究与开发。目前主要有两种不同的微制造技术：一种是基于硅基材料半导体制造工艺的光刻技术、LIGA 技术、键合技术、封装技术等，这些技术在微电子工业领域已发展得较为成熟，但普遍存在加工材料单一、加工设备昂贵等问题，且只能加工结构简单的 2D 或准 3D 微机械零件，无法进行复杂 3D 微机械零件的加工。另一种是机械微加工技术，是指采用机械加工、特种加工及其他成型技术等传统加工技术形成的微加工技术，可进行 3D 复杂曲面零件的加工。纳制造技术主要面向尺寸为 1～100nm 的原子、分子的操纵、加工与控制，主要分为两个方向：一是以微制造为基础向其制造精度的极限逼近，达到纳米加工的能力，如半导体加工主要包括晶

元制备、集成电路制造、测试封装，其中集成电路制造最为复杂，现有技术包括气相沉积、刻蚀、离子注入等，可实现亚纳米甚至埃米级的加工精度，但光学光刻制造的精度成为半导体器件开发的瓶颈。二是采用新物理效应对纳米量级进行操控与制造，包括纳米压印技术、刻划技术、原子操纵技术等。微制造技术与纳制造技术在结构、器件、系统尺寸方面存在巨大差异，纳制造技术具有超高的工作频率、高的灵敏度，以及以极低的功耗实现吸附性的控制力，但在更小尺寸下产生的一些新物理特性将影响器件的操作方式和制造手段。与微制造技术相比，纳制造技术对微加工技术的时空分辨率与材料研究类别提出了更高的要求。

2. 国外微纳制造技术的发展

　　微纳制造技术最早可追溯到 19 世纪诞生的照相制版技术。照相制版技术的原理是把所需图像按要求缩放到底片上，再将底片贴合在涂有感光胶的金属板上进行曝光，经过显影便可在金属板上形成所需图像的感光胶膜。这为光刻工艺的发明与发展奠定了工艺与流程基础。现代意义上的微纳制造技术，20 世纪 40 年代末至 20 世纪 60 年代处于萌芽期，20 世纪七八十年代是新型器件和技术的关键发展期，20 世纪 90 年代后实现了商业化、产业化、多学科交叉融合的蓬勃发展。微纳制造工艺包含大量多年来为硅基微电子工业开发的加工工艺。

　　1947 年，W. Schockley、J. Bardeen 和 W. H. Brattain 在贝尔实验室发现，若两金属膜距离小于 24.4μm，则会与半导体锗晶体之间形成肖特基势垒，他们基于此现象发明了晶体管，并于 1956 年获得诺贝尔奖。

　　1954 年，C. S. Smith 发现了半导体硅和锗的压阻效应，这一现象的发现为基于微纳制造技术的气体、液体传感器研发奠定了理论基础。

　　1958 年，基于晶体管的第一个厘米级集成电路在德州仪器制备成功。同期，仙童半导体公司研制出第一个平面硅基集成电路。

　　1959 年，Richard Feyman 在美国物理学会上提出了"There's Plenty of Room at the Bottom"的设想。

　　1963 年，日本丰田中央研究所研发出半导体压力计。

　　1967 年，美国 Westinghouse 公司利用牺牲层腐蚀方法研发出振动栅极晶体管，该晶体管可通过静电力控制栅极与衬底的距离。

　　1968 年，美国 Mallory 公司的 Pomerantz 开发出硅玻璃静电阳极键合技术。

　　1969 年，美国人开发出结晶异方向腐蚀、杂质浓度依存性腐蚀技术。

　　1970 年，斯坦福大学研发出硅微细微构造体阵列微小电极，电极尖端直径最小可为 2 μm。

　　1973 年，斯坦福大学将微纳制造技术与医学检测技术结合，研发出内窥镜用的硅压力传感器。

　　1973 年，日本东北大学研发出对氢离子敏感的微型离子敏场效应管。

　　1975 年，美国斯坦福大学的 Terry 发明了集成化气体色谱仪。

　　1978 年，日本佳能公司研发出基于硅微机械加工技术的喷墨打印机喷嘴，通过热气泡产生所需体积的墨滴。

　　1979 年，美国密歇根大学的 J. Borky 等发明了压阻式集成压力传感器。

　　1981 年，日本横河电机公司通过阳极氧化、刻蚀研发出微腔体硅结构。

　　1986 年，原西德原子力研究所开发出 LIGA 工艺，该工艺可用于制作高深宽比细微加工器件。

　　1986 年，瑞士 CSEM 电子与微技术中心研发出可用于导航的硅基伺服微加速度传感器。

　　1986 年，日本东北大学研发出可对热循环反应进行闭环控制的集成化微流量控制器。

　　1988 年，美国 University of California,Berkerley 两位华裔博士发明了静电电机。同年，发明了微压力/加速度开关、微陀螺仪。

　　1987 年，美国 University of California,Berkerley 与贝尔实验室合作发明了硅基微型齿轮。

1991 年，三维光刻技术及基于 LIGA 技术制备的铰链结构问世。

1993 年，深反应离子刻蚀工艺问世。

1993 年，美国 ADI 公司成功地将微型加速度计商品化，并大批量应用于汽车防撞气囊，标志着微制造技术的商品化。

1994 年，射流自组装、空气微喷嘴阵列、多轴伺服加速度计问世。

1995 年，能动铰链结构键合组装工艺问世。

1996 年，二维自组装、三维阵列探针问世。

21 世纪后，实现了微纳制造技术与各学科的深度融合，尤其在生命医学中的研发与应用，也预示着新一轮微纳器件，如用于人体、生物医学监测的各类生化传感器与仿生芯片等的产业化高潮即将形成。

通过上述发展历程我们能看出，微纳制造领域的重大突破多发生在美国、德国、日本。这和其政府重视程度及企业关注度密切相关。政府层面：20 世纪 80 年代中后期开始，为重新夺回全球制造业领导地位，美国联邦政府推出了先进制造技术计划。1992 年，美国国家关键技术计划提出将对美国军事国防安全与经济发展都产生深刻影响的技术为微纳制造技术。美国国家自然基金会优先支持并重视微/纳米相关项目，2010 年推出了可持续国家纳米技术计划。原美国国防部高级研究计划局（ARPA）制订的微/纳米和微系统发展计划，对"采用与制造微电子器件相同的工艺和材料，充分发挥小型化、多元化和集成微电子技术的优势，设计和制造新型机电装置"给予了高度的重视。2021 年，美国国防高级研究计划局（DARPA）启动了自动实现应用程序的结构化阵列硬件（SAHARA）计划，以提高美国的半导体制造能力，特别是针对定制国防系统的半导体制造能力，该项目是 2017 年 DARPA 推出的"电子复兴"计划的延伸。2016 年，美国航空航天局（NASA）宣布，与 8 所知名高校合作研发纳米电力系统、微型轻质电池、高精度纳米卫星导航系统等质量小于 10kg 的微型航天器技术。在德国，由于微纳系统设计与制造是"高技术战略 2020"的重要组成部分，因此德国联邦教育及研究部优先资助和发展相关研究项目。日本在 1992 年启动了投资 2.5 亿美元的大型研究计划——微机械十年计划。2008 年，日本制造产业局实施了 BEANS 项目，旨在制定研发纳米材料功能与生物技术融合的政策。企业层面：在美国，以大学和研究所为微纳制造技术的研究单位，与企业合作或自身孵化企业，如 University of California，Berkerley 一直被视为微纳器件研究的领头羊，其联合多所大学与企业成立了 BSAC（Berkeley Sensor and Actuator Center，伯克利传感器和执行器中心）。ADI 公司是半导体行业广泛认可的公司，在看到微型加速度计可在汽车领域应用后，投入巨资引入表面牺牲层技术，实现了微型加速度计的商品化，并获得了巨大的经济效益。在德国乃至欧洲，超过 50% 的微纳制造技术企业聚焦医疗技术与汽车工业。在日本，以横河电机公司、佳能公司、日本合成橡胶公司（JSR）、住友化学公司为代表的微纳制造相关企业在光刻机及光刻胶领域已形成垄断性态势。正是因为微纳制造技术的巨大潜力，发达国家政府及企业科技财团每年支出大量的资金，用于支持微纳制造技术的研发。

3. 我国微纳制造技术的发展

在我国，微纳制造技术得到了国家的高度重视。《国家中长期科学和技术发展规划纲要》中提到，因微纳制造技术的光明前景，政策上优先支持和鼓励发展微纳制造，并推动形成多学科交叉的系统，使我国在纳米革命中处于世界领先地位，实现微纳制造技术引领我国未来的经济发展。1995—1999 年，中华人民共和国科学技术部实施了"微电子机械系统项目"攀登计划，以中国科学院、北京大学为主建立了微纳制造中心，并在微压力仪、微泵、微压阻传感、硅微麦克风、加速度计、微纳卫星等微纳器件方面取得了进展。从 2019 年开始，我国仅在微纳制造技术中的集成电路技术中，每年的投入就高达 1 亿元。目前，我国在微纳制造基础理论、微纳尺度加工技术、微封装和微机械的研究开发中取得了长足的进步。但目前，美国、德国、日本在微纳制造领域内的研究占绝对优势，我国与之存在很大差距。一方面，我国微纳制造相关的工业起步晚，底子薄；另一方面，我国现在未能掌握与微纳制造相关的核心设备与技术。此外，与微纳制造相关的测量与表征技术不够发达也制约着我国微纳制造的标准化发展。

4.5.2 微纳制造技术的种类

微纳制造技术具有很高的学科交叉性，可将其视为一种综合性技术，涉及自然科学（如物理、化学、生物、分子物理）、工程学（如电子工程、机械工程、材料工程、工业工程、化学工程）等学科知识。此外，由于微纳尺度下在电荷传递、摩擦、热传导、扩散、流体阻尼中存在特有的小尺寸效应，因此微纳制造技术的研发者及相关工程师必须同步积累知识与经验，从而使所设计、制造的器件或系统的质量得到保证。本节将对微纳制造的光刻技术、聚焦离子束加工技术、气相沉积技术、刻蚀工艺技术、激光微加工技术、纳米压印技术、微细电火花技术分别进行介绍。

1．光刻技术

早期的微静电计、微电机、微压力传感器等微纳器件，都是基于光刻（Lithography）技术发展起来的。光刻技术是以硅基为主半导体材料进行二维或二维半微结构进行精密制造的技术。前文提到，光刻技术由照相制版技术发展而来，利用光交联型、光分解型和光聚合型的反应特点，在紫外线或更低波长光波照射下，将掩膜版上的图形精确地印制在涂有光致抗蚀剂的工件表面，再利用光反应后的光致抗蚀剂的非腐蚀特性，获得尺寸分辨率高的图形。到目前为止，基于光刻技术的半导体技术已经产生了巨大的市场效益。

通常光刻工艺中使用的光致抗蚀剂分为正性光刻胶和负性光刻胶两种基本类型，对应地产生了正性光刻与负性光刻两种工艺。正性光刻利用曝光的感光胶区域易与显影液发生反应，可在显影过程中从基材表面去除正性光刻胶，从而可获得与掩膜版上的图形一致的结构。负性光刻则是指曝光的感光胶区域固化，实现将与掩膜版上相反的图形复制到硅片表面。两种光刻工艺都需要经过基材预处理、旋涂光刻胶、前烘、曝光、显影、后烘、等离子处理和去胶流程。光刻工艺的每一步之间都会相互影响，任何一步产生失误性操作对器件的成品率都会产生不良影响，因而相对成熟的产品，其光刻工艺流程中每一步的参数都有严格的规范。其中，最为重要的一步工艺为曝光，曝光光源的波长是光刻工艺的关键参数，在曝光时间、光源强度及接触距离相同的条件下，曝光光源的波长越短，可获得的器件特征尺寸越小。紫外光、极紫外光、电子束、离子束等是常用的曝光光源。传统光学曝光常用的光源为紫外光（波长为 $200\sim400\text{nm}$）或远紫外光。曝光光源的投影方式可分为接触式、接近式、反射式、无掩膜直写式。接触式和接近式曝光为传统曝光类型。其中，接触式曝光是指掩膜直接与半导体基材上的光刻胶接触实现曝光；接近式曝光是指掩膜与半导体基材保持一定间隙实现曝光。接触式曝光技术比较简单，能获得较高的分辨率（$2\mu\text{m}$左右）。因为掩膜与基材之间存在一定距离（$100\mu\text{m}$左右），所以如果待加工工件的光刻胶表面或掩膜版下方掺入尘埃颗粒，则会导致工件成品率降低。接近式曝光一般不会带来灰尘颗粒干扰，但掩膜和晶片的间隙（一般为 $10\mu\text{m}$左右）可产生光衍射误差，造成曝光重影，降低工件的尺寸分辨率。投影式曝光又可称为反射式曝光，是利用光学投影成像的原理完成图形转移的，可实现大面积、大规模集成电路的生产。投影式曝光不是一次性将整片（4in 或 8in）半导体基材曝光，而是通过扫描或分步移动完成整片半导体基材的曝光。投影式曝光可通过光路系统进行缩小聚焦，实现小尺寸曝光。投影式曝光技术能够得到接触式曝光的分辨力，而且没有易损伤和玷污掩膜版的弊端，因此它成为当前半导体产业的主流光刻技术。但投影式曝光的局限性也制约着摩尔定律的进一步实现：第一，光学系统中存在衍射效应、数值孔径的改变引起光学畸变（曝光成像与掩膜图形的差异）；第二，光致抗蚀剂及显影液操作过程中存在工艺误差。

目前，光学曝光在微纳制造技术中有以下应用：第一，应用于大规模集成电路。大规模集成电路是近半个世纪以来基于光学曝光工艺发展起来的，是目前工艺更迭快、产生的经济效益大、前景极为光明的技术。截至 2020 年，浸润式光学曝光已经达到线宽精度 5nm。第二，应用于生物医学、汽车电子工业中可批量生产的微纳器件或传感器。例如，现在基于光刻工艺生产的微流控芯片集成了各类生物医学分析传感器，可实现非侵入式高通量血液指标监测。第三，应用于可定制化的微纳传感器件。例如，集成微光学、微机械、微电子的微光机电系统。

电子束曝光是利用电子束在涂有感光胶的半导体基材上直接扫描或投影复印图形的技术。电子束曝光主要分为扫描电子束曝光和投影电子束曝光。扫描电子束曝光是指在 0.5~5mm 的范围内，将图形聚焦到小于 1μm 的电子束斑，按照程序扫描并曝光。投影电子束曝光是指基于光学投影曝光的原理，将光源替换为电子束，电子束穿透掩膜版图形，然后通过 $\frac{1}{10} \sim \frac{1}{5}$ 的缩小方式投影到光刻胶上，进行大规模集成电路图形的曝光。由于电子束波长小于 1nm 可以避免传统光刻工艺存在的衍射效应，因此通过电子束曝光可得到分辨率极高的图形，其计算所得的分辨率极限为 3nm。另外，利用掩膜版标记的扫描电子束曝光技术在二次或多次曝光中可获得远高于光刻的套刻精度。扫描电子束曝光可以通过程序控制直接实现所设计的图形。计算机辅助软件设计图案由于更改容易，绘图周期短，目前是半导体产业所需掩膜版图形的制造手段。电子束扫描曝光无需掩膜版，可直接操控电子束灵活直写，该特性常常用于新型微纳器件的研发及芯片质量的抽样检验。但扫描电子束曝光存在自身的局限性：第一，其由于属于逐个电子束扫描，因此生产率低。第二，电子束边缘处电子受约束能力差，易发生散射，运动方向发生偏转，临近非曝光区域的光刻胶层产生部分曝光，从而影响器件分辨率。

2. 聚焦离子束加工技术

聚焦离子束（Focused Ion Beam，FIB）加工是实现纳米尺度制造的另一种重要操作手段。离子束是以近乎相同的速度向同一方向运动的一群带电离子。离子束源是聚焦离子束加工技术的核心，早期的离子束通常采用惰性气体的高能态离子构成，如经高压电离得离子与氩离子。液态金属离子束源尺寸小、密度高的特性促进了离子束源的进一步发展。现在的离子束源通常将熔融态的液态金属与直径在 10μm 以内的钨丝针尖粘连，在外电场的作用下会产生大于 1000V/m 的场强，液态金属表面原子的外层电子会溢出表面，金属原子实现离子化，离子化的金属原子会沿着场强的方向产生离子束流。目前，液态金属为聚焦离子束加工通常采用的离子束源。因为聚焦离子束有很好的平行性，其投射透镜的数值孔径非常小（低于 0.001μm），因此可有效避免基材表面粗糙度对曝光图形的质量影响。聚集离子束加工技术能实现材料原位表征、去除和沉积多种功能，并在纳米尺度制造中占有重要的地位。总体来讲，聚焦离子束投影曝光具有高灵敏度、高分辨率、抗邻近效应的优势。聚焦离子束加工可概括为两类：聚焦离子束投影曝光与扫描聚焦离子束加工。聚焦离子束投影曝光的原理与投影式光学曝光、投影式电子束曝光的原理类似。原子被离子化后发出离子流，通过多路离子透镜穿过掩膜版，以缩小的光路投射至涂有光刻胶的硅片基底上，进行部分曝光，重复曝光，实现全面曝光。聚焦离子束投影曝光和投影电子束曝光一样可以避免传统光刻的衍射效应。此外，由于聚焦离子束的离子质量相对电子大，电场对离子的约束能力比对电子的强，不会产生较大的离子分散，可以避免投影电子束曝光的邻近效应。

扫描聚焦离子束加工的原理与扫描电子束曝光的原理相似，是基于高能火花的离子束与待加工工件表面多次轰击碰撞实现的。具体来讲，扫描聚焦离子束加工系统包括离子束柱、含有加热电场的工作腔体、高抽真空度系统、进气通道、可程序控制硬件。在液态金属表面施加强电场后，带正电荷的离子以平行束状沿电场方向移动，通过上下可偏转调节装置，离子束按程序控制的方式与待加工工件表面发生反应，实现高精密切削。离子束与待加工工件表面会产生背散射离子、注入离子、反弹注入与反冲原子四种模式的反应。背散射离子指的是离子束射到固体表面，离子从固体表面反弹回来。注入离子指的是部分离子可以进入固体内部，与内部电子发生一系列级联撞击，能量被消散、吸收、耗尽后滞留在固体内部。反弹注入指的是在注入离子碰撞过程中将自身携带的能量传递给靶材，使得靶材原子发生移位。反冲原子指的是在注入离子碰撞过程中使得靶材内部原子获得能量，使其有趋向性地离开固体表面，当能量大于一定值时，靶材内部原子会从表面溅射出来。到目前为止，扫描聚焦离子束加工在注入离子过程中进行离子轰击，进行超微细结构的铣削与刻蚀，可利用背散射离子、电子及 X 射线等获取材料表面的信息，实现二次电子成像和背散射离子成像。

3．气相沉积技术

在过去的二三十年里，气相沉积技术（Vapor Deposition Technology）一直是一项快速发展的新技术。它能改变材料在气相中的物化性质，达到改变工件表面成分的目的，使工件具有特殊的性能，如形成具有特殊电学和光学性能的超硬耐磨层。一般来说，气相沉积技术可分为两类：物理气相沉积（PVD）和化学气相沉积（CVD）。气相沉积作为一种新型的模具表面硬化技术，已广泛应用于各种模具的表面硬化处理。目前，超硬沉积材料［如（TiAl）N、TiCrN 等］，以及复合涂层（如 TiC 等）已用于生产。

气相沉积技术常用于延长机械零部件的使用寿命。例如，用上述方法制备的 TiN、TiC、Ti（CN）薄膜具有较高的硬度和较好的耐磨性。高速钢刀具表面涂覆 TiN 膜能提高刀具的使用性能，如耐磨性、抗切屑黏附性和切削速度等。镀锡 $1\sim3\mu m$ 的刀具切削所形成的切削表面的有效使用寿命是传统刀具切削所形成的切削表面的有效使用寿命的 3 倍以上。在一些发达国家，有 30%～50%的非再磨刀具表面涂覆了金属耐磨层。其他涂层，如立方氮化硼、金属氧化物、碳化物、氮化物、类金刚石膜和各种复合薄膜也显示出优异的耐磨性。例如，在进行气相沉积之后，Al_2O_3 和 TiN 薄膜等都有着良好的耐腐蚀性，并且可以用作某些基材的保护膜。在非晶态薄膜中增加少量铬，可使其耐磨性进一步提高。在航空工业零件中，传统电镀产品已逐渐被铝、钛等离子镀膜产品取代。真空镀膜制备的热障涂层（以前被称为热耐蚀合金涂层）已广泛应用到生产中。离子注入处理可使模具、刀具、工具、航空轴承、轧辊、涡轮叶片、喷嘴等零件的使用寿命提高 1～10 倍。

把金属、合金或其他化合物放在真空室中蒸发或溅射的工艺叫作物理气相沉积。物理气相沉积就是使这些气相的原子或分子在一定条件下沉积在零件表面的工艺。物理气相沉积一般包括真空蒸镀、真空溅射和电弧等离子镀三种类型。相较化学气相沉积，物理气相沉积的主要优点是处理温度较低且沉积时间较短，对空气等的污染较轻。因此，物理气相沉积在工业生产中有很高的实际利用价值。其不足之处在于沉积层与工件表面的结合力相对较小，镀层的均匀性也较差，加工所需要的成本高昂，对操作和维护技术的要求也比较高。

把气体引到反应腔内，气体在衬底表面发生化学反应并沉积在固体表面，生成超薄（＞1nm）薄膜的过程叫作化学气相沉积。这一系列的过程如下。

① 反应气体扩散并吸附在工件表面上。
② 一系列的化学反应发生在反应腔内的衬底上。
③ 固态晶体在工件表面不断产生。
④ 反应结束后，气体产物脱离工件表面并返回气相组织。
⑤ 元素扩散到基体的界面和沉积层之间，并形成一层镀膜。

4．刻蚀工艺技术

刻蚀工艺（Etching Process）作为一种微纳减材制造技术，用于除掉裸露在抗蚀剂外的薄膜层，并在薄膜层上得到与在抗蚀剂膜上相同图形的工艺。刻蚀工艺技术运用一种或多种物理或化学方法，针对性地去除裸露在抗蚀剂外的部分薄膜层，从而在薄膜层上得到的图形和抗蚀剂膜上的图形几乎一致。两种基本半导体制造刻蚀工艺是干法刻蚀与湿法刻蚀。作为可信赖的刻蚀工艺，应同时具备以下几个特点：①刻蚀的各向异性，即仅有垂直刻蚀，没有横向的钻蚀，只有这样才能保证精确地把抗蚀剂膜上的几何图形完全一致地刻蚀在薄膜层上；②优秀的刻蚀选择性，即薄膜与材料（图形层）的刻蚀速率要比抗蚀剂快得多，且抗蚀剂持续发挥作用，不会发生因抗蚀剂损坏造成薄膜材料的损坏；③可实现大批量加工，操作简单方便，制造成本低，无危害，能广泛应用到工业生产中。

干法刻蚀是指使待加工基材表面暴露于等离子气态中，通过光刻胶中开出的窗口与暴露的基材或图形发生物理或化学反应，或者同时发生物理和化学反应，实现去除暴露的表面材料。在亚微米尺寸下，刻蚀器件最重要的方法就是干法刻蚀。

湿法刻蚀是指以液体形态存在于酸、碱和溶剂等化学试剂中，通过化学反应使暴露的基材或图形经过长时间腐蚀去除。湿法刻蚀是一种更为传统的方法，通常在较大尺寸的情况下（>3μm）使用湿法刻蚀。湿法刻蚀是用于除去腐蚀硅片上或干法刻蚀后的残留物的方法。用定量的试剂或溶液润湿硅片，暴露在抗蚀剂上的薄膜通过与试剂发生化学反应而被去除。经典的方法有用氢氟酸溶液刻蚀二氧化硅薄膜和用磷酸刻蚀铝薄膜。湿法刻蚀具有操作简单、所需设备少、容易大规模生产、刻蚀的选择性高等优点。然而，其在化学反应中几乎没有各向异性，在水平方向上钻孔会产生一个圆弧形的刻蚀轮廓。这不仅改变了图形的轮廓，而且会使刻蚀图形在轻微过蚀的情况下出现，导致与原抗蚀剂膜上形成的线相比较宽，膜上的图形宽度迅速增加，这使操作人员难以精确地控制模式。湿法刻蚀还存在一个问题，即抗蚀剂在溶液中很容易被损坏，掩蔽也会失败，尤其是在高温下，所以对于只能在这些条件下刻蚀的薄膜，需要使用更复杂的掩蔽方案。

对于使用微米和亚微米尺度线宽制造的超大规模集成电路，刻蚀工艺必须具有高的各向异性，以确保图形的准确性，湿法刻蚀无法满足这一要求。

我们通常所说的干法刻蚀最早在 20 世纪 70 年代末研制而出。干法刻蚀主要包括三种：离子铣刻蚀、等离子刻蚀和反应性离子刻蚀。

离子铣刻蚀：激发产生的离子被加速，并在低大气压下落到薄膜表面，从而使未被掩盖的薄膜溅射除去。因为离子铣刻蚀是纯物理工艺，所以它的各向异性很高，能够获得的线条的分辨率高于 1μm。这种方法已被用于制造磁泡存储器、表面波设备和集成光学器件等。这种方法也有明显的不足之处：选择性不足，只能运用特定的刻蚀终点监测技术，而且工业生产效率也较低。

等离子刻蚀：通过排放气压限制在 10～1000Pa 的退火气体，产生分子或分子基团，使之与薄膜进行离子化学反应，产生具有挥发性的反应产物。该产物在低压下从真空室排出，以实现刻蚀。通过屏蔽和限制放电气体的成分，等离子刻蚀的选择性和刻蚀率可以得到极大的改善。但是，通常情况下等离子刻蚀的精确度不高，通常只用于 4～5μm 的线条加工。

反应性离子刻蚀：这种刻蚀过程同时具有物理和化学效应。在零到几十帕的低真空环境下才可以进行辉光放电。处于阴极电位的硅片，在放电过程中的大部分电子都落在阴极附近。大量的带电粒子在垂直于硅片表面附近的电场中获得极高的加速度，垂直射到硅片的表面上并获得巨大的动力，从而可以进行物理刻蚀，同时它们也在薄膜表面发生强烈的化学反应，从而达到化学刻蚀的目的。如果选择的气体成分合适，则不仅可以达到理想的选择性和刻蚀速度，还可以大大缩短活性基团的寿命，有效地抑制这些基团在薄膜表面附近扩散引起的副作用，大大改善刻蚀的各向异性特性。反应性离子刻蚀作为一种很有前途的刻蚀方法，适用于大规模集成电路加工。

现代化的干法刻蚀设备包括复杂的机械、电气和真空装置，以及自动化的刻蚀终点检测和控制装置。因此，这种工艺的设备投资是高昂的。

5. 激光微加工技术

20 世纪的四大发明是半导体、激光技术、原子能及计算机。自 1970 年开始，我国在小型、微电子装置，以及电子元器件方面的需求量变大，激光技术的应用增长最快的领域就包括特殊用途的精密加工。激光技术的主要应用领域是激光微加工，相比一般的机械加工，激光微加工具有精确度高、准确率高、加工速度快的特点。这种工艺主要是通过激光束与材料之间的相互作用来对不同的材料进行加工的，主要包括切割、焊接、冲孔、打标、热处理、成型等多种加工工艺。正是由于这种特殊性质，激光才成为微加工的理想工具。激光微加工技术现在主要应用于微电子学加工、微机械学加工和微光学加工三大领域。

激光微加工方法主要包括两种类型：第一种是通过红外激光对材料表面进行加热，使其汽化（蒸发），这种热加工方法主要使用波长为 0.16μm 的 YAG 激光；第二种是通过紫外激光对非金属材料表面的分子键进行破坏，进而令分子脱离物体，这种加工方法为不产生高热量的冷加工方法，主要使用波长为 355nm 的紫外激光。

无掩膜光刻技术可以通过对照相涂层上聚焦光斑的位置进行操作获得结构信息，该技术也被称为直写技术。目前直写技术主要包括电子束直写技术和激光直写技术两种类型。直写技术使加工结构的多样性和分辨率获得了极大的提升。电子束直写技术是通过对聚合物涂层进行电子束扫描，再以刻蚀或显影技术对微结构进行加工的技术。激光直写技术是通过对激光的聚焦光斑及曝光时间等参数进行控制，来对光敏聚合物材料进行准三维微纳结构加工的技术。相比传统光学加工技术，直写不依赖复杂的掩膜版，打破了画线和图形转写的过程，使加工效率、灵活性及准确性都得到了极大的提高。电子束直写技术的精度极高，分辨率通常低于 10nm，对制备各种纳米器件、深亚微米器件及研究纳米尺度光学物理等都有极大的作用。然而，电子束直写技术的工作环境要求极为严格（通常要求为真空环境），设备的价格也较为昂贵，效率较低，这些缺点均会对其应用范围产生限制。激光直写技术对工作环境和设备的要求不高，加工工艺相对简单，且真正实现了三维结构加工。

飞秒激光微纳加工技术具备加工精度极高、可加工的材料范围广、可制备具有复杂三维结构的工件等优势，因此在微光学、微电子、微流控等三维微纳结构的制备中被广泛应用。目前飞秒激光微纳加工技术主要分为实现减材加工的飞秒激光烧蚀技术，以及实现增材加工的飞秒激光多光子加工技术。通过进行飞秒激光多光子加工可以获得真三维微纳结构。该技术可以对许多材料进行加工，如光敏树脂、生物兼容材料、金属溶液、石墨烯氧化物等。通过该技术加工的材料，目前在微电子、微光学、生物系统及微系统分析等领域均有广泛的应用。飞秒激光烧蚀技术可以对介质材料、半导体材料、金属材料等硬质材料的三维微纳结构进行加工，其由于具有极高的脉冲能量，因此可以对大部分硬质材料进行烧蚀加工。

6. 纳米压印光刻技术

纳米压印光刻技术是一种在微纳米结构上复制结构图形的技术，可用于制造具有更高精度、更大面积的微纳米结构。纳米压印光刻技术主要包括热压印、紫外线压印等技术。纳米压印光刻过程很简单，采用纳米压印光刻技术将模板图形复制到聚合物薄膜上即可。纳米压印光刻技术具有高效率、低成本、高分辨率的优点，但也存在受力不均造成的结构差异的影响。只有压印模板在整个设备中加工成本较高，其他材料便宜，分辨率高，在某些情况下可以生产约 5nm 的结构。这些优点使得纳米压印光刻技术在微光学加工中具有更大的应用前景。纳米压印光刻技术目前正应用于高精度微纳器件的制造，如有机激光器、数据存储器、化学传感器、有机发光半导体和生物芯片等。虽然模压技术可以在一定程度上克服光的衍射极限造成的精度问题，但是在这个过程中仍然存在一些不可避免的问题。压花结构对外界环境和压力非常敏感，因为压花过程受力很大。小的不规则力对结构有很大的影响。在压花过程中，压花结构的表面能和附着力也受到影响。样品上的结构在脱模过程中容易变形，而且多次使用后筛板可能受到污染和损坏，大大降低网板的使用寿命。考虑到高精度钢网的制造工艺精细且昂贵，纳米压印光刻技术的改进仍然是未来研究的主要方向。

7. 微细电火花技术

电火花加工的原理是利用浸没在工作液中的两个电极之间的脉冲放电产生的电蚀效应来去除电蚀导电材料,主要用于各种形状较为复杂的模具或零件,各种硬脆材料(如硬质合金和淬硬钢),深孔、薄孔、异形孔等的加工。20 世纪 60 年代,中国第一台电火花加工机床在上海科学院电工研究所仿制成功。自 20 世纪 80 年代以来,随着数控机床和软件编程技术的进步,已经实现了自动化和无人驾驶。美国和日本等发达国家的一些电火花加工公司凭借其强大的精密机床制造能力,利用两轴或三轴数控系统和多方向伺服调平和混合程序,解决了电火花加工中的一系列实质性问题。随着人们对高精度、高刚度加工的要求不断提高,对微细电火花加工的需求也越来越高。微细电火花加工基于电火花腐蚀的原理,当工具电极和工件电极接近时,两个电极之间形成脉冲火花放电,在电火花加工通道中产生瞬时高温,导致局部金属熔化甚至汽化,然后刻蚀金属。

4.5.3　微纳制造技术的应用与发展趋势

与传统的传感器相比,用微纳制造技术制造的器件或系统具有体积小、质量轻、功耗低、可靠性高、功能强大、可大规模生产等诸多优点,因此在航空航天、国防、汽车工业、生物医学和生物医药、环境检测等领域有着巨大的应用潜力。

在航空航天和国防领域的应用。全硅卫星的概念于 1995 年在国际微系统会议上正式被提出。也就是说,整个卫星系统是由硅太阳能电池、硅导航模块、硅通信模块等几大部分组成的。所以,卫星系统的整体质量能够大大缩减,甚至能够减少到几十千克,这能够在很大程度上降低卫星系统的制造和安装成本。美国研究人员研制出的一种直径达 15cm 的硅固态卫星,这种卫星除电池外;所有部件都由硅片组成。空间纳米卫星广泛采用 MEMS(微电子机械系统)技术,它的外部尺寸大约为 2.54cm×7.62cm×10.6cm,质量只有 250g 左右。用于增强天基防御能力的两颗实验性小卫星在 2000 年 1 月得以成功发射。令人兴奋的是,对于小型卫星的测试来说,由于小型卫星的使用寿命较短,因此暴露在宇宙辐射之中并不是一个特别严重的问题。硅射频开关拥有较小的尺寸,因此在航空航天和国防等领域应用中能够表现出较为优异的使用性能。作为海上应用的一个例子,在对付潜艇鱼雷等方面,MEMS 和起爆半导体装置得以成功运用。引信/雷管的操作在鱼雷发射后使炸药失活,以及在不适当的时间引爆引信/雷管以防止引爆。采用金属包覆硅材料,结合创新的包装技术,可以安全地使炸药失效,并且可以防止引爆装置在不适当的时间爆炸。金属涂层硅和巧妙的封装技术的结合,使得这种 MEMS 综合数量及管理局设备比传统设备更小,可以安装在直径 15.88cm 的鱼雷上,这是其他方法无法做到的。

在汽车工业领域的应用。MEMS 传感器和由它制成的微型惯性测量组合被广泛用于汽车自动驾驶仪、安全气囊、防抱死系统(ABS)、减震系统、防盗系统。在汽车中,MEMS 传感器可用作加速度计,以控制在发生碰撞时安全气囊的启动;也可用作陀螺仪,以确定汽车的倾斜度并控制动态稳定控制系统。

在生物医学和生物医药领域的应用。MEMS 技术在生物医学领域有着广泛的应用。例如,我们用口服或皮下注射的方式将微型传感器注入人体,就可以直接对人体的内部器官进行有效监测。这种方法可以清除会导致心脏病的脂肪沉积,清除体内的胆固醇细胞,甚至检测和清除体内的癌细胞。在网膜切除手术中,医生可以将遥控机器人放在病人的眼睛里。该技术在细胞操作、细胞融合、精细手术及血管和肠道的自动药物输送方面有很好的应用前景。

MEMS 的特点是体积小,可以进入非常小的器官和组织,自动进行精细和精确的操作,通过直接进入相应的病变部位,大大提高干预的准确性,降低手术的风险。同样可采用微电子、集成电路、IC、工艺、设计、器件、封装、测试、MEMS、遗传分析和基因诊断、微加工技术生产各种适合操纵生物细胞和生物大分子的微泵、微阀、微调节器、微沟、微血管和微米装置。因此,

MEMS 技术在现代医疗中的应用是非常有前景的，为人类征服绝症、延长生命带来了曙光。金山科技集团开发的 OMOM 智能胶囊胃肠镜系统（简称胶囊内窥镜），是集光电工程、信息通信、图像处理、生物医学等多学科技术为一体的标准化 MEMS。该高科技产品由智能胶囊、图像记录仪、手持无线显示器、图像分析和处理软件等组成，其工作时间为 8h 左右，视角度为 140°，视距为 3cm，分辨力为 0.1mm，尺寸为 13mm×27.9mm，质量小于 6g，外壳为无毒耐酸耐碱高分子材料。胶囊内窥镜的工作原理：病人吃下胶囊，药物被沿途输送，并对病人的身体进行拍照，然后将所拍到的内容传输到体外图像记录仪中并记录和保存，这个过程大约需要 6~8h，再经过 8~72h 后胶囊从体内排出。医生根据传输的图像对疾病状况进行诊断并得到结果。影像工作站的优点是操作简单。整个检查过程由三个步骤组成：病人服用胶囊，机器存储图像，医生观察和判断。医生必须做出准确的判断。该胶囊须保证一次性使用，以防止患者交叉感染；胶囊外壳采用的医用高分子材料不会被消化液腐蚀，也没有毒性和刺激性。扩展视野：整个小肠段的真彩色图像，图像更清晰，使小肠检查无盲区，使胃肠道疾病更容易诊断。整个过程方便、舒适，患者不需要麻醉和住院，可以自由活动，可以正常工作和生活。一次性胰岛素注射泵是 Debiotech 的胰岛素输液系统技术和意法半导体的微喷 MEMS 芯片量产能力的结合，其纳米泵的大小是现有胰岛素泵的四分之一。微喷技术还能更精确地控制胰岛素溶液的注射量，更好地模仿胰腺自然分泌的胰岛素，还能检查泵可能出现的问题，使患者更安全。此外，其生产成本也更低。以上两种疗法可以替代单次胰岛素注射法，并慢慢被人采纳。

MEMS 加工技术和制备生物微器件及微系统的技术是生物 MEMS 的基础。在 BioMEMS 基础上制备的微器件和微系统在医疗诊断、药物筛选、基因检测和分析，以及生物信息遥测方面具有很好的前景。它们体积小、集成度高，可以直接植入受伤部位，便于疾病监测和治疗。此外，生物 MEMS 可以大规模、标准化地制备，大大降低了疾病诊治和生物研究的成本，为人类健康带来新的益处。微流控芯片是集成在微米芯片上的化学、医学、生物和其他分析装置，包含许多基本功能，如样品制备、反应、分离和检测。射频微电子机械系统（RFMEMS）是使用 MEMS 技术的基于微米的射频发射和接收装置或系统。随着技术的不断进步，它已变得更加通用和可靠。

本章小结

近年来，随着现代高科技的迅猛发展，制造业出现了许多新的特点与发展趋势。20 世纪末，信息技术、新材料技术和现代管理思想对传统制造技术概念的强力渗透和集成，使传统制造技术发生了革命性变革，形成了先进制造技术。先进制造技术是传统制造技术不断吸收机械、电子、信息、材料及现代管理等方面的最新成果，并将其综合应用于制造的全过程，以实现优质、高效、低消耗、敏捷及无污染生产的前沿制造技术的总称。

在激烈的市场竞争、科学技术的不断进步及可持续发展的背景下，中国机械工程学会面向未来的机械制造业发展，组编了《中国机械工程技术路线图》。该路线图在分析总结当前国际经济和技术发展现状及我国制造业发展态势的基础上，选择了机械工程技术的产品设计、成型制造、智能制造、精密和微纳制造、再制造和仿生制造六大领域进行研究，制定了面向 2030 年的中国机械工程技术发展规划。本章介绍的高速及超高速切削加工技术、增材制造技术、复合加工技术、微纳制造技术为先进制造技术及中国机械工程技术不断发展的典型成果及应用，大大推动了中国制造行业的进步。

参考文献

[1] 艾兴. 高速切削加工技术[M]. 北京：国防工业出版社，2003.
[2] 郭新贵，汪德才，李从心. 高速切削技术及其在模具工业中的应用[J]. 现代制造工程，

2001，9：31-33.

[3] 何宁，等. 高速切削技术[M]. 上海：上海科学技术出版社，2012.

[4] 王西彬，解丽静. 超高速切削技术及其新进展[J]. 中国机械工程，2000，11（1）：190-194.

[5] SCHULZ H，ABELE E，何宁. 高速加工理论与应用[M]. 北京：科学出版社，2010.

[6] 陈明，安庆龙，刘志强. 高速切削技术基础与应用[M]. 上海：上海科学技术出版社，2021.

[7] LIU Z Q，SU G S. Characteristics of chip evolution with elevating cutting speed from low to very high [J]. International Journal of Machine Tools and Manufacture，2012，54-55：82-85.

[8] NAKAYAMA K. The formation of "saw-toothed chip" in metal cutting. Japan Society of Precision Engineering[C]. Proceedings of international conference on production engineering，1974：571-581.

[9] SHAW M C，VYAS A. Chip formation in the machining of hardened steel [J]. Annals of CIRP，1993，42（1）：29-33.

[10] ELBESTAWI M A，SRIVASTAVA A K，EL-WARDANY T I. A Model for chip formation during machining of hardened steel [J]. Annals of the ClRP，1996，45（7）：71-76.

[11] RECHT R. A dynamic analysis of high speed machining [J]. Journal of Engineering for Industry，1985，107（1）：309-315.

[12] KOMANDURI R，TURKOVICH B F V. New observations on the mechanism of chip formation when machining titanium alloys [J]. Wear，1981，69：179-188.

[13] BARRY J，BYRNE G，LENNON D. Observations on chip formation and acoustic emission in machining Ti6Al4V alloy [J]. International Journal of Machine Tools and Manufacture，2001，41：1055-1070.

[14] DAVIES M A，BURNS T J，EVANS C J. On chip morphology，tool wear and cutting mechanics in finish hard turning [J]. Annals of CIRP，1996，45（1）：77-82.

[15] HOU Z B，KOMANDURI R. On a thermomechanical model of shear instability in machining [J]. Annals of CIRP，1995，44（1）：69-73.

[16] 王敏杰，谷丽瑶. 高速切削过程绝热剪切局部化断裂判据[J]. 机械工程学报，2013，49（1）：156-163.

[17] 谷丽瑶，王敏杰. 高速切削过程绝热剪切局部化断裂预测[J]. 机械工程学报，2016，52（5）：186-192.

[18] WANG B，LIU Z Q，SU G S，et al. Investigations of critical cutting speed and ductile-to-brittle transition mechanism for workpiece material in ultra-high speed machining [J]. International Journal of Mechanical Sciences，2015，104：44-59.

[19] WANG B，LIU Z Q，SU G S，et al. Brittle removal mechanism of ductile materials with ultrahigh-speed machining [J]. Journal of Manufacturing Science and Engineering，2015，137：1-9.

[20] SU G S，LIU Z Q. Wear characteristics of nano TiAlN-coated carbide tools in ultra-high speed machining of AerMet100 [J]. Wear，2012，289：124-131.

[21] SU G S，XIAO X D，DU J，et al. On cutting temperatures in high and ultrahigh-speed machining [J]. The International Journal of Advanced Manufacturing Technology，2020，107：73-83.

[22] 陈静，侯伟，周毅博，等. 增材制造使能的航空发动机复杂构件快速研发[J]. 工程设计学报，2019，26（2）：7-16.

[23] 陈建刚，舒林森，赵知辛，等. 增材制造成形工艺及其关键技术研究[J]. 陕西理工学院学报（自然科学版），2019，35（4）：1-8，14.

[24] GODOI F C，PRAKASH S，BHANDARI B R. 3D printing technologies applied for food design：Status and prospects [J]. Journal of Food Engineering，2016，179：44-54.

[25] JARIWALA S H，LEWIS G S，BUSHMAN Z J. 3D Printing of Personalized Artificial Bone Scaffolds [J]. Journal of Food Engineering，2015，2（2）：56-64.

[26] 张学军，唐思熠，肇恒跃. 3D 打印技术研究现状和关键技术[J]. 材料工程，2016，44（2）：122-128.

[27] 黎宇航，董齐，邰清安. 熔融沉积增材制造成形碳纤维复合材料的力学性能[J]. 塑性工程学报，2017，24（3）：225-30.

[28] 蔡志楷，梁家辉. 3D 打印和增材制造的原理及应用[M]. 北京：国防工业出版社，2017.

[29] 日本日经制造编辑部. 工业 4.0 之 3D 打印[M]. 石露，杨晓彤，译. 北京：东方出版社，2016.

[30] 杨占尧. 增材制造与 3D 打印技术及应用[M]. 北京：清华大学出版社，2017.

[31] MUTHU S S，SAVALANI M M. Handbook of Sustainability in Additive Manufacturing [M]. Singapore：Springer，2016.

[32] YANG L，HSU K，BAUGHMAN B. Additive Manufacturing of Metals：The Technology，Materials，Design and Production [M]. Berlin：Springer，2017：33-43.

[33] GU D. Laser Additive Manufacturing of High-Performance Materials [M]. Berlin：Springer，2015.

[34] 史玉升，伍宏志，闫春泽，等. 4d 打印—智能构件的增材制造技术[J]. 机械工程学报，2020，56（15）：15-39.

[35] 许云涛. 智能变形飞行器进展及关键技术研究[J]. 战术导弹技术，2017（2）：26-33.

[36] CHEN Y，Molnárová O，TYC O. Recoverability of large strains and deformation twinning in martensite during tensile deformation of Ni Ti shape memory alloy polycrystals [J]. Acta Materialia，2019，180：243-259.

[37] CAPUTO M P，BERKOWITA A E，ARMSTRONG A. 4D printing of net shape parts made from Ni-Mn-Ga magnetic shape-memory alloys [J]. Additive Manufacturing，2018，21：579-588.

[38] ZAREK M，MANSOUR N，SHAPIRA S，et al. 4D printing of shape memory based personalized endoluminal medical devices [J]. Macromolecular Rapid Communications，2017，38（2）：1-6.

[39] 张建华，张勤河，贾志新. 复合加工技术[M]. 北京：化学工业出版社，2005.

[40] 杨红军. 卧式五轴车铣加工中心总体结构与发展方向分析[J]. 机械工程师，2019，341（11）：118-120.

[41] HANIF M，WASIM A，SHAH A H. Optimization of process parameters using graphene-based dielectric in electric discharge machining of AISI D2 steel[J]. International Journal of Advanced Manufacturing Technology，2019，103：3735-3749

[42] SHEN Y，LIU Y H，SUN W Y，et al. High-speed dry compound machining of Ti6Al4V [J]. Journal of Materials Processing Technology，2015，224：200-207.

[43] 赵明，王兴林，金耀兴. 复合加工技术在航空复杂零件加工中的应用[J]. 航空制造技术，2011，（19）：32-35.

[44] DONG H，LIU Y，SHEN Y，et al. Optimizing Machining Parameters of Compound Machining of Inconel718[J]. Procedia Cirp，2016，42：51-56.

[45] DONG H，LIU Y，LI M，et al. High-speed compound sinking machining of Inconel 718 using

water in oil nanoemulsion [J]. Journal of Materials Processing Technology，2019，274：116-271.

[46] 李唐峰. 基于机匣零件的数控车铣复合加工工艺分析[J]. 现代制造技术与装备，2020，287（10）：143-148.

[47] 钱苗根. 现代表面工程技术[M]. 第 2 版. 北京：机械工业出版社，2016.

[48] 曾晓雁，吴懿平. 表面工程学[M]. 第 1 版. 北京：机械工业出版社，2001.

[49] SHI Y L，SHEN X H，XU G F，et al. Surface integrity enhancement of austenitic stainless steel treated by ultrasonic burnishing with two burnishing tips [J]. Archives of Civil and Mechanical Engineering，2020，20（3）. doi：10.1007/s43452-020-00074-6.

第5章 机械自动化系统

5.1 计算机控制技术

5.1.1 计算机控制系统概述

计算机控制是以控制理论和计算机技术为基础的一门工程科学技术，广泛应用于工业、交通、农业、军事等领域。随着控制理论和计算机技术的发展，以及工程技术人员对计算机应用技术的不断总结和创新，计算机控制系统的分析、设计理论和方法不断得以完善和发展，并成为从事自动化技术工作的科技人员必须掌握的一门专业技术。

与常规模拟（连续）控制系统相比，计算机控制系统（也称数字控制系统）在性能上有大幅提高的同时，也产生了一系列新的基本分析、设计理论和方法。本章将从信号采集、信号变换、控制系统实现等方面系统讲述计算机控制系统的分析、设计理论和方法。计算机控制系统典型结构如图 5-1 所示。其中，数字控制器、D/A 转换器、执行机构和被控对象组成控制的前向通道；测量变送环节、A/D 转换器组成控制的反馈通道。

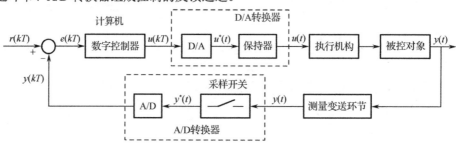

图 5-1 计算机控制系统典型结构

计算机控制系统与常规连续控制系统相比，具有设计和控制灵活、能实现集中监视和操作、能实现综合控制、可靠性高、抗干扰能力强等优点。同时，计算机控制系统的性能与常规连续控制系统类似，可以用稳定性、稳态特性和动态特性来表征，相应地可用稳定性、稳态指标、动态指标和综合性能指标来衡量一个系统的好坏或优劣。这些基本的性能指标，以及性能指标与系统的固有参数和设计参数的关系，为分析和设计计算机控制系统提供了依据。

1. 稳定性

任何系统在扰动作用下都会偏离原来的平衡状态。稳定性是指当扰动作用消失以后，系统恢复原平衡状态的能力。稳定性是系统的固有特性，它与扰动的形式无关，只取决于系统本身的结构及参数。不稳定的系统是无法进行工作的。连续系统稳定的充分必要条件是闭环系统的特征根位于 s 平面的左半平面内，而离散系统稳定的充分必要条件是闭环系统的特征根位于 z 平面上以原点为圆心的单位圆内。

2. 稳态指标

稳态指标是衡量系统精度的指标，用稳态误差来表征。稳态误差是输出量 $y(t)$ 的稳态值 $y(\infty)$ 与给定值 y_0 的差值，定义为

$$e(\infty) = y_0 - y(\infty) \tag{5-1}$$

式中，$e(\infty)$ 表示控制精度，因此希望 $e(\infty)$ 越小越好。稳态误差 $e(\infty)$ 与控制本身的特性（如系统

的开环传递函数）有关，也与系统的输入信号（如阶跃、速度或加速度输入信号）及反馈通道的干扰（如测量干扰或检测回路中的干扰）有关。

3. 动态指标

动态指标能够比较直观地反映系统的过渡过程特性。动态指标包括超调量 $\sigma\%$、调节时间 t_s、峰值时间 t_p、衰减比 η 和振荡次数 N，以上 5 项动态指标也称时域指标，用得最多的是超调量 $\sigma\%$、调节时间 t_s 和衰减比 η。

4. 综合性能指标

在设计最优控制系统时，既要考虑到能对系统的性能做出正确的评价，又要考虑到数学上容易处理或工程上便于实现，因此经常使用综合性能指标来评价一个系统。常用的综合性能指标为积分型指标，即

$$J = \int_0^t e^2(t)\mathrm{d}t \tag{5-2}$$

这种"先误差平方后积分"形式的综合性能指标用来权衡系统总体误差的大小，在数学上容易处理，可以得到解析解，因此经常使用。

5.1.2 计算机控制的理论基础

1. 计算机控制系统的信号转换分析

计算机运算和处理的是数字信号，而实际系统大部分是连续控制系统，连续控制系统中的给定量、反馈量及被控对象都是连续型的时间函数，把计算机引入连续控制系统，就造成了信息表示形式与运算形式的不同，为了分析与设计计算机控制系统，要对两种信息进行变换。

图 5-2 所示为计算机控制系统的信号转换关系示意图。

（1）模拟信号：时间上连续，幅值上也连续的信号，即通常所说的连续信号。

（2）离散模拟信号：时间上离散，幅值上连续的信号，即常说的采样信号。

（3）数字信号：时间上离散，幅值上也离散的信号，可用一个序列数字表示。

（4）量化：采用一组数码（多用二进制数码）来逼近离散模拟信号的幅值，将其转换成数字信号。

（5）采样：利用采样开关将模拟信号按一定时间间隔抽样成离散模拟信号。

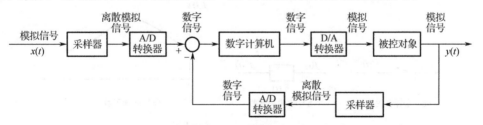

图 5-2 计算机控制系统的信号转换关系示意图

为了对计算机控制系统进行分析与运算，通常需要把图 5-2 变换成能够进行数学运算的结构，如图 5-3 所示。这里假设 A/D 转换器有足够的精度，把采样器和 A/D 转换器用周期为 T 的理想采样开关代替。该采样开关在不同采样时刻的输出脉冲强度（又称脉冲冲量）表示 A/D 转换器在这一时刻的采样值，用 $x^*(t)$、$y^*(t)$ 及 $e^*(t)$ 表示，"*"号表示离散化。数字计算机用一个等效的数字控制器来表示，令等效的数字控制器输出的脉冲强度对应于计算机的数字量输出。计算机的输出通道 D/A 转换器的作用是把数字量转化成模拟量，在数学上可用零阶保持器来代替。如图 5-3 所示的计算机控制系统结构示意图在数学上可以等效为一个典型的离散控制系统。在上述假定下，分析和研究离散控制系统的方法可以直接应用于计算机控制系统。

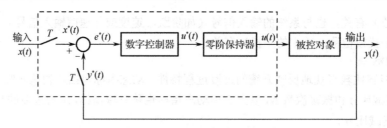

图 5-3　计算机控制系统结构示意图

2. 采样过程及采样函数的数学表示

在计算机控制系统中，一个连续模拟信号经采样开关后，变成了采样信号，即离散模拟信号，采样信号再经过量化过程才变成数字信号，如图 5-4 所示。

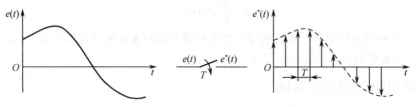

图 5-4　信号的转换过程

在图 5-4 中，采样开关每隔一定时间（如 Ts）闭合短暂时间（如 τs），对连续模拟信号进行采样，得到时间上离散的数值序列，即

$$f^*(t) = \{ f(0T), f(1T), f(2T), \cdots, f(kT), \cdots \} \qquad (5-3)$$

式中，T 为采样周期；$0T, 1T, 2T, \cdots$ 为采样时刻；$f(kT)$ 表示采样 k 时刻的数值。在实际系统中，当 $t < 0$ 时，$f(t) = 0$，所以从 $t = 0$ 时刻开始采样是合理的。

如果采样周期 T 比采样开关闭合时间 τ 大得多，即 $\tau \ll T$，而且 τ 比起被控对象的时间常数也非常小，那么认为 $\tau \to 0$。这样做是为了使数学上的分析方便，因为以后要用到的 z 变换与脉冲传递函数在数学上只能处理脉冲序列，所以引入了脉冲采样器的概念。脉冲采样器工作过程如图 5-5 所示。

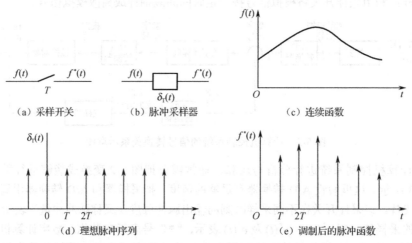

图 5-5　脉冲采样器工作过程

3. 采样信号恢复与保持器

计算机控制系统中的计算机作为信息处理装置，其输出一般有两种形式：一种是直接数字量

输出形式，即直接以数字量形式输出，如开关控制、步进电动机控制等；另一种需要将数字信号 $u(kT)$ 转换成连续信号 $u(t)$，用输出信号去控制被控对象。假如被控对象是伺服电动机，则它是一个将电能转换成机械能的驱动器，是连续装置，因此必须把计算机的数字信号转换为连续信号。

若想把数字信号无失真地复现成连续信号，由香农采样定理可知，采样频率 $\omega_s \geqslant 2\omega_{max}$，则在被控对象前加一个理想滤波器，可以再现主频谱分量而除掉附加的高频频谱分量，如图 5-6 所示。

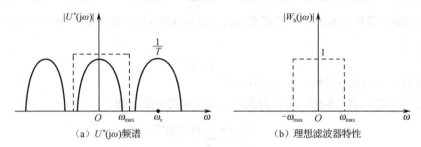

(a) $U^*(j\omega)$ 频谱　　　　　　　　　(b) 理想滤波器特性

图 5-6　理想滤波器特性

理想的低通滤波器的截止频率为 $\omega = \omega_{max}$，并且满足

$$|W_h(j\omega)| = \begin{cases} 1, & -\omega_{max} \leqslant \omega \leqslant \omega_{max} \\ 0, & |\omega| \geqslant \omega_{max} \end{cases} \tag{5-4}$$

但是，这种理想滤波器是不存在的，必须找出一种与理想滤波器特性相近的物理上可实现的实际滤波器，这种滤波器称为保持器。由保持器的特性来看，它是一种多项式外推装置。最常用的外推装置是零阶保持器，其特点是能把 kT 时刻的采样值简单、不增不减地保持到下一个采样时刻 $(k+1)T$ 到来之前。零阶保持器的输入、输出关系如图 5-7 所示。

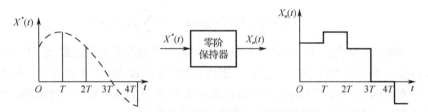

图 5-7　零阶保持器的输入、输出关系

4. z 变换

z 变换是由拉普拉斯变换引出的，是拉普拉斯变换的特殊形式，它在离散系统的分析及设计中发挥了重要作用。

设连续函数 $f(t)$ 是可以进行拉普拉斯变换的，它的拉普拉斯变换式定义为

$$F(s) = L[f(t)] = \int_{-\infty}^{\infty} f(t)e^{-st}dt \tag{5-5}$$

$f(t)$ 被采样后的脉冲采样函数 $f^*(t)$ 为

$$f^*(t) = \sum_{k=0}^{\infty} f(kT)\delta(t-kT) \tag{5-6}$$

它的拉普拉斯变换式为

$$F^*(s) = L[f^*(t)] = \int_{-\infty}^{\infty} f^*(t)e^{-st}dt = \int_{-\infty}^{\infty} \left[\sum_{k=0}^{\infty} f(kT)\delta(t-kT)\right]e^{-st}dt$$

$$= \sum_{k=0}^{\infty} f(kT)\left[\int_{-\infty}^{\infty} \delta(t-kT)e^{-st}dt\right] \tag{5-7}$$

根据单位脉冲函数 $\delta(t)$ 的性质，即

$$\int_{-\infty}^{\infty}\delta(t-kT)\mathrm{e}^{-st}\mathrm{d}t = \mathrm{e}^{-skT} = L[\delta(t-KT)] \tag{5-8}$$

得

$$F^*(s) = \sum_{k=0}^{\infty}f(kT)\mathrm{e}^{-skT} \tag{5-9}$$

式中，$F^*(s)$ 为脉冲采样函数的拉普拉斯变换式，因复变量 s 含在指数 e^{-skT} 中，不便计算，故引进一个新变量。令

$$z = \mathrm{e}^{sT} \tag{5-10}$$

式中，s 为复数；z 为复变函数；T 为采样周期。

将式（5-10）代入式（5-9），可以得到以 z 为变量的函数，即

$$F(z) = \sum_{k=0}^{\infty}f(kT)z^{-k} \tag{5-11}$$

式（5-11）被定义为采样函数 $f^*(t)$ 的 z 变换。$F(z)$ 是 z 的无穷幂级数之和。式（5-11）中一般项的物理意义：$f(kT)$ 表示时间序列的强度；z^{-k} 表示时间序列出现的时刻，相对时间的起点延迟了 k 个采样周期。因此，$F(z)$ 中既包含信号幅值信息，又包含时间信息。由此可见，s 域中的 e^{-skT}、时域中的 $\delta(t-kT)$ 和 z 域中的 z^{-k} 均表示信号延迟了 k 个采样周期，体现了信号的定时关系。因此，应记住 z 变换中 z^{-1} 代表信号延迟了一个采样周期，可称为单位延迟因子。在 z 变换过程中，由于仅考虑采样时刻的采样值，所以式（5-11）只能表征采样函数 $f^*(t)$ 的 z 变换，也只能表征连续时间函数 $f(t)$ 在采样时刻的特性，而不能表征采样点之间的特性。我们习惯称 $F(z)$ 为 $f(t)$ 的 z 变换，指的是 $f(t)$ 经采样后 $f^*(t)$ 的 z 变换，即

$$Z[f(t)] = Z[f^*(t)] = F(z) = \sum_{k=0}^{\infty}f(kT)z^{-k} \tag{5-12}$$

这里应特别指出 z 变换的非一一对应关系。任何采样时刻为零值的函数 $\varphi(t)$ 与 $f(t)$ 相加，得到曲线 $f(t)+\varphi(t)$，将不改变 $f^*(t)$ 的采样值，因而它们的 z 变换相同。由此可见，采样函数 $f^*(t)$ 与 $F(z)$ 是一一对应的，$F(s)$ 与 $f(t)$ 是一一对应的，而 $F(z)$ 与 $f(t)$ 不是一一对应的，一个 $F(z)$ 可以有无穷多个 $f(t)$ 与之对应。常用函数的 z 变换如表 5-1 所示。

表 5-1 常用函数的 z 变换

序　号	$F(s)$	$f(t)$ 或 $f(k)$	$F(z)$
1	1	$\delta(t)$	1
2	e^{-skT}	$\delta(t-kT)$	z^{-k}
3	$\dfrac{1}{s}$	$1(t)$	$\dfrac{1}{1-z^{-1}}$
4	$\dfrac{1}{s^2}$	t	$\dfrac{Tz^{-1}}{(1-z^{-1})^2}$
5	$\dfrac{1}{s^3}$	$\dfrac{1}{2}t^2$	$\dfrac{T^2z^{-1}(1+z^{-1})}{2(1-z^{-1})^3}$
6	$\dfrac{1}{s+a}$	e^{-at}	$\dfrac{1}{1-\mathrm{e}^{-aT}z^{-1}}$
7		a^k	$\dfrac{1}{1-az^{-1}}$
8	$\dfrac{1}{(s+a)^2}$	$t\mathrm{e}^{-at}$	$\dfrac{T\mathrm{e}^{-aT}z^{-1}}{(1-\mathrm{e}^{-aT}z^{-1})^2}$

序　　号	$F(s)$	$f(t)$ 或 $f(k)$	$F(z)$
9	$\dfrac{\omega}{s^2 + \omega^2}$	$\sin \omega t$	$\dfrac{(\sin \omega T)z^{-1}}{1 - 2(\cos \omega T)z^{-1} + z^{-2}}$
10	$\dfrac{s}{s^2 + \omega^2}$	$\cos \omega t$	$\dfrac{1 - (\cos \omega T)z^{-1}}{1 - 2(\cos \omega T)z^{-1} + z^{-2}}$

5．离散系统与差分方程

离散时间系统（简称离散系统）是输入和输出信号均为离散信号的物理系统。在数学上，离散系统可以抽象为一种系统的离散输入信号和离散输出信号之间的数学变换函数或映射。设单输入、单输出离散系统 D 的输入为 $e(k)$，输出为 $u(k)$（为了书写简便，把表示采样时刻的离散时间 kT 缩写成 k，以后不再说明），$e(k)$ 与 $u(k)$ 都是离散的数值序列，如图 5-8 所示。

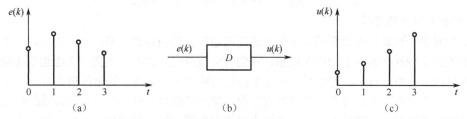

图 5-8　离散系统

如果 D 是确定的变换函数或映射，则 $e(k)$、$u(k)$ 和 D 三者之间的关系为

$$u(k) = D[e(k)] \tag{5-13}$$

若变换函数 D 满足叠加原理，则认为该系统的变换函数 D 是线性的，$u(k)$ 与 $e(k)$ 之间的关系是线性的。如果 D 的参数不随时间变化，即 D 的响应不取决于输入作用的时刻，则系统是常系数的，为定常系统。线性常系数离散系统一般采用差分方程来描述。系统在某一时刻 k 的输出 $u(k)$ 不仅取决于本时刻的输入 $e(k)$，即与过去时刻的输入数值序列 $e(k-1)$，$e(k-2)$，$\cdots$ 有关，而且与该时刻以前的输出值 $u(k-1)$，$u(k-2)$，$\cdots$ 有关，这种关系可用数学方程描述为

$$\begin{aligned}
&u(k) + a_1 u(k-1) + a_2 u(k-2) + \cdots + a_n u(k-n) \\
&= b_0 e(k) + b_1 e(k-1) + b_2 e(k-2) + \cdots + b_m e(k-m)
\end{aligned} \tag{5-14}$$

当系数均为常数时，式（5-14）就是一个 n 阶线性常系数差分方程。

6．脉冲传递函数

线性连续系统的动态特性主要用传递函数来描述，线性离散系统的动态特性主要用脉冲传递函数来描述。脉冲传递函数也称为 z 传递函数。

1）脉冲传递函数的定义

在线性离散系统中，在零初始条件下，一个系统（或环节）输出脉冲序列的 z 变换与输入脉冲序列的 z 变换之比，被定义为该系统（或环节）的脉冲传递函数。应当指出，无论是连续系统还是离散系统，都是在零初始条件下定义的，同时脉冲传递函数仅取决于系统本身的特性，与输入量无关。

脉冲传递函数框图如图 5-9 所示。通常物理系统的输出量是时间的连续函数，由于 z 变换定义的原函数是离散化的脉冲序列，它只能给出采样时刻的特性，因此这里求系统的脉冲传递函数，实际上是取该系统的脉冲序列作为输出量，这就是图 5-9 中输出端加虚线同步开关的原因。

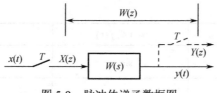

图 5-9　脉冲传递函数框图

2）由差分方程求脉冲传递函数 $W(z)$

设线性离散系统用下列差分方程来描述：

$$y(k)+a_1y(k-1)+a_2y(k-2)+\cdots+a_ny(k-n)=b_0x(k)+b_1x(k-1)+\cdots+b_mx(k-m) \quad (5-15)$$

在零初始条件下，对式（5-15）等号两边取 z 变换可得该离散系统的脉冲传递函数为

$$W(z)=\frac{Y(z)}{X(z)}=\frac{b_0+b_1z^{-1}+\cdots+b_mz^{-m}}{1+a_1z^{-1}+a_2z^{-2}+\cdots+a_nz^{-n}} \quad (5-16)$$

3）离散系统的稳定性

稳定性是设计计算机控制系统首先要考虑的问题。分析稳定性的基础是 z 变换，由于 z 变换与连续系统的 s 变换在数学上的内在联系，我们有可能经过一定的变换把分析连续系统稳定性的方法引入离散系统的分析中。连续系统稳定条件是闭环脉冲传递函数的全部极点位于 s 平面的左半平面内。在离散系统中，若输入序列是有限的，输出序列也是有限的，则离散系统稳定的条件是闭环脉冲传递函数的全部极点位于 z 平面上以原点为圆心的单位圆内。只要系统中有一个极点在单位圆上或单位圆外，系统就不稳定。

5.1.3　数字控制器的模拟化设计

1. 数字控制器的模拟化设计步骤

在如图 5-10 所示的计算机控制系统的结构中，$G(s)$ 是被控对象的传递函数，$H(s)$ 是零阶保持器的传递函数，$D(z)$ 是数字控制器的脉冲传递函数。现在的设计问题是，根据已知的系统性能指标和 $G(s)$ 来设计数字控制器 $D(z)$。

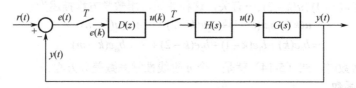

图 5-10　计算机控制系统的结构

（1）设计假想的模拟控制器 $D(s)$：由于人们对模拟系统的设计方法比较熟悉，因此可先对假想的模拟控制器进行设计，如利用连续系统的频率特性法、根轨迹法等设计出假想的模拟控制器。

（2）选择合适的采样周期 T：香农采样定理给出了从采样信号恢复连续信号的最低采样频率。采用模拟化设计方法，用数字控制器近似模拟控制器，要有相当短的采样周期。

（3）将 $D(s)$ 离散化为 $D(z)$：将模拟控制器离散化为数字控制器的方法很多，如双线性变换法、后向差分法、前向差分法、冲激响应不变法、零极点匹配法等。

（4）设计由计算机实现的控制算法：设数字控制器的一般形式为

$$D(z)=\frac{U(z)}{E(z)}=\frac{b_0+b_1z^{-1}+\cdots+b_mz^{-m}}{1+a_1z^{-1}+\cdots+b_nz^{-n}} \quad (5-17)$$

式中，$n\geqslant m$；各系数均为实数。数字控制器输出用时域表示为

$$u(k) = -\sum_{i=1}^{n} a_i u(k-i) + \sum_{j=0}^{m} b_j e(k-j) \qquad (5\text{-}18)$$

利用式（5-18）即可实现计算机编程，因此称其为数字控制器的控制算法。

（5）校验：设计完数字控制器并求出控制算法后，须校验其闭环特性是否符合设计要求，这一步可由计算机控制系统的数字仿真计算来验证。如果满足设计要求，则设计结束，否则应修改设计。

2. 数字 PID 控制器

根据偏差的比例（P）、积分（I）、微分（D）进行控制（简称 PID 控制），是控制系统中应用最为广泛的一种控制规律。用计算机实现 PID 控制，不是简单地把模拟 PID 控制规律数字化，而须与计算机的逻辑判断功能相结合，使 PID 控制更加灵活，能满足生产过程中提出的要求。

PID 控制规律为

$$u(t) = k_P \left[e(t) + \frac{1}{T_I} \int_0^t e(t)\mathrm{d}t + T_D \frac{\mathrm{d}e(t)}{\mathrm{d}t} \right] \qquad (5\text{-}19)$$

对应的模拟 PID 控制器的传递函数为

$$D(s) = \frac{U(s)}{E(s)} = K_P \left(1 + \frac{1}{T_I s} + T_D s \right) \qquad (5\text{-}20)$$

式中，K_P 为比例增益，K_P 与比例度 δ 呈倒数关系，即 $K_P = 1/\delta$；T_I 为积分时间常数；T_D 为微分时间常数；$u(t)$ 为控制量；$e(t)$ 为偏差。

在计算机控制系统，PID 控制规律的实现必须采用数值逼近的方法。当采样周期相当短时，用求和代替积分、用后向差分代替微分，使模拟 PID 控制规律离散化为差分方程，可得数字 PID 位置型控制算式，即

$$u(k) = K_P \left[e(k) + \frac{T}{T_I} \sum_{i=0}^{k} e(i) + T_D \frac{e(k)-e(k-1)}{T} \right] \qquad (5\text{-}21)$$

由式（5-21）可看出，数字 PID 位置型控制算式不够方便，因为要累加偏差 $e(i)$，不仅要占用较多的存储单元，而且不便于编写程序。根据式（5-21）可得 $u(k-1)$ 为

$$u(k-1) = K_P \left[e(k-1) + \frac{T}{T_I} \sum_{i=0}^{k-1} e(i) + T_D \frac{e(k-1)-e(k-2)}{T} \right] \qquad (5\text{-}22)$$

将式（5-21）与式（5-22）相减，可得数字 PID 增量型控制算式为

$$\Delta u(k) = K_P \left[e(k)-e(k-1) \right] + K_I e(k) + K_D \left[e(k)-2e(k-1)+e(k-2) \right] \qquad (5\text{-}23)$$

式中，$K_P = 1/\delta$，为比例增益；$K_I = K_P T/T_I$，为积分系数；$K_D = K_P T_D/T$，为微分系数。

5.1.4　数字控制器的离散化设计

考虑信号采样的影响，从被控对象的实际特性出发，直接根据采样控制理论进行分析和综合，在 z 平面上设计数字控制器，最后通过软件编程实现。这种方法称为数字控制器的离散化设计方法，也称为数字控制器的直接设计法。

在如图 5-11 所示的计算机控制系统框图中，$G_c(s)$ 是被控对象的传递函数，$D(z)$ 是数字控制器的脉冲传递函数，$H(s)$ 是零阶保持器的传递函数，T 为采样周期。定义广义被控对象的脉冲传递函数为

$$G(z) = Z[H(s)G_c(s)] = Z\left[\frac{1-\mathrm{e}^{-Ts}}{s} G_c(s) \right] \qquad (5\text{-}24)$$

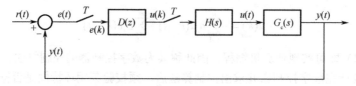

图 5-11　计算机控制系统框图

由此可得图 5-11 对应的闭环脉冲传递函数为

$$\Phi(z) = \frac{D(z)G(z)}{1 + D(z)G(z)} \tag{5-25}$$

由式（5-25）可求得

$$D(z) = \frac{1}{G(z)} \frac{\Phi(z)}{1 - \Phi(z)} \tag{5-26}$$

若已知 $G_c(s)$ 且可以根据控制系统的性能指标要求构造 $\Phi(z)$，则可由式（5-24）和式（5-26）求得 $D(z)$，进一步可求得控制量 $u(k)$ 的递推计算公式。

1. 最少拍控制

在数字随动控制系统中，要求系统的输出值尽快地跟踪给定值的变化，最少拍控制就是满足这一要求的一种离散化设计方法。所谓最少拍控制，是指要求闭环系统对于某种特定的输入在最少个采样周期内达到无静差的稳态，且闭环误差脉冲传递函数为

$$\Phi_e(z) = \Phi_1 z^{-1} + \Phi_2 z^{-2} + \cdots + \Phi_N z^{-N} \tag{5-27}$$

式中，N 为可能情况下的最小正整数。这一形式表明，闭环系统的误差脉冲响应在 N 个采样周期后变为零，从而意味着系统在 N 拍之内达到稳态。

已知误差 $E(z)$ 的脉冲传递函数为

$$\Phi_e(z) = \frac{E(z)}{R(z)} = \frac{R(z) - Y(z)}{R(z)} = 1 - \Phi(z) \tag{5-28}$$

式中，$E(z)$ 为误差信号 $e(t)$ 的 z 变换；$R(z)$ 为输入函数 $r(z)$ 的 z 变换；$Y(z)$ 为输出量 $y(t)$ 的 z 变换。于是误差 $E(z)$ 为

$$E(z) = R(z)\Phi_e(z) \tag{5-29}$$

对于典型输入函数，即

$$r(t) = \frac{1}{(q-1)!} t^{q-1} \tag{5-30}$$

对应的 z 变换为

$$R(z) = \frac{B(z)}{(1 - z^{-1})^q} \tag{5-31}$$

式中，$B(z)$ 为不包含 $(1 - z^{-1})$ 因子的关于 z^{-1} 的多项式。当 q 分别等于 1、2、3 时，对应的典型输入为单位阶跃、单位速度、单位加速度输入函数。

根据 z 变换的终极定理可知，系统的稳态误差为

$$e(\infty) = \lim_{z \to 1}(1 - z^{-1})E(z) = \lim_{z \to 1}(1 - z^{-1})R(z)\Phi_e(z) = \lim_{z \to 1}(1 - z^{-1}) \frac{B(z)}{(1 - z^{-1})^q} \Phi_e(z) \tag{5-32}$$

由于 $B(z)$ 中没有 $(1 - z^{-1})$ 因子，因此要使稳态误差 $e(\infty)$ 为零，必须有

$$\Phi_e(z) = 1 - \Phi(z) = (1 - z^{-1})^q F(z) \tag{5-33}$$

即有

$$\Phi(z) = 1 - \Phi_e(z) = 1 - (1 - z^{-1})^q F(z) \tag{5-34}$$

式中，$F(z)$ 为关于 z^{-1} 的待定系数多项式。显然，为了使 $\varPhi(z)$ 在物理上可实现，$F(z)$ 中的首项应取为 1，即

$$F(z) = 1 + f_1 z^{-1} + f_2 z^{-2} + \cdots + f_p z^{-p} \qquad (5\text{-}35)$$

可以看出，$\varPhi(z)$ 具有的 z^{-1} 的最高幂次为 $N = p + q$，这表明系统闭环响应在采样点的值经 N 拍后可达到稳态。特别是当 $p = 0$，即 $F(z) = 1$ 时，系统在采样点的输出可在最少拍（$N_{\min} = q$ 拍）内达到稳态，这就是最少拍控制。因此，在进行最少拍控制器设计时，应选择 $\varPhi(z)$ 为

$$\varPhi(z) = 1 - \varPhi_e(z) = 1 - (1 - z^{-1})^q \qquad (5\text{-}36)$$

由式（5-36）可知，最少拍控制器的传递函数 $D(z)$ 为

$$D(z) = \frac{1}{G(z)} \frac{\varPhi(z)}{1 - \varPhi(z)} = \frac{1 - (1 - z^{-1})^q}{G(z)(1 - z^{-1})^q} \qquad (5\text{-}37)$$

需要指出的是，最少拍控制器的设计要使系统对某一典型输入的响应为最少拍，但对其他典型输入的响应不一定为最少拍，甚至会引起大的超调和静差。在前面讨论的设计过程中，对 $G(z)$ 并没有提出限制条件。实际上，只有当 $G(z)$ 是稳定的（在 z 平面的单位圆上和单位圆外没有极点），且不含有纯滞后环节时，式（5-37）才成立。如果 $G(z)$ 不满足稳定条件，则须对设计原则做相应的限制，即在选择 $\varPhi(z)$ 时必须加一个稳定性约束条件。

2. 最少拍无纹波控制器的设计

按最少拍有纹波系统设计的控制器，其系统的输出值跟踪输入值后，在非采样点有纹波存在。原因在于数字控制器的输出序列 $u(k)$ 经过若干拍后不为常值或零，而是振荡收敛的。非采样时刻的纹波现象不仅会导致非采样时刻有偏差，而且浪费执行机构的功率，增加机械磨损，因此必须消除。

设计最少拍无纹波控制器的必要条件

最少拍无纹波控制器要求系统的输出信号在采样点之间不出现纹波，这样被控对象 $G_c(s)$ 必须有能力给出与系统输入 $r(t)$ 相同且平滑的输出 $y(t)$。如果针对速度输入函数进行设计，则稳态过程中 $G_c(s)$ 的输出也必须是速度函数，为了产生这样的速度函数，$G_c(s)$ 中必须有一个积分环节，使得当控制信号 $u(k)$ 为常值（包括零）时，$G_c(s)$ 的稳态输出是所要求的速度函数。同理，若是针对加速度输入函数设计的最少拍无纹波控制器，则 $G_c(s)$ 中必须至少有两个积分环节。因此，在设计最少拍无纹波控制器时，$G_c(s)$ 中必须含有足够的积分环节，以保证当 $u(t)$ 为常数时，$G_c(s)$ 的稳态输出完全跟踪输入，且无纹波。

要使系统的稳态输出无纹波，就要保证稳态时的控制信号 $u(k)$ 为常数或零。控制信号 $u(k)$ 的 z 变换为

$$U(z) = \sum_{k=0}^{\infty} u(k) z^{-k} = u(0) + u(1) z^{-1} + \cdots + u(l) z^{-l} + u(l+1) z^{-(l+1)} + \cdots \qquad (5\text{-}38)$$

如果系统经过 l 个采样周期达到稳态，那么无纹波系统要求 $u(l) = u(l+1) = u(l+2) = \cdots =$ 常数或零。

设广义对象 $G(z)$ 中含有 d 个采样周期的纯滞后，即

$$G(z) = \frac{B(z)}{A(z)} z^{-d} \qquad (5\text{-}39)$$

而

$$U(z) = \frac{Y(z)}{G(z)} = \frac{\varPhi(z)}{G(z)} R(z) \qquad (5\text{-}40)$$

将式（5-39）代入式（5-40），得

$$U(z) = \frac{\Phi(z)}{z^{-d}B(z)} A(z)R(z) = \Phi_{\mathrm{u}}(z)R(z) \tag{5-41}$$

式中

$$\Phi_{\mathrm{u}}(z) = \frac{\Phi(z)}{z^{-d}B(z)} A(z) \tag{5-42}$$

要使控制信号 $u(k)$ 在稳态过程中为常数或零，则 $\Phi_{\mathrm{u}}(z)$ 只能是关于 z^{-1} 的有限多项式。因此，式（5-42）中的 $\Phi(z)$ 必须包含 $G(z)$ 的分子多项式 $B(z)$，即 $\Phi(z)$ 必须包含 $G(z)$ 的所有零点。这样，原来在设计最少拍有纹波控制器时确定的 $\Phi(z)$ 的式子应修改为

$$\Phi(z) = z^{-d}B(z)F_2(z) = z^{-d}\left(\prod_{i=1}^{\omega}(1 - b_i z^{-1})\right)F_2(z) \tag{5-43}$$

式中，ω 为 $G(z)$ 的所有零点数；$b_1, b_2, \cdots, b_{\omega}$ 为 $G(z)$ 的所有零点。

5.2 自动控制系统的重要组成

典型的反馈控制系统主要由输入信号变换器、传感器、执行器、控制器、被控对象（包含一系列被控变量）等组成，如图 5-12 所示。在反馈控制系统中，传感器对于系统当前的工作状态十分重要，尤其是系统的输出。控制器通过比较测量输出值和设定值，根据控制性能指标求解控制规律。执行器则执行对应的控制量，从而使系统输出跟踪至期望值。

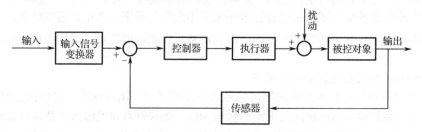

图 5-12　典型的反馈控制系统框图

5.2.1　有源电气元件的建模

运算放大器（简称运放）的建模十分基础，易获得其时域或频域的传递函数。在自动控制系统中，运算放大器通常是控制器或补偿器的关键元件。

1. 理想运算放大器

在分析运算放大器电路时，通常将其看作理想元件。理想运算放大器原理图如图 5-13 所示，其具有以下性质。

（1）正极和负极之间的压差为 0，即 $e^+ = e^-$，通常叫作"虚地"或"虚短"。

（2）流入正极和负极的电流为 0，即输入阻抗无限大。

（3）输出阻抗为 0，即输出被视为理想电压源。

（4）输入、输出关系为 $e_{\mathrm{o}} = A(e^+ - e^-)$，其中增益 A 接近无穷大。

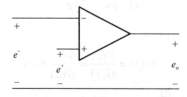

图 5-13　运算放大器原理图

2. 反相运算放大器的配置

反相运算放大器的配置如图 5-14 所示。其中，$Z_1(s)$ 和 $Z_2(s)$ 通常由电容或电阻组成，受体积和成本限制，电感在此类电路中并不常用。根据理想运算放大器的性质，如图 5-14 所示的电路的输入、输出关系或传递函数可以表示为

$$G(s) = \frac{E_o(s)}{E_i(s)} = -\frac{Z_2(s)}{Z_1(s)} = \frac{-1}{Z_1(s)Y_2(s)} = -Z_2(s)Y_1(s) = -\frac{Y_1(s)}{Y_2(s)} \tag{5-44}$$

式中，$Y_1(s) = 1/Z_1(s)$ 和 $Y_2(s) = 1/Z_2(s)$ 为与电路阻抗相关的导纳。针对电路中不同类型的阻抗，利用式（5-44）能够方便地给出对应的不同传递函数。

在图 5-14 中，$Z_1(s)$ 和 $Z_2(s)$ 分别由电阻和电容组成，可以沿着负实轴及 s 平面的原点实现零极点。由于使用了反相运算放大器的配置，所有传递函数的增益均为负，负增益可通过对输入和输出信号增加相应的反相电路使得净增益为正。

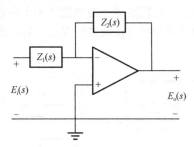

图 5-14　反相运算放大器的配置

5.2.2　自动控制系统中的传感器和编码器

传感器和编码器是反馈控制系统的重要组成部分。本节将介绍自动控制系统中常用的传感器和编码器。

1. 电位计

电位计是将机械能转化为电能的机电换能装置。电位计的输入为机械位移（线性移动或旋转），当在电位器的固定端子上施加输入电压时，对应的输出电压（可变端子和地之间）与输入位移呈一定线性或非线性的关系。

旋转电位计有单转或多次旋转的形式，因此可进行有限制或无限制的旋转运动。电位计通常用绕线或导电塑料电阻制成。图 5-15 所示为旋转电位计的剖视图，图 5-16 所示为内置运算放大器的线性电位计。导电塑料电位计在精密控制中十分常用，因为它具有无限分辨率、长旋转寿命、良好的输出平滑度和低静态噪声等优点。

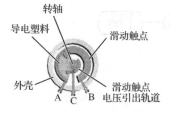

图 5-15　旋转电位计的剖视图

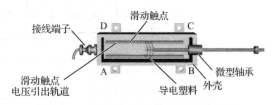

图 5-16　内置运算放大器的线性电位计

图 5-17 所示为电位计的等效电路图。由于可变端子和参考电压两端的电压与电位计的轴位移成比例，因此当在固定端子上施加电压时，该装置可用于指示系统的绝对位置或两个机械输出的相对位置。图 5-18（a）所示为电位计用作机械位移指示器的接法。通过并联两个电位计，

如图 5-18（b）所示，可灵活检测两个相距较远的旋转轴的相对位置。

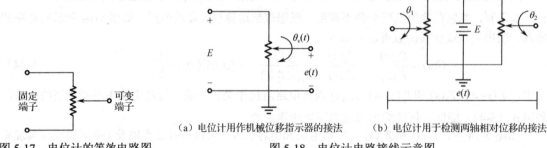

（a）电位计用作机械位移指示器的接法　　（b）电位计用于检测两轴相对位移的接法

图 5-17　电位计的等效电路图　　　　图 5-18　电位计电路接线示意图

在直流电动机位置控制系统中，电位计通常用于反馈电动机的实时位置。图 5-19 所示为典型的直流电动机位置控制系统示意图。反馈通道上的电位计用于测量实际负载位置，并与设置的参考位置进行比较。如果实际负载位置和参考位置之间存在差异，那么电位计产生的误差信号将驱动电动机，以使该误差最小化。

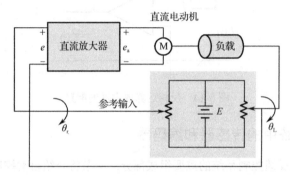

图 5-19　典型的直流电动机位置控制系统示意图

2．转速计

转速计是将机械能转换为电能的机电装置。该装置主要用作电压发生器，其输出电压与输入轴的角速度大小成正比。在自动控制系统中，所使用的大部分转速计均为直流变频器，即输出电压是直流电压。直流转速计能够测量轴的转速信息，因此在速度反馈、速度稳定控制等控制系统中有重要应用。图 5-20 所示为带速度计反馈的速度控制系统框图，其中误差信号为转速计输出电压与参考电压之差，该信号经过放大后用于驱动直流电动机，使得被控轴的转速最终将达到期望值。在此应用中，转速计的精度是影响速度控制精度的关键因素。

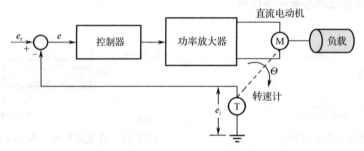

图 5-20　带转速计反馈的速度控制系统框图

在位置控制系统中，常在内环设置速度反馈通道来抑制高频扰动并提高闭环系统的稳定性。图 5-21 所示为带转速反馈的位置控制系统框图。在这种情况下，转速反馈形成一个内环，用以改善系统的阻尼特性,此时转速计的精度不是那么关键。

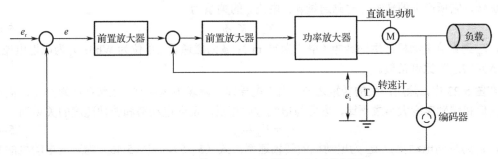

图 5-21 带转速计反馈的位置控制系统框图

3. 增量编码器

增量编码器在现代控制系统中十分常用,它的功能是将线性或旋转位移转换为数字编码或脉冲信号。绝对编码器的输出信号为数字信号,根据最小精度,绝对编码器将每个确定的位移转换为对应的数字编码输出。增量编码器为每个分辨率的增量提供脉冲。在实际应用中,编码器类型的选择取决于系统的控制目标及经济因素。绝对编码器的功能强大,常用于应对电力故障时的数据丢失,或者机械运动下周期性的无读数现象等场合。然而对于一般的应用,增量编码器由于构造简单、成本低、简单易用和功能丰富等成为控制系统中最常用的编码器之一。增量编码器有旋转形式的和线性形式的。

典型的旋转增量编码器有四个基本部分:光源、旋转码盘、固定码盘和光电传感器,如图 5-22 所示。旋转码盘由不透明的扇区和透明的扇区交替组成。一个增量期由一组透明扇区和不透明扇区构成。固定码盘在光源和光电传感器之间传递或阻挡光束。分辨率相对较低的编码器不需要固定码盘。对于高分辨率编码器(每圈分为上千个增量),通常使用固定码盘来最大限度地分辨光电信号。根据不同的分辨率需求,光电传感器输出波形通常是三角波或正弦波。与数字逻辑兼容的方波信号则可以通过后接线性放大器和比较器得到。

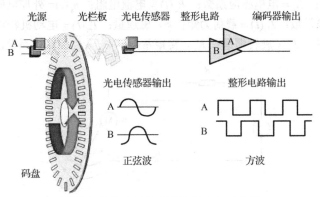

图 5-22 增量编码器的典型光学机械结构

5.2.3 自动控制系统中的直流电动机

直流电动机是当今工业界使用最广泛的电动机之一,不仅可以应用于自动控制及机床工业,还可以应用在计算机配件,如打印机、磁盘驱动器等中。

1. 直流电动机的基本工作原理

直流电动机可视为将电能转换为机械能的转矩转换器。直流电动机转轴所产生的转矩与磁通量和电枢电流成正比。如图 5-23 所示，在磁通量为 ϕ 的磁场中，有一个带电导体，其以半径 r 绕中心旋转，它所产生的转矩，与磁通量 ϕ、电流 i_a 的关系为

$$T_m = K_m \phi i_a \tag{5-45}$$

式中，T_m 为直流电动机产生的转矩（单位为 N·m）；ϕ 为磁通量（单位为 Wb）；i_a 为电枢电流（单位为 A）；K_m 为比例常数。

在图 5-23 中，除所产生的转矩之外，当带电导体在磁场中运动时，还将在两端产生反向电动势，其值和转轴速度大小成正比，方向与电流方向相反。反向电动势和转轴速度的关系为

$$e_b = K_m \phi \omega_m \tag{5-46}$$

式中，e_b 为反向电动势；ω_m 为电动机的转轴速率。式（5-45）、式（5-46）为直流电动机的基本方程。

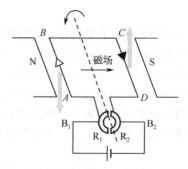

图 5-23　直流电动机的基本工作机理

2. 永磁直流电动机的数学模型

图 5-24 所示为永磁直流电动机的等价电路图。电枢可等价于电感 L_a 和电阻 R_a 的串联电路，当转子转动时，电枢中的反向电动势用电压源 e_b 来表示。永磁直流电动机的各个变量和参数定义如下。

$i_a(t)$ = 电枢电流；L_a = 电枢感应系数；$R_a(t)$ = 电枢电阻；$e_a(t)$ = 外加电压；$e_b(t)$ = 反向电动势；K_b = 反向电动势常数；$T_L(t)$ = 载荷力矩；ϕ = 磁通量；$T_m(t)$ = 电动机转矩；$\omega_m(t)$ = 旋转角速度；$\theta_m(t)$ = 旋转位移；J_m = 旋转惯量；K_i = 转矩常数；B_m = 黏性摩擦系数。

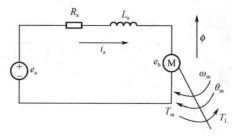

图 5-24　永磁直流电动机的等价电路图

通过在电枢两端施加电压 $e_a(t)$ 可以模拟永磁直流电动机的控制。假设永磁直流电动机产生的转矩与磁通量和电枢电流成正比，则有

$$T_m(t) = K_m \phi i_a(t) = K_i i_a(t) \tag{5-47}$$

式中，$K_i = K_m \phi$，为转矩常数（单位为 N·m/A）。

已知初始时控制输入电压为 $e_a(t)$，则图 5-24 对应的机理方程为

$$\frac{di_a(t)}{dt} = \frac{1}{L_a}e_a(t) - \frac{R_a}{L_a}i_a(t) - \frac{1}{L_a}e_b(t) \tag{5-48}$$

$$e_b(t) = K_b\frac{d\theta_m(t)}{dt} = K_b\omega_m(t) \tag{5-49}$$

$$\frac{d^2\theta_m(t)}{dt^2} = \frac{1}{J_m}T_m(t) - \frac{1}{J_m}T_L(t) - \frac{B_m}{J_m}\frac{d\theta_m(t)}{dt} \tag{5-50}$$

式中，$T_L(t)$ 表示载荷摩擦转矩，如库仑摩擦可认为是影响电动机速度的扰动。

假设在零初始状态下，对式（5-47）～式（5-50）进行拉普拉斯变换，并整理得

$$I_a(s) = \frac{1}{L_a s + R_a}(E_a(s) - E_b(s)) \tag{5-51}$$

$$T_m(s) = K_i I_a(s) \tag{5-52}$$

$$E_b(s) = K_b\Omega_m(s) \tag{5-53}$$

$$\Omega_m(s) = \frac{1}{J_m s + B_m}(T_m(s) - T_L(s)) \tag{5-54}$$

$$\theta_m(s) = \frac{1}{s}\Omega_m(s) \tag{5-55}$$

图 5-25 所示为永磁直流电动机系统的控制框图。由图 5-25 可以清楚地得到系统中各个部分之间的传递函数，永磁直流电动机位移与输入电压之间的传递函数为

$$\frac{\theta_m(s)}{E_a(s)} = \frac{K_i}{L_a J_m s^3 + (R_a J_m + B_m L_a)s^2 + (K_b K_i + R_a B_m)s} \tag{5-56}$$

式中，考虑零负载的情况，$T_L(t)$ 被设为 0。

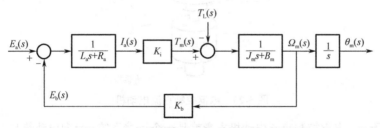

图 5-25　永磁直流电动机系统的控制框图

虽然永磁直流电动机本身是一个开环系统，但是由图 5-25 可以看出，反向电动势在系统中产生了一个内置的反馈回路。在实际系统中，反向电动势代表一个和电动机速度的负值成正比的信号的反馈。反向电动势常数 K_b 代表由电阻 R_a 和黏性摩擦系数 B_m 产生的附加项。因此，反向电动势等价于电阻尼，可以提高电动机和系统的稳定性。

我们定义 $i_a(t)$、$\omega_m(t)$ 和 $\theta_m(t)$ 为系统的状态变量，通过消去式（5-47）～式（5-50）中的非状态变量，可以得到永磁直流电动机系统的状态方程为

$$\begin{bmatrix} \dfrac{di_a(t)}{dt} \\[2mm] \dfrac{d\omega_m(t)}{dt} \\[2mm] \dfrac{d\theta_m(t)}{dt} \end{bmatrix} = \begin{bmatrix} -\dfrac{R_a}{L_a} & -\dfrac{K_b}{L_a} & 0 \\[2mm] \dfrac{K_i}{J_m} & -\dfrac{B_m}{J_m} & 0 \\[2mm] 0 & 1 & 0 \end{bmatrix} \begin{bmatrix} i_a(t) \\[1mm] \omega_m(t) \\[1mm] \theta_m(t) \end{bmatrix} + \begin{bmatrix} \dfrac{1}{L_a} \\[2mm] 0 \\[1mm] 0 \end{bmatrix} e_a(t) + \begin{bmatrix} 0 \\[2mm] -\dfrac{1}{J_m} \\[2mm] 0 \end{bmatrix} T_L(t) \tag{5-57}$$

需要指出的是，此时 $T_L(t)$ 可视为方程的第二个输入。

5.2.4　直流电动机的速度控制及位置控制

伺服机构是最为常见的机电控制系统之一，一些典型的应用包括机器人（机器人的每个关节都需要位置伺服机构）、数字控制器和激光打印机等。这些系统的共同特征是被控变量（通常是位置和速度变量）被反馈回来以修正指令信号。

设计和实现一个成功的控制器的关键因素之一就是获得系统组成元件（特别是执行器）的精确模型。在前面的章节中我们讨论了各种与直流电动机建模相关的问题，本节将研究直流电动机的速度控制及位置控制。

1. 速度响应、自感效应和扰动：开环响应

图 5-26 所示为电枢控制直流电动机。在这个系统中，将场电流视为常量，传感器为转速计，用于测量电动机轴速度。根据具体的应用，如位置控制系统，电位计或编码器也可作为传感器。系统参数定义如下。

R_a = 电枢电阻，单位为 Ω；L_a = 电枢电感，单位为 H；e_a = 外加电枢电压，单位为 V；e_b = 反向电动势，单位为 V；θ_m = 电动机轴的位移，单位为 rad；ω_m = 电动机轴的角速度，单位为 rad/s；T_m = 电动机转矩，单位为 N·m；J_L = 负载瞬时惯量，单位为 kg·m²；T_L = 外部负载转矩，单位为 N·m；J_m = 电动机瞬时惯量，单位为 kg·m²；J = 电动机轴惯量，$J = J_L/n^2 + J_m$，单位为 kg·m²；n = 齿轮比；B_m = 电动机黏性摩擦系数，单位为 N·m/rad/s；B_L = 负载黏性摩擦系数，单位为 N·m/rad/s；B = 电动机轴处的相对黏性摩擦系数，单位为 N·m/rad/s；K_i = 转矩常量，单位为 N·m/A；K_b = 反向电动势常量，单位为 V/rad/s；K_t = 速度传感器增益，单位为 V/rad/s。

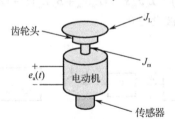

图 5-26　电枢控制直流电动机

如图 5-27 所示，电枢控制直流电动机本身就是一个反馈系统，反向电动势与电动机速度成比例。把任何可能的外部负载影响 T_L 作为扰动转矩，可以在频域上将系统模型写成输入、输出形式，其中 $E_a(s)$ 为输入、$\Omega_m(s)$ 为输出，有

$$\Omega_m(s) = \frac{\dfrac{K_i}{R_a J_m}}{\left(\dfrac{L_a}{R_a}\right)s^2 + \left(1 + \dfrac{B_m L_a}{R_a J_m}\right)s + \dfrac{K_i K_b + R_a B_m}{R_a J_m}} E_a(s) - \frac{\left\{1 + s\left(\dfrac{L_a}{R_a}\right)\right\}/J_m}{\left(\dfrac{L_a}{R_a}\right)s^2 + \left(1 + \dfrac{B_m L_a}{R_a J_m}\right)s + \dfrac{K_i K_b + R_a B_m}{R_a J_m}} T_L(s) \quad (5\text{-}58)$$

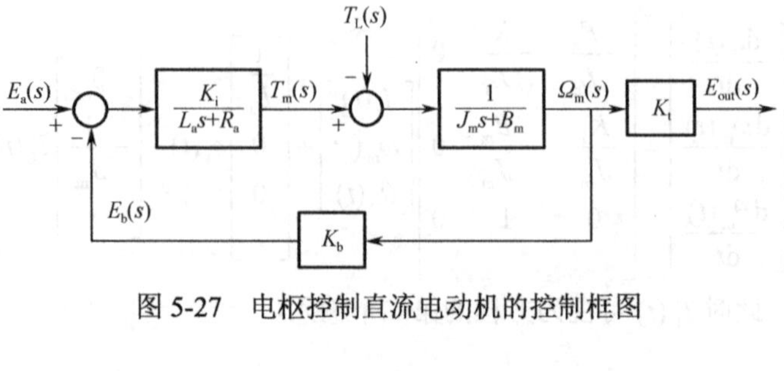

图 5-27　电枢控制直流电动机的控制框图

式中，L_a/R_a 为机电时间常数，用 τ_e 表示，它使得系统的速度响应传递函数为二阶函数，并给系统的扰动输出传递函数增加了一个零点。然而，由于电枢电路中 L_a 很小，因此在简化传递函数和系统控制框图时可以忽略 τ_e。从而可将电动机轴的速度简化为

$$\Omega_m(s) = \frac{\dfrac{K_i}{R_a J_m}}{s + \dfrac{K_i K_b + R_a B_m}{R_a J_m}} E_a(s) - \frac{\dfrac{1}{J_m}}{s + \dfrac{K_i K_b + R_a B_m}{R_a J_m}} T_L(s) \qquad (5\text{-}59)$$

或者

$$\Omega_m(s) = \frac{K_{eff}}{\tau_m s + 1} E_a(s) - \frac{\dfrac{\tau_m}{J_m}}{\tau_m s + 1} T_L(s) \qquad (5\text{-}60)$$

式中，$K_{eff} = K_m/(R_a B_i + K_m K_b)$，为电动机的增益常数；$\tau_m = R_a J_m/(R_a B_m + K_i K_b)$，为电动机的机械时间常数。通过叠加可得

$$\Omega_m(s) = \Omega_m(s)\big|_{T_L(s)=0} + \Omega_m(s)\big|_{E_a(s)=0} \qquad (5\text{-}61)$$

得到每个输入的响应后通过叠加可以知道电动机轴转速响应 $\omega_m(t)$。令 $T_L = 0$（没有扰动且 $B = 0$），给定电压 $e_a(t) = A$，使得 $E_a(s) = A/s$，则有

$$\omega_m(t) = \frac{A K_i}{K_i K_b + R_a B_m}(1 - e^{-t/\tau_m}) \qquad (5\text{-}62)$$

式中，机械时间常数 τ_m 反映了电动机克服自身惯量 J_m 达到与电压 E_a 相关的稳态值的响应速度。由式（5-62）可以得到速度的稳态值为 $\omega_{fv} = \dfrac{A K_i}{K_i K_b + R_a B_m}$，该值为参考输入，反映了与输入电压对应的期望输出电压。随着 τ_m 的增加，系统到达稳态值的时间增长，如图 5-28 所示，其中实线表示空载响应，虚线表示固定负载下的响应。

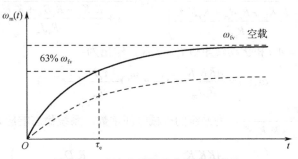

图 5-28 直流电动机的典型速度响应

如果施加幅值为 D 的恒负载转矩（$T_L = D/s$），则速度响应为

$$\omega_m(t) = \frac{K_i}{K_i K_b + R_a B_m}\left(A - \frac{R_a D}{K_i}\right)(1 - e^{-t/\tau_m}) \qquad (5\text{-}63)$$

式（5-63）表明，扰动 T_L 会影响电动机的最终速度。在稳态时，电动机的速度 $\omega_{fv} = \dfrac{K_i}{K_i K_b + R_a B_m}\left(A - \dfrac{R_a D}{K_i}\right)$，减少了 $R_a D/(K_m K_b)$。在实际中应注意，$T_L = D$ 的值应小于电动机的最大转矩，即设置了转矩 T_L 的幅值上限。

2. 直流电动机的速度控制：闭环响应

直流电动机的输出速度在很大程度上依赖于转矩 T_L，因此可以通过比例反馈控制器来改进电

动机的速度控制性能。该控制器由一个测量速度的传感器（通常用转速计）和增益为 K 的功率放大器（比例控制）构成，其配置如图 5-29 所示。直流电动机的速度控制框图如图 5-30 所示。

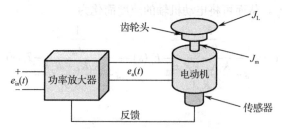

图 5-29　直流电动机的反馈控制

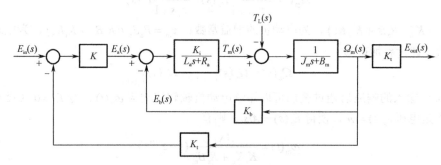

图 5-30　直流电动机的速度控制框图

由于电动机轴的速度由增益为 K_t 的转速计测得，为更方便地比较输入和输出，通过转速计增益 K_t 将控制系统的输入由电压 E_{in} 转化为速度 Ω_{in}。假设 $L_a=0$，可得

$$\Omega_m(s) = \frac{\dfrac{K_t K_i K}{R_a J_m}}{s + \left(\dfrac{K_i K_b + R_a B_m + K_t K_i K}{R_a J_m}\right)} \Omega_{in}(s) - \frac{\dfrac{1}{J_m}}{s + \dfrac{K_i K_b + R_a B_m + K_t K_i K}{R_a J_m}} T_L(s) \qquad (5\text{-}64)$$

对于阶跃输入 $\Omega_{in} = A/s$ 和扰动转矩值 $T_L = D/s$，输出为

$$\omega_m(t) = \frac{AKK_i K_t}{R_a J_m} \tau_c (1 - e^{-t/\tau_c}) - \frac{\tau_c D}{J_m}(1 - e^{-t/\tau_c}) \qquad (5\text{-}65)$$

式中，$\tau_c = \dfrac{R_a J_m}{K_i K_b + R_a B_m + K_t K_i K}$，为系统的机械时间常数。系统稳态响应为

$$\omega_{fv} = \left(\frac{AKK_i K_t}{K_i K_b + R_a B_m + K_t K_i K} - \frac{R_a D}{K_i K_b + R_a B_m + K_t K_i K}\right) \qquad (5\text{-}66)$$

显然当 $K \to \infty$ 时，$\omega_{fv} \to A$。速度控制增益可以减小扰动的影响，增益 K 越大，扰动的影响越小。当然，在实际应用中，运算放大器的饱和电压和电动机输入电压限制了增益 K 的大小，系统仍然将出现稳态误差。

3. 位置控制

在开环情况下，对速度响应进行积分可以获得位置响应，故开环传递函数为

$$\frac{\theta_m(s)}{E_a(s)} = \frac{K_i}{s(L_a J s^2 + (L_a B_m + R_a J)s + R_a B_m + K_i K_b)} \qquad (5\text{-}67)$$

式中，$J = J_L/n^2 + J_m$，为总惯量。对于足够小的 L_a，时间响应为

$$\theta_{\mathrm{m}}(t)=\frac{A}{K_{\mathrm{b}}}(t+\tau_{\mathrm{m}}\mathrm{e}^{-t/\tau_{\mathrm{m}}}-\tau_{\mathrm{m}}) \tag{5-68}$$

这表明电动机轴最终将以稳态值为 A/K_{b} 的恒定速度转动。为了控制电动机轴的位置，最简单的方法就是采用增益为 K 的比例反馈控制器。闭环系统的控制框图如图 5-31 所示。系统反馈环节由一个角位移传感器（通常是一个编码器或用于位置测量的电压计）构成。为了简单起见，输入电压可放大为位置输入 $\theta_{\mathrm{in}}(s)$，从而使得输入和输出具有相同的计量单位和标度。在这种情况下，闭环传递函数为

$$\frac{\theta_{\mathrm{m}}(s)}{\theta_{\mathrm{in}}(s)}=\frac{\dfrac{KK_{\mathrm{i}}K_{\mathrm{s}}}{R_{\mathrm{a}}}}{(\tau_{\mathrm{e}}s+1)\left\{Js^{2}+\left(B_{\mathrm{m}}+\dfrac{K_{\mathrm{b}}+K_{\mathrm{i}}}{R_{\mathrm{a}}}\right)s+\dfrac{KK_{\mathrm{i}}K_{\mathrm{s}}}{R_{\mathrm{a}}}\right\}} \tag{5-69}$$

式中，K_{s} 表示传感器增益。当 L_{a} 足够小时，可以将电动机时间常数 $\tau_{\mathrm{e}}=(L_{\mathrm{a}}/R_{\mathrm{a}})$ 忽略掉。此时，位置传递函数可以简化为

$$\frac{\theta_{\mathrm{m}}(s)}{\theta_{\mathrm{in}}(s)}=\frac{\dfrac{KK_{\mathrm{i}}K_{\mathrm{s}}}{R_{\mathrm{a}}J}}{s^{2}+\left(\dfrac{R_{\mathrm{a}}B_{\mathrm{m}}+K_{\mathrm{i}}K_{\mathrm{b}}}{R_{\mathrm{a}}J}\right)s+\dfrac{KK_{\mathrm{i}}K_{\mathrm{s}}}{R_{\mathrm{a}}J}}=\frac{\omega_{\mathrm{n}}^{2}}{(s^{2}+2\zeta\omega_{\mathrm{n}}s+\omega_{\mathrm{n}}^{2})} \tag{5-70}$$

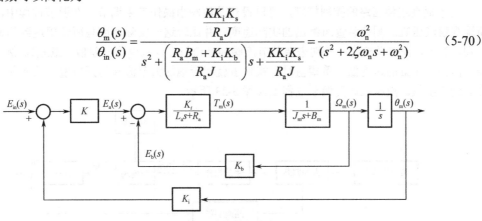

图 5-31　闭环系统的控制框图

5.3　液压与气压伺服系统基础

伺服系统又称随动系统或跟踪系统，是一种自动控制系统。在这种系统中，执行元件能以一定的精度自动地按照输入信号的变化规律动作。液压或气压伺服系统是由液压元件或气压元件组成的伺服系统。

5.3.1　液压与气压伺服系统概述

1. 伺服系统的工作原理和特点

图 5-32 所示为液压进口节流阀式节流调速回路。在这种回路中，调定节流阀的开口量后，液压缸就以某一调定速度运动。当负载、油温等参数发生变化时，这种回路将无法保证原有的运动速度，因此其速度精度较低且不能满足精确地连续无级调速要求。

可以将节流阀的开口量定义为输入量，将液压缸的运动速度定义为输出量或被调节量。在上述回路中，当负载、油温等参数的变化引起输出量变化时，这个变化并不影响或改变输入量，这种输出量不影响输入量的控制系统被称为开环控制系统。开环控制系统不能修正由外界干扰（如负载、油温等变化）而引起的输出量或被调节量的变化，因此控制精度较低。

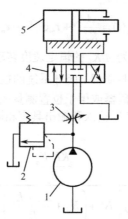

1—液压泵；2—溢流阀；3—节流阀；4—换向阀；5—液压缸。

图 5-32　液压进口节流阀式节流调速回路

为了提高这种回路的控制精度，可以设想节流阀由操作者来调节。在调节过程中，操作者不断地观察液压缸的测速装置所测出的实际速度，并比较这一实际速度与所希望达到的速度之间的差别。然后，操作者按这一差别来调节节流阀的开口量，以减少这一差值（偏差）。例如，当负载增大而使液压缸的速度低于希望值时，操作者就相应地加大节流阀的开口量，从而使液压缸的速度达到希望值。液压缸速度调节过程图如图 5-33 所示。

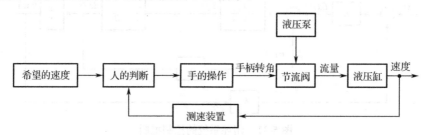

图 5-33　液压缸速度调节过程图

由图 5-33 可以看出，输出量（液压缸速度）通过操作者的眼、脑和手来影响输入量（节流阀的开口量），这种作用被称为反馈。在实际系统中，为了实现自动控制，必须以电器、机械等装置代替人来判断比较，这就构成反馈装置。由于反馈的存在，控制作用形成一个闭合回路，这种带有反馈装置的控制系统被称为闭环控制系统。图 5-34 所示为采用电液伺服阀控制的液压缸速度闭环控制系统。这一系统不仅使液压缸速度能任意调节，而且在外界干扰很大（如负载突变）的工况下，仍能使系统的实际输出速度与设定速度十分接近，即具有很高的控制精度和很快的响应性能。

上述系统的工作原理如下。在某一稳定状态下，液压缸速度由测速装置（齿条、齿轮和测速发电机）测得并转换为电压 u_{f0}。将这一电压与给定电位计输入的电压信号 u_{g0} 进行比较，其差 $u_{e0}=u_{g0}-u_{f0}$ 经积分放大器放大后，以电流 i_0 输入电液伺服阀。电液伺服阀按输入电流的大小和方向自动地调节其开口量和移动方向，控制输出油液的流量和方向。对应输入的电流 i_0，电液伺服阀的开口量稳定地维持在 x_{v0}，电液伺服阀的输出流量为 q_0，液压缸速度保持为恒值 v_0。如果由于干扰的作用液压缸速度增大，则测速装置的输出电压 $u_f>u_{f0}$，从而使 $u_e=u_{g0}-u_f<u_{e0}$，积分放大器输出电流 $i<i_0$。电液伺服阀开口量相应减小，使液压缸速度降低，直到 $v=v_0$，调节过程结束。当输入给定信号电压连续变化时，液压缸速度也随之连续地按同样的规律变化，即输出量自动跟踪输入信号的变化。

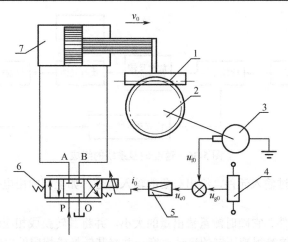

1—齿条；2—齿轮；3—测速发电机；4—给定电位计；5—积分放大器；6—电液伺服阀；7—液压缸。

图 5-34　采用电液伺服阀控制的液压缸速度闭环控制系统

通过分析上述伺服系统的工作原理可以看出，伺服系统的特点如下。

（1）它是反馈系统：把输出量的部分或全部按一定方式回送到输入端，并和输入信号进行比较，这就是反馈作用。在上例中，反馈电压和给定电压是异号的，即反馈信号不断地抵消输入信号，这就是负反馈。自动控制系统中大多数反馈是负反馈。

（2）它靠偏差工作：要使执行元件输出一定的力和速度，电液伺服阀必须有一定的开口量，因此输入和输出之间必须有偏差信号。执行元件运动的结果又试图消除这个偏差。但在伺服系统工作的任何时刻都不能完全消除这一偏差，伺服系统正是依靠这一偏差进行工作的。

（3）它是放大系统：执行元件输出的力和功率远远大于输入的力和功率。其输出的能量是液压能源供给的。

（4）它是跟踪系统：液压缸的输出量自动跟踪输入信号的变化。

2．伺服系统的职能框图和组成环节

图 5-35 所示为速度伺服系统的职能框图。其中，一个方框表示一个元件，方框中的文字表明该元件的职能。带有箭头的线段表示元件之间的相互作用，即系统中信号的传递方向。职能框图明确地表示了系统的组成元件、各元件的职能及系统中各元件的相互关系。因此，职能框图是用来表示自动控制系统工作过程的。

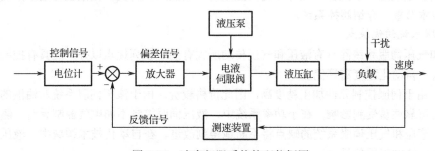

图 5-35　速度伺服系统的职能框图

由图 5-36 可以看出，上述速度伺服系统是由输入元件、比较元件、放大及转换元件、执行元件、检测及反馈元件和控制对象组成的。实际上，任何一个伺服系统都是由这些元件组成的。

下面对图 5-36 中各元件做一些说明。

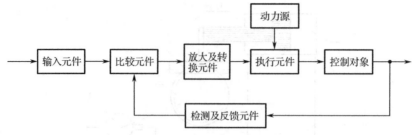

图 5-36　速度伺服系统的组成

（1）输入元件。通过输入元件，给出必要的输入信号，如上例中由电位计给出一定电压，作为系统的控制信号。

（2）检测及反馈元件。它随时测量输出量的大小，并将其转换成相应的反馈信号送回比较元件，如上例中由测速装置测得液压缸的运动速度，并将其转换成相应的电压作为反馈信号。

（3）比较元件。比较元件对输入信号和反馈信号进行比较，并将其差值作为放大及转换元件的输入。有时系统中不一定有单独的比较元件，而由检测及反馈元件、输入元件或放大及转换元件的一部分来实现比较的功能。

（4）放大及转换元件。放大及转换元件将偏差信号放大并转换后，控制执行元件动作，如上例中的电液伺服阀。

（5）执行元件。执行元件是直接带动控制对象动作的元件，如上例中的液压缸。

（6）控制对象。控制对象是机器直接工作的部分，如工作台、刀架等。

3．伺服系统的分类与优缺点

1）伺服系统的分类

伺服系统可以从以下几个角度进行分类。

（1）按输入信号变化规律伺服系统可分为定值控制系统、程序控制系统和伺服控制系统三类。

当系统输入信号为定值时，该系统被称为定值控制系统，其基本任务是提高系统的抗干扰能力。当系统输入信号按预先给定的规律变化时，该系统被称为程序控制系统。伺服系统也称随动系统，其输入信号是关于时间的未知函数，输出量能够准确、迅速地复现输入量的变化规律。

（2）按输入信号介质伺服系统可分为机液伺服系统、电液伺服系统、气液伺服系统等。

（3）按输出物理量伺服系统可分为位置伺服系统、速度伺服系统、力（或压力）伺服系统等。

液压伺服系统还可以按控制元件分为阀控系统和泵控系统两类。在液压传动中，阀控系统应用较多，故本节重点介绍阀控系统。

2）伺服系统的优缺点

液压和气压伺服系统除具有液压和气压传动所固有的一系列优点以外，还具有控制精度高、响应速度快、自动化程度高等优点。

但是，由于伺服控制元件加工精度高，因此价格较贵；由于液压伺服系统对油液的污染比较敏感，因此可靠性易受到影响；在小功率系统中，液压伺服控制不如电气控制灵活。随着科学技术的发展，液压和气压伺服系统的缺点将不断地得到改进。在自动化技术领域中，液压和气压伺服控制有着广泛的应用前景。

5.3.2　典型的伺服控制元件

伺服控制元件是液压与气压伺服系统最重要、最基本的组成部分，起着转换、功率放大及反馈等控制作用。常用的伺服控制元件有力矩马达、力马达、滑阀、射流管阀和喷嘴挡板阀等，下面简要介绍它们的结构原理及特点。

1．力矩马达和力马达

力矩马达是一种具有旋转运动功能的电—机械转换器，力马达是一种具有直线运动功能的电—机械转换器。它们在阀中的作用是将电控信号转换成转角（力矩马达）或直线位移（力马达），用来作为液压放大器的输入信号。

1）力矩马达

图 5-37 所示为动圈式永磁力矩马达结构简图。它由上下两块导磁体、左右两块永久磁铁、带扭轴（弹簧管）的衔铁及套在衔铁上的两个控制线圈组成。衔铁悬挂在扭轴上，它可以绕扭轴在 a、b、c 和 d 四个气隙中摆动。当线圈控制电流为零时，四个气隙中均有永久磁铁所产生的固定磁场的磁通，因此作用在衔铁上的吸力相等，衔铁处于中位平衡状态。通入控制电流后，所产生的控制磁通与固定磁通叠加，两个气隙中的磁通增大，另外两个气隙中的磁通减小，因此作用在衔铁上的吸力失去平衡，产生力矩从而使衔铁偏转。当作用在衔铁上的电磁力矩与扭轴的弹性变形力矩及外负载力矩平衡时，衔铁在某一扭轴位置上处于平衡状态。

力矩马达输出力矩较小，适用于控制喷嘴挡板类的先导级阀。其自振频率高，功率质量比大，抗加速度零漂性能好，但工作行程很小（小于 0.2mm），制造精度要求高，抗干扰能力较差。

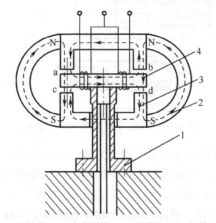

1—弹簧管；2—永久磁铁；3—导磁体；4—衔铁。

图 5-37　动圈式永磁力矩马达结构简图

2）力马达

图 5-38 所示为动圈式力马达结构简图。它是一种移动式电—机械转换器，其运动件是线圈。当在可动控制线圈中通入控制电流时，线圈在磁场中受力而移动。此力的方向由电流方向及固定磁通方向按左手定则来确定。力的大小与磁场强度及电流大小成正比。

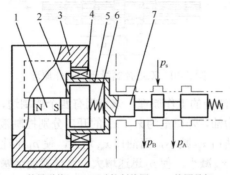

1—永久磁铁；2—内导磁体；3—外导磁体；4—可动控制线圈；5—线圈骨架；6—对中弹簧；7—滑阀阀芯。

图 5-38　动圈式力马达结构简图

　　动圈式力马达的线性行程范围大 [±(2~4)mm]，滞环小，可动件质量小，工作频率较宽，结构简单，但如果采用湿式方案，则动圈受油的阻尼较大，影响频宽，因此适合作为气压比例元件。

2. 滑阀

　　根据滑阀控制边数（起控制作用的阀口数）的不同，滑阀有单边控制滑阀、双边控制滑阀和四边控制滑阀三种类型。

　　图 5-39 所示为单边控制滑阀的工作原理。滑阀控制边的开口量 x_s 控制着液压缸右腔的压力和流量，从而控制液压缸运动的速度和方向。来自液压泵的压力油进入单杆液压缸的有杆腔，通过活塞上小孔 a 进入无杆腔，压力由 p_s 降为 p_1，再通过单边控制滑阀唯一的节流边流回油箱。在液压缸不受外载作用的条件下，当滑阀阀芯根据输入信号向左移动时，开口量 x_s 增大，无杆腔压力减小，于是 $p_1 A_1 < p_s A_2$，缸体向左移动。因为缸体和阀体连接成一个整体，故阀体左移又使开口量 x_s 减小（负反馈），直至平衡。

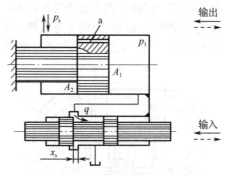

图 5-39　单边控制滑阀的工作原理

　　图 5-40 所示为双边控制滑阀的工作原理。压力油一路直接进入液压缸有杆腔，另一路经滑阀左控制边的开口（开口量为 x_{s1}）和液压缸无杆腔相通，并经滑阀右控制边的开口（开口量为 x_{s2}）流回油箱。当滑阀向左移动时，x_{s1} 减小，x_{s2} 增大，液压缸无杆腔压力 p_1 减小，两腔受力不平衡，缸体向左移动；反之，缸体向右移动。双边控制滑阀比单边控制滑阀的调节灵敏度高、工作精度高。

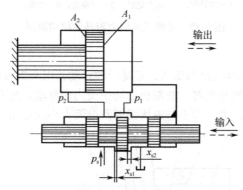

图 5-40　双边控制滑阀的工作原理

　　图 5-41 所示为四边控制滑阀的工作原理。该滑阀有四个控制边，开口量为 x_{s1}、x_{s2} 的开口分别控制进入液压缸两腔的压力油，开口量为 x_{s3}、x_{s4} 的开口分别控制液压缸两腔的回油。当滑阀向左移动时，液压缸左腔的进油口 x_{s1} 减小，回油口 x_{s3} 增大，使 p_1 迅速减小。与此同时，液压缸右腔的进油口 x_{s2} 增大，回油口 x_{s4} 减小，使 p_2 迅速增大。这样就使活塞迅速左移。与双边控制滑阀相比，四边控制滑阀同时控制液压缸两腔的压力和流量，故调节灵敏度高，工作精度也高。

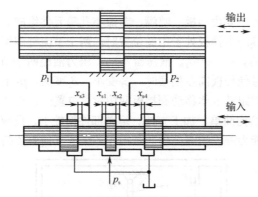

图 5-41　四边控制滑阀的工作原理

单边、双边和四边控制滑阀的控制作用是相同的，均起到换向和调节的作用。控制边数越多，控制质量越好，但结构工艺性越差。在通常情况下，四边控制滑阀多用于对精度要求较高的系统；单边、双边控制滑阀多用于一般精度要求系统。

四边控制滑阀在初始平衡状态下的开口有三种形式，即负开口（$x_s<0$）、零开口（$x_s=0$）和正开口（$x_s>0$），如图 5-42 所示。具有零开口的四边控制滑阀的工作精度最高；具有负开口的四边控制滑阀有较大的不灵敏区，较少采用；具有正开口的四边控制滑阀工作精度较具有负开口的四边控制滑阀高，但功率损耗大，稳定性也差。

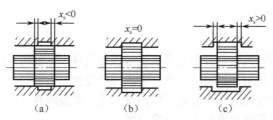

图 5-42　四边控制滑阀的三种开口形式

3．射流管阀

图 5-43 所示为射流管阀的工作原理。射流管阀由射流管和接收板组成。射流管可绕 O 轴左右摆动一个不大的角度，接收板上有两个并列的接收孔 a、b，它们分别与液压缸两腔相通。压力油从管道进入射流管后从锥形喷嘴射出，经接收孔进入液压缸两腔。当射流管处于两接收孔的中间位置时，两接收孔内油液的压力相等，液压缸不动。当输入信号使射流管绕 O 轴向左摆动一个小角度时，进入孔 b 的油液压力就比进入孔 a 的油液压力大，液压缸向左移动。由于接收板和缸体连接在一起，故接收板也向左移动，形成负反馈，当射流管又处于两接收孔的中间位置时，液压缸停止运动。

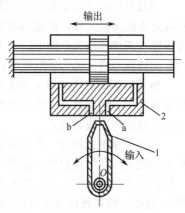

1—射流管；2—接收板。

图 5-43　射流管阀的工作原理

射流管阀的优点是结构简单、动作灵敏、工作可靠。它的缺点是射流管运动部件惯性较大、工作性能较差；射流能量损耗大、效率较低；当供油压力过高时易引起振动。射流管阀控制只适用于低压、小功率场合。

4．喷嘴挡板阀

喷嘴挡板阀有单喷嘴和双喷嘴两种，两者的工作原理基本相同。图 5-44 所示为双喷嘴挡板阀的工作原理。双喷嘴挡板阀主要由挡板、喷嘴、节流小孔等元件组成。挡板和两个喷嘴之间形成两个可变的节流缝隙 δ_1 和 δ_2。当挡板处于中间位置时，两个节流缝隙所形成的节流阻力相等，两个喷嘴腔内的油液压力相等，即 $p_1=p_2$，液压缸不动。压力油经两个节流小孔和两个节流缝隙 δ_1 和 δ_2 流回油箱。当输入信号使挡板向左偏摆时，δ_1 变小，δ_2 变大，p_1 上升，p_2 下降，缸体向左移动。因负反馈作用，当喷嘴跟随缸体移动到挡板两边对称位置时，缸体停止运动。

　　喷嘴挡板阀的优点是结构简单、加工方便、运动部件惯性小、反应快、精度和灵敏度高；缺点是能量损耗大、抗污染能力差。喷嘴挡板阀常用作多级放大伺服控制元件中的前置级。

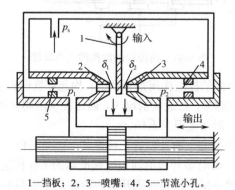

1—挡板；2，3—喷嘴；4，5—节流小孔。

图 5-44　双喷嘴挡板阀的工作原理

5.3.3　伺服阀

　　液控伺服阀是电液或电气联合控制的多级伺服控制元件，它能将微弱的电气输入信号放大成大功率的液压或气压能量输出，以实现对流量和压力的控制。它接收一种模拟量电控信号，输出随电控信号的大小及极性变化而变化的液压模拟量。液控伺服阀具有控制精度高和放大倍数大等优点，在液压与气压控制系统中得到了广泛的应用。

1．液控伺服阀的分类、组成、结构和工作原理

1）液控伺服阀的分类

　　液控伺服阀主要是指电液伺服阀，它在接收电气输入信号后，相应地输出调制的流量和压力。它既是电液转换元件，也是功率放大元件，它能够将小功率的微弱电气输入信号转换为大功率的液压能（流量和压力）输出。在电液伺服系统中，它将电气部分与液压部分连接起来，实现电液信号的转换与液压放大。电液伺服阀是电液伺服系统控制的核心。

　　电液伺服阀广泛地应用于电液位置、速度、加速度、力伺服系统，以及伺服振动发生器。它具有体积小、结构紧凑、功率放大系数高、控制精度高、直线性好、死区小、灵敏度高、动态性能好及响应速度快等优点。

　　电液伺服阀按用途、性能和结构特征可分为通用型伺服阀和专用型伺服阀；按输出量可分为流量伺服阀和压力伺服阀；按液压放大级数可分为单级伺服阀、两级伺服阀和三级伺服阀；按电—机械转换后的动作方式可分为力矩马达式伺服阀（输出转角）和力马达式伺服阀（输出直线位移）；按电—机械转换装置可分为动铁式伺服阀（一般为衔铁转动）与动圈式伺服阀和干式伺服阀与湿式伺服阀；按液压前置级的结构形式可分为单喷嘴挡板式伺服阀、双喷嘴挡板式伺服阀、四喷嘴挡板式伺服阀、射流管式伺服阀、偏转板射流式伺服阀和滑阀式伺服阀；按反馈形式可分为位置反馈伺服阀、负载流量反馈伺服阀和负载压力反馈伺服阀；按输入信号形式可分为连续控制式伺服阀和脉宽调制式伺服阀。

通用型流量伺服阀的分类情况如图 5-45 所示。

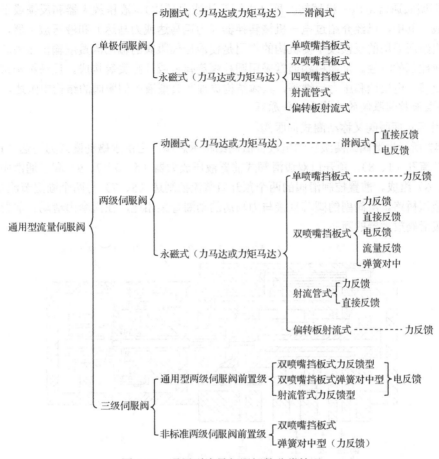

图 5-45　通用型流量伺服阀的分类情况

专用型流量伺服阀是为满足系统的某些特殊要求而特殊制造的伺服阀。它通常按特殊的性能、附加控制作用、安装尺寸及形式、工作环境、试验方法、质量保证措施、电气接插头、材料、工作液及其他特殊要求等分类。

通用型压力伺服阀一般按液压控制阀的级数及压力反馈原理来分类。通用型压力伺服阀的分类情况如图 5-46 所示。

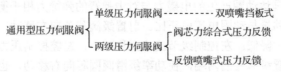

图 5-46　通用型压力伺服阀的分类情况

在伺服阀中采用不同的反馈形式可以得到不同的伺服阀输出特性。利用位置反馈和负载流量反馈可实现流量控制，利用负载压力反馈可实现压力控制。连续控制式伺服阀的输入信号是连续变化的信号，脉宽调制式伺服阀的输入信号是脉宽调制的脉冲信号。连续控制式伺服阀多用于模拟调制的伺服系统，脉宽调制式伺服阀多用于计算机控制系统。

专用型压力伺服阀一般按其特殊的压力控制特性、特殊的安装结构及其他特殊因素来分类。

2）液控伺服阀的组成

液控伺服阀通常由电—机械转换器（力矩马达或力马达）、液压放大器和反馈或平衡机构三大部分组成。其中，已经介绍过电—机械转换器（力矩马达或力马达）和液压放大器，而液控伺服阀的输出级所采用的反馈或平衡机构的作用是使液控伺服阀的输出流量或输出压力获得与输入电控信号成比例的特性。平衡机构通常采用圆柱螺旋弹簧或片弹簧等构成。反馈机构常采用力反馈、位置反馈、电反馈和压力反馈等，具体结构原理在典型液控伺服阀的结构中阐述。

3）典型液控伺服阀的结构和工作原理

（1）滑阀式伺服阀又称动圈式伺服阀。

图 5-47 所示为滑阀式两级三通电液伺服阀结构示意图。它由永磁动圈式力马达（10～15），一对固定节流孔（1、8），预开口双边滑阀式前置液压放大器（5、6、7、9）和三通滑阀式功率级（2、3、4、6）组成。前置控制滑阀的两个预开口节流控制边（5、7）与两个固定节流孔（1、8）组成一个液压桥路。滑阀副的阀芯直接与力马达的动圈骨架相连，在阀套内滑动。前置级的阀套又是功率级滑阀放大器的阀芯。

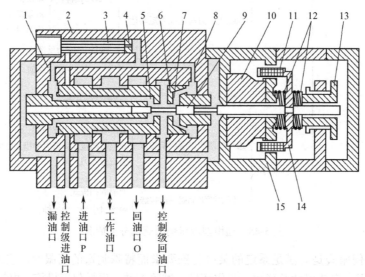

1—左节流孔；2—壳体；3—过滤器；4—减压孔板；5—左控制级节流边；6—主滑阀（控制级阀套）；7—右控制级节流边；8—右节流孔；9—控制级阀芯；10—磁钢（永久磁铁）；11—动圈；12—对中弹簧；13—调节螺钉；14—内导磁体；15—外导磁体。

图 5-47　滑阀式两级三通电液伺服阀结构示意图

输入控制电流使力马达动圈产生的电磁力与对中弹簧的弹簧力相平衡，使动圈和前置级（控制级）阀芯移动，其位移量与动圈电流成正比。前置级阀芯若向右移动，则滑阀右控制级节流边面积增大，右腔控制压力降低；左控制级节流边面积减小，左腔控制压力升高。该压力差作用在功率级滑阀阀芯，即前置级阀套的两端，使功率级滑阀阀芯向右移动，也就是前置级阀套向右移动，逐渐减小右节流孔的面积，直至停留在某一位置。在此位置上，前置级滑阀副的两个可变控制级节流边的面积相等，功率级滑阀阀芯两端的压力相等。这种直接反馈的作用，使功率级滑阀阀芯跟随前置级滑阀阀芯运动，功率级滑阀阀芯的位移与动圈输入电流大小成正比。

这种伺服阀的优点：采用动圈式力马达，结构简单，功率放大系数较大，滞环小且工作行程大；固定节流口尺寸大，不易被污物堵塞；主滑阀两端控制油压作用面积大，从而加大了驱动力，使滑阀不易卡死，工作可靠。

（2）喷嘴挡板式伺服阀。

喷嘴挡板式两级四通力反馈电液伺服阀结构示意图如图 5-48 所示。图 5-48 中上半部分为衔铁式力马达，下半部分为喷嘴挡板式和滑阀式液压放大器。衔铁与挡板和反馈弹簧杆连接在一起，由固定在阀体上的弹簧管支承。反馈弹簧杆下端为一个球头，嵌在滑阀的凹槽内，永久磁铁和两上导磁体形成一个固定磁场。当线圈中没有电流通过时，衔铁和导磁体之间的四个气隙中的磁通相等且方向相同，衔铁与挡板都处于中间位置，因此滑阀没有油输出。当线圈中有电流流过时，一组对角方向的气隙中的磁通增加，另一组对角方向的气隙中的磁通减小，于是衔铁在磁力作用下克服弹簧管的弹性反作用力而以弹簧管中的某一点为支点偏转 θ 角，偏转到磁力所产生的转矩与弹簧管的弹性反作用力产生的反转矩平衡时为止。这时滑阀尚未移动，而挡板因随衔铁偏转而发生挠曲变形，改变了它与两个喷嘴的间隙，一个间隙减小，另一个间隙增大。

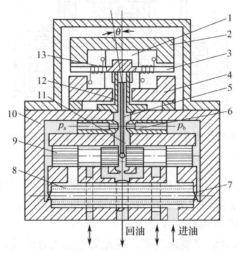

1—永久磁铁；2，4—导磁体；3—衔铁；5—挡板；6—喷嘴；7—固定节流孔；8—过滤器；
9—滑阀；10—阀体；11—反馈弹簧杆；12—弹簧管；13—线圈。

图 5-48　喷嘴挡板式两级四通力反馈电液伺服阀结构示意图

通入伺服阀的压力油经过滤器、两个对称的固定节流孔，以及左、右喷嘴流出，通向回油口。当挡板发生挠曲变形，与两个喷嘴的间隙不相等时，两个喷嘴后侧的压力 p_a 和 p_b 就不相等，它们作用在滑阀的左、右端面上，使滑阀向相应方向移动一段距离，压力油就通过滑阀上的一个阀口输出给执行元件，由执行元件回来的油液经滑阀上另一个阀口通向回油口。当滑阀移动时，反馈弹簧杆下端的球头跟着移动，在衔铁挡板组件上产生转矩，使衔铁向相应方向偏转，并使挡板在两个喷嘴间的偏移量减少，这就是所谓的力反馈。力反馈作用的结果是滑阀两端的压差减小。当滑阀通过反馈弹簧杆作用于挡板的力矩，喷嘴作用于挡板的力矩，以及弹簧管反力矩之和等于力矩马达产生的电磁力矩时，滑阀不再移动，并一直使其阀口保持在这一开度上。通入线圈的电流越大，使衔铁偏转的转矩、反馈弹簧杆发生的挠曲变形、滑阀两端的压差及滑阀的偏移量就越大，伺服阀输出的流量也就越大。由于滑阀的位移、喷嘴与挡板的间隙、衔铁的转角都和输入电流成正比，因此这种伺服阀的输出流量也和输入电流成正比。当输入电流反向时，输出流量也反向。

这种伺服阀由于存在力反馈，力矩马达在其零点附近工作，即衔铁偏转角 θ 很小，因此线性度好。此外，只要改变反馈弹簧杆的刚度，就能在相同输入电流情况下改变滑阀的位移。

这种伺服阀结构紧凑、外形尺寸小、响应速度快，但喷嘴与挡板的间隙较小，对油液的清洁度要求较高。

（3）射流管式伺服阀。

射流管式两级四通电液伺服阀结构示意图如图 5-49 所示。这种伺服阀采用衔铁式力矩马达带动射流管，两个接收孔直接和主阀两端面连接，控制主阀运动。主阀靠一个板簧定位，其位移与主阀两端压力差成比例。这种伺服阀的最小通流尺寸（射流管口尺寸）是喷嘴与挡板的间隙的 4～10 倍，故对油液的清洁度要求较低。其缺点是零位泄漏量大；受油液黏度变化影响显著，低温特性差；由力矩马达带动射流管，负载惯量大，响应速度低于喷嘴挡板式伺服阀。

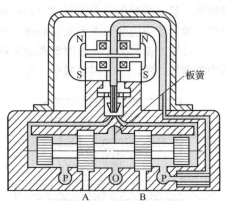

图 5-49　射流管式两级四通电液伺服阀结构示意图

2．液控伺服阀的选用

液控伺服阀的控制精度高、响应速度快，所以在航空、冶金、机械、船舶和化工等工业部门得到了广泛的应用。它常用于实现位置、速度、加速度和力的控制。

（1）液控伺服阀的选用应考虑以下 3 个方面。

① 液控伺服阀对油液的清洁度要求较高，因此要考虑工作环境，采取较好的过滤措施。

② 为了改善伺服系统的动态性能，一般要尽量缩短伺服阀和执行元件之间的连接管道，常将伺服阀直接固定在执行元件上，这时要注意伺服阀的外形尺寸是否妨碍机器的布局。

③ 液控伺服阀的价格高，因此要考虑用户的承受能力。

（2）液控伺服阀规格选择与普通阀有一些不同，一般按下列程序进行选择。

① 根据负载参数或负载轨迹求出最大负载功率。

② 由最大负载功率下的力 F_{Lm}（或转矩 F_{Tm}）计算负载压力及执行元件所需流量 q。

当执行元件为液压缸时，有

$$p_{\mathrm{L}} = \frac{F_{\mathrm{Lm}}}{A_{\mathrm{p}}} \tag{5-71}$$

$$q = A_{\mathrm{p}} u_{\max} \tag{5-72}$$

当执行元件为液压马达时，有

$$p_{\mathrm{L}} = \frac{T_{\mathrm{Lm}}}{V} \tag{5-73}$$

$$q = V \omega \tag{5-74}$$

式中，A_{p} 为液压缸承载腔的有效作用面积，单位为 m^2；$u_{\max}$ 为最大功率下液压缸速度，单位为 m/s；V 为马达排量，单位为 mL/rad；ω 为最大功率下角速度，单位为 rad/s。

③ 计算供油压力 p_{s}，即

$$p_{\mathrm{s}} = \frac{3}{2}(p_{\mathrm{L}} + \Delta p) \tag{5-75}$$

式中，Δp 为伺服阀到执行元件的压力损失，单位为 N/m²。

④ 计算伺服阀的输出流量 q_L，即

$$q_L = (1.15 \sim 1.30)q \tag{5-76}$$

⑤ 计算伺服阀的压降 p_v，即

$$p_v = p_s - p_L - \Delta p \tag{5-77}$$

⑥ 根据 q_L、p_v 及产品样本中的压降-负载流量特性曲线，找出合适的伺服阀。把伺服阀的额定流量选得大到能使压降-负载流量特性曲线上对应最大电流的那条曲线包住工作循环中负载流量和压力的所有点，并且确保 $p_L < p_s \times 2/3$，保证所有负载的工作都不超出伺服阀的能力范围。但为了满足系统总的精度要求，伺服阀的工作电流不要为最大电流。

⑦ 根据系统执行元件的频率选择伺服阀的频宽，使之高于执行元件-负载环节的频宽。

3. 气压伺服阀

气压控制系统除有用气压伺服阀控制的气压伺服系统以外，还有用比例阀控制的气压比例控制系统，比例阀结构简单、价格便宜、维修方便，是介于普通的开关式控制阀和气压伺服阀之间的控制元件。

比例阀与伺服阀的区别并不明显。一般认为，比例阀消耗的电流大、响应速度慢、控制精度低、价格低廉和抗污染能力强，而伺服阀则相反，但随着科学的发展和技术的进步，比例阀和伺服阀的差距会越来越小。另外，通常来讲比例阀适用于开环控制，而伺服阀则适用于闭环控制。比例/伺服阀正处于不断开发和完善的过程中，新类型较多，下面仅就目前相对成熟的气压伺服阀的类型及特性进行简单介绍。

初期的气压伺服阀是仿照喷嘴挡板式伺服阀加工而成的，不仅价格贵，而且控制精度低，一直未能得到应用与推广。随着微电子、材料、传感器等科学技术的发展，现代控制理论和传感器可以很容易地被组合利用，以更低的价格实现伺服功能变成可能。气压伺服控制系统实现的可能性重新得到认识，新型气压伺服阀的开发和研究工作再度活跃起来。一般来讲，直动式气压伺服阀主要由力马达、位移传感器、控制电路和主阀等构成。阀芯由力马达直接驱动，其位移由位移传感器检测，形成阀芯位移的局部负反馈，从而提高响应速度和控制精度，其电源电压为 DC 24V，输入电压为 0～10V。

图 5-50 所示为气压伺服阀输入电压-输出流量特性曲线，不同的输入电压对应着不同的阀芯开口面积和位置，即对应着不同的流量和流动方向。当电压为 5V 时，阀芯处于中位；当电压为 0～5V 时，P 口与 A 口相通；当电压为 5～10V 时，P 口与 B 口相通。当突然停电时，阀芯返回到中位，气缸原位停止，提高了系统的安全性。这类伺服阀具有良好的静态、动态特性。

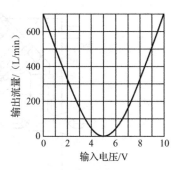

图 5-50　气压伺服阀输入电压-
输出流量特性曲线

气压伺服阀在使用中可用微机作为控制器，通过 D/A 转换器直接驱动。可使用气缸和位移传感器来组成价廉的伺服控制系统。但对于控制性能要求较高的自动化设备，应该使用厂家提供的伺服控制系统，如图 5-51 所示。该系统主要由气压伺服阀、位移传感器、气缸、SPC 型控制器组成。在图 5-51 中，目标值以程序或模拟量的方式输入 SPC 型控制器，由 SPC 型控制器向气压伺服阀发出控制信号，实现对气缸运动的控制。气缸的位移由位移传感器检测，并反馈到 SPC 型控制器中。SPC 型控制器以气缸位移反馈量为基础，计算出速度、加速度反馈量，再根据运行条件（负载质量、缸径、行程及气压伺服阀尺寸等）自动计算出控制信号的最优值，并作用于气压伺服阀，从而实现闭环控制。SPC 型控制器与微机相连接后，使用厂家提供的系统管理软件，可实现程序管理、条件设定、远距离操作、

动态特性分析等多项功能。SPC 型控制器也可与可编程控器相连接，从而实现与其他系统的顺序动作、多轴运行等功能。

气压伺服阀有多种规格，主要根据执行元件所需的流量来选择。

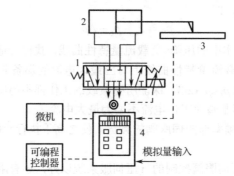

1—气压伺服阀；2—气缸；3—位移传感器；4—SPC 型控制器。

图 5-51　伺服控制系统的组成

5.4　典型的伺服系统

5.4.1　液压伺服系统

本节主要介绍车床液压仿形刀架、机械手伸缩运动伺服系统、带钢张力伺服系统和电液速度伺服系统，它们分别代表不同类型的液压伺服系统。

1．车床液压仿形刀架

车床液压仿形刀架是机液伺服系统。下面结合图 5-52 来说明它的工作原理和特点。刀架倾斜地安装在溜板上，工作时随溜板纵向移动。样板安装在机床身后侧支架上固定不动。液压泵置于车床附近。液压缸的活塞杆固定在刀架的底座上，缸体、阀体和刀架连成一体，可在刀架底座的导轨上沿液压缸轴向移动。滑阀阀芯在弹簧的作用下通过支杆使杠杆的触销紧压在样板上。

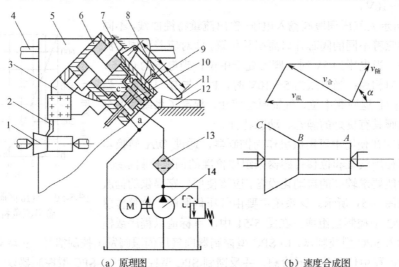

（a）原理图　　　　　　　　　　　　（b）速度合成图

1—工件；2—车刀；3—刀架；4—导轨；5—溜板；6—缸体；7—阀体；8—杠杆；

9—支杆；10—滑阀阀芯；11—触销；12—样板；13—过滤器；14—液压泵。

图 5-52　车床液压仿形刀架的原理图和速度合成图

在车削圆柱面时，溜板沿床身导轨纵向移动。杠杆、触销在样板的圆柱段内水平滑动，滑阀阀口不打开，刀架只能随溜板一起纵向移动，刀架在工件上车出 AB 段圆柱面。

在车削圆锥面时，触销沿工件的圆锥段滑动，使杠杆向上偏摆，从而带动滑阀阀芯上移动，打开滑阀阀口，压力油进入液压缸上腔，推动缸体连同阀体和刀架轴向后退。阀体后退又逐渐使阀口关小，直至关闭。在溜板不断地做纵向运动的同时，触销在样板的圆锥段上不断抬起，刀架也就不断地做轴向后退运动，这两个运动的合成就使刀具在工件上车出 BC 段圆锥面。

其他曲面形状或凸肩也都是通过这样的合成切削形成的，如图 5-53 所示。其中，v_1、v_2 和 v 分别表示溜板带动刀架的纵向运动速度、刀具沿液压缸轴向的运动速度和刀具的实际合成速度。

由车床液压仿形刀架的工作过程可以看出，刀架液压缸（执行元件）是以一定的仿形精度按触销输入位移信号的变化规律动作的，所以车床液压仿形刀架是液压伺服系统。

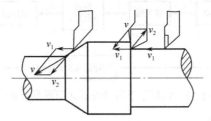

图 5-53　进给运动合成示意图

2. 机械手伸缩运动伺服系统

一般机械手的伸缩、回转、升降和手腕的动作，都是由液压伺服系统驱动的，其工作原理相同。下面以机械手伸缩运动伺服系统为例，介绍其工作原理。

图 5-54 所示为机械手伸缩运动伺服系统原理图。该系统主要由电液伺服阀、液压缸、由活塞杆带动的机械手手臂、齿轮齿条机构、电位器、步进电动机和放大器组成，是电液位置伺服系统。当电位器触头处在中位时，触头上没有电压输出；当电位器触头偏离中位时，由于产生了偏差会输出相应的电压。电位器触头产生的微弱电压，经放大器放大后对电液伺服阀进行控制。电位器触头由步进电动机带动旋转，步进电机的角位移和角速度由数字控制装置发出的脉冲数和脉冲频率控制。齿条固定在机械手手臂上，电位器固定在齿轮上，所以当机械手手臂带动齿轮转动时，电位器同齿轮一起转动，形成负反馈。

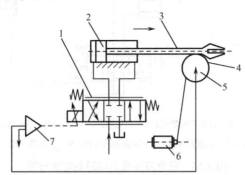

1—电液伺服阀；2—液压缸；3—机械手手臂；4—齿轮齿条机构；5—电位器；6—步进电动机；7—放大器。

图 5-54　机械手伸缩运动伺服系统原理图

机械手伸缩运动伺服系统的工作原理：由数字控制装置发出的一定数量的脉冲，使步进电动机带动电位器的动触头转过一定的角度 θ_i（假定为顺时针转动），动触头偏离电位器中位产生的微弱电压 u_1 经放大器放大成 u_2 后，输入电液伺服阀的控制线圈，使电液伺服阀产生一定的开口量。

这时压力油经电液伺服阀的开口进入液压缸的左腔，推动活塞连同机械手手臂一起向右移动，行程为 x_v，液压缸右腔的回油经电液伺服阀流回油箱。由于电位器的齿轮和机械手手臂上齿条相啮合，因此当机械手手臂向右移动时，电位器跟着沿顺时针方向转动。当电位器的中位和触头重合时，偏差为零，动触头输出电压为零，电液伺服阀失去信号，阀口关闭，机械手手臂停止移动。机械手手臂移动的行程取决于脉冲数量，移动的速度取决于脉冲频率。当数字控制装置发出反向脉冲时，步进电动机逆沿时针方向转动，机械手手臂缩回。

图 5-55 所示为机械手手臂伸缩运动伺服系统框图。

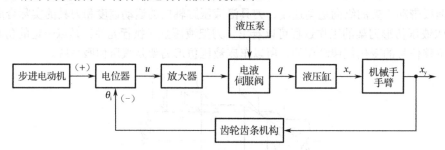

图 5-55　机械手手臂伸缩运动伺服系统框图

3. 带钢液压张力伺服系统

在带钢生产过程中，经常要求控制带钢的张力（如在热处理炉内进行热处理时），因此对薄带材的连续生产提出了高精度、恒张力控制要求。

图 5-56 所示为带钢液压张力伺服系统原理图。

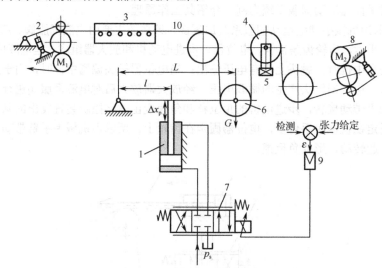

1—液压缸；2—带钢牵引辊组；3—热处理炉；4—转向辊；5—力传感器；
6—浮动辊；7—电液伺服阀；8—带钢加载辊组；9—放大器；10—带钢。

图 5-56　带钢液压张力伺服系统原理图

在带钢液压张力伺服系统中，热处理炉内的带钢张力由带钢牵引辊组和带钢加载辊组来确定。以直流电动机 M_1 作为牵引，直流电动机 M_2 作为负载，以产生所需张力。如果通过调节系统中某个部件的位置来控制张力，则由于系统中各部件惯量大，时间滞后大，控制精度低，不能满足要求，因此在两个辊组之间设置一个带钢液压张力伺服系统来控制精度，其工作原理是在转向辊左右两侧下方各设置一个力传感器，把它作为检测装置，将两个传感器检测得到的信号的平均值与给定信号值进行比较，当出现偏差信号时，信号经放大器放大后输入电液伺服阀。如果实际张力与给定值相等，则偏差信号为零，电液伺服阀没有输出，液压缸保持不动，浮动辊也不动。当张力增大时，偏差信号使电液伺服阀有一定的开口量，供给一定的流量，使液压缸向上移动，浮动辊向上移动，使张力减小到一定值；当张力减小时，产生的偏差信号使电液伺服阀控制液压缸向下移动，浮动辊向下移动，使张力增大到一定值。因此，该系统是一个恒值力控制系统。它保证了带钢的张力符合要求，提高了钢材的质量。带钢液压张力伺服系统框图如图 5-57 所示。

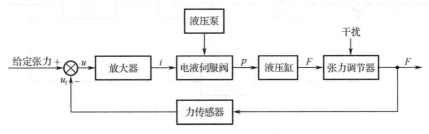

图 5-57　带钢液压张力伺服系统框图

4．电液速度伺服系统

图 5-58 所示为电液速度伺服系统原理图，该系统可控制滚筒的转速，使之按照速度指令变化。

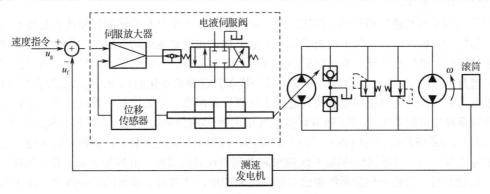

图 5-58　电液速度伺服系统原理图

电液速度伺服系统的液压拖动装置由液压泵和液压马达组成，液压泵既是液压能源又是主要的控制元件。由于操纵液压泵所需要的力较大，因此通常采用一个小功率的放大装置作为变量控制机构。如图 5-58 所示的系统采用电液伺服阀控制电液位置伺服系统作为变量控制机构。系统输出速度由测速发电机检测得出，将其转化为反馈信号 u_f 并与输入速度指令信号 u_g 进行比较，得出的偏差电压 $\Delta u = u_g - u_f$ 将作为变量控制机构的输入信号。

当速度指令信号 u_g 一定时，滚筒以某个给定速度 ω_0 工作，测速发电机输出电压为 u_{f0}，则偏差电压 $\Delta u_0 = u_g - u_{f0}$，这个偏差电压对应于一定的液压缸位置，从而对应于一定的泵输出流量，这是一个一阶有差系统。在工作过程中，如果负载、摩擦力、温度或其他原因引起速度变化，则 $u_f \neq u_{f0}$，假如 $\omega > \omega_0$，则 $u_f > u_{f0}$，而 $u_g - u_f < \Delta u_0$，液压缸输出位移减少，于是泵输出流量减少，液压马达速度自动下调至给定值。如果速度下降，则 $u_f < u_{f0}$，因而 $\Delta u > \Delta u_0$，液压缸输出位移增大，于是泵输出流量增大，速度自动回升至给定值。由此可见，速度是根据速度指令信号 u_g 自动加以调节的。

在这个系统中，内部控制回路（见图 5-58 中虚线框内部分）可以闭合也可以不闭合。当内部控制回路不闭合时，该系统是一个速度伺服系统。若内部控制回路闭合，则消除了变量控制机构中液压缸的积分作用，系统实际上不再是一个速度伺服系统，而成为一个速度调节器。

如图 5-58 所示的系统，在内部控制回路闭合的情况下，如果将速度指令变为位置指令，将测速发电机改为位移传感器，就可以进行位置的伺服控制。

泵控制电液伺服系统框图如图 5-59 所示。该系统的速度指令信号、反馈信号及小功率信号是电量，而液压拖动装置的控制元件是液压泵，所以称为泵控制电液伺服系统。

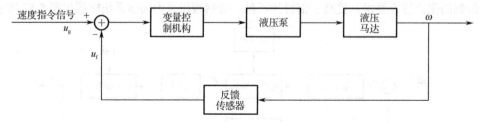

图 5-59　泵控制电液伺服系统框图

5.4.2　气压伺服系统

本节简单介绍力控制伺服系统、张力控制伺服系统和加压控制伺服系统，它们分别代表不同类型的气压伺服系统。

气压伺服系统与液压伺服系统相比，最大的不同点在于空气与油液的压缩性和黏性不同。空气的压缩性大、黏性小，有利于构成柔软型驱动机构和实现高速运动。但是，压缩性大会带来压力响应的滞后；黏性小意味着系统阻尼小或衰减不足，易引起系统的振动。另外，由于阻尼小，系统的增益不可能高，系统的稳定性易受外部干扰和系统参数变化的影响，难以实现高精度控制。所以过去人们一直认为气压伺服系统只能用于气缸行程两端的开关控制，难以满足对位置或力连续可调的高精度控制要求。但是，随着新型的气压比例/伺服控制阀的开发和现代控制理论的引入，气压比例/伺服系统的控制性能得到了极大的提高。再加上具有质量轻、价格低、抗电磁干扰和过载保护能力等优点，气压比例/伺服系统越来越受到设计者的重视，其应用领域正在不断扩大。

比例控制技术在液压伺服系统中已得到广泛的应用，并取得了显著的经济效益。由于气压伺服系统具有固有频率低、刚度弱、非线性严重及不易稳定等缺点，比例控制技术在气压伺服系统中的应用受到了限制，研究进展相对缓慢。但随着相关技术的不断发展和工程实际需求，比例控制技术在气压伺服系统中的应用将越来越多。

1. 力控制伺服系统

气压比例/伺服系统非常适用于汽车部件、橡胶制品、轴承及键盘等产品的中、小型疲劳试验机。图 5-60 所示为汽车方向盘疲劳试验机的力控制伺服系统。该试验机主要由被试件（方向盘）、负载传感器、气缸、位移传感器、伺服阀等组成。要求向被试件（方向盘）的轴向、径向和螺旋方向单独或复合（两轴同时）地施加呈正弦波变化的负载，然后检测其寿命。在图 5-60 中，根据系统的要求，输入一定幅值和频率的信号，由负载传感器检测出实际气缸的施加力，将该力经伺服控制器放大、滤波和 A/D 转换后，与给定值进行比较，从而产生控制信号，再经 D/A 转换后由伺服控制器产生驱动伺服阀的电流，从而使气缸跟踪输入信号产生加载所需要的负载。该试验机的特点是精度和简单性兼顾，在两轴同时加载时不易形成相互干涉。

2. 张力控制伺服系统

在印刷、纺织、造纸等许多工业领域中，张力控制是不可缺少的工艺手段。带材或板材（如纸张、胶片、电线、金属薄板等）的卷绕机，在卷绕过程中，为了保证产品的质量，都要求卷筒张力保持一定。气压制动器因为具有价廉、维修简单、制动力矩范围变更方便等特点，所以在各种卷绕机中得到了广泛的应用。图 5-61 所示为采用比例压力阀构成的张力控制伺服系统，该系统主要由卷筒、带材或板材、张力传感器、比例压力阀和气压制动器等组成。在系统工作时，高速运动的带材或板材的张力由张力传感器检测，并反馈到伺服控制器，伺服控制器以张力反馈信号与输入信号的偏差为基础，采用一定的控制算法，输出控制量到比例压力阀，从而调整气压制动器的制动压力，以保证带材或板材的张力恒定。在张力控制中，控制精度比响应速度要求高，应该选用控制精度较高的喷嘴挡板式比例压力阀。

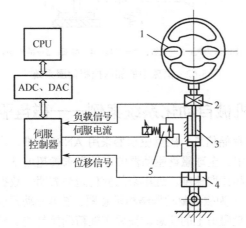

1—被试件（方向盘）；2—负载传感器；3—气缸；4—位移传感器；5—伺服阀。

图 5-60　汽车方向盘疲劳试验机的力控制伺服系统

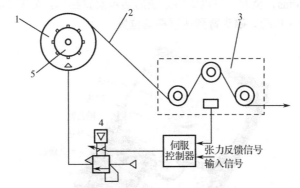

1—卷筒；2—带材或板材；3—张力传感器；4—比例压力阀；5—气压制动器。

图 5-61　采用比例压力阀构成的张力控制伺服系统

3．加压控制伺服系统

图 5-62 所示为磨床中的加压控制伺服系统。在这种应用场合下，控制精度比响应速度要求高，同样应选用控制精度较高的喷嘴挡板式或开关电磁式比例压力阀。值得注意的是，加压控制的精度不仅取决于比例压力阀的精度，还受气缸的摩擦阻力特性的影响。标准气缸的摩擦阻力要随着工作压力、运动速度等因素变化而变化，难以实现平稳加压控制。所以在此应用场合下，应该选用低速、恒摩擦阻力的气缸。该系统主要由比例压力阀、气缸、夹具、磨石和减压阀等组成，其中减压阀的作用是向气缸有杆腔加恒压，以平衡活塞杆和夹具机构的自重。在工作过程中，首先关闭比例压力阀，调整减压阀的压力值，使气缸下腔作用在活塞杆上的力和活塞杆及夹具机构的自重相平衡。然后根据磨削所需要的力控制比例压力阀，使气缸产生所需的力并施加在工件上。

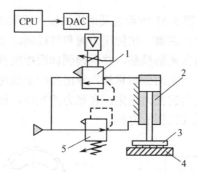

1—比例压力阀；2—气缸；3—夹具；4—磨石；5—减压阀。

图 5-62 磨床中的加压控制伺服系统

5.5 机械自动化系统案例——磁盘驱动器

磁盘可以方便、有效地存储信息。磁盘驱动器采用 ANSI 标准，广泛应用于从便携式计算机到大型计算机等各类计算机中。全球磁盘驱动器的市场需求量超过 5.5 亿套，磁盘驱动器设计师以往关注的焦点是存储容量和读取速度。近年来的变化趋势表明，数据存储密度的增长速度达到了大约每年 40%。图 5-63 所示为磁盘驱动器结构示意图。磁盘驱动器读取装置的设计目标是准确定位磁头，以便正确读取磁盘磁道上的信息。需要实施精确控制的受控变量是磁头（安装在一个滑动簧片上）的位置。磁盘的旋转速度为 1800～7200rad/min，磁头在磁盘上方不到 100nm 的地方"飞行"，位置精度指标初步定为 1μm。如果有可能，还要做进一步要求，磁头由磁道 a 移动到磁道 b 的时间不超过 50ms。至此，可以给出系统的初步配置结构，如图 5-64 所示。该闭环系统利用永磁直流电机驱动（移动）磁头臂到达预期的位置。

图 5-63 磁盘驱动器结构示意图

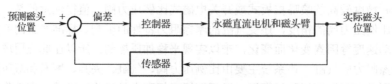

图 5-64 磁盘驱动器磁头的闭环控制系统

磁盘驱动器控制系统的基本设计目标：尽可能地将磁头精确定位于指定的磁道，并且磁头在两个磁道之间移动所需的时间不超过 50ms。针对这个系统，本节首先确定受控对象、传感器和控制器，然后建立受控对象和传感器的数学模型。磁盘驱动器控制系统用永磁直流电机来驱动磁头臂转动（见图 5-65）。磁盘驱动器制造者称这种电机为音圈电机。磁头安装在一个与磁头臂相连的簧片上，由弹性金属制成的簧片能够保证磁头以小于 100nm 的间隙悬浮在磁盘之上。磁头读取磁盘上各点处的磁通量，并将信号提供给放大器。

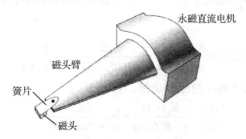

图 5-65　磁头安装结构图

在读取磁盘上预存的索引磁道时，磁头将生成偏差信号，如图 5-66（a）所示。假定磁头足够精确，可以如图 5-66（b）所示，将传感器环节的传递函数取为 $H(s)=1$。同时，用电枢控制式直流电机模型作为永磁直流电机的模型，并令 $K_b=0$，这是一个具有足够精度的近似模型。表 5-2 所示为磁盘驱动器控制系统的一些典型参数。

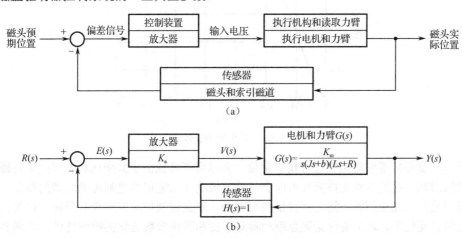

图 5-66　磁盘驱动器控制系统框图模型

表 5-2　磁盘驱动器控制系统的一些典型参数

参　　数	符　　号	典　型　值
磁头臂与磁头的转动惯量	J	$1\text{N}\cdot\text{m}\cdot\text{s}^2/\text{rad}$
摩擦系数	b	$20\text{N}\cdot\text{m}\cdot\text{rad}$
放大器系数	K_a	$10\sim1000$
电枢电阻	R	1Ω
电机系数	K_m	$5\text{N}\cdot\text{m/A}$
电枢电感	L	1mH

于是有

$$G(s)=\frac{K_m}{s(Js+b)(Ls+R)}=\frac{5000}{s(s+20)(s+1000)} \tag{5-78}$$

也可以将 $G(s)$ 改写为

$$G(s) = \frac{K_{\mathrm{m}} / (bR)}{s(\tau_{\mathrm{L}}s+1)(\tau s+1)} \quad (5\text{-}79)$$

式中，$\tau_{\mathrm{L}} = \dfrac{J}{b} = 50\mathrm{ms}$；$\tau = \dfrac{L}{R} = 1\mathrm{ms}$。由于 $\tau \ll \tau_{\mathrm{L}}$，因此 τ 可忽略不计，从而可以得到 $G(s)$ 的二阶近似模型，即

$$G(s) \approx \frac{K_{\mathrm{m}} / (bR)}{s(\tau_{\mathrm{L}}s+1)} = \frac{0.25}{s(0.05s+1)} = \frac{5}{s(s+20)} \quad (5\text{-}80)$$

将该闭环系统按照框图等效化简规则化简，有

$$\frac{Y(s)}{R(s)} = \frac{K_{\mathrm{a}}G(s)}{1+K_{\mathrm{a}}G(s)} = \frac{5K_{\mathrm{a}}}{s^2+20s+5K_{\mathrm{a}}} \quad (5\text{-}81)$$

当 $K_{\mathrm{a}} = 40$ 时，输入为 $r(t) = 0.1\mathrm{rad}$ 的阶跃信号，可得到系统的阶跃响应，如图 5-67 所示。

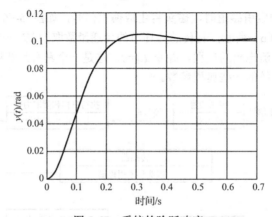

图 5-67 系统的阶跃响应

磁盘驱动器必须能够对磁头进行精确定位，并尽可能降低由参数变化和外部振动对磁头定位精度造成的影响。机械臂和支撑簧片可能会与外部振动（如笔记本电脑可能受到的振动）产生共振。磁盘驱动器可能受到的干扰主要包括物理振动，磁盘转轴轴承的磨损和摆动，以及元器件老化引起的参数变化等。本节将讨论磁盘驱动器对干扰和系统参数变化的响应特性，当调整放大器增益 K_{a} 时，分析系统对阶跃输入信号的瞬态响应和稳态跟踪误差。

如图 5-68 所示，该系统的控制器是一个增益可调的放大器。根据表 5-2 提供的参数，可以计算出各元件的传递函数，如图 5-69 所示。

首先，当输入为单位阶跃信号 $R(s) = 1/s$，干扰信号为 $T_{\mathrm{d}}(s) = 0$ 时，计算磁盘驱动器控制系统的稳态误差。当反馈回路 $H(s) = 1$ 时，可以得到跟踪误差 $E(s)$ 为

$$E(s) = R(s) - Y(s) = \frac{1}{1+K_{\mathrm{a}}G_1(s)G_2(s)} R(s) \quad (5\text{-}82)$$

根据终值定理得，稳态跟踪误差为

$$\lim_{t\to\infty} e(t) = \lim_{s\to 0} s\left[\frac{1}{1+K_{\mathrm{a}}G_1(s)G_2(s)} \right]\frac{1}{s} = \lim_{s\to 0} \frac{s(s+20)(s+1000)}{s(s+20)(s+1000)+5000K_{\mathrm{a}}} = 0 \quad (5\text{-}83)$$

由此可见，系统对阶跃输入信号的稳态跟踪误差为零，即 $e(\infty) = 0$。这个结论与系统参数无关，无论参数取何值，这个结论都成立。

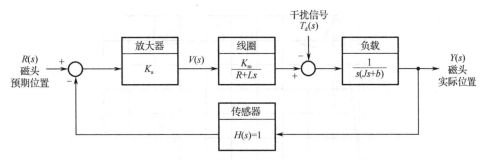

图 5-68　磁盘驱动器的磁头控制系统

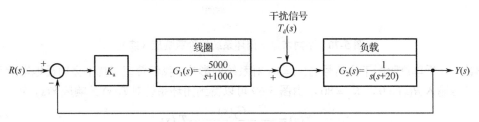

图 5-69　确定了传递函数的磁头控制系统

其次，当调整放大器增益 K_a 时，分析系统的瞬态响应。令干扰信号 $T_d(s)=0$，系统的闭环传递函数为

$$T(s)=\frac{Y(s)}{R(s)}=\frac{K_a G_1(s)G_2(s)}{1+K_a G_1(s)G_2(s)}=\frac{5000K_a}{s^3+1020s^2+20\,000s+5000K_a}\qquad(5\text{-}84)$$

运行如图 5-70（a）所示的 m 脚本程序，当 $K_a=10$ 和 $K_a=80$ 时，可以分别得到系统的瞬态响应，如图 5-70（b）、（c）所示。可以看出，当 $K_a=80$ 时，系统对输入指令的响应速度明显加快，但响应过程中出现了不可接受的振荡。

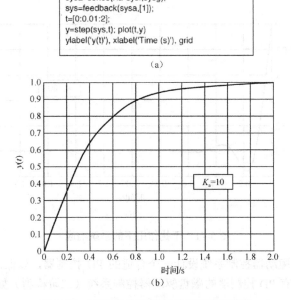

图 5-70　不同增益下闭环系统的阶跃响应

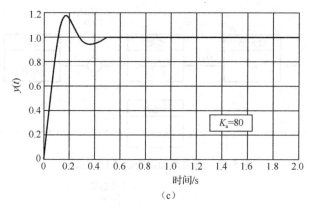

图 5-70　不同增益下闭环系统的阶跃响应（续）

再次，分析单位阶跃干扰信号 $T_d(s) = 1/s$ 对系统的影响，我们希望干扰不会明显地影响系统性能。令参考输入 $R(s) = 0$，$K_a = 80$，由图 5-69 可以得到闭环系统对 $T_d(s)$ 的响应 $Y(s)$ 为

$$Y(s) = \frac{G_2(s)}{1 + K_a G_1(s) G_2(s)} T_d(s) \tag{5-85}$$

运行如图 5-71（a）的 m 脚本程序，当 $K_a = 80$ 且 $T_d(s) = 1/s$ 时，系统的瞬态响应曲线如图 5-71（b）所示。如果要进一步降低干扰对系统的影响，就必须将 K_a 增大到 80 以上。但是，这将导致系统的单位阶跃响应中出现不可接受的振荡。

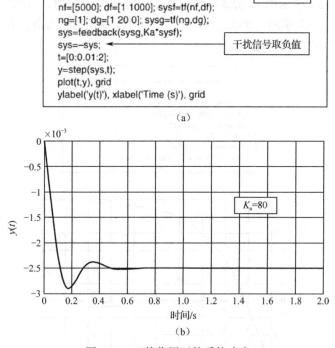

图 5-71　干扰作用下的系统响应

最后，考虑为磁盘驱动器控制系统设计一个合适的 PD 控制器，以保证系统能够满足单位阶跃响应的设计要求。带有 PD 控制器的磁盘驱动器控制系统（二阶模型）如图 5-72 所示。

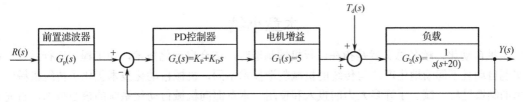

图 5-72　带有 PD 控制器的磁盘驱动器控制系统（二阶模型）

从图 5-72 中可以看出，我们为闭环系统配置了前置滤波器，其目的在于消除零点因式(s+z)对闭环传递函数的不利影响。为了得到具有最小节拍响应的系统，针对图 5-72 给出的二阶模型，将预期的闭环传递函数取为

$$T(s) = \frac{\omega_n^2}{s^2 + \alpha\omega_n s + \omega_n^2} \qquad (5-86)$$

对图 5-72 给出的二阶模型而言，最小节拍响应要求 $\alpha=1.82$（见表 5-3），于是要求调节时间满足：

$$\omega_n T_s = 4.82 \qquad (5-87)$$

表 5-3　最小节拍相应系统标准化传递函数的典型系数和响应性能指标

系统阶数	系　数					超调量 P.O.	欠调量 P.U.	90%上升时间 T_{r90}	100%上升时间 T_r	调节时间 T_s
	α	β	γ	δ	ε					
2	1.82					0.10%	0.00%	3.47	6.58	4.82
3	1.90	2.20				1.65%	1.36%	3.48	4.32	4.04
4	2.20	3.50	2.80			0.89%	0.95%	4.16	5.29	4.81
5	2.70	4.90	5.40	3.40		1.29%	0.37%	4.84	5.73	5.43
6	3.15	6.50	8.70	7.55	4.05	1.63%	0.94%	5.49	6.31	6.04

设计要求有 $T_s \leqslant 50\text{ms}$，如果取 $\omega_n = 120$，就应该有 $T_s = 40\text{ms}$，而式（5-86）的分母变为

$$s^2 + 218.4s + 14400 \qquad (5-88)$$

还可以得到如图 5-72 所示的系统的闭环特征方程，即

$$s^2 + (20 + 5K_D)s + 5K_P \qquad (5-89)$$

由于式（5-88）和式（5-89）等价，因此 $K_P = 2880$，$K_D = 39.68$，由此可得

$$G_c(s) = 39.68(s + 72.58) \qquad (5-90)$$

而前置滤波器为

$$G_p(s) = \frac{72.58}{s + 72.58} \qquad (5-91)$$

本例的系统模型忽略了电机磁场的影响，但得到的设计仍然是很准确的。表 5-4 所示为磁盘驱动器控制系统的设计要求与实际性能。由表 5-4 可以看出，该系统满足指标设计要求。

表 5-4　磁盘驱动器控制系统的设计要求与实际性能

性　能　指　标	预　期　值	实　际　值
超调量	<5%	0.1%
调节时间	<250ms	40ms
对单位阶跃干扰信号的最大响应	$<5\times10^{-3}$	6.9×10^{-5}

本章小结

机械自动化，顾名思义就是指在进行机械制造时，结合自动化技术，使工程在运行过程中能够实现自动且不间断地生产。与传统的机械制造技术不同，机械自动化技术优化了传统机械制造技术的制造过程，减少了许多人力的投入和使用。本章面向机械自动化系统的核心技术，首先介绍了计算机控制系统的基本概念、组成结构、信号转换原理、数学基础及数字控制器的设计方法，对计算机控制系统涉及的各方面技术进行了较全面的阐述。其次在此基础上进一步介绍了机械自动化系统中应用最为广泛的电机伺服系统、液压与气压伺服系统的基本组成和工作原理，以及典型应用。最后以磁盘驱动器为例，介绍了机械自动化系统在实际工业领域的应用。

参考文献

[1] OGATA K. 现代控制工程（第 5 版）[M]. 卢伯英，佟明安，译. 北京：电子工业出版社，2017.

[2] DORF R C，BISHOP R H. 现代控制系统（第 12 版）[M]. 谢红卫，孙志强，宫二玲，等译. 北京：电子工业出版社，2015.

[3] GOLNARAGHI F，KUO B C. 自动控制系统（第 10 版）[M]. 李少远，邹媛媛，译. 北京：机械工业出版社，2020.

[4] 刘建昌，关守平，周玮. 计算机控制系统（第 2 版）[M]. 北京：科学出版社，2016.

[5] 刘延俊，关浩，周德繁. 液压与气压传动（第 2 版）[M]. 北京：高等教育出版社，2016.

[6] 姜继海，宋锦春，高常识. 液压与气压传动（第 3 版）[M]. 北京：高等教育出版社，2019.

[7] 陈清奎，刘延俊，成红梅. 液压与气压传动（3D 版）[M]. 北京：机械工业出版社，2017.

[8] 刘延俊. 液压系统使用与维修（第 3 版）[M]. 北京：化学工业出版社，2014.

[9] 吴晓明. 现代气动元件与系统[M]. 北京：化学工业出版社，2014.

第6章 智能制造及应用

6.1 智能制造技术

6.1.1 智能制造技术的含义

18 世纪 60 年代至 19 世纪中期，随着蒸汽机的出现，手工劳动逐步开始被机器生产替代，世界工业经历了第一次革命，人类发展进入"蒸汽时代"；19 世纪 70 年代至 20 世纪初期，随着电磁学理论的发展，电力技术得到广泛应用，机器的功能开始变得多样化，世界工业经历了第二次革命，人类发展进入"电气时代"；自 20 世纪 50 年代开始，随着信息技术的不断发展，社会生产不再局限于单台机器，互联网的出现使得机器间可以实现互联互通，计算机、机器人、航天、生物工程等高新技术得到了快速发展，世界工业经历了第三次革命，人类发展进入"信息时代"。回顾每一次工业革命，人类社会的发展都离不开科学技术的进步，而在智能制造技术不断发展的今天，世界工业正面临着一场新的产业升级与变革，智能制造技术也将成为第四次工业革命的核心推动力量。

智能制造系统是机电系统与人工智能系统的高度融合，充分体现了制造业向智能化、数字化和网络化发展的需求。与传统的制造系统相比，智能制造系统的主要特征包括以下四个方面。

（1）自我感知，是指智能制造系统通过传感器获取所需信息，并对自身状态与环境变化进行感知，自动识别与数据通信是实现自我感知的重要基础。

（2）自适应和优化，是指智能制造系统根据感知到的信息对自身运行模式进行调节，使系统处于最优或较优的状态，实现对复杂任务不同工况的智能适应。

（3）自我诊断和维护，是指智能制造系统在运行过程中，能够对自身故障和失效问题做出自我诊断，并能通过优化调整保证系统可以正常运行。

（4）自主规划和决策，是指智能制造系统在无人干预的条件下，基于感知到的信息，进行自主的规划计算，给出合理的决策指令，并控制执行机构完成相应的动作，实现复杂的智能行为。自主规划和决策能力以人工智能技术为基础，结合了系统科学、管理科学和信息科学等其他先进技术，是智能制造系统的核心功能。通过对有限资源的优化配置及对工艺过程的智能决策，智能制造系统可以满足实际生产中的不同需求。

6.1.2 国内外智能制造技术的发展现状

在 2008 年全球金融危机之后，世界各国均将智能制造作为制造业转型升级的目标，纷纷做出战略部署，而智能制造装备作为智能制造的核心载体，已成为竞争的焦点。

美国将"制造业复兴"和"再工业化"战略作为制造业发展的重要途径，颁布了《重振美国制造业政策框架》《先进制造伙伴计划》《先进制造业国家战略计划》等纲领性文件和一系列战略性措施，并已投入超过 20 亿美元，研究智能制造及相关的高、精、尖技术，希望通过制造业的转型和升级，在智能制造领域保持美国制造业和制造技术的全球领先地位。

在全球制造业智能化的发展大趋势下，欧盟也推出了相应的战略计划。欧盟在整合各成员国工业发展需求的基础上，推出了"数字化欧洲工业"计划，旨在通过智能制造推进欧洲工业的数字化进程。

改革开放后经过 40 多年的快速发展，我国的装备制造业系统和相关产业链已逐渐完善，在规模和水平上都有了长足的进步，已成为国民经济的支柱产业，为工业和国防建设做出了十分重要的贡献。

我国智能制造装备的发展起步较晚，国内优势企业数量较少，竞争力不足，目前十分缺乏有竞争力的骨干企业。同时，大部分企业集中于单纯的制造生产，在维修改造、备件供应、设备租赁、再制造等方面的增值服务能力较为欠缺。此外，大部分优秀企业目前只能在国内进行竞争，尚未进入国际市场。

作为智能制造的核心载体，智能制造装备的发展对实现制造业转型升级具有十分重要的意义。本章汇聚了宝鸡机床集团有限公司、四川普什宁江机床有限公司和济南二机床集团有限公司三家国内智能制造装备骨干企业多年的研发成果，详细论述典型智能制造装备及系统，包括智能数控车床、智能车削生产线、智能精密卧式加工中心、机床箱体类零件智能制造系统、智能伺服压力机及智能冲压生产线等。希望本书能成为加强国内智能制造装备领域各高校与企业间交流的契机，为推动我国智能制造装备的发展奠定基础。

6.1.3 智能制造的基础理论与关键技术

智能制造装备是先进制造技术、信息技术和人工智能技术的高度集成，也是智能制造产业的核心载体。智能制造装备的组成如图 6-1 所示，其中典型的智能使能技术包括物联网、大数据、云计算、机器学习、智能传感、互联互通与远程运维等。

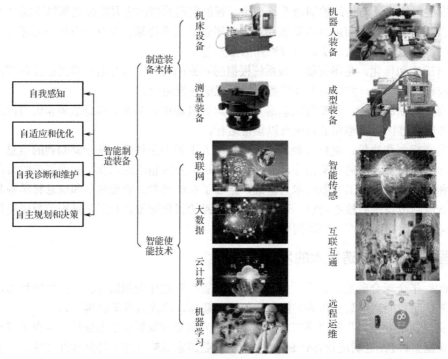

图 6-1　智能制造装备的组成

智能制造装备单体虽然具备智能特征，但其功能和效率始终是有限的，无法满足现代制造业规模化发展的需求，因此需要基于智能制造装备，进一步发展和建立智能制造系统。智能制造系统的组成示意图如图 6-2 所示，从下到上分为五层：第一层为不同功能的智能制造装备，如智能机床、智能机器人及智能测量仪；第二层由多台智能制造装备组成了数字化生产线，实现了各智能制造装备的连接；第三层进一步由多条数字化生产线组成了数字化车间，实现了各数字化生产线的连接；第四层由多个数字化车间组成了智能工厂，实现了各数字化车间的连接；第五层为应用层，由物联网、云计算、大数据、机器学习、远程运维等智能使能技术组成，为各级智能制造系统提供技术支撑与服务，而互联互通广泛存在于各级智能制造系统间，智能传感主要存在于智能制造装备与传感器间。需要说明的是，人是所有智能制造系统的最高决策者，具有最高管理权限，可以对各级智能制造系统进行监督与调整。

本章后续将主要介绍智能制造的基础理论与关键技术，包括物联网、大数据、云计算、机器学习、智能传感、互联互通与远程运维。针对每项技术，首先介绍其概念，然后阐述其主要实现方式，最后给出其在智能制造领域的应用实例。

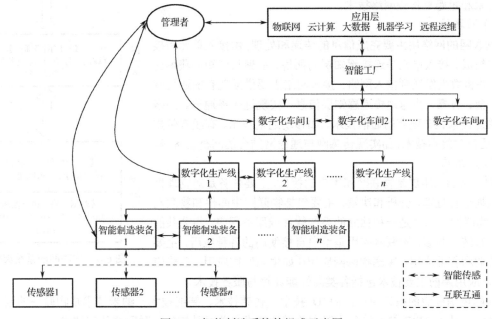

图 6-2　智能制造系统的组成示意图

6.1.3.1　物联网

麻省理工学院的 Ashton 教授最先提出物联网的概念，其理念是基于射频识别（RFID）、电子产品代码（EPC）等技术，在互联网的基础上，通过信息传感技术把所有的物品连接起来，构造一个实现物品信息实时共享的智能化网络，即物联网。

目前，存在很多与物联网并存的术语，如传感器网络、泛在网络等。根据物联网、传感器网络和泛在网络的概念和特征可得出三者之间的关系，如图 6-3 所示。

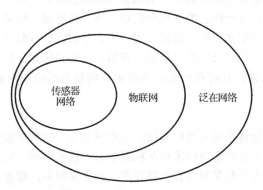

图 6-3　物联网、传感器网络和泛在网络之间的关系

目前，对于物联网的系统构架，国际电信联盟给出了公认的三个层次，从下到上依次是感知层、网络层和应用层，如图6-4所示。

1）感知层

物联网的感知层主要完成物理世界中信息的采集和数据的转换与收集，主要由各种传感器（或控制器）和短距离传输网络组成。传感器（或控制器）用于对物体的各种信息进行全面感知、采集、识别并实现控制，短距离传输网络将传感器收集的数据发送到网关或将应用平台控制指令发送到控制器。感知层的关键支撑技术为传感器技术和短距离传输网络技术。

2）网络层

物联网的网络层主要完成信息的传递和处理，由接入单元和接入网络组成。接入单元是连接感知层的网桥，汇聚从感知层获得的数据，并将数据发送到接入网络。接入网络主要借助现有的通信网络，安全、可靠、快速地传递感知层信息，实现远距离通信。网络层的关键技术包含现有的通信技术，如移动通信技术、有线宽带技术等，还包含终端技术，如实现传感网与通信网结合的网桥设备等。

3）应用层

物联网的应用层是物联网和用户的接口，主要任务是对物理世界的数据进行处理、分析和决策，主要包括物联网中间件和物联网应用。物联网中间件是一种独立的系统软件或服务程序，将公共的技术进行统一封装；物联网应用是用户直接使用的各种应用，主要包括企业和行业应用、家庭物联网应用（如生态监控应用、车载应用等）。应用层的主要技术包括各类高性能计算与服务技术。

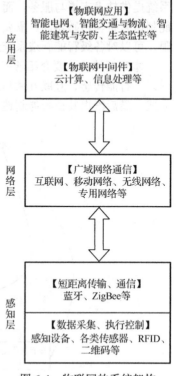

图6-4　物联网的系统架构

国际电信联盟的报告指出，RFID技术、传感技术、智能技术、纳米技术是物联网的四个关键性技术，其中RFID技术被称为四大关键性技术之首，是构建物联网的基础技术。

（1）RFID技术。

RFID技术是一种高级的非接触式自动识别技术，通过无线射频的方式识别目标对象和获取数据，可以在各种恶劣环境下工作，识别过程无须人工干预。RFID技术源于20世纪80年代，到20世纪90年代进入应用阶段。与传统的条码技术相比，它具有数据存储量大、使用寿命长、无线无源、防水和安全防伪等特点，具有快速读写、长期跟踪管理等优势。

（2）传感技术。

传感技术是指从物理世界获取信息，并对所获取的信息进行处理和识别的技术，其在物联网中的主要功能是对物理世界进行信息的采集和处理，涉及传感器、信息处理和识别。传感器是感受被测物理量并按照一定的规律将被测量转化成可用信号的器件或装置，通常由敏感元件和转换元件组成。信息处理主要是指对收集的信息进行存储、转化和传送，信息的总量保持不变。信息识别是指对处理过的信息进行分辨和归类，根据提取的信息特征与对象的关联模型进行分类和识别。

（3）智能技术。

智能技术是指通过在物体中嵌入智能系统，使物体具备一定的智能，能够和用户实现沟通，从而进行信息交换。目前主要的智能技术包括机器学习、模式识别、信息融合、数据挖掘及云计算等，本章后续将着重介绍机器学习与云计算技术。在物联网中，智能技术主要完成物品的"说话"功能。

（4）纳米技术。

纳米技术是在 0.1～100nm 微尺度上的一类高新技术。纳米技术可以使传感器尺寸更小、精确度更高，可以极大地改善传感器的性能。结合纳米技术与传感技术，可以将物联网中体积越来越小的物体进行连接，从而扩展物联网的边界范围

本节介绍一种基于物联网的精密门窗铰链智能制造系统，其网络结构图如图 6-5 所示。

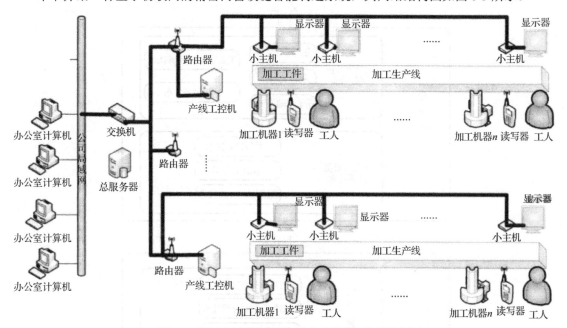

图 6-5　精密门窗铰链智能制造系统的网络结构图

6.1.3.2　大数据

大数据是指存储在各种介质中大规模的各种形态的数据，对各种存储介质中的海量信息进行获取、存储、管理、分析、控制而得到的数据便是大数据。IBM 公司提出了大数据的 5V 特点，即 Volume（大量）、Velocity（高速）、Variety（多样）、Val（低价值密度）、Veracity（真实性）。

大数据的架构在逻辑上主要分为四层，即数据采集层、数据存储和管理层、数据分析层及数据应用层，如图 6-6 所示。

数据采集结束后，需要进行数据存储和管理。通常对采集到的数据先进行一定程度的处理，如视频流信息需要解码、语音信息需要识别、各类工业协议需要解析等。处理完后对数据进行规范、清洗，之后便可以对数据进行存储和管理。在存储过程中首先需要对数据进行分类，典型的存储技术包括时序数据存储技术、非结构化数据存储技术、结构化数据存储技术等。

数据分析层包含基础大数据计算技术和大数据分析服务功能。并行计算技术、流计算技术和数据科学计算技术属于基础大数据计算技术。在基础大数据计算技术的基础上，构建大数据分析服务功能，其中包括分析模型管理、分析作业管理、分析服务发布等。通过对数据的建模、计算和分析将数据转变为信息，从信息中获取知识。

数据应用层包括数据可视化和数据应用开发。通过数据可视化将分析处理后的多来源、多层次、多维度的数据以直观、简洁的方式展示给用户，使用户更容易理解，从而可以更好地做出决策。实现数据可视化有很多方式，如报表、二维地图、三维地图等。数据应用开发主要是指利用移动应用开发工具进行大数据应用开发，以便于实现预测与决策。

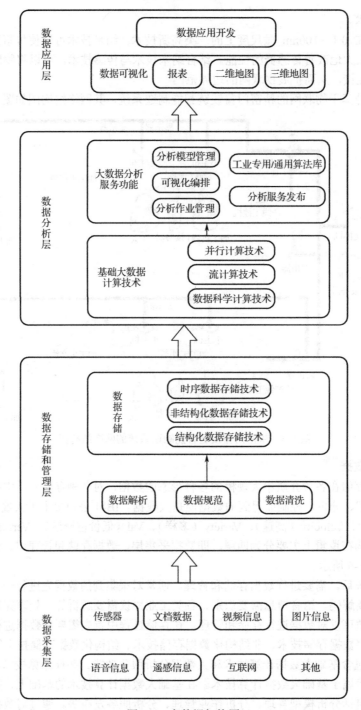

图 6-6 大数据架构图

台湾高圣精密机电有限公司（以下简称高圣公司）是一家主要生产带锯机床的公司，延长带锯寿命是带锯机床使用过程中的核心问题，也是降低生产成本的关键。本节以高圣公司为例，给出大数据在智能制造领域的应用实例。

高圣公司首先利用传感器收集切削加工过程中的数据，开发出带锯寿命衰退分析和预测算法模型。在加工过程中，对加工产生的数据进行实时分析，对当前的工件和工况信息进行识别，通过健康特征提取和归一化处理将当前的健康特征反映到特征地图上，实现带锯磨损状态的量化。经过分析处理的数据信息被存储到数据库中用于建立带锯的生命信息档案，大量带锯的生命信息档案形成一个庞大的数据库，通过大数据分析方法对其进行分析，建立不同健康状态下的最佳工艺参数模型，延长带锯的使用寿命。同时，通过数据可视化技术，将带锯健康信息展示给用户，当需要更换带锯时对用户进行提醒，并自动补充带锯订单，从而保证生产质量与效率。

6.1.3.3　云计算

云计算的概念自被提出以来，尚未出现一个统一的定义。综合不同文献资料对云计算的定义，可以认为云计算是一种分布式的计算系统，其具有两个主要特点：第一，其计算资源是虚拟的资源池，将大量的计算资源池化，与之前的单个计算资源［见图 6-7（a）］或多个计算资源［见图 6-7（b）］不同，形成了大型的资源池［见图 6-7（c）］，并将其中一部分以虚拟的基础设施、平台、应用等方式提供给用户；第二，计算能力可以有弹性地、快速地根据用户的需求增加或减少，当用户对计算能力的需求有变化时，可以快速地获得或退还计算资源，为用户节约了成本，同时也使资源池的利用效率大大提高。除此之外，在一部分资料中，基于上述云计算平台的云计算应用也被囊括进云计算的概念中。

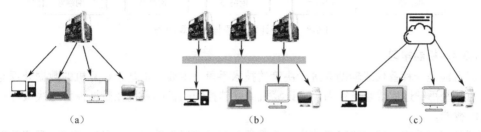

(a)　　　　　　　　　(b)　　　　　　　　　(c)

图 6-7　计算模式演化

与传统的自建数据中心或租用硬件设备不同，在云计算中，用户向商家租用虚拟化的计算资源。

如图 6-8 所示，最初所有需要完成具有庞大计算量的计算任务的用户都需要自己搭建数据中心，自己配置机房、电力、网络等资源，并利用这些资源安装硬件与操作系统，之后才能在系统上运行软件程序并提供服务。后来某些没有足够财力、人力的用户开始向大型企业租用硬件，来完成自己的计算任务。20 世纪六七十年代，在 IBM 公司提出虚拟机的概念后，租用虚拟机的方式为广大需要完成大规模计算任务的用户提供了方便，尽管没有达到"云化"的程度，但已经具备了云计算的雏形。

基础设施即服务是云计算中最低层的服务，商家将自己的基础设施虚拟化，并且优化对基础设施的管理，达到较高的自动化程度，这个过程称为"云化"或"池化"，用户可以按照自己的需要从商家处获得一部分基础设施的使用权。在具体操作过程中，商家会提供这些设施的对外接口，用户可以按照自己的需求，安装 Windows 或 Linux 操作系统，可操作性强。典型的例子有 AWS EC2、Hadoop、Windows Azure、谷歌云平台等。

云计算服务的最高层是软件即服务，云计算提供商完成全部工作，用户直接付费就可以使用软件。软件即服务适用于不关心背后原理逻辑，需要直接使用软件的用户。

对于工艺流程复杂的钢铁企业，收集、检索、分析生产过程中的数据并不轻松，实现工业信息化更是非常困难的。自主搭建的传统主机系统，信息存储在硬盘上，成本高且效率低下，而云计算平台可以实现庞大数据量的传输与处理，帮助企业优化生产过程，提高工业信息化程度。以中国宝武钢铁集团有限公司为例，企业建设了相应的云平台，该云平台具有三层结构，即移动终端层、网络传输层与应用层。通过使用云计算技术，不仅可以更好地进行企业管理，还可以向社会提供云服务，为企业创造更大的商业价值。

图 6-8 传统计算服务与云计算服务

6.1.3.4 机器学习

人工智能是一种替代或辅助人进行决策的技术手段，主要是指基于计算机的数据处理能力，模拟人的某些思维过程或智能行为，使计算机或受其控制的机电系统在数据评价与决策过程中表现出人的智能。

机器学习的基本实现方式可描述为，将具象的概念映射为数据，同目标事物的观测数据一起组成原始样本集，计算机根据某种规则对原始样本集进行特征提取，形成特征样本集，通过预处理过程将特征样本集拆分为训练数据集和测试数据集，再调用合适的机器学习算法，对其进行训练拟合并测试、改良评价函数，即可用评价函数对未来的观测数据进行预测或评价。机器学习的基本流程如图 6-9 所示。

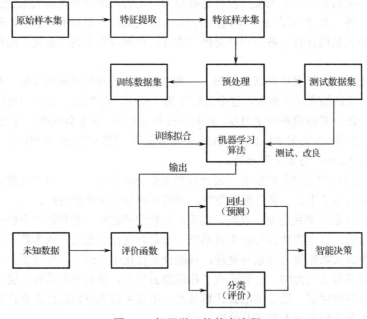

图 6-9 机器学习的基本流程

　　为了模仿和再现人类的学习行为，学者们从生理学、心理学、概率论与统计学中寻找算法灵感，建立了各种数学模型，形成诸多独特的知识库迭代机制。目前，机器学习算法比较丰富，整体上已形成多种分类形式，如图 6-10 所示。机器学习可以理解为计算机领域的仿生学，是一种技术理念，而具体的算法只是其实现方式，故本节先重点介绍各类算法的设计思路，之后再对典型的机器学习算法做简要说明。

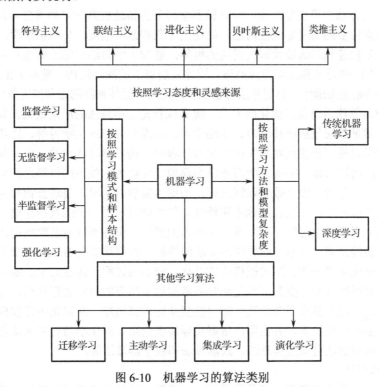

图 6-10　机器学习的算法类别

　　（1）按照学习态度和灵感来源，可将机器学习分为符号主义、联结主义、进化主义、贝叶斯主义和类推主义等。符号主义直接基于数据和概念的相互映射关系，利用数据的判断和操作，表征知识运用和逻辑推理过程，典型算法有决策树、随机森林算法（多层决策树）等。联结主义源于大脑的生理学结构，设置多层次、多输入单输出、互相交错联结的处理单元，形成人工神经网络，演绎大脑的数据处理过程。进化主义认为学习的本质源于自然选择，通过某种机制不断地生成数据变化，并依照优化目标逐步筛选最优解，典型算法有遗传算法。贝叶斯主义基于概率论，利用样本估计总体，推算各类特征在特定样本数据下出现的概率，并依照最大概率对数据进行分类。类推主义关注数据间的相似性，根据设定的约束条件，依照相似程度建立分类器，对样本数量的要求相对较低，典型算法有支持向量机、kNN（k 近邻）算法等。

　　（2）按照学习模式和样本结构，可将机器学习分为监督学习、无监督学习、半监督学习和强化学习等。监督学习采用已标记的原始数据集，通过某种学习机制，实现对新数据的分类和预测（回归），输出模型的准确度直接由标记的精确度和样本的代表性所决定，决策树、人工神经网络和朴素贝叶斯算法等是当前理论较为成熟、应用十分广泛的算法模式。无监督学习针对无标记的原始数据集，自行挖掘数据特征的内在联系，实现相似数据的聚类，而无须定义聚类标准，省略了数据标记环节，主要用于数据挖掘、模式识别和图像处理等领域，典型算法有支持向量机和 k-means（k 均值）算法。半监督学习采用部分标记的原始数据集，依据已标记数据的特征，对未标记数据做合理推断与混合训练，从而避免了数据资源的浪费，解决了监督学习迁移能力不足和无监督学习模型不精确等问题，是当前机器学习的研究热点，但其抗干扰性和可靠性还有待改善。强化学习主要针对样本缺乏或对未知问题的探索过程，设定一个强化函数和奖励机制，由机器自主生成解决方案，并由强化函数评价方案质量，对高质量方案进行奖励，不断迭代直到强化函数值最大，从而实现机器依托自身经历自主学习的过程，尤其适用于工业机器人控制和无人驾驶等场合。

（3）按照学习方法和模型复杂度，可将机器学习分为传统机器学习和深度学习。针对原理推导困难、影响因素较多的高度非线性问题，如切削工艺和故障检测，传统机器学习建立了一种学习机制，基于样本构建预测函数或解决问题的框架，兼顾了学习结果的准确性和算法模型的可解释性。相对地，深度学习又称深度神经网络，构建三层以上的网络结构，抛弃了模型的可解释性，以重点保证学习结果的准确性，典型算法有卷积神经网络、循环神经网络和深度置信网络等。

（4）其他学习算法以改良、优化的方式，提升或补充上述算法的应用效果，其本身无法直接输出预测函数，常见算法包括迁移学习、主动学习、集成学习和演化学习等。迁移学习将已经获得的其他实例的学习模型迁移到对新实例的学习过程中，指导学习迭代的方向，从而避免了原算法反复学习数据的底层规律，提高了学习效率和模型泛化能力，如不同机器之间对同一类故障检测的学习过程。主动学习着眼于数据训练过程，根据当前学习情况，自动查询相关度最高的未标记数据，请求人工标记，以提高训练效率和精度。集成学习对同一训练数据集进行多次抽样或以共用的形式逐次调用基础学习算法，生成一系列预测函数，将各函数对新数据的评价结果进行比较或加权，获得最终结果，从而增强原学习算法的性能，典型算法有 Boosting 算法和 Bagging 算法。演化学习与进化主义一致，通过模拟生物进化、演替的过程，构建启发式随机优化算法，使已知解不断地交叉重组或参数变异，产生新解并依据适者生存的原则进行筛选，经多代迭代后输出全局最优解。这个过程基本不会涉及目标问题复杂的内部机理，对优化条件和样本质量的限制极少，可一次产生多个最优解，并由用户依据实际情况选用。演化学习对多元优化设计问题的求解效率很高，其典型算法包括遗传算法、蚁群算法和粒子群算法等。

1）人工神经网络

基于工业大数据的人工神经网络是目前技术最成熟、应用最广泛的机器学习算法之一，其最基本的数据处理单元有经典的 M-P 神经元模型，如图 6-11 所示。将由多段前向神经元传入的数据 X_i 进行加权与求和，若该值达到或超过某一阈值 θ，则由响应函数 f 生成输出信号，并向下传递。其中，权值 ω_i 在训练迭代过程中实时更新。

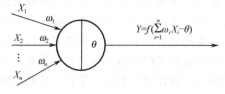

图 6-11　经典的 M-P 神经元模型

将多个神经单元并置，形成单层网络，每个神经元的输出值向下层所有神经元传递，进而形成多层网络结构。神经网络的层数和每层神经元的个数可由特定的拓扑优化算法或经验确定。实际应用的神经网络模型很多，如卷积神经网络、循环神经网络等，其主要差异表现在网络结构、运行方式和参数迭代算法等方面。

2）kNN 算法与 k-means 算法

kNN 算法与 k-means 算法均利用特征值之间的距离表征样本间的不相似度。其中，kNN 算法是监督学习中典型的聚类算法，其基本过程为基于已分类的特征样本集，依次计算观测样本和每个训练样本的特征值距离，选择距离最短的前 k 个点并统计类别频数，取频数最大的类别作为预测分类。k 值一般设置为不超过 20 的整数。k-means 算法是无监督学习中典型的聚类算法。对于无标记的特征样本集，首先随机选择 k 个聚类中心，依次计算每个样本到 k 个聚类中心的距离值，并将该样本归于距离最近的聚类中心。在完成一次聚类后，拟合新的聚类中心并重新聚类，直到聚类中心收敛，从而自适应获得样本特征的分类机制。

6.1.3.5　智能传感

智能传感主要是指利用压电技术、热式传感技术、微流控 Bio MEMS 技术、磁传感技术和柔性传感技术等将待感知、待控制的参数量化，并集成应用于工业网络的技术，具有信息感知、信息诊断、信息交互的能力。

智能传感将传感器、微处理器和执行器三者融合至同一系统中，先对输入信号完成检测、处理、记忆等过程，再将调理好的信号发送到执行器或控制系统，其原理框架如图 6-12 所示。

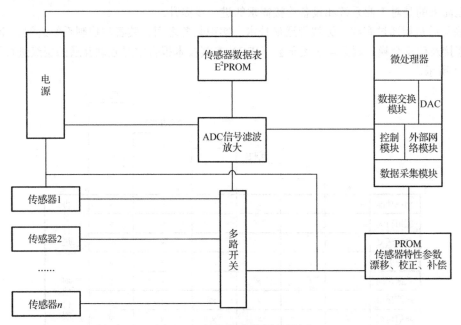

图 6-12　智能传感的原理框架

智能传感技术与传统传感技术相比，具有以下突出的优势。

（1）信息诊断与自补偿。智能传感技术利用微处理器中的诊断算法对传感器的输出进行检验，通过读取的诊断信息确定测量精度变化，具有信息诊断的能力。此外，智能传感技术还可以通过软件计算自动补偿线性、非线性和漂移及环境影响等因素带来的误差，实现自补偿的功能。

（2）信息存储。智能传感器可以内置存储空间，用于存储功能程序、数据及参数等信息，从而大大缓解控制系统的存储压力。

（3）自学习。利用微处理器中的编程算法，可以使智能传感具有自学习功能。例如，在操作过程中学习特定采样值，基于近似和迭代算法自主感知被测量。

（4）数字化输出。传统的模拟输出需要通过 A/D 转换后才可以进行数字处理，而智能传感技术集成了 A/D 转换电路，无须二次处理即可直接输出数字信号，缓解了信号处理的压力。

智能传感的功能构架主要包含三个层次，即应用层、网络层与感知层。

智能传感的主要技术内容如下。

（1）基于全光信号处理的无源光波导传感器技术，研究光电、光学、光纤等光传感与集成光波导传感技术，实现基于光传感的分布式、多参量测量。

（2）基于 MEMS 的微结构电参量传感器技术，研究大范围、微型化、高灵敏度的新型电参量传感技术，用以实现磁场和电流新型无源检测。

（3）基于敏感材料的传感器技术，研究部分超材料特性，包括压电晶体材料、磁致伸缩材料、巨磁阻材料等，研制在复杂电磁环境下具有高稳定性的智能传感器。

（4）基于智能传感器现场能量采集与微取能技术，揭示利用环境获取能量的机理，实现取能技术与智能传感器的融合。

（5）基于传感器高可靠边缘计算与物联网技术，研究多传感阵列、传感器系统、数据融合及传感网络协同检测，面向检测在线化发展的趋势，实现传感网络的规模化应用。

6.1.3.6　互联互通

工业化与信息化及互联网的融合是实现智能制造的基础，其核心任务是实现信息的共享与利用，随之而来的是对工业系统和设备连接需求的进一步提升。

互联互通是指通过有线、无线等通信技术，实现装备之间、装备与控制系统之间、企业之间的相互连接及信息交换。国际电工委员会（IEC）在其技术报告中对互联互通的层级进行了定义，如图 6-13 所示。

	不兼容	共存	互联	互通	语义互操作	互换	
动态功能					×	×	设备行规
应用行为					×	×	设备行规
参数语义					×	×	设备行规
参数类型				×	×	×	设备行规
数据访问			×	×	×	×	通信行规
通信接口			×	×	×	×	通信行规
通信协议	×	×	×	×	×	×	通信行规

图 6-13　IEC 对互联互通层级的定义

目前，在设备信息建模方面存在多种方式和标准，如面向机电设备的开放式数控系统标准、面向电子设备的电子设备描述语言（EDDL）、统一建模语言（UML）及 OPC UA 提供的建模规范等。当前各类已定义的建模方法和语言大多面向某一类特定的装备，如 EDDL 面向电子设备、MT Connect 面向数控机床，尚缺乏统一的、成熟的、能广泛适用于不同类型装备的信息建模方法。国际上和国内均在为解决此问题提供不同的解决方案。国际上，OPC 基金会与各类组织合作，对各类组织的信息模型与 OPC UA 的信息模型架构建立连接和转换关系，使得可以在 OPC UA 中使用各类已定义的设备信息模型，并使其符合 OPC UA 地址空间的结构、引用关系和数据类型等要求，在 OPC UA 架构下实现不同设备的信息模型。

OPC UA 是 OPC 基金会为解决传统 OPC 技术在安全性、跨平台性、建模能力和系统互操作性等方面的不足而发布的新一代信息集成规范。OPC UA 解决了分布式系统之间数据交换和数据建模两个需求，是业界公认的通用语义互操作的标准。美国的工业互联网 IIC 组织、IoT 的推进组织均将 OPC UA 作为共通技术进行推广，并纳入了其标准化范围。由于具有平台独立、制造商独

立、满足语义互操作、分布式智能、国际通用、模块化设计及庞大的自动化厂商支持等特性，OPC
UA 成为目前公认的智能制造使能技术。

　　OPC UA 采用了集成地址空间，增加了对象语义识别功能，实现了对信息模型的支持。为了
让数据的使用不受供应商或操作系统平台限制，OPC UA 将数据组织为包含必要内容，并能被具
有 OPC UA 功能的设备理解及使用的信息，这一过程称为数据建模。OPC UA 包含通用信息模型，
该模型是其他所需模型的基础，重要的信息模型包括数据访问信息模型（传感器、控制器和编码
器产生的过程数据）、报警和状态信息模型、历史获取信息模型和程序信息模型等。OPC UA 还为
特定领域的应用开发提供了丰富和可扩展的信息层次结构，实现了信息模型的互操作，其他组织
可在 OPC UA 信息模型基础上构造自己的模型，通过 OPC UA 公开特定的信息。

　　除用于信息建模以外，OPC UA 还可用作数据传输的统一通信协议，为独立于平台的通信和
信息技术的应用创造了基础。OPC UA 具有可升级性、网络兼容性、独立于平台和安全性等特点，
可广泛应用于控制系统、MES 及 ERP。

　　OPC UA 采用客户端/服务器模式实现信息交互功能。OPC UA 客户端与服务器之间相互交互
的软件功能层次模型如图 6-14 所示。

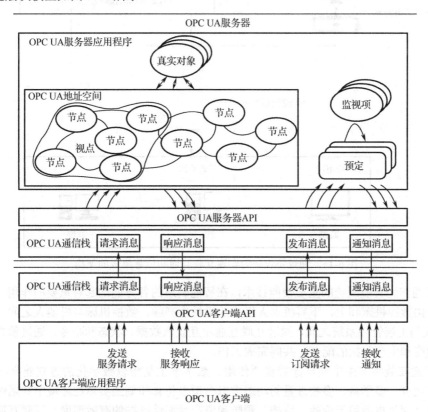

图 6-14　OPC UA 客户端与服务器之间交互的软件功能层次模型

　　目前，各类协议和建模方法的多样化在带来各类互联互通解决方案的同时，也带来一些问题。
由于通信协议标准和通信技术众多，因此对各种协议进行支持以实现多种通信协议之间的互联互
通是非常困难的。在多种通信协议之间建立可以使不同通信协议进行数据转换的桥梁是解决该问
题的重要方法。不同协议或信息模型之间的转换称为协议映射，协议映射在信息模型和协议之间
建立了桥梁，以实现数据转换。学者们和国际组织对不同协议映射进行了尝试并取得了一些成果，
如建立了 FDT 和 EDDL 到 OPC UA 地址空间节点的映射方法，UML 类图与 OPC UA 信息模型之

间的映射方法，MT Connect 到 OPC UA 的映射方法。

　　实现协议映射的方法是为设备和系统开发映射接口。在使用某种协议和方法为一个设备和系统建立信息模型后，便可通过映射接口将其映射到其他协议，以实现与其他类型接口设备的互联互通。通过协议映射实现互联互通和信息集成的架构如图 6-15 所示。映射接口可以嵌入设备自身数字控制器，也可以作为一个额外的硬件和软件服务系统添加到设备外部，此时映射接口称为协议之间的转换适配器和中间件。

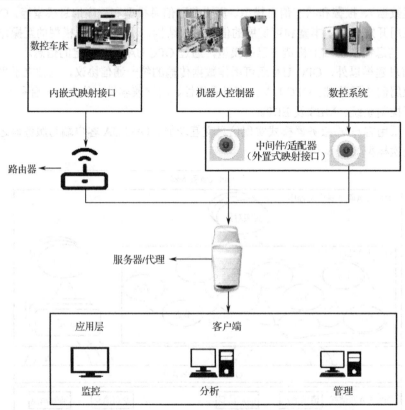

图 6-15　通过协议映射实现互联互通和信息集成的架构

　　互联互通作为智能制造的重要使能技术，在智能制造的各方面均起着重要的作用。互联互通应用常见于由数控机床和上、下料机器人组成的柔性生产线。数控机床与机器人之间，或者数控机床/机器人与上层管控系统之间，通过互联互通相互获取数据、状态和指令，通过解析相关信息完成生产调度和生产节拍的配合，共同完成工作。

　　互联互通在数字孪生中同样起着重要作用。数字孪生是指以数字化的方式建立物理实体多维、多时空尺度、多学科、多物理量的动态虚拟模型来仿真和刻画实体在环境中的属性、行为、规则等。数字孪生也能用于诊断、监控、预防和资产预测性维护的有效调度。互联互通中的信息模型技术通过对数字孪生各种属性信息建模的方式实现信息标准化，为信息在物理世界层和虚拟世界层的顺利流通提供保障。

6.1.3.7　远程运维

　　远程运维主要是指利用云计算技术、智能网关硬件、通信技术、VPN 技术及大数据技术等对工业设备的运行数据进行采集，实现设备远程监控，故障、警报的实时分析和通知，远程故障诊断，程序升级，设备维保管理，设备预防性维护，以及工业大数据挖掘等功能。远程运维的核心是通信网络、中央数据库、运维流程及监测系统。

　　数控设备远程运维包括物理平台和服务功能两部分，需要完成与数字化车间的融合，实现与现有 MES 和 ERP 等系统的信息交互。远程运维系统位于智能制造系统架构生命周期维度的服务环节，如图 6-16 所示。数控设备全生命周期的管理涵盖数控设备的设计、生产、物流、销售和服务等各个环节。

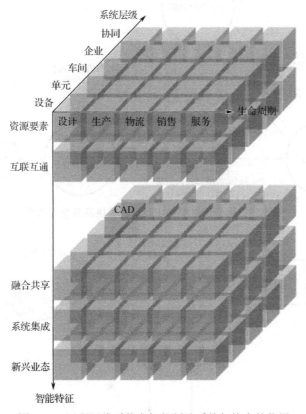

图 6-16　远程运维系统在智能制造系统架构中的位置

　　远程运维的主要功能模块包括以下几个。

　　（1）状态信息采集模块，用于实现对数控设备状态的在线感知和记录，采用状态信息采集系统，通过附加的传感器、CNC 系统或 SCADA 系统采集数控设备的运行状态信息，并对信息进行初步分析和处理，以一定的数据结构完成信息存储。

　　（2）健康评估模块，基于数控设备状态数据，提取多个维度的特征指标，并根据建立的特征指标系统对数控设备各个维度的健康状态分别进行评价，进而综合各个维度的评估结果对机床的整体健康状态进行判断。

　　（3）故障模式识别及预测性维护模块，根据建立的故障树模型和故障模式库，对数控设备故障进行准确、快速定位，并建立预测模型对故障的发展趋势进行评估，形成维护建议报告。

　　远程运维服务主要功能模块及其交互关系如图 6-17 所示。状态信息采集功能模块随机床开机启动进行在线数据采集和初步分析。健康评估模块利用采集到的状态信息进行健康评估。当健康评估结果出现明显退化或异常时，启动故障模式识别及预测性维护功能，调用通过状态信息采集获得的大量历史数据和当前数据，对故障模式和位置进行精准判断，并基于预测结果形成维护建议报告。

　　数控设备远程运维的物理平台架构如图 6-18 所示。状态信息采集系统布置在数控设备侧，将采集到的状态信息进行初步处理后存储于本地数据库，并实现状态监测功能。健康评估、故障模式识别及预测性维护则部署于云平台。通过云平台可以将健康评估结果和维护建议反馈给终端，联系外部专家进行具体研究和讨论，借助行业服务平台更新算法，支撑行业数据的采集。云平台可以采用企业单独建设的私有云，也可以基于公有云建设，或者采用形式更为灵活的混合云方式。

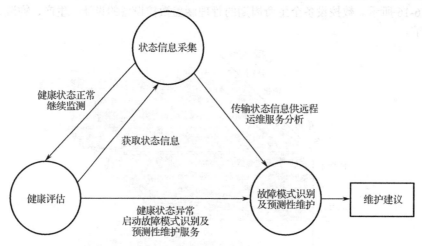

图 6-17 远程运维服务主要功能模块及其交互关系

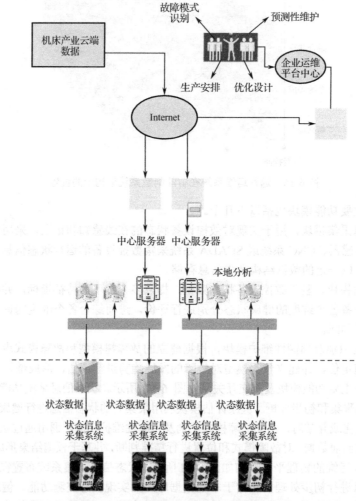

图 6-18 数控设备远程运维的物理平台架构

远程运维系统的信息技术架构如图 6-19 所示，包含采集层、数据访问层、逻辑层和应用层。

数据采集平台可接收来自设备的传感器数据，也可通过通信网络或其他数据采集器接口采集其他平台的数据，对数控设备的运行状态进行在线连续采集和存储。数据采集平台每天采集大量的数据，涉及设备生产基本信息、运维信息服务反馈等。

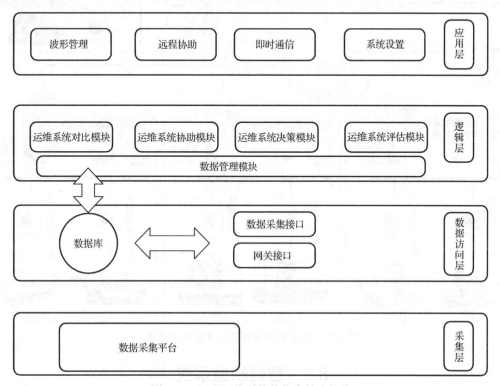

图 6-19 远程运维系统的信息技术架构

数据访问层对数据信息进行归档，以保证数据的完整性、安全性和统一性，为上层数据管理业务系统提供数据支撑。

逻辑层包含远程运维系统的各个模块，如运维系统协助模块、运维系统决策模块等，调用数据访问层的数据服务，对数控设备进行健康状态评估和故障诊断。通过对设备的故障类型和程度进行判断，对设备的维修计划、维修时间、维修方案等做出决策。

应用层主要包含波形管理、远程协助、即时通信、系统设置等具体应用，并为云平台管理系统的用户提供操作界面。

下面以国家机床质量监督检验中心的"数控机床远程运维平台"为例，对面向数控设备的远程运维平台应用场景进行介绍。

清华大学和中国石油大学联合沈机（上海）智能系统研发设备有限公司、宝鸡忠诚机床股份有限公司和纽威数控装备（苏州）有限公司三家数控机床行业领军企业，在国家机床质量监督检验中心搭建云平台，以数控机床和加工中心作为验证对象完成远程监控的实验，数控机床远程运维平台应用场景如图 6-20 所示。利用此远程运维平台对数控装备的运行数据进行采集，可以查看数控机床的在线数、离线数和故障等状态信息，实现数控装备远程故障诊断和运行维护，降低设备运维成本，增强设备运行的安全性，提高故障诊断和修复响应速度，消除信息孤岛，实现设备的全生命周期管理及提高基础制造装备的管理水平。

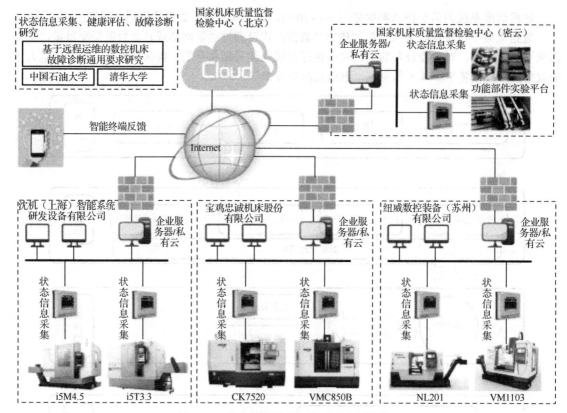

图 6-20　数控机床远程运维平台应用场景

6.2　智能制造系统

智能制造系统是一个"大系统"，贯穿于产品、制造、服务全生命周期的各个环节，也是一个"大概念"，是制造技术与新一代人工智能技术的高度融合。智能制造系统是一种由智能机器和人类专家共同组成的人机一体化智能系统，它在制造过程中能以一种高度柔性与集成不高的方式，借助计算机模拟人类专家的智能活动，进行分析、推理、判断、构思和决策等，从而取代或延伸制造环境中人的部分脑力劳动，同时收集、存储、完善、共享、集成和发展人类专家的智能。与传统的制造系统相比，智能制造系统一般应具有如下几个方面的特征。

（1）自我感知。

自我感知是指智能制造系统通过传感器获取所需信息，并对自身状态与环境变化进行感知，自动识别与数据通信是实现自我感知的重要基础。与传统的制造系统相比，智能制造系统需要获取数据量庞大的信息，而且信息种类繁多，获取环境复杂，因此研发新型高性能的智能传感器成为智能制造系统实现自我感知的关键。

智能传感器作为网络化、智能化、系统化的自主感知器件，是实现物联网和智能制造的基础，也是新人工智能迈向应用的基础，其常见类型如下。

① 视觉感知。视觉传感器以图像的形式呈现环境信息，一般将监测环境中景物的光信号转换成电信号。目前，常见的用于图像采集的视觉传感器包括红外热像仪、可见光摄像机、TOF（Time of Flight）深度摄像机及近红外摄像机等。虽然视觉传感器有一些功能上的不足，但由于获取的信息丰富、采样周期短、受磁场和传感器干扰影响小、质量轻、能耗低，因此在多智能系统中受到青睐。

② 听觉感知。听觉是人类和智能制造系统识别周围环境的很重要的感知能力，尽管听觉定位精度比视觉定位精度低很多，但听觉有其无可比拟的优势。例如，听觉定位是全向性的，传感器阵列可以接收空间中的任何方向的声音。智能制造系统依靠听觉可以在黑暗环境或光线较暗的环境中进行声源定位和语音识别，这依靠视觉是不能实现的。听觉感知技术将数据域内信息的特征映射成声音特征量（如音调、响度、音色等）之间的关系，用以描述、表达数据的内在关系，从而对数据进行监控或提供数据分析支持，同时可以解决视觉系统不能独立完成的任务，降低视觉系统的负荷。

③ 触觉感知。触觉是人类和智能制造系统获取环境信息的一种仅次于视觉的重要知觉形式，是实现与环境直接作用的必需媒介。与视觉系统不同，触觉系统本身有很强的敏感能力，可直接测量对象和环境的多种性质特征。

（2）自适应和优化。

自适应和优化是指智能制造系统根据感知到的信息对自身运行模式进行调节，使系统处于最优或较优的状态，实现对复杂任务不同工况的智能适应。智能制造系统在运行过程中不断采集过程信息，以确定加工制造对象与环境的实际状态，当加工制造对象或环境发生动态变化后，基于系统性能优化准则，产生相应的调控指令，及时地对系统结构或参数进行调整，以保证智能制造系统始终工作在最优或较优的状态。

（3）自我诊断和维护。

自我诊断和维护是指智能制造系统在运行过程中，能够对自身故障和失效问题做出自我诊断，并能通过优化调整保证系统可以正常运行。智能制造系统通常是高度集成的复杂机电一体化系统，外部环境发生变化，会导致系统发生故障甚至失效，因此自我诊断与维护能力对于智能制造系统来说十分重要。此外，通过自我诊断和维护，还能建立准确的智能制造系统故障与失效数据库，这对进一步提高装备的性能与寿命具有重要的意义。

（4）自主规划和决策。

自主规划和决策是指智能制造系统在无人干预的条件下，基于感知到的信息，进行自主的规划计算，给出合理的决策指令，并控制执行机构完成相应的动作，实现复杂的智能行为。自主规划和决策能力以人工智能技术为基础，结合了系统科学、管理科学和信息科学等其他先进技术，是智能制造系统的核心功能。通过对有限资源的优化配置及对工艺过程的智能决策，智能制造系统可以满足实际生产中的不同需求。

下面按照从小到大、从底层到顶层的顺序，简单介绍智能制造系统在实际工厂各个层级（机床—生产线—车间）的应用情况。

6.2.1 智能机床系统

传统的数控机床不具有自我感知、自适应和优化、自我诊断和维护及自主规划和决策的特征，无法满足智能制造的发展需求。智能机床可看作数控机床发展的高级形态，它融合了先进制造技术、信息技术和智能技术，具有自我感知和预估自身状态的能力，其主要技术特征包括利用历史数据估算设备关键零部件的使用寿命；感知自身加工状态和环境的变化，诊断故障并给出修正指令；对所加工工件的质量进行智能化评估；基于各种功能模块，实现多种加工工艺，提高加工效能，降低对资源和能源的消耗。智能机床系统定义如图 6-21 所示。

本节将简单介绍智能机床系统自主感知与连接、自主学习与建模、自主优化与决策及自主控制与执行的原理和实现方案。智能机床系统控制原理如图 6-22 所示。

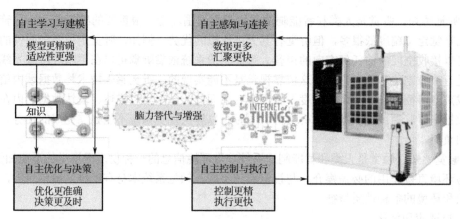

图 6-21 智能机床系统定义

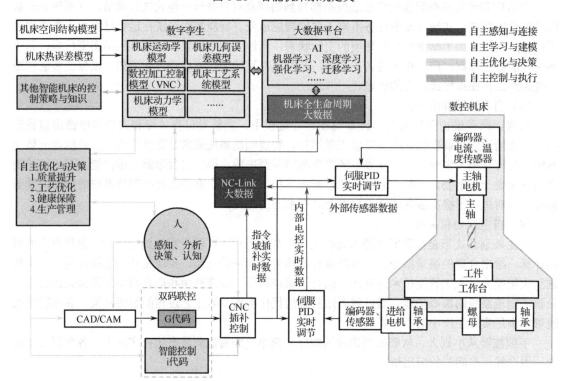

图 6-22 智能机床系统控制原理

1. 自主感知与连接

数控系统由数控装置、伺服驱动装置、伺服电机等部件组成，是数控机床自动完成切削加工等工作任务的核心控制单元。在数控机床的运行过程中，数控系统内部会产生大量由指令控制信号和反馈信号构成的原始电控数据，这些电控数据是对数据机床的工作任务（或称为工况）和运行状态的实时、定量、精确的描述。因此，数控系统既是物理空间中的执行器，又是信息空间中的感知器。

数控系统内部的电控数据是感知的主要数据来源，主要包括机床内部电控实时数据，如工件加工 G 代码插补实时数据（插补位置、位置跟随误差、进给速度等）、伺服电机反馈的内部电控数据（主轴功率、主轴电流、进给轴电流等）。通过自动汇聚数控系统内部电控数据与来自外部传感器的数据（如温度、振动和视觉等），以及从 G 代码中提取的加工工艺数据（如切宽、切深、材料去除率等），实现数控机床的自主感知。

智能机床的自主感知可通过"指令域示波器"和"指令域分析方法"来建立工况与运行状态数据之间的关联关系。利用指令域大数据汇聚方法采集加工过程数据，通过 NC-Link 实现机床的互联互通和大数据的汇聚，形成机床全生命周期大数据。

2．自主学习与建模

自主学习与建模的主要目的在于通过学习生成知识。数控加工知识就是机床在加工实践中输入与响应的规律。模型及模型内的参数是知识的载体，知识的生成就是建立模型并确定模型中参数的过程。基于自主感知与连接得到的数据，运用集成于大数据平台的新一代人工智能算法库，通过学习生成知识。在自主学习和建模中，知识的生成方法有三种：基于物理模型的机床输入/响应因果关系的理论建模；面向机床工作任务和运行状态关联关系的大数据建模；基于机床大数据与理论建模相结合的混合建模。自主学习与建模可建立的模型包含机床空间结构模型、机床运动学模型、机床几何误差模型、机床热误差模型、数控加工控制模型、机床工艺系统模型、机床动力学模型等，这些模型也可以与其他同型号的机床共享，构成机床数字孪生。

3．自主优化与决策

决策的前提是精准预测。当机床接收到新的加工任务后，可利用上述机床模型，预测机床的响应。依据预测结果，进行质量提升、工艺优化、健康保障和生产管理等多目标迭代优化，形成最优加工决策，生成蕴含优化与决策信息的智能控制 i 代码，用于加工优化。自主优化与决策就是利用模型进行预测，然后优化决策，生成 i 代码的过程。

i 代码是实现数控机床自主优化与决策的重要手段。不同于传统的 G 代码，i 代码是与指令域对应的多目标优化加工的智能控制代码，是对特定机床的运动规划、动态精度、加工工艺、刀具管理等多目标优化控制策略的精确描述，并且会随着制造资源状态的变化而不断演变。i 代码的详细原理和介绍可参考有关专利。

4．自主控制与执行

利用双码联控技术，即基于传统数控加工几何轨迹控制的 G 代码（第一代码）和包含多目标加工优化与决策信息的智能控制 i 代码（第二代码）的同步执行，实现 G 代码和 i 代码的双码联控，使得智能机床达到优质、高效、可靠、安全和低功耗数控加工。

6.2.2　智能生产线系统

智能生产线是在流水线的基础上逐渐发展起来的。智能生产线系统是通过工件传送系统和控制系统，将一组数控机床和辅助设备按照工艺顺序连接起来，自动完成产品全部或部分制造过程的生产系统。智能车削生产线的设计涉及智能车削生产线总体布局、数字化工厂与车间的建设规划和智能生产线的系统集成等方面的内容。下面以智能车削生产线为例进行简单介绍。

以主要用于汽车零件加工的典型智能车削生产线为例，该生产线主要完成零件从毛坯到成品的混线自动加工生产，智能车削生产线由总控系统、检测单元、工业机器人单元、车削机床单元、毛坯仓储单元、成品仓储单元和 RGV 小车物流单元等组成。根据各单元功能的不同，下面从总控系统和检测单元、工业机器人和车削机床单元及物流与成品仓储单元三个方面对智能车削生产线的组成和设计进行介绍。

（1）总控系统和检测单元：典型总控系统由室内终端和现场终端两部分组成。室内终端配备多台显示器及数据库，负责接收整个生产车间传输过来的制造生产大数据，显示器用于用户车间现场各项状态的显示，包括设备运行状态、零件加工状态、物流情况、人员状况，以及用户车间现场温度、湿度等环境信息。典型的在线检测单元由工业机器人、末端执行器和多源传感器组成。

（2）工业机器人和车削机床单元：智能生产线系统中的加工模块主要由工业机器人和车削机

床两部分组成。工业机器人负责待加工零件的移动和取放。车削机床为智能机床，能够保证高精度和加工效率。

（3）物流与成品仓储单元：典型物流单元由工业机器人、末端执行器、RGV 小车、零件托运工装和行走轨道组成，主要实现机床加工零件的转移运输功能。在用户车间中，根据生产任务的需求，智能生产线可以选择配备单条或多条物流生产线。典型的成品仓储单元由仓储柜、工业机器人、末端执行器、行走轨道组成。

6.2.3 智能车间系统

智能制造融合了现代传感技术、网络技术、自动化技术等先进技术，大量传感器、数据采集装置等智能设备在车间投入使用，通过智能感知、人机交互等手段，采集了车间生产过程中的大量数据。这些数据涉及产品需求设计、原材料采购、生产制造、仓储物流、销售售后等环节，包括传感器、数控机床、MES、ERP 等相关信息化应用。限于篇幅，根据智能制造系统的系统框架，本节只给出智能车间系统的基本架构，如图 6-23 所示

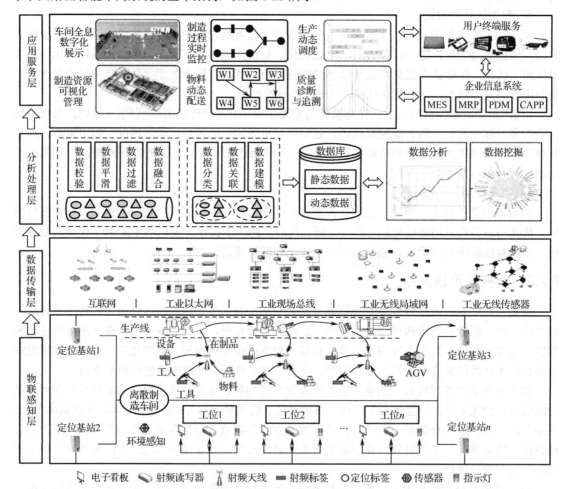

图 6-23　智能车间系统的基本架构

6.3　工业大数据

工业互联网产业联盟在 2017 年 7 月发布的《工业大数据技术与应用白皮书》中指出，工业

大数据即工业数据的总和，一般把它分成三类，即企业信息化数据、工业物联网数据，以及外部跨界数据。

6.3.1 工业大数据采集技术

工业大数据采集是指将生产设备和生产过程中产生的各种离散数据完整、实时地采集到数据库中，从而为各种智能应用提供数据基础。工业大数据采集技术是推动智能制造发展的首要条件，高效、高质量的采集机制直接关系到工业大数据的创新应用。

6.3.1.1 传感器

传感器在工业化和物联网时代发挥着重要作用，如航空航天、智能装备、智能工厂、工业自动化等领域的发展都离不开各类传感器。对于工业大数据来说，工业物联网数据就是由用各种各样的传感器采集的数据组成的。

传感器是一种能够检测出外界的物理量、化学量、生物量等信息，并能将其转换为模拟量或数字量等电信号，然后通过网络进行传输和存储的器件或装置。传感器采集的物理量有位移、速度、加速度、力、时间、温度、光等，以及由这些物理量所派生出的物理量，如表 6-1 所示。

表 6-1 传感器采集量说明

采 集 量		派 生 量
位移	线位移	长度、不平度、距离、振动等
	角位移	角度、偏移角、角振动等
速度	线速度	速度、振动、动量等
	角速度	转速、角振动等
加速度	线加速度	质量、惯量、振动等
	角加速度	扭矩、转动惯量、角振动等
力	压力	质量、应力、力矩等
时间或频域		周期、计数等
声		声压、音量等
磁		磁通、磁感应强度、电流、电压等
温度		比热容、涡流、热量等
光		光通量与密度、光谱分布、亮度等

传感器一般由敏感元件、转换元件、调理电路三部分组成，如图 6-24 所示。敏感元件直接感应被测量，并输出与被测量有确定关系的物理量信号；转换元件将敏感元件输出的物理量、化学量、生物量等信号转换为电信号；调理电路负责对转换元件输出的电信号进行放大调制。

图 6-24 传感器的组成

工业中常用的传感器一般为检测类传感器，用于对压力、液位、流量、位移、位置、温度、质量、距离、电流、电压、功率等物理量进行测量。

6.3.1.2　单点采集技术

工业大数据采集技术包括单点采集技术和组合采集技术，基于传感器的单点采集技术在机械制造及其相关领域应用非常广泛。单点采集技术是工业大数据采集的基础，可以理解为对数据采集装置与感应装置（如数控机床、测量仪、各类传感器等）建立单通道的连接，并将感应装置中产生的某项数据采集出来，对其进行处理、传输和保存等操作。

感应装置，如数控机床、测量仪、各类传感器等，可以对自身或外界的信息进行数据化，从而使这些信息可以进行传输，并且能够被计算机识别、处理和保存等，是产生数据的设备。工业大数据的单点采集技术的架构可分为四个层次，分别为感应层、采集层、存储层和应用层，每一层分工明确，互不干扰，以保障数据采集与汇聚的稳定和高效，如图 6-25 所示。

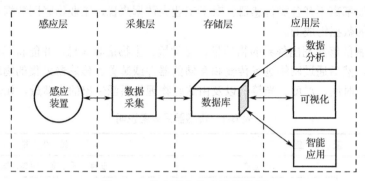

图 6-25　单点采集技术的架构图

（1）感应层，主要包括车间中的各种设备，如数控机床、检测设备、立体仓库、各类传感器等，是数据的产生源。

（2）采集层，用户可通过自身的需求自行定义数据项和采样频率，采集装置根据配置从感应层获取对应的数据，并上传至存储层。

（3）存储层，对上传上来的数据进行缓存和持久化等操作，并且向应用层提供所需数据。

（4）应用层，通过获取存储层的数据，并对其进行分析和应用，挖掘海量数据中的价值，实现对工厂的智能化管理。

基于上述系统架构，可以设计一种如图 6-26 所示的单点采集流程。第一步，采集配置模块可根据需求进行数据采集项和采集周期的配置；第二步，数据采集模块按照设定的数据采集项和采集周期对感应设备内的数据进行持续性采集；第三步，存储层缓存模块对采集到的数据进行缓存，保证数据传输和使用的效率；第四步，存储层存储与分发模块对缓存的数据进行持久化操作并将其分发至对应的应用程序。

例如，从数控机床中采集所需的物理信号数据，可以有效地预测数据机床的健康状态和刀具的使用寿命，提高零件的加工质量和加工效率。

影响切削加工质量和效率的主要因素有刀具磨损、刀具失效和震颤等，而这些因素都会直接反映到切削力大小的变化上。通过对实际加工中切削力数据时域和频域特征点的分析，可以有效地判断和预知刀具磨损、刀具失效和震颤等影响加工质量和效率的因素。如何将加工时切削力数据采集出来，成为提高加工质量和加工效率的关键。通过对机床加工过程建立相应的分析模型并结合力学知识，可以在自定心卡盘底部加装测力仪或力传感器等测力设备，并通过连接法兰将其与卡盘进行紧固连接。利用受力后测力平台内部的压敏电阻值变化测得相应的电压值来实现切削力数据的采集。

单点采集技术是工业大数据采集的基础，得到了广泛的应用，但是在实际应用的过程中也暴露出许多局限性。例如，单点采集技术强调的是对单个数据项的采集，难以在数据项之间建立关联，易导致数据的无关联性。另外，单点采集技术是以轮询的方式采集多个通道的数据的，这使得总体的采样周期较长。

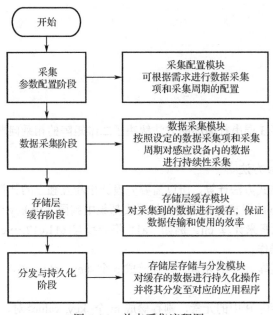

图 6-26　单点采集流程图

6.3.1.3　编程示例

下面以"二维矩阵乘法"为例，介绍分布式并行计算思想在数据分析方面的优势。根据线性代数的基本知识，$m×n$ 的矩阵 A 乘以 $n×p$ 的矩阵 B，将得到一个 $m×p$ 的矩阵 $C=AB$。做出以下假设：

（1）矩阵 A 的行数为 m，列数为 n，a_{ij} 为矩阵 A 第 i 行 j 列的元素。

（2）矩阵 B 的行数为 n，列数为 p，b_{ij} 为矩阵 B 第 i 行 j 列的元素。

（3）$C=AB$，c_{ij} 为矩阵 C 第 i 行 j 列的元素，则有

$$(AB)_{ij} = \sum_{r=1}^{n} a_{ir}b_{rj} = a_{i1}b_{1j} + a_{i2}b_{2j} + \cdots + a_{in}b_{nj}$$

进一步假设

$$A = \begin{bmatrix} 1 & 2 & 3 \\ 4 & 5 & 0 \\ 7 & 8 & 9 \\ 10 & 11 & 12 \end{bmatrix}, B = \begin{bmatrix} 10 & 15 \\ 0 & 2 \\ 11 & 9 \end{bmatrix}$$

则有

$$C = A \times B = \begin{bmatrix} 43 & 46 \\ 40 & 70 \\ 169 & 202 \\ 232 & 280 \end{bmatrix}$$

1. 采用串行方法

串行计算的思想比较简单，逐步计算矩阵 C 中的每个元素值。在一般情况下，程序都是基于循环嵌套实现的，示例关键代码如下。

```
int A[m][n], B[n][p], C[m][p]
for (i=0; i<m; i++)
{
for (j=0; j<p; j++)
{
C[i][j]=0;
for (k=0; k<n; k++)
C[i][j]=A[i][k]*B[k][j];
}
}
```

这个示例工程采用了 3 层串行循环的方法解决了二维矩阵的相乘问题，显而易见，这种算法的计算复杂度为 $O(n^3)$。

2. 采用 MapReduce 方法

MapReduce 采用分布式方法计算，所以需要先设计出相互独立的计算过程，保证各个节点上的计算相对独立。在 Map 阶段把计算所需要的元素都集中到同一个 key 中，然后在 Reduce 阶段就可以从中解析出各个元素来计算 cij。例如，a11 将会参与 c11,c12,…,c1p 的计算，那么在进行 Split 时，直接进行以下操作。

（1）如果该记录是矩阵 A 中的元素，则存储成 p 个<key, value>对，并且这 p 个键值对的 key 互不相同。

（2）如果该记录是矩阵 B 中的元素，则存储成 m 个<key, value>对，同样地，这 m 个键值对的 key 也应互不相同。

（3）规定用于存放计算 cij 的 ai1,ai2,…,ain 和 b1j,b2j,…,bnj 对应<key, vlue>对中的 key 应该都是相同的，这样才能被传递到同一个 Reduce 中进行合并。

基于以上设计思想，将计算过程分为以下 3 个主要阶段。

（1）Map 阶段。将矩阵 A 中的每个元素 aij，拆分为 p 个<key, value>对，其中 key=(i, k)，k=1, 2,…,p，value=('a', j, aij)，其中 a 表示元素来自矩阵 A。将矩阵 B 中的每个元素 bjk，拆分为 m 个<key, value>对，其中 key =(i, k)，i=1,2,…,m，value=('b', j, bjk)，其中 b 表示元素来自矩阵 B。

（2）Shuffle 阶段。Shuffle 阶段将所有 Map 节点输出中相同 key 的键值对进行初步合并，形成新的<key, list<value>>对，并作为同一个 Reduce 节点的输入。这样，每个 Reduce 节点独立负责一个 C 矩阵元素的计算。

（3）Reduce 阶段。Reduce 节点对 list<value>进行解析，将来自矩阵 A 的元素和来自矩阵 B 的元素分离，如分别放入不同的数组，然后计算两个数据的点积。至于计算的是 C 矩阵的哪个元素值，在 Map 阶段通过 key =(i, k)进行标记，表示第 i 行第 k 列的元素。

Map Reduce 示例计算过程如图 6-27 所示。

解决同一个计算问题，虽然在计算过程设计和代码实现方面，MapReduce 方法会复杂一些，但是在串行计算解决方案中，C 矩阵中的每个元素都是依次顺序计算的，而 MapReduce 计算框架将 C 矩阵中各个元素值的计算进行分离，从而实现了并行计算。显而易见，MapReduce 方法可以将计算效率提高为串行计算的 $m×n$ 倍。

分布式并行计算在工业大数据处理领域应用广泛，可实现海量数据的高效、快速分析。MapReduce 作为最原始的分布式并行计算框架，采用"分而治之"的计算理念，支持批量数据的离线式处理。未来各个领域的数据量会越来越大，数据分析需求也会越来越高，分布式并行计算系统也将得到优化与完善。

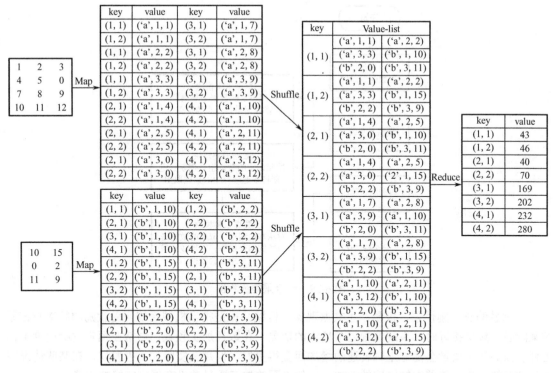

图 6-27　MapReduce 示例计算过程

6.3.1.4　组合采集技术

组合采集技术能对工业设备的多种数据项进行组合采集，建立数据之间的关系网络。组合采集技术方案如图 6-28 所示。首先，与工业设备建立连接，对采集参数配置模块进行设置；其次，数据采集模块对工业设备进行数据采集，并将数据缓存到数据库中；最后，将数据在云端进行持久化存储，以便于智能分析应用。

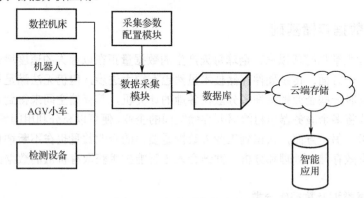

图 6-28　组合采集技术方案

组合采集流程图如图 6-29 所示。

下面根据上述组合采集技术方案，以数控机床中的主轴共振问题为例来介绍组合采集技术的应用。

主轴是数控机床中的一个关键部件，将运动与转矩传递给工件或刀具，完成切削加工，承担加工过程中的切削力和驱动力等载荷。主轴的工作和运行状态会直接对工件的加工精度、加工效率、刀具寿命和机床寿命等产生影响。主轴共振是影响主轴正常运行的关键因素之一。

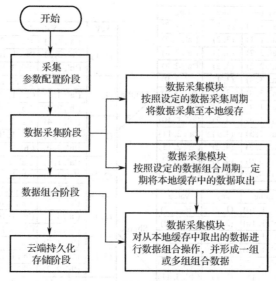

图 6-29　组合采集流程图

主轴悬伸长、刚性差，极易产生共振现象。机械共振是指当机械系统所受激励的频率与该系统某阶固有频率接近时，系统振幅显著增大的现象。在数控加工领域，通常在恒定进给速度下，工件表面的加工质量会随着主轴转速的增加而变得更好。但是在实际加工中发现，在某些情况下由于共振的产生，随着主轴转速的增加，工件表面的加工质量并没有得到较好的改善。

这里发生的共振会使主轴产生较大的瞬间形变和动应力，从而使工件表面粗糙度增大。若在加工之前可以预知那些振动异常偏大的转速，在实际加工中就可选择避开这些加工转速，这对于优化加工有重要意义。那么我们应该如何避免共振现象的产生呢？以机床实际运行情况为例，对主轴振动信号和主轴转速进行组合采集，根据振动和转速的关系可分析出哪些转速是主轴的共振转速，在实际的加工过程中规避产生共振的转速值，能够在很大程度上提高工件表面的加工质量。

6.3.2　工业大数据存储基础

人类进入工业大数据时代以来，全球每天产生的数据量正在以惊人的速度增长，对生产带来了多方面的影响。一方面，传统硬件存储技术虽然也有较大进步，但仍无法满足目前海量数据的存储需求，与此同时一些企业拥有许多分散在各地的计算机，其存储空间未得到充分利用，拥有多余服务器的企业将多余服务器出租给需要存储空间的企业，便可以充分利用闲置资源获得收益，于是产生了云技术。另一方面，认识到工业大数据重要性的企业数量也在不断增长，如何对这些工业大数据进行有效存储、处理和分析，并结合人工智能技术获取有价值的数据信息，成为目前十分关注的问题。

6.3.2.1　数据类型及数据库分类

工业大数据的存储离不开数据库，下面简单介绍数据类型及数据库分类。根据存储形式的不同可将数据分为结构化数据、半结构化数据和非结构化数据，如表 6-2 所示。

表 6-2　结构化数据、半结构化数据、非结构化数据的对比

数据类型	主要特点	实例
结构化数据	数据结构字段含义确定、清晰，典型的有数据库中的表结构	MySQL 等

续表

数 据 类 型	主 要 特 点	实　　例
半结构化数据	具有一定结构，但语义不够确定，典型的有 HTML 网页，有些字段是确定的（如 title），有些不确定（如 table）	XML、JSON、HTML 等
非结构化数据	杂乱无章的数据，很难按照一个概念去进行抽取，无规律性	文档、图片、视频等

结构化数据是指可以使用关系型数据库表示和存储，表现为二维形式的数据。其一般特点是数据以行为单位，一行数据表示一个实体的信息，每行数据的属性都是相同的。结构化数据的存储和排列是很有规律的，这对查询和修改等操作很有利，但其扩展性不好。

半结构化数据是结构化数据的一种形式，它是介于完全结构化数据（如关系型数据库、面向对象数据库的数据）和完全无结构的数据（如声音、图像文件等）之间的数据，因此它也被称为自描述结构数据。半结构化数据可以理解为以树或图的结构存储的数据，可以自由表达很多有用的信息，所以半结构化数据的扩展性是很好的。

非结构化数据，顾名思义就是没有固定结构的数据。各种文档、图片、视频、音频等都属于非结构化数据。对于这类数据，一般直接进行整体存储，存储为二进制数据格式。

数据库可以分为关系型数据库和非关系型数据库。关系型数据库是建立在关系模型基础上的数据库，它是由二维表及其之间的联系所组成的一个数据组织。关系型数据库使用方便、易于维护、能够做复杂操作，但是读/写性能较差、灵活度不足。非关系型数据库严格说来不是一种数据库，而是一种数据结构化存储方法的集合，其数据可以是文档或键值对等。非关系型数据库格式灵活、读取速度快、扩展性高，但是数据结构相对复杂，学习和使用成本较高。

6.3.2.2　Hadoop 分布式存储技术

Hadoop 是可以对海量信息进行分布式存储和分析处理的一种架构，是云计算的核心技术。Hadoop 是由 Apache 基金会开发的分布式系统基础架构，具有高可靠性、高拓展性、高效性和成本低廉等优点。Hadoop 可以被部署在廉价的硬件集群中，然后将一个具有很大运算量的任务打碎成无数碎片任务分配给这些计算单元，每个单元运算自己那部分任务，再将结果整合，充分利用了集群的优势。

Hadoop 分布式文件系统（Hadoop Distributed File System，HDFS）是其核心子项目，是分布式计算中数据存储管理的基础，是基于流数据模式访问和处理超大文件的需求而开发的，可以运行在价格低廉的商用服务器上。它具有高容错性、高可靠性、高可扩展性、高获得性、高吞吐率等特征，为海量数据的存储及超大数据集的应用处理带来了便利。

HDFS 采用 Master-Slave（主-从）的架构来存储数据，这种架构主要由四部分组成，分别为Client、NameNode、DataNode 和 Secondary NameNode，如图 6-30 所示。

Client 是客户端，负责对文件进行切分。当文件上传至 HDFS 时，会被切分成一个一个的数据块（block）进行存储。与 NameNode 交互，可以获取文件的位置信息。与 DataNode 交互，可以读取或写入数据。Client 提供一些命令来管理或访问 HDFS，如启动与关闭等。

NameNode 是一个管理者（master），用来管理 HDFS 的名称空间（NameSpace）、block 映射信息、配置副本策略、处理客户端读/写请求。

DataNode 是一个工人（slave），是数据真正的存储节点。NameNode 下达命令，DataNode 执行实际的操作。DataNode 存储实际的 block，执行 block 的读/写操作。如图 6-30 所示，一个文件被拆分为 b1～b4 共 4 个 block，并设置了 3 个备份。

Secondary NameNode 并非 NameNode 的热备份。当 NameNode 宕机的时候，Secondary NameNode 并不能马上替换 NameNode 并提供服务，而是作为 NameNode 的辅助，为其分担工作

量，定期合并镜像文件（fsimage）和日志（fsedits），并推送给 NameNode。在紧急情况下，可辅助恢复 NameNode。

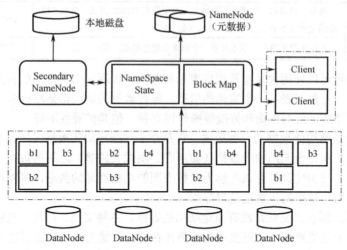

图 6-30 HDFS 存储数据架构图

HDFS 读取文件的流程如图 6-31 所示。

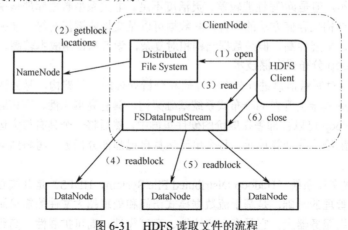

图 6-31 HDFS 读取文件的流程

（1）open：调用 File System 对象的 open 方法，获取一个 Distributed File System 的实例。

（2）getblock locations：Distributed File System 通过 RPC（远程过程调用）获得文件的第一批 block 的位置，同一个 block 按照重复数会返回多个位置，这些位置按照 Hadoop 拓扑结构排序，距离客户端近的排在前面。

（3）read：前两步会返回一个 FSDataInputStream 对象，该对象会被封装成 DFSInputStream 对象，DFSInputStream 可以方便地管理 DataNode 和 NameNode 数据流。客户端调用 read 方法，DFSInputStream 就会找出并连接离客户端最近的 DataNode。

（4）readblock：数据从 DataNode 源源不断地流向客户端。

（5）readblock：如果第一个 block 中的数据读完了，就会关闭指向第一个 block 的 DataNode 连接，接着读取下一个 block。这些操作对客户端来说是透明的，而从客户端的角度来看只是读一个持续不断的流。

（6）close：如果第一批 block 都读完了，DFSInputStream 就会去 NameNode 获取下一批 block 的位置，然后继续读，如果所有的 block 都读完了，就会关闭掉所有的流。

HDFS 写入文件的流程如图 6-32 所示。

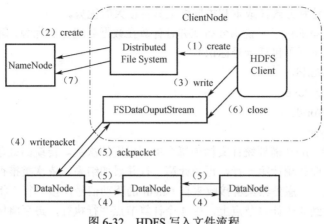

图 6-32　HDFS 写入文件流程

（1）create：客户端通过调用 Distributed File System 的 create 方法，创建一个新的文件。

（2）create：Distributed File System 通过 RPC 调用 NameNode，创建一个没有 block 关联的新文件。在创建前，NameNode 会做各种校验，如文件是否存在、客户端有无权限去创建等。如果校验通过，NameNode 就会记录新文件，否则就会抛出 I/O 异常。

（3）write：前两步结束后会返回 FSDataOutputStream 的对象，与读文件的时候相似，FSDataOutputStream 会被封装成 DFSOutputStream，DFSOutputStream 可以协调 NameNode 和 DataNode。客户端开始写数据到 DFSOutputStream，DFSOutputStream 会把数据切分成若干数据包（packet），然后排成数据队列（dataqueue）。

（4）writepacket：DataStreamer 会处理并接收 dataqueue，它先问询 NameNode 这个新的 block 最适合存储在哪几个 DataNode 里，如重复数是 3，就找到 3 个最适合的 DataNode，把它们排成一个数据管道（pipeline）。DataStreamer 把 packet 按队列输出到管道的第一个 DataNode 中，第一个 DataNode 又把 packet 输出到第二个 DataNode 中，以此类推。

（5）ackpacket：DFSOutputStream 还有一个队列叫 ackqueue（确认应答队列），也是由 packet 组成，等待 DataNode 收到响应，当数据管道中的所有 DataNode 都表示已经收到时，ackqueue 才会把对应的 packet 移除。

（6）close：客户端完成写数据后，调用 close 方法关闭写入流。

6.3.3　工业大数据分析方法

一台现代航空发动机每 10ms 就会生成数百个传感器数据，包括转速、温度、油耗、推力、振动等，每次飞行便能产生约 1TB 数据。美国通用电气公司采集这些发动机运行状态数据，然后将其发送到地面发动机大数据中心进行挖掘与分析，从而对飞机进行油耗管理、预测维护、健康监控等。在智能制造的推动下，很多机床厂也开始基于机床运动轴的温度、振动、电流、跟踪误差、报警等信息，实现生产设备的状态监控、工艺优化、产量统计、智能排产等，这些都是推进机床厂信息化、智能化建设的关键。

6.3.3.1　分布式并行计算基本理论

解决海量数据的分析难题，传统意义上有两种方案：纵向扩展和横向扩展。纵向扩展是指通过直接升级计算设备的硬件配置，如硬盘容量、内存空间，或者更换更高性能的中央芯片等，提高计算设备的数据分析能力。但是这种硬件升级会受到计算设备本身架构的局限，同时所需的升级成本也会快速上升，因此纵向扩展方案存在局限性，不能彻底解决大数据处理的问题。横向扩展是指通过联合多台计算设备来模拟"超级计算机",也就是同时使用多台计算设备并行完成同一个大数据处理任务,这种方式在成本和扩展性上具备很大的优势。

下面通过一个简单的例子来说明分布式并行计算在数据处理上的优势。假设服务器 A 上存储了一个文档,内容如下(不包括行号标识)。

第 1 行:Hello World。

第 2 行:Hello my love。

第 3 行:Hello World。

第 4 行:I love you。

应用程序开发端 Client 需要统计文档中每个单词出现的次数。传统的处理方式是,在一台计算设备上逐行统计,即先统计第一行,再统计第二行并累加结果,依次类推到最后的结果。在分布式并行计算系统下,服务器集群接收来自 Client 的驱动信号,按"行"将统计任务分为 4 个子任务,并平均分配到 4 个计算节点上,由 4 个计算节点并行执行,最后将所有计算节点的中间结果进行合并,这样就能使处理效率提高 4 倍,处理时间缩短为原来的 1/4,如图 6-33 所示。

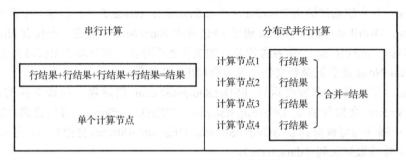

图 6-33 串行计算与分布式并行计算的数据处理机制对比

分布式并行计算框架并不是一个算法,而是一个分布式并行计算程序的运算框架。分布式并行计算框架集成了数据计算、资源调度、任务监控等服务,为分布式并行计算程序提供了一个灵活、高效、易用的运行平台,降低了分布式并行计算系统的开发及维护难度。目前,市面上已经出现很多种分布式并行计算框架,比较流行的开源框架有 Hadoop、Spark 和 Storm 等。其中,Hadoop 是出现较早的一个分布式并行计算框架,由 Google 于 2004 年提出后,在工业界、学术界产生了巨大影响。Spark 在某种程度上是对 MapReduce 功能的丰富和优化,它提供了更多的数据操作方法及更快的计算速度。Storm 是一种流式数据处理框架,可对随时进入系统的数据进行实时计算,并将计算结果保存到持久化介质中。表 6-3 所示为主流开源分布式并行计算框架的对比。

表 6-3 主流开源分布式并行计算框架的对比

框架类别	Hadoop	Spark	Storm
开发者	Google	加州大学伯克利分校 AMP 实验室	Twitter
开源时间	2007.09.04	2011.04.24	2011.09.16
开发语言	Java	Scala	Java、Clojure
框架性质	批处理	第二代批处理	流式数据实时处理
延时性能	较高	秒级	实时
网络要求	一般	一般	一般
存储系统	HDFS、磁盘	内存	内存
数据吞吐量	一般	好	较好

续表

集群支持	数千个节点	超过 1000 个节点	超过 1000 个节点
应用平台	eBay、Facebook、Google、IBM、Yahoo 等	Intel、腾讯、淘宝、中国移动、Google 等	淘宝、百度、Groupon、Yahoo 等
适用场景	低时效性（离线式）的大批量计算	较大数据块且需要高时效性的小批量计算	小数据块的实时分析计算

6.3.3.2　MapReduce 理论基础

MapReduce 是一个出现较早的分布式并行计算框架，在工业界、学术界产生了巨大影响。目前，MapReduce 和 HDFS 作为 Hadoop 的两大核心功能组件，得到了更大范围的应用。MapReduce 负责分布式并行计算，HDFS 为 MapReduce 提供数据存储服务。大量的独立开发者和组织都加入 Hadoop 社区，参与 Hadoop 的代码开发，这使得每个 Hadoop 新版本都有新增功能，MapReduce 的分布式并行计算性能也不断得到提升。

MapReduce 的运行机制是"分而治之，合并输出"，历经 Partition（分片）、Map、Shuffle（洗牌）、Reduce 等几个主要的阶段，其中 Shuffle 是隐含在 Map 和 Reduce 过程中的，一般又分为 Map 阶段的 Shuffle 和 Reduce 阶段的 Shuffle。

1. Partition 阶段

MapReduce 作业的输入是一系列存储在 HDFS 中的数据，数据文件会被切分成多个输入分片（Split），每个 Split 将是一个 Map 任务的输入。当然，这些分片只是在逻辑上对数据分片，与数据在 HDFS 中的真实存储并没有实质性的映射关系。但是，Split 的大小与数据在 HDFS 上的分布却是有一定关系的。因为如果一个 Map 计算需要处理的数据就存储在该节点上，不需要从别的计算节点上抽取数据的话，计算效率就会高很多。因此，MapReduce 在分配子任务时会尽量使一个节点的数据就在该节点处理，即尽量使计算靠近数据。而一个数据集在 HDFS 中是按照 block 分布存储的，block 大小默认为 64MB 或 128MB。如果 Split 的大小大于一个 block 的大小，该分片就会有非常大的概率需要从其他节点的 block 读取数据，这样就会造成不必要的网络传输，导致处理时间加长。

2. Map 阶段

Map 阶段的实质是在 Map 节点上执行 Map 任务。在该阶段，用户根据实际需求自定义 mapper 函数代码来解析对应 Spilt 输入的<key, value>，并输出 0 个、1 个或多个新的<key, value>对，这些中间值就是 reducer 函数的输入。中间值的合并处理需要从 Map 节点复制到 Reduce 节点，为了减少网络传输的数据量，mapper 函数会先对中间值进行预处理再输出，这个过程也被称为 Map 阶段的 Shuffle 流程，如图 6-34 所示。

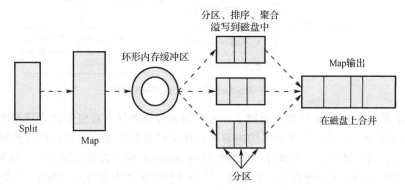

图 6-34　Map 阶段的 Shuffle 流程

　　每个 Map 任务的执行都不是一蹴而就的，而是一个持续读取数据、分析数据、输出结果的过程。每个 Map 节点都有一个环形内存缓冲区，用于临时存储 mapper 函数的输出，在默认情况下，缓冲区大小为 100MB。一旦缓冲区的内容达到阈值，如 80%，一个后台线程便会将缓冲区的内容溢写到磁盘中。在写磁盘的过程中，mapper 函数的输出会被继续写到缓冲区，但如果在此期间缓冲区被填满，则 mapper 函数会阻塞直到写磁盘过程完成。在图 6-34 中，每次溢出都会形成一个相对独立的数据文件，该数据文件在写到磁盘之前，会先进行分区、排序、聚合等操作。

　　聚合操作可以看作一个可选的本地 reducer 函数，它的作用是在 Map 阶段对排序好的键值对执行聚合操作，即对 mapper 函数输出的中间结果做单个 mapper 范围内的聚合。例如，单词出现次数的统计计算，用户将 key 值相同的多个中间值的 value 求和，形成一个新的键值对，目的是减少网络传输的数据量，降低 reducer 函数的数据处理量。很明显，在网络上发送 1 次<a, 3>要比发送 3 次<a, 1>节省很多流量。

3. Reduce 阶段

　　一个 Map 操作的每次溢出都会形成一个数据文件，并在文件内部完成分区、排序、聚合等操作，然后写磁盘做下一步处理。在这个过程中，Map 会对多个数据文件进行合并，合并粒度由合并因子指定，其默认值为 10。假设某个 Map 节点目前的输出有 50 个数据文件，那么合并操作会进行 5 次，最终形成 5 个新的数据文件写入 HDFS。如果某个 Map 节点目前的输出有 55 个数据文件，那么合并操作也会进行 5 次，但最后的 5 个数据文件由于不满足合并条件（文件数小于合并因子），所以不会进行合并，最终形成 10 个数据文件写入 HDFS。需要注意的是，在这个合并操作过程中也会执行数据排序，将键值相同的数据合并到同一个分区中。

　　reducer 动作并不是等待所有的 mapper 操作全部完成后才会执行，如当 mapper 操作执行到 20%的时候，计算便进入"不断 mapper 输出、不断 reducer 合并"的过程。此时，每个 Reduce 节点都有一个常驻的 HTTP Server，其中的一项服务就是响应 reducer 从 HDFS 中抽取 mapper 数据。在图 6-35 中，将多个 mapper 输出中同一个分区的数据抽取到同一个 Reducer 节点，这个过程称为复制（Copy），是 Reduce 阶段的开始。

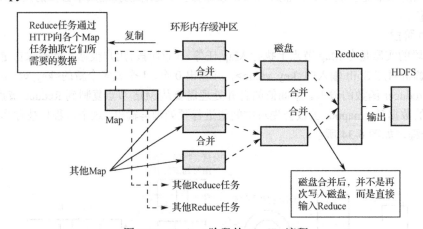

图 6-35　Reduce 阶段的 Shuffle 流程

　　与 mapper 类似，Reduce 节点也设置了一个环形内存缓冲区，在复制阶段获得的数据会暂时存放在这个缓冲区中。同样，当缓冲区的内容达到阈值时会发生溢写操作，每次溢写操作也会形成一个数据文件，这个过程会一直执行，直到所有的 mapper 输出都被复制过来。如果形成了多个数据文件，则会在 HDFS 中进行合并，但最后一次合并的结果并不会写入 HDFS，而是作为 reducer 函数的输入直接被处理，输出的结果会再次写入 HDFS。至此，一次 Map Reduce 数据处理周期结束。

6.4　智能制造技术的应用

6.4.1　典型行业智能制造系统的需求差异综述

1．不同行业智能制造系统的需求要点分析

智能制造系统带有很强的行业特征，不同行业企业的应用存在较大差异。在几个重点行业开展智能制造系统的行业个性化需求分析，如表 6-4 所示。

表 6-4　行业个性化需求分析

行　　业	MES 应用个性化需求
电子	（1）强调上料防错； （2）强制制程； （3）产成品及在制品生产追溯； （4）过程质检实时性要求高
食品饮料	（1）生产过程能满足相关法律法规的要求； （2）称量管理； （3）严格实现生产过程的正、反向追溯； （4）生产环境监控； （5）关键设备监控
钢铁	（1）一体化计划管理； （2）生产连续性要求下的作业调度； （3）生产设备实时监控及维护； （4）能源计量
石化	（1）对油品的加工移动过程进行监控管理； （2）安全生产； （3）生产环境监控； （4）配方管理
汽车	（1）混流生产排程； （2）实时生产进度掌控； （3）实时配送； （4）生产现场的可视化
机械	（1）排产优化； （2）柔性化的任务调度； （3）物料追溯； （4）上下游系统的数据集成
服装	（1）多维度的编码管理； （2）灵活的生产计划管理； （3）面辅料管理； （4）缝纫等专业设备管理
医药	（1）配方管理； （2）GMP 管理； （3）跟踪与追溯； （4）日期及环境管理
烟草	（1）生产工艺与配方管理； （2）批次跟踪； （3）全程可追溯的质量控制； （4）设备 OEE

2. 机械装备行业智能制造系统的需求要点分析

1）机械装备行业生产管理特点

机械装备行业是国民经济和工业的重要支柱和主导产业，子行业众多，产品覆盖范围广，主要包括金属制品业、通用设备制造业、专业设备制造业、汽车制造业、运输设备制造业、电器机械及器材制造业等。

机械装备行业是典型的离散制造行业，生产过程具有加工、装配性质，加工过程基本上是把原材料分割成毛坯，经过冷、热加工及部件装配后，总装成整机出厂。其制造涉及多种制造和成型技术、多种制造装备、多个制造部门，甚至跨地区的多个制造工厂。

由如图 6-36 所示的工艺路线可以看出，机械装备行业的工艺很复杂，零部件数量众多，加工工序多，生产周期长，工序之间也需要紧密协同与配合。总体上机械装备制造以离散为主、流程为辅、装配为重点。

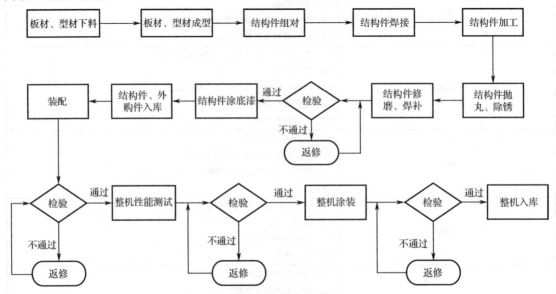

图 6-36　某机械装备制造企业的典型工艺路线

机械装备制造企业的生产管理的主要特点如下。

（1）生产计划的制订与变更任务繁重。

（2）线边物料及在制品管理困难。

（3）车间现场单据繁多。

（4）车间自动化水平相对较低。

机械装备制造企业的生产类型以多品种、小批量或复杂单件为主，车间通用设备较多，生产设备的布置一般不按产品而按工艺进行，相同工艺可能有多台设备可执行。因此，在生产过程中需要对机器设备、工装夹具等资源进行有序调度，以达到最高的设备利用率和最优的生产效率。此外，需要对作为生产关键资源的设备进行实时监控、维修维护，以更好地利用设备，避免设备异常造成损失。

2）机械装备行业智能制造需求

机械装备行业的离散制造特性促使智能制造技术应用过程中需要从高效计划、柔性调度、生产过程实时管控、数据信息有效传递、质量追溯等方面重点考虑，主要包括以下内容。

（1）生产作业计划与调度。

（2）在制品管理。

（3）生产过程追溯。

（4）车间质量管理。

（5）物料管理。

（6）报表管理。

（7）数据采集、分析与集成。

6.4.2　智能制造系统在重型机械车间中的应用

1．项目简介

1）背景及需求分析

传统领域的重型机械产品如图 6-37 所示。

图 6-37　传统领域的重型机械产品

制造业是国民经济的主体，是科技创新的主战场，具有产业关联度高、带动能力强和技术含量高等特点，是一个国家和地区工业化水平与经济科技总体实力的标志。重型机械行业是国民经济发展的基础，重型装备及制造实力集中体现了一个国家的综合国力与国际地位，在推动经济增长和社会发展中占据着特殊的地位。

2）存在和突破的技术难点

由于重型机械行业的下料加工等工序比较粗放，采用一般的自动化技术很难保证其制造加工质量，因此开发具备适应现场实际工况的智能制造技术是推动重型机械行业发展最大的难题。

3）关键技术描述

为了更好地解决重型机械生产制造过程中的问题，需要依靠智能生产，同时不断积累重型金属结构件焊接、打磨、喷涂等工艺知识，开发的多项关键技术如下。

（1）接触传感器检测功能。

（2）焊缝跟踪功能。

（3）多层多道焊接功能。

（4）焊接参数实时调整功能。

（5）焊接工艺数据库。

（6）焊缝轮廓识别技术与打磨轨迹自动规划技术。

（7）机器人恒力磨抛控制技术。

（8）磨抛工艺专家系统。

（9）虚拟工作站仿真技术。

（10）涂装参数自动调节技术。

2．总体设计方案

1）智能工厂顶层设计及总体规划

针对总体规划设计、工艺流程布局、产品三维设计与仿真、核心制造装备、数据采集和分析、制造执行系统、内部通信网络架构等方面开展技术攻关及智能化建设，搭建 MES、ERP、CRM、QMS、PLM 等信息化管理平台。

建设先进的数字化智能制造车间，可满足多种产品的智能化生产制造需求。建立多层管理系统，通过先进的数字化管理系统，对生产流程进行统一管理。

企业的经营管理层在 ERP 系统内结合工艺设计完成车间的生产计划、采购库存、成本核算、产品销售、决策分析等管理工作；制造执行层基于工厂模型、生产模型及时间模型，完成数字化车间的作业计划、作业调度、生产过程追踪、质量监控、设备管理等执行类的工作；过程控制层对生产中的物流、产品质量、工艺参数等进行收集和分析，形成集成化的数据管理；智能设备层由物流 AGV 配送系统、智能机器人系统、自动化立体仓库等多种关键智能系统及设备组成。

经营管理层在 ERP 系统内对智能立体仓库直接进行管控，通过营销系统下达各类生产任务，使用 CRM 系统与客户进行沟通及互动，形成生产物流管理与计量检定一体化的生产物流管理系统。

制造执行系统在企业信息系统中处于 ERP 系统和底层自动化系统之间，是连接 ERP 系统和底层自动化系统的枢纽。它以全场数据采集为基础，集成了加工、装配、检测、物流等生产环节，可提高各部门、各系统间协调指挥能力，使计划、生产、调度、资源分配更加科学、准确；可保障生产的连续性、可控性，使生产过程数字化、透明化，实现生产作业计划编制与执行，资源调度优化，产品质量全过程分析与跟踪，生产设备动态运行管理，物料配送管理，操作管理，以及底层生产现场数据的转换、存储、分析、发布等数据集成和应用。

产品设计辅助系统通过机械设计、仿真模拟、电气设计等辅助软件，提高设计人员在产品设计过程中的工作效率，减少设计与制造成本，缩短产品进入市场的时间，通过使用设计软件，将产品制造早期从概念到生产的过程都集成在一个数字化管理和协同的框架中。

2）智能机器人系统

（1）总体目标：以装载机、挖掘机及其部件生产全生命周期加工工序为着手点，以焊接、打磨、喷涂等制造工艺为研究目标，开发相应的智能机器人系统关键技术，最终完成智能制造解决方案，使系统功能达到国内领先、国际一流水平。

（2）技术路线图如图 6-38 所示。

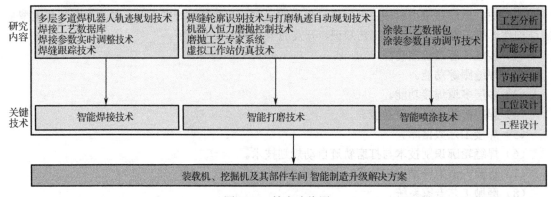

图 6-38　技术路线图

（3）平地机后车架焊接系统、装载机和挖掘机部件焊接系统、智能打磨系统等多个系统已成功应用于智能机器人系统，下面进行详细介绍。

　　① 平地机后车架焊接系统（见图 6-39）。该系统包括三个部分：一是变位机系统模块，该模块可实现工件全方位焊接，适用于产品结构相似、尺寸和质量相近的场合，可进行焊接夹具柔性化设计，以及尾部滑台设计；二是机器人桁架系统模块，该模块中的 X 轴行程、Y 轴行程、Z 轴行程可增加机器人的移动范围及焊缝可达率；三是智能焊接软件包（具有接触传感器检测功能、焊缝跟踪功能、多层多道焊接功能），以及焊接专家数据库。

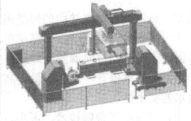

图 6-39　平地机后车架焊接系统

　　② 装载机和挖掘机部件焊接系统。该系统包含以下工作站：装载机前车架机器人焊接工作站；装载机后车架机器人焊接工作站；挖掘机托油盘机器人焊接工作站；挖掘机下架总成机器人焊接工作站；挖掘机斗杆机器人焊接工作站；挖掘机驾驶室机器人焊接工作站；发动机罩框架及小部件机器人焊接工作站等。

　　③ 智能打磨系统（见图 6-40）。其中，斗杆封头焊缝打磨系统以六轴大负载工业机器人为基础，配合机器人恒力磨抛控制技术，满足提高产能、降低工人劳动强度的实际需求。

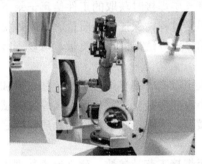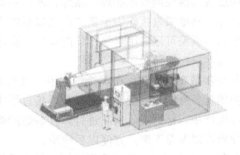

图 6-40　智能打磨系统

　　④ 动臂、斗杆、上架、下架等工件的智能喷涂系统（见图 6-41）。该系统主要包括防爆型喷涂机器人、八轴防爆型滑台与升降机构、混气喷涂系统等，具有喷枪自动清洗功能，完成四类工件（动臂、斗杆、上架、下架）的喷涂工作。该系统中机器人与悬挂链上的工件保持同步运行，具有跟随功能以实现从静止到与工件相匹配的运动速度，以便进行随动喷涂作业。

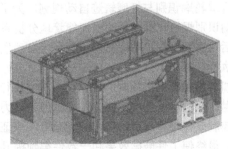

图 6-41　动臂、斗杆、上架、下架等工件的智能喷涂系统

3）智能机器人系统关键技术

（1）接触传感器检测。机器人通过起点检测和三方向传感功能，可以使焊接过程不受由工件加工、组对拼焊和装夹定位带来的误差的影响，自动寻找焊缝并识别焊接情况，保证顺利焊接。接触传感器检测技术具有精度高、可达性好、安全可靠等优点。接触传感器检测是通过焊丝接触工件，感知工件位置来实现的，操作简单方便，不需要其他传感装置，从而增加了焊枪的灵活性。

（2）焊缝跟踪。机器人智能焊接中的焊缝跟踪技术，可实现在位置出现偏差时的正常焊接。通过焊缝跟踪功能，机器人可以分辨出焊缝在左右和上下两个方向的偏移，自动运算实现纠正，保证可以对在各路径点有不同方向偏差的焊缝进行准确焊接。采用焊缝跟踪技术可使焊接成型效果得到有效改善、生产效率提升、产品质量提高。同时电弧跟踪技术可以实现复杂曲线的跟踪，确保电弧跟踪技术的实用性。

在焊接过程中，通过电弧跟踪技术，可实时调整焊枪位置，保证焊丝的干伸长度不变，保证焊接过程的稳定性及整条焊缝成型的一致性。

（3）多层多道焊接。多层多道焊接技术可以实现多种类型的焊接轨迹（如圆弧、折线等）的焊接。具备该功能的机器人可高质、高效地完成作业，在大型厚板焊接中效果尤为明显。

使用多层多道焊接技术焊接厚板，只需要示教根层的焊缝，之后通过设定偏移值来实现覆盖层的焊接，可大幅度提高工作效率。在此基础上，还可以通过覆盖层的逆向焊接功能实现焊接过程的往复，充分提高焊接工作效率，实现效率最大化。

多层多道焊接技术可以和其他技术，如接触传感器检测技术及焊缝跟踪技术等结合起来使用，通过接触传感器检测技术和焊缝跟踪技术，将第一层焊接时获取的工件信息记录下来。经过系统整理计算，将结果直接作用于第二层及以后的焊接过程，保证焊接质量。同时焊接工艺的设定、焊枪姿态的调整可以应用于每一层的焊接。采用多重方法保证焊接质量，可以为客户带来满意的焊接效果。

（4）焊接参数实时调整。在焊接过程中，机器人可以实时调整焊接参数，如电流和电压，从而提高焊接质量。有经验的操作者可以在焊接过程中改变焊接参数，从而提高焊接调试效率；也可以在实际生产中，根据实际情况进行焊接参数的微调，为焊接质量再添加一层保障。经过调整后的焊接参数可以保存下来，方便以后使用。

（5）焊接工艺数据库。针对重型机械中的中厚板焊接工艺及参数，建立专家数据库及智能学习算法，系统根据焊接工件型号、材料、机器人执行单元信息，可以自动生成焊接工艺文件（焊接、除渣、机器人末端工具更换等），并配合离线编程系统，导入轨迹生成工艺参数。在数据库基础上，通过开发智能学习算法及专家系统知识融合机制，把数据库技术和专家系统有机结合起来，专家系统利用数据库管理的知识库进行推理，以实现焊接工艺的定制，并把结果保存到工艺文件库中，由数据库统一管理。

（6）焊缝轮廓识别与打磨轨迹自动规划。为了准确识别，融合 3D 相机，通过扫描工件打磨区域，自动识别焊缝轮廓并传输至智能管理分析系统，由该系统收集、存储视觉数据，匹配工件类型，然后由离线编程软件解析视觉数据，自动生成打磨作业指令，由智能管理系统下发至打磨机器人，执行打磨作业。

（7）机器人恒力磨抛控制。为焊接系统的执行单元匹配力控传感器，如焊接机器人，可以有效提升磨抛作业的精度及准确性。核心部件为恒力执行部件，通常具有自适应浮动伸缩机构，可通过恒力控制软件设置一定阈值内的磨抛力，保证磨抛工具与工件各个位置实时接触且处于恒力磨抛状态，最终使工件磨抛效果和一致性得到提升，有效降低了人工调试难度。恒力执行端可以安装多种磨抛工具，进而兼容更多类型产品。

（8）磨抛工艺专家系统。通过与磨抛工艺紧密结合开发出的磨抛工艺专家系统，将整个系统的各个控制模块有机整合，构成了具有一定智能判断和自主决策能力的专家系统。磨抛工艺专家系统主要包含耗材检测与补偿模块、角度损耗补偿模块、磨抛工艺管理模块、来料管理模块、产能管理模块、耗材寿命管理模块、设备交互模块、安全保护与报警管理模块。

（9）虚拟工作站仿真。通过构建虚拟工作站可进行仿真及精确示教。虚拟工作站具有仿真布局组件化、轨迹点的三维可视化等特点。机器人、变位机、工具、工件等一次创建好后，均可在整个工程项目中重复使用。设备布局可进行精确调整，可设置每个仿真组件的位置和姿态。在执行仿真的过程中，可以模拟真实的机器人速度、加速度等运动特性，运动范围超界会有报警提示。利用导入的由 CAM 软件生成的运动轨迹，可重新自动配置机器人的运动姿态。离线生成的作业可通过网络或 USB 接口下载到机器人控制器中。

若想实现整个磨抛系统的闭环控制，虚拟工作站是不可或缺的。虚拟工作站通过真实的三维数据编程机器人可识别的语言，进行路径自动规划，将理想三维模型和实际扫描出的三维模型进行比较，在焊缝位置以理想三维模型为参考，自动规划出合理的磨抛路径，根据实际三维模型进行碰撞检测，通过内置的磨抛工艺专家系统，根据工件特征，自动规划工艺路线。

（10）涂装参数自动调节。自动涂装系统可以通过流量计检测流量，通过压力传感器检测流体压力来实时检测涂料流量，并反馈给控制器，控制器根据事先设定好的参数通过调节调压器进行流量的实时调节。当现场工况需要改变喷涂扇形大小时，通过机器人给控制系统发送形状参数，控制系统即可自动调节比例参数，实现喷涂形状的改变。

6.4.3　智能制造系统在重型机床车间的应用

1．项目简介

1）背景及需求分析

某集团生产的主要产品包括重型/超重型立式车床、卧式车床、落地铣镗床、龙门镗铣床、滚齿机、盾构机、牙轮钻机、铁路装备及各种专用机械设备等，共十大类 50 多个系列 400 多个品种，如图 6-42 所示。其产品全部实现了数控化改造和复合化加工，适用于大型、特大型零件加工制造，主要服务于航空航天、能源、冶金、船舶、国防军工、轨道交通、机械等行业。该集团主要为客户提供机床大修改造、设备再制造、机械加工服务，以及各类铸、锻、金属结构件产品。

图 6-42　某集团生产的主要产品

2）项目实施的主要思路和目标

该项目以国产重型机床制造企业的数字化车间生产工艺保障装备与技术集成应用示范为研究方向，研发以国产数控重型机床装备、国产软件为主的，兼容国内外控制系统的数字化车间综合应用平台，并在集团现有的大型平面加工车间进行应用示范，建立具有行业应用示范效果的数字化车间，实现适用于机械制造业高精度大型平面加工的数字化加工车间集成技术模式，通过作业计划优化调度、实时数据采集与分析、物料配送、设备状态监控、数字化检测与质量管控、基于 RFID 的刀具管理等功能，实现高效可靠生产。

2. 项目主要实施内容

该项目集成了数字化产品设计、数字化工艺设计、数控加工程序设计与加工仿真、作业计划优化调度、实时数据采集与分析、物料配送、设备状态监控、数字化检测与质量管控等关键技术，研发以国产数控重型机床、控制系统、国产软件为主的数字化车间综合应用平台，其架构如图 6-43 所示，实现了重型装备数字化设计、数字化生产、数字化管理的集成与统一。

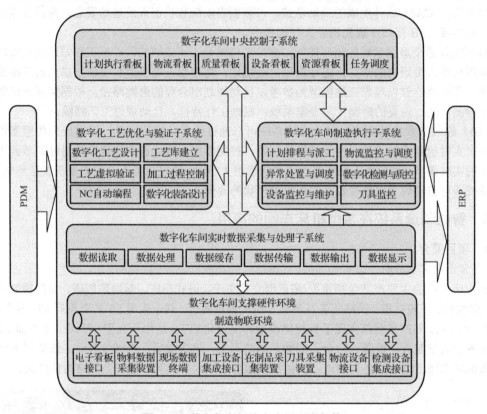

图 6-43　数字化车间综合应用平台架构

通过数字化车间系统的整体规划与建设，实现数字化产品设计、数字化工艺设计与加工仿真、数字化车间各种设备的互联互通、数字化与精益化的生产计划管控、基于 RFID 的刀具与在制品管理、设备状态监控系统及数字化车间综合应用平台等各种数字化生产管控新技术与新模式，使生产过程更加透明、有序、可控、高效。

3. 实施成效

通过 PDM、MES 和 ERP 系统的集成和数据交互，利用 ERP 系统的物料需求计划结果生成工件订单计划，利用 MES 系统的制造过程管理功能对班组和机台级计划进行精细化派工，并采用条码技术实现工序级进度实时管控。通过车间的信息化管理不仅实现了生产过程的透明化，提高了计划异常时的处理效率，还提升了车间员工工作的主观能动性（在数字化车间范围内实行了质量、效率和收入直接挂钩的工作激励机制）。同时，通过工业互联网对设备的运行状态信息进行采集、分析和诊断，实现了对设备运行状态、生产状态、运行效率和能耗状态的监控，为设备的利用率提高和故障分析提供了有效的支撑。

　　该项目的实施在实际生产中取得了成功,解决了大型工件加工长期处于劳动密集、效率低下、质量不稳定、生产周期过长的生产状态问题,使重型/超重型工件的加工逐步走向数字化加工时代。

参考文献

[1] 王德生. 世界智能制造装备产业发展动态[J]. 竞争情报,2014,11(4):51-57.

[2] 傅建中. 智能制造装备的发展现状与趋势[J]. 机电工程,2013,31(8):959-962.

[3] 陶永水,李秋实,赵盟. 大力发展航空智能制造支撑高端装备制造转型升级[J]. 制造业自动化,2016,38(3):106-111.

[4] 杨拴昌. 解读智能制造装备"十二五"发展路线图[J]. 电器工业,2012,(5):17-19.

[5] 工业和信息化部,财政部. 智能制造发展规划(2016—2020年)[R]. 2016.

[6] 周延佑,陈长年. 智能机床——数控机床技术发展新的里程碑——IMTS2006观后感之一[J]. 制造技术与机床,2007,(4):43-46.

[7] 佚名. iNC-848D:华中数控新一代iNC智能数控系统[J]. 世界制造技术与装备市场,2018,(3):44-47.

[8] 刘艳. 沈阳机床发布全球首款工业操作系统i5OS[J]. 制造技术与机床,2018,(1):15.

[9] 方毅芳,宋彦彦,杜孟新. 智能制造领域中智能产品的基本特征[J]. 科技导报,2018,36(6):90-96.

[10] 万志远,戈鹏,张晓林,等. 智能制造背景下装备制造业产业升级研究[J]. 世界科技研究与发展,2018,40(3):316-327.

[11] 谭建荣,刘振宇,徐敬华. 新一代人工智能引领下的智能产品与装备[J]. 中国工程科学,2018,20(4):35-43.

[12] 孙柏林. 未来智能装备制造业发展趋势述评[J]. 自动化仪表,2013,34(1):1-5.

[13] 工业和信息化部. 高端装备制造业"十二五"发展规划[R]. 2012.

[14] 杨华勇. 关于智能装备的思考和探索[J]. 中国科技产业,2017,(1):35.

[15] 卢秉恒. 智能制造:摆脱装备"形似神不似"[J]. 中国战略新兴产业,2015(Z2):54-56.

[16] 王影,冷单. 我国智能制造装备产业的现存问题及发展思路[J]. 经济纵横,2015,(1):72-76.

[17] 孙其博,刘杰,黎羴,等. 物联网:概念、架构与关键技术研究综述[J]. 邮电大学学报,2010,33(3):1-9.

[18] 李志宇. 物联网技术研究进展[J]. 计算机测量与控制,2012,20(6):145-145.

[19] 刘若冰. 物联网的研究进展与未来展望[J]. 物联网技术,2011,1(5):58-62.

[20] 陈大川,王桂棠,许小东,等. 基于物联网的精密铰链智能制造系统[J]. 机电工程技术,2015,44(7):92-95.

[21] 中国电子技术标准化研究院,全国信息技术标准化技术委员会大数据标准工作组.(2019-04-01)[2020-03-03]. 工业大数据白皮书(2019版)[EB/OL]. http://cbdio.com/image/site2/20190402/ f42853157e261e0d4edf11.pdf

[22] LEE J. Keynote Presentation: recent advances and transformation direction of PHM[C]. Road mapping Workshop on measurement Science for Prognostics and Health management of Smart Manufacturing Systems Agenda,NIST,2014.

[23] 张建勋,古志民,郑超. 云计算研究进展综述[J]. 计算机应用研究,2010,27(2):429-433.

[24] 李乔,郑啸. 云计算研究现状综述[J]. 计算机科学,2011,38(4):32-37.

[25] 陈康,郑纬民. 云计算:系统实例与研究现状[J]. 软件学报,2009,20(5):1337-1348.

[26] BOSS G，MALLADI P，QUAN D，et al. Cloud computing [R]. IBM White Paper，2007.

[27] 陶佳程. 基于公有云平台的图像对比系统的设计与实现[D]. 大连：大连理工大学，2018.

[28] 李欢，莫欣岳. "互联网+"时代下智能制造技术在我国钢铁行业的应用[J]. 世界科技研究与发展，2017，39（1）：62-67.

[29] 中国电子技术标准化研究院.（201801-24）[2020-03-03]. 人工智能标准化白皮书（2018版）. [EB/OL]. http://www.cesi.cn/images/editor/20180124/20180124135528742.pdf

[30] 石弘一. 机器学习综述[J]. 通讯世界，2018，（10）：253-254.

[31] 李旭然，丁晓红. 机器学习的五大类别及其主要算法综述[J]. 软件导刊，2019，18（7）：4-9.

[32] 刘建伟，刘媛，罗雄麟. 半监督学习方法[J]. 计算机学报，2015，38（8）：1592-161.

[33] 陈凯，朱钰. 机器学习及其相关算法综述[J]. 统计与信息论坛，2007（5）：105-112.

[34] 宫芧成. 浅析智能传感器及其应用发展[J]. 通讯世界，2019，26（1）：989.

[35] 尤新，金旭. 公路交通智能传感网络应用浅析[J]. 中国交通信息化，2011（8）：133.

[36] LASI H，FETTKE P，KEMPER H G，et al. Industry 4.0[J]. Business &.Information Systems Engineering，2014，6（4）：239-242.

[37] 中华人民共和国工业和信息化部.（2018-08-14）[2020-03-03]. 国家标准化管理委员会国家智能制造标准系统建设指南（2018 年版）[EB/OL]. https://www.miit.gov.cn/ztzl/rdzt/znzzxggz/bztx/art/2020/art_25766bf03f764fb7b1260bc9ee0ee76c.html.

[38] 王麟琨，赵艳领，闫晓风. 数字化车间制造装备信息集成通用解决方案研究[J]. 中国仪器仪表，2017，（3）：25.

[39] 国家智能制造标准化总体组. 智能制造基础共性标准研究成果（一）[M]. 北京：电子工业出版社，2018.

[40] 全国金属切削机床标准化技术委员会. 数字化车间　机床制造　信息模型：GB/T37928-2019[S]. 北京：中国标准出版社，2019.

[41] 黄永民，禹华军. 风电场远程运行维护系统建设初探[J]. 风能，2011，（10）：66-68.

[42] 琚长江，谭爱国，胡良辉. 电机智能制造远程运维系统设计与试验平台研究[J]. 电机与控制应用，2018，45（5）：83-87.